万用表使用从入门到精通

张 宪　赵慧敏　张大鹏　主编

化学工业出版社

·北京·

内容简介

本书首先介绍指针式万用表和数字式万用表的使用方法，接下来介绍万用表的具体应用，包括万用表检测电阻器、电位器、电容器、电感器和变压器、电声器件、二极管、晶体三极管和单结晶体管、场效应晶体管与晶闸管、半导体集成电路、显示器件、继电器与开关，以及万用表检测与维修家电等内容。

本书适合电子、电工初学者阅读，也可以供从事电子设备与电子装置维修的技术人员参考。

图书在版编目（CIP）数据

万用表使用从入门到精通 / 张宪，赵慧敏，张大鹏主编. —北京：化学工业出版社，2020.12（2024.8 重印）

ISBN 978-7-122-37803-3

Ⅰ. ①万… Ⅱ. ①张…②赵…③张… Ⅲ. ①复用电表 - 使用方法 Ⅳ. ① TM938.107

中国版本图书馆 CIP 数据核字（2020）第 181366 号

责任编辑：宋 辉　　文字编辑：毛亚囡

责任校对：王佳伟　　装帧设计：关 飞

出版发行：化学工业出版社（北京市东城区青年湖南街 13 号 邮政编码 100011）

印 装：涿州市般润文化传播有限公司

787mm×1092mm 1/16 印张 17 字数 444 千字 2024 年 8 月北京第 1 版第 4 次印刷

购书咨询：010-64518888　　售后服务：010-64518899

网 址：http://www.cip.com.cn

凡购买本书，如有缺损质量问题，本社销售中心负责调换。

定 价：68.00 元

《万用表使用从入门到精通》编写人员

主　编	张　宪	赵慧敏	张大鹏
副主编	李梦华	于梦陆	季晓亮
参　编	白效松	何洪波	辛　周
	沈　虹	赵建辉	杨冠懿
主　审	郭振武	付兰芳	韩凯鸽

前言

为推广现代电子应用技术，帮助电子爱好者和从事电子设备与电子装置维修的人员尽快理解现代电子设备与电子装置构成原理，了解各种电子元器件在电子设备中的应用情况，学会检测电子元器件和维修电子设备的一些基本方法，本书介绍用万用表检测电子元器件和维修电子设备的方法和技巧。

本书从实际需要出发，在编写上由浅入深、循序渐进，所编内容注重实用性和可操作性，理论联系实际，可为初学者奠定较扎实的基础知识，提高实际操作能力，既是广大初学者的启蒙读本和速成教材，也是电子爱好者们的良师益友。

本书首先介绍指针式万用表的使用方法、数字式万用表的使用方法，接下来介绍万用表的具体应用，包括万用表检测电阻器、万用表检测电位器、万用表检测电容器、万用表检测电感器和变压器、万用表检测电声器件、万用表检测二极管、万用表检测晶体三极管和单结晶体管、万用表检测场效应晶体管与晶闸管、万用表检测半导体集成电路、万用表检测显示器件、万用表检测继电器与开关、万用表检测其他器件，以及万用表检测与维修家电等内容。

本书适合电工、电子初学者阅读，也可以供从事电子设备与电子装置维修的技术人员参考。

由于编者水平有限，书中难免有不妥之处，恳请广大读者批评指正。

编者

目录

二维码视频目录

第一章 指针式万用表

万用表的特点是量程多、功能多、用途广、操作简单、携带方便及价格低廉。万用表不仅可以用来测量直流电流、直流电压、交流电压、电阻及音频电平等，有的万用表还有许多特殊用途，比如可以测量交流电流、电功率、电感、电容以及用于晶体管的简易测试等。因此，万用表是一种多用途的电工仪表，在电气维修和测量中被人们广泛地应用。

万用表有指针式和数字式两种，本章先介绍指针式万用表。

第一节 指针式万用表的结构

MF-47 型万用表的面板示意图如图 1-1 所示。指针式万用表在结构上主要由三个部分组成：测量机构（又称表头）、测量线路和转换开关。

一、表头

表头由磁铁、线圈、游丝、表针（指针）构成。表头是万用表的主要元件，一般多采用高灵敏度的磁电式直流微安表作测量机构，它的灵敏度通常用满刻度偏转电流来衡量，满刻度偏转电流在 10 ～ 200μA 之间。表头满刻度偏转电流越小，则灵敏度越高，测量电压时内阻也就越大，功率损耗也就越小，表头的特性越好，对被测电路的影响越小。表头因线圈采用线径较细的漆包线绕制，所以需要通过电阻降压限流为它供电，才能获得较大的量程范围和较多的测量项目。表头是万用表的关键部件，灵敏度、准确度等级、阻尼、升降差等技术指标都取决于表头的性能。

表头刻度盘（也叫作表盘）上刻有多种电量和多种量程的刻度。表盘上有大量的符号和多条刻度线。图 1-2 是 MF500 型万用表的表盘。

第 1 条刻度线是电阻挡的读数，它的右端为“0”，左端为“无穷大（∞）”，所以读数要从右向左读，也就是表针越靠近右端，数值越小。

第 2 条刻度线是交流、直流电压及直流电流的读数，它的左端为“0”，右端为最大值，所以读数要从左向右读，也就是表针越靠近右端，数值越大。如果量程开关的位置不同，即使表针在同一位置，数值也是不同的。

第 3 条刻度线是为了提高 0 ～ 10V 交流电压读数精度而设置的，它的左端为“0”，右端为“10V”，所以读数要从左向右读，也就是表针越靠近右端，数值越大。

第 4 条刻度线是分贝的读数，它的左端为“-10dB”，右端为“+22dB”，所以读数要从左向右读，也就是表针越靠近右端，数值越大。

指针式万用表的表头

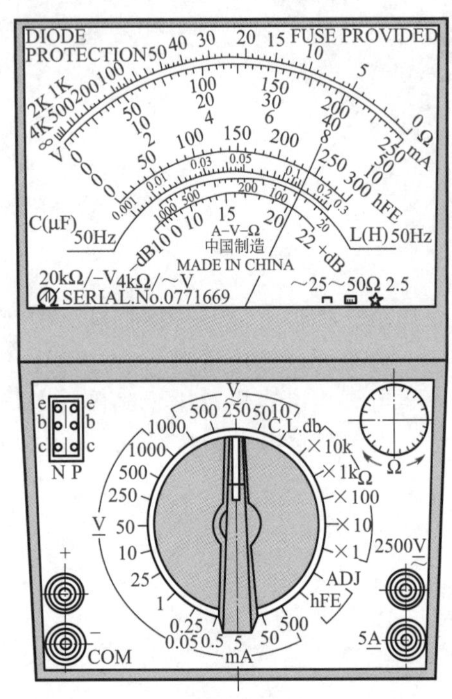

图 1-1　MF-47 型万用表的面板示意图

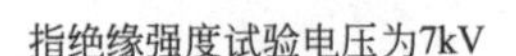

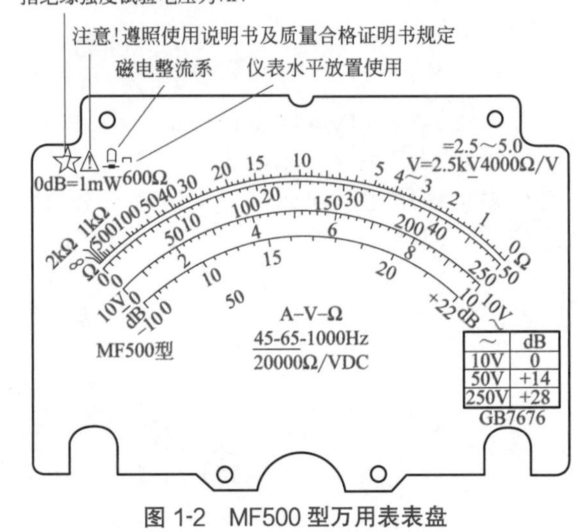

～	dB
10V	0
50V	+14
250V	+28

图 1-2　MF500 型万用表表盘

二、测量线路

测量线路是万用表用来实现多种电量、多种量程测量的主要手段。它把被测的电量转变成测量机构能接受的电量，如将被测的直流大电流通过分流电阻变换成表头能够接受的微弱电流；将被测的直流高电压通过分压电阻变换成表头能够接受的低电压；将被测的交流电流（电压）通过整流器变换为表头能够接受的直流电流（电压）等。

实际上，万用表是由多量程直流电流表、多量程直流电压表、多量程整流式交流电压表和多量程欧姆表等几种线路组合而成的。构成测量线路的主要元件是各种类型和阻值的电阻元件（如线绕电阻、碳膜电阻及电位器等），从而实现了对多种不同对象、多种功能与不同量限的测量，达到一表多用的目的。在交流测量时，引入了整流装置。测量线路的改进，可使仪表的功能增多，操作方便，体积减小。

指针式万用表的基本测量电路如图 1-3 所示。测量交流电压时，将量程开关 SA 置于交流电压挡 V̰ 的位置，交流电压通过 R_4 限流，再通过二极管 VD 半波整流，为表头的线圈供电，控制表针摆到相应的刻度位置。

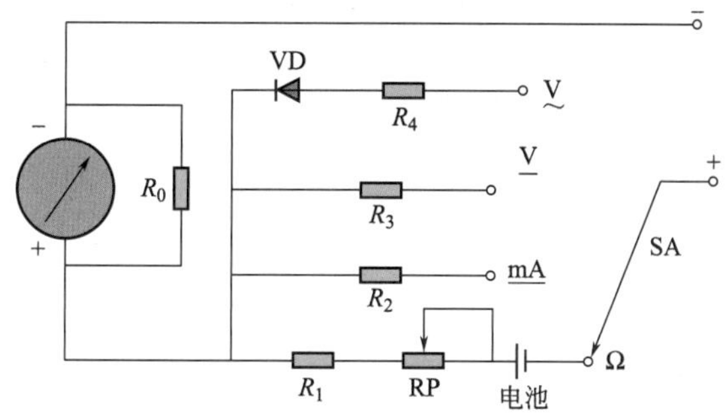

图 1-3 指针式万用表的测量电路构成方框图

测量直流电压时，将量程开关 SA 置于直流电压挡 V 的位置，直流电压通过 R_3 限流，为表头的线圈供电，控制表针摆到相应的刻度位置。

测量直流电流时，将量程开关 SA 置于直流电流挡 mA 的位置，直流电流通过 R_2 限流后加到表头的线圈上，控制表针摆到相应的刻度位置。

测量电阻时，将量程开关 SA 置于电阻挡 Ω 的位置，此时表内的电池通过电位器（“Ω”挡调零电位器）、限流电阻 R_1、表头线圈和被测电阻构成回路，为表头的线圈供电，控制表针摆到相应的刻度位置。

因为被测电阻的阻值是不同的，所以为表头提供的电流是非线性的。因此，表盘上的刻度为了真实地反映出被测电阻的阻值，其刻度的排列是不均匀的。

三、转换开关

转换开关又称选择式量程开关，可实现多种电量和多种量程的选择。万用表中的各种测量及其量程的选择是通过转换开关来完成的。转换开关是一种旋转式切换装置，由许多个固定触点和活动触点组成，用来闭合与断开测量回路。动触点通常称为“刀”，静触点又称为“掷”，静触点固定在测量电路板上，动触点装在转轴上，当转动转换开关的旋钮时，其上的“刀”跟随转动，并在不同的挡位上和相应的固定触点接触闭合，从而接通相对应的测量线路，实现对不同测量电路的切换。对转换开关的要求是切换灵活，接触良好。

万用表一般都采用多刀多掷转换开关，以适应切换多种测量线路的需要。使用万用表进行测量时，应首先根据测量对象选择相应的挡位，然后估计测量对象的大小选择合适的量程。

第二节 指针式万用表的表盘符号含义

表头是万用表的主要元件，一般多采用高灵敏度的磁电式测量机构，它的灵敏度通常用满刻度偏转电流来衡量，满刻度偏转电流在 10 ～ 200μA 之间。表头满刻度偏转电流越小，则灵敏度越高，测量电压时内阻也就越大，说明表头的特性越好。

一、万用表表盘符号及其意义

在万用表的表盘上，通常印有各种符号，它们所表示的内容如表 1-1 所示。

表 1-1　万用表表盘符号及其意义

符号	意义	符号	意义
	磁电式带机械反作用力仪表	Ⅳ	四级防外磁场
	整流式仪表	⊓	仪表水平放置
～	交直流两用	⊥	仪表垂直放置
	磁电式一级防外磁场	☆2	表示仪表能经受 50Hz、2kV 交流电压历时 1min 绝缘强度试验（星号中的数字表示试验电压千伏数，星号中无数字表示 500V，星号中为 0 时表示未经绝缘强度试验）
Ⅱ	二级防外磁场	2.5　(2.5)	准确度等级。此例表示直流测量误差小于满刻度的 2.5%
Ⅲ	三级防外磁场		

万用表表盘各种数值和标尺及意义

二、万用表表盘各种数值和标尺及意义

万用表表盘上还印有各种数值和标尺，意义如下。

① 27℃　为热带使用仪表，标准温度为 27℃ ±2℃，而一般仪表的标准温度为 20℃ ±2℃。

② 20kΩ/$\underline{V}$ 或 10kΩ/$\underline{V}$　为直流测试灵敏度。此值的倒数就是表头的满度电流值，通常为万用表的最小直流电流挡。在测量直流电压时，将此数乘以使用挡的满度值，即为该挡的输入电阻。不同挡位的输入电阻不同，而同一挡位指示值变化时，其输入电阻却不变。

③ 4kΩ/$\underset{\sim}{V}$ 或 2kΩ/$\underset{\sim}{V}$　为交流电压灵敏度。在测量交流电压时，将此数乘以使用挡的满度电压值，即得到该挡的内阻（输入电阻）值。注意，这是某一挡位的输入电阻，改变挡位时，仪表的输入电阻跟着改变，而在同一挡位，被测值不同时，仪表输入电阻不变。

④ 0dB=1mW600Ω　表示分贝（dB）标尺是以在 600Ω 负荷电阻上，得到 1mW 功率时的指示定为零分贝的。

⑤ A-V-Ω　指安培、伏特、欧姆，即表示该万用表是可测电流、电压和电阻的复用表。

⑥ MF　M 指仪表，F 为复用式，MF 即万用表的标志。

⑦ 2.5　这是以标尺上量程百分数表示的准确度等级，表示直流测量误差小于满刻度的 2.5% 。

⑧ 万用表弧形标尺　在万用表上一般有一条 Ω 标尺、一条直流用的 50 格等分度标尺，一条 50$\underset{\sim}{V}$ 以上交流用的标尺、一条 10$\underset{\sim}{V}$（或 5$\underset{\sim}{V}$ 或 2.5$\underset{\sim}{V}$）专用标尺及一条 dB 标尺。有的万用表上还有 $\underset{\sim}{A}$（交流电流）、μF（电容）、mH（电感）、Z（阻抗）、W（音频功率）、I_{ceo}（晶体三极管穿透电流）或 h_{FE}（晶体三极管直流放大倍数）等标尺。

万用表表盘上的各种标志示例如图 1-4 所示。

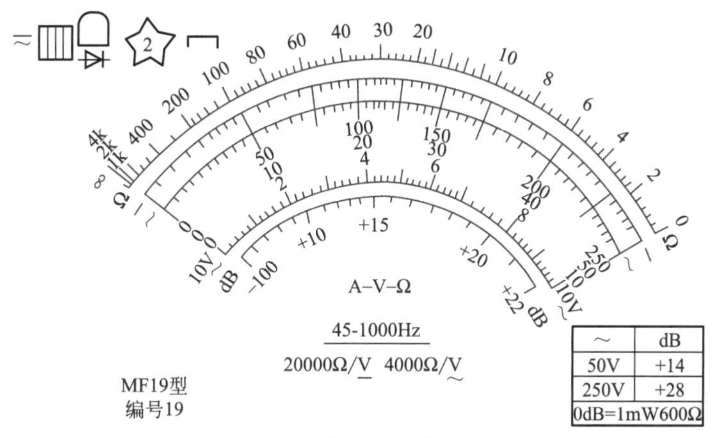

图 1-4 万用表表盘上的标志示例

第三节 指针式万用表的使用

一、指针式万用表的技术特性

指针式万用表具有以下技术特性。

1. 准确度高

根据规定，万用表的准确度等级一般在 1.0 ～ 5.0 级之间。通常万用表直流电流挡的基本误差为 ±1% ～ ±2.5%，直流电压挡的基本误差为 ±1.5% ～ ±2.5%，交流电压挡的基本误差为 ±2.5%，电阻挡的基本误差为 ±2.5% ～ ±4% 。

2. 灵敏度高

万用表的灵敏度高含有双重含义，即做电流测量时反应灵敏，而做电压测量时，仪表的内阻高（分流作用小）。因为万用表采用磁电式表头，故有此特点。

例如，国产 MF10 型万用表，由于它采用了 10μA 的高灵敏度表头，在 1V、10V、50V 和 100V 各直流电压挡，其电压灵敏度可高达 100kΩ/V；在交流电压挡可达 20kΩ/V。

3. 用途广

万用表不但能交直流两用，还可测量电平（分贝）、功率、电感、电容及音频电压等，是电工测量较理想的常用仪表。

4. 功率消耗小

在电压挡，万用表所消耗的功率与万用表电压挡内阻成反比，所以灵敏度越高，万用表消耗的功率越小。

5. 防御外磁场能力强

万用表的表头系磁电式仪表，其内部磁场很强，所以外磁场干扰的影响相对减小。但仍不应在强大的磁场作用下使用，以免表头磁性减弱，进而降低其灵敏度。

6. 有过载保护装置

早期万用表一般无过载保护装置，一旦使用不慎便会烧毁。近几年来国产万用表采用了硅二极管保护电路，分别将两个极性相反的硅二极管同表头并联，既能保护表头避免烧坏，又能防止过载损坏表头。

7. 频率范围较宽

因为交流电路采用的整流元件极间电容较小，所以万用表的频率范围较宽，一般为45 ～ 1000Hz。当交流正弦频率增大 5000Hz 时，其基本误差将增大一倍。

8. 存有波形误差

万用表的表头是磁电式仪表。它的指针偏转角取决于流过它电流的平均值（即直流）。在测量交变电量时，表针偏转角直接反映的是交变电量的整流平均值，而不是有效值。通常，交变电量需用有效值表示。为此，根据最常用的正弦波的有效值与其平均值的固定比例关系，画出表盘的交流标尺，即正弦波有效值刻度。在测量非正弦交变电量时，因为它的有效值与平均值的比例关系不同于正弦波，所以会产生刻度误差。这种误差是由于波形不同而引起的，叫作波形误差。

二、指针式万用表使用前的准备

1. 使用前的准备

① 在使用万用表前，首先进行外观检查，表壳应无油污、无破损，指针应摆动灵活，表笔线及表笔绝缘应良好。操作者必须熟悉每个旋钮、转换开关、插孔以及接线柱等的功用，了解表盘上每条标尺刻度所对应的被测量，熟悉所使用的万用表各种技术性能。这一点对初学者或使用新表者尤为重要。

② 万用表在使用时，应根据仪表的要求，将表水平（或垂直）放置，并放在不易受振动的地方。

③ 检查机械零点。若指针不指于零，可调节机械调零旋扭，使指针指于零。每次测量前，应核对转换开关的位置是否合乎测量要求。

2. 插孔（接线柱）的正确选择

① 在进行测量以前，应首先检查表笔接在什么位置。

② 红色表笔应接在标有“+”号的插孔（或红色接线柱）上；黑色表笔应接在标有“−”号（COM）的插孔（或黑色接线柱）上。用 MF-47 型万用表测量交、直流 2500V 或直流 5A 时，红插头则应分别插到标有“2500V”或“5A”的插座中。

③ 在测量电压时，仪表并联接入电路；测量电流时，仪表串联接入电路。

④ 在测量直流参数时，要使红色表笔接被测对象的正极，黑色表笔接被测对象的负极。

3. 测量类别的选择

① 测量时，应根据被测的对象类别将转换开关旋至需要的位置。例如：当测量交流电压时，应将类别转换开关旋至标有“$\underset{\sim}{V}$”的位置，其余类推。

② 万用表的盘面上一般有两个旋钮，一个是测量类别的选择，另一个是量程变换的选择。

在使用时，应先将测量类别旋钮旋至对应的被测量种类的位置上，然后再将量程变换旋钮旋至相对应量限的合适位置上。

4. 量限的选择

① 根据被测量的大致范围，将量限转换开关旋至该类别区间的适当量程上。例如，测量 220V 的交流电压时，就可以选择用“$\underset{\sim}{V}$”区间 250V 的量限挡。

② 若事先无法估计被测量的大小，应尽量选择大的测量量程，然后根据指针偏转角的大小，再逐步换到较小的量程，直到测量电流和电压时使指针指示在满刻度的 1/2 或 2/3 以上，这样测量的结果比较准确。

5. 正确读数

在万用表的标度盘上有很多条标度尺，分别供测量各种不同被测量时使用，因此在测量时要在相应的标度尺上读数。

① 标有“DC”或“-”的标度尺为测量直流时读数。

② 标有“AC”或“～”的标度尺供测量交流时读数。

③ 标有“Ω”的标度尺供测量直流电阻时读数。

④ 测量电平及电容等还应进行适当的换算。

读数时，眼睛应垂直于表面观察指针，如果视线不垂直，将会产生视差，使得读数出现误差，如图 1-5 所示。

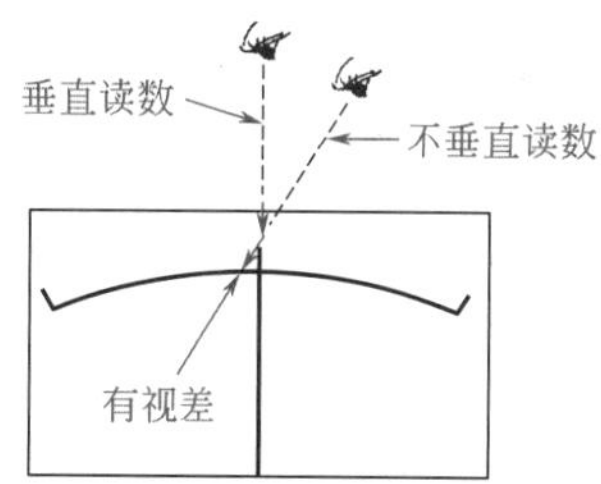

图 1-5　万用表的读数

三、MF-47 型指针式万用表简介

MF-47 型指针式万用表标度盘如图 1-6 所示。

图 1-6　MF-47 型指针式万用表的标度盘

标度盘共有六条刻度，第一条专供测电阻用（黑色线）；第二条供交直流电压、直流电流之用（黑色线）；第三条供测晶体管放大倍数用（绿色线）；第四条供测量电容之用（红色线）；第五条供测电感之用（红色线）；第六条供测音频电平（红色线）。标度盘上装有反光镜，消除视差。

交直流 2500V 和直流 5A 分别装有单独插座，其余各挡只需转动一个选择开关。

采用整体软塑红、黑表笔，以保持长期良好使用。

四、指针式万用表的使用

1. 测量直流电压

① 将万用表的转换开关旋至相应的直流电压挡“$\underline{V}$”（DC V）挡位，如果已知被测电压

的数值，可以根据被测电压的数值去选择合适的量程，所选量程应大于被测电压，若不知被测电压大小时，可以选择直流电压量程最高挡进行估测，然后逐次旋至适当量程上（使指针接近满刻度或大于 2/3 满刻度为宜）。

② 万用表并接于被测电路，必须注意正、负极性，即红表笔接高电位端（电压的正极），黑表笔接低电位端（电压的负极），如图 1-7 所示。如果不知被测电压极性时，应先将转换开关置于直流电压最高挡进行点测，观察万用表指针的偏转方向，以确定极性；点测的动作应迅速，防止表头因严重过载，反偏将万用表指针打弯。

MF47 指针式万用表的使用

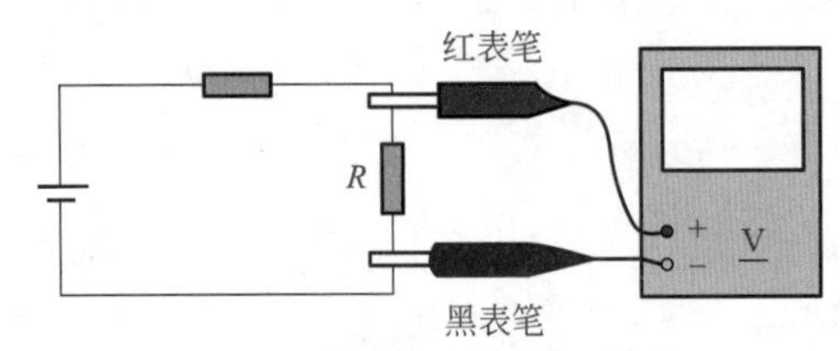

图 1-7　直流电压的测量

假如误用交流电压挡去测直流电压，由于万用表的接法不同，读数可能偏高一倍或者指针不动。

③ 正确读数。在标有“-”或“DC”符号的刻度线上读取数据。

④ 当被测电压在 1000 ～ 2500V 之间时，MF-47 型指针式万用表需将红表笔插入万用表右下侧的 2500V 量程扩展孔中进行测量。这时旋转开关应置于直流电压 1000V 挡。

2. 测量交流电压

① 选择挡位。先选择交流电压挡，将转换开关置于相应的交流电压挡“V̰”（AC V）。正确选择量程，其方法与测直流电压相同。若误用直流电压挡去测交流电压，则表针在原位附近抖动或根本不动。

② 测量交流电压时，表笔不分正负，分别接触被测电路的两端，使万用表并联在被测电路两端即可。

③ 正确读数。在标有“～”或“AC”符号的刻度线上读取数据。

④ 当被测电压为 1000 ～ 2500V 时，MF-47 型指针式万用表可以将红表笔插入万用表右下侧的 2500V 量程扩展孔中进行测量。这时旋转开关应置于交流电压 1000V 挡。

MF-47 型指针式万用表若配以高压探头可测量电视机≤ 25kV 的高压，测量时开关应放在 50μA 位置上，高压探头的红黑插头分别插入“+”“-”插座中，接地夹与电视机金属底板连接，而后握住探头进行测量。

3. 测量直流电流

① 选择挡位。将万用表的转换开关置于相应的直流电流挡（DC mA）。已知被测电流范围时，选择略大于被测电流值的那一挡。不知被测电流范围时，可先选择直流电流量程最大一挡进行估测，再根据指针偏转情况选择合适的量程。

② 测量直流电流时，应先切断被测电路电源，将检测支路断开一点，将万用表串联在电路中，且要注意正负极性，将红表笔接触电路的正极性端（或电流流入端），黑表笔接触电路的负极性端（或电流流出端）。不可接反，否则指针反偏。不知道电路极性时，可将转换开关置于直流电压最高挡，在带电的情况下，先点测一下试探极性，然后再将万用表串入电路中测量电流。

测量时万用表串入被测回路，如图 1-8 所示。既可以串入电源正极与被测电路之间，如图 1-8（a）所示；也可串入被测电路与电源负极之间，如图 1-8（b）所示。

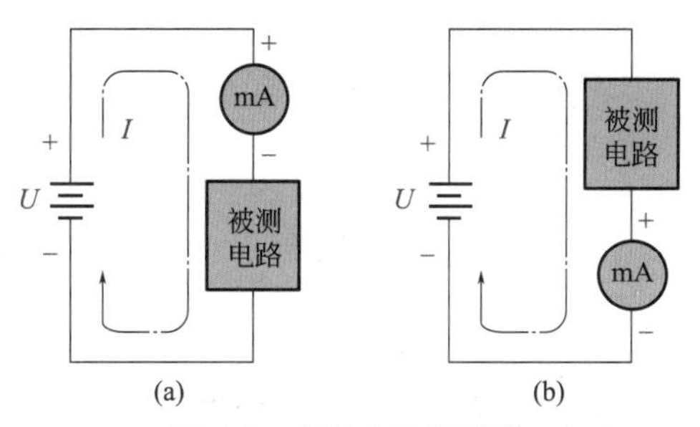

图 1-8　直流电流的测量

③ 模拟万用表测量 500mA 及其以下直流电流时，转动测量选择开关至所需的“mA”挡。测量 500mA 以上至 5A 的直流电流时，将测量选择开关置于“500mA”挡，并将正表笔改插入“5A”专用量程扩展插孔。

4. 测量交流电流

有的万用表能够测量交流电流，与测量直流电流相似，转动测量选择开关至所需的“A̰”挡，串入被测电流回路即可测量。测量 200mA 以下交流电流时，红表笔插入“mA”插孔；测量 200mA 及以上交流电流时，红表笔插入“A”插孔。

5. 测量电阻

① 装上电池（如 MF-47 型指针式万用表 R14 型 2# 1.5V 及 6F22 型 9V 各一块），如果被测电阻处于电路中，那么首先应该将被测电路断电，如电路中有电容则应在断电后先行放电。测量时注意断开被测电阻与其他元器件的连接线。

② 转换开关旋至“Ω”挡位，正确选择量程，即尽量使指针指在刻度线的中间部分（该挡的欧姆中心值）。若不知被测电阻大小时，可选择高挡位试测一下，然后选取合适的挡位。

③ 调节零点。测量前应首先进行调零，在所选电阻挡位，将两表笔短接，指针不指零位时，调节“Ω”调零旋钮，使指针指准确指在 0Ω 刻线上，如图 1-9 所示。每次换挡后必须重新调零，如某个电阻挡位不能调节至欧姆零位，则说明电池电压太低，已不符合要求，应及时更换电池。

使指针准确指到“0Ω”

调节

短接

图 1-9　万用表调零

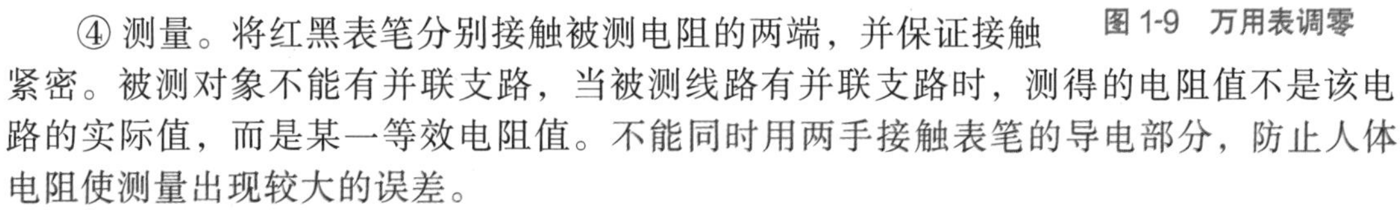

④ 测量。将红黑表笔分别接触被测电阻的两端，并保证接触紧密。被测对象不能有并联支路，当被测线路有并联支路时，测得的电阻值不是该电路的实际值，而是某一等效电阻值。不能同时用两手接触表笔的导电部分，防止人体电阻使测量出现较大的误差。

⑤ 正确读数。在标有“Ω”符号的刻度线上读取的数据再乘以转换开关所在挡位的倍率，即：

被测电阻值 = 刻度线示数 × 电阻挡倍率

⑥ 当检查电解电容器漏电电阻时，应在测量前先行放电；转动开关至 $R\times1\text{k}$ 挡，红表笔必须接电容器负极，黑表笔接电容器正极。

6. 用万用表测量电容

① 模拟万用表测量电容时，通过电源变压器将交流 220V 市电降压后获得 10V、50Hz 交流电压作为信号源，然后将转换开关旋转至交流电压 10V 挡。

② 将被测电容 C 与任一表笔串联后，再串接于 10V 交流电压回路中，如图 1-10 所示，万用表即指示出被测电容 C 的容量。

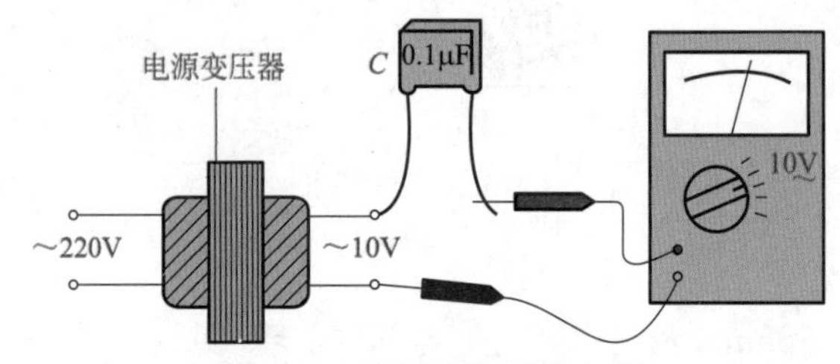

图 1-10　用万用表测量电容

③ MF-47 型指针式万用表从第四条标尺刻度线（电容刻度线）上读取数据。

④ 应注意的是，10V、50Hz 交流电压必须准确，否则会影响测量的准确性。

⑤ 测量完毕，将转换开关置于交流电压最大挡或“OFF”挡位。

7. 用万用表测量电感

模拟万用表测量电感与测量电容方法相同，将被测电感 L 与任一表笔串联后，再串接于 10V 交流电压回路中，如图 1-11 所示，万用表即指示出被测电感 L 的电感量。MF-47 型指针式万用表从第五条标尺刻度线（电感刻度线）上读取数据。

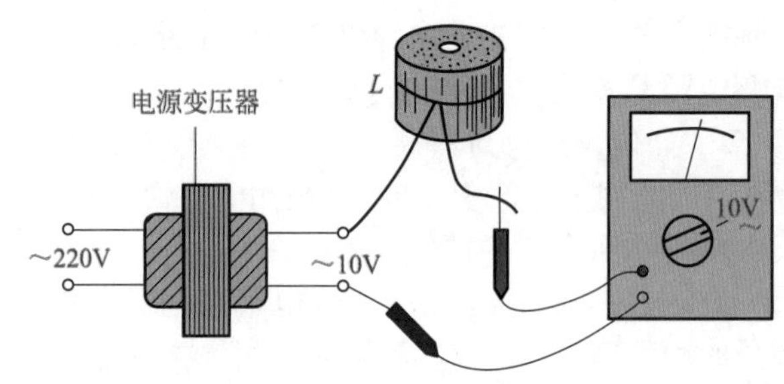

图 1-11　用万用表测量电感

8. 用万用表测量晶体管直流放大倍数 h_{FE}

① 模拟万用表测量晶体管直流放大倍数时，先将测量选择开关转动至“ADJ”（校准）挡位，将红黑两表笔短接，调节欧姆调零旋钮，使表针对准“h_{FE}”刻度线的“300”刻度线（例如 MF-47 型），如图 1-12 所示。

② 分开两表笔，将测量选择开关转动至“h_{FE}”挡位，即可插入晶体管进行测量。

③ 待测量如果是 NPN 型晶体三极管引脚插入 N 型管座内，若是 PNP 型晶体三极管应插入 P 型管座内。注意，晶体三极管的 e、b、c 三个电极要与插座极性对应，不可插错。

④ 指针偏转所指示数值约为晶体三极管的直流放大倍数 h_{FE}（β）值。

9. 反向截止电流 I_{ceo}、I_{cbo} 的测量

I_{ceo} 为集电极与发射极间的反向截止电流（基极开路）。I_{cbo} 为集电极与基极间反向截止

电流（发射极开路）。

① 转动开关至 $R\times 1k$ 挡，将红黑表笔短接，调节零欧姆电位器，使指针对准零欧姆（此时满度电流值约 90μA）。

② 然后分开表笔，将欲测的晶体管按图 1-13 插入管座内，此时指针指示的数值乘上 1.2 即为反向截止电流 I_{ceo} 和 I_{cbo} 的实际值。

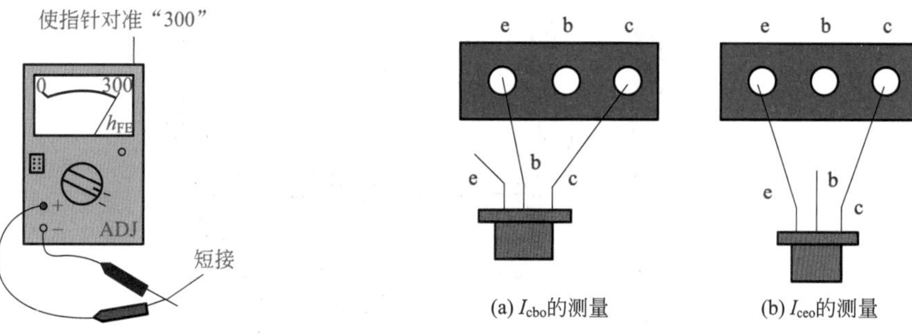

图 1-12　用万用表测量晶体管直流放大倍数

图 1-13　晶体三极管测量图

③ 当 I_{ceo} 电流值大于 90μA 时可换用 $R\times 100$ 挡进行测量（此时满度电流值约为 900μA）。

④ NPN 型晶体管应插入 N 型管座，PNP 型晶体管应插入 P 型管座。

10. 三极管引脚极性的辨别

可用 $R\times 1k$ 挡进行三极管引脚极性的辨别。

① 先判定基极 b　由于 b 到 c、b 到 e 分别是两个 PN 结，它的反向电阻很大，而正向电阻很小。测试时可任意取晶体管一脚假定为基极。将红表笔接“基极”，黑表笔分别去接触另两个引脚，如此时测得的都是低阻值，则红表笔所接触的引脚即为基极 b，并且是 P 型管（如用上法测得的均为高阻值，则为 N 型管）。如测量时两个引脚的阻值差异很大，可另选一个引脚为假定基极，直至满足上述条件为止。

② 再假定集电极 c　对于 PNP 型三极管，当集电极接负电压、发射极接正电压时，电流放大倍数才比较大，而 NPN 型管则相反。测试时假定红表笔接集电极 c，黑表笔接发射极 e，记下其阻值，而后红黑表笔交换测试，又测得一阻值且比前一次测得的阻值大时，说明假设正确且是 PNP 型管；反之则是 NPN 型管。

11. 二极管极性判别

测试时选 $R\times 1k$ 挡，测得的阻值较小时与黑表笔连接的一端即为正极。

万用表在欧姆电路中，红表笔为电池负极，黑表笔为电池正极。

注意

以上介绍的测试方法，一般都只能用 $R\times 100$、$R\times 1k$ 挡，如果用 $R\times 10k$ 挡，则因表内有 9V 的较高电压，可能将三极管的 PN 结击穿，若用 $R\times 1$ 挡测量，因电流过大（约 60mA），也可能损坏管子。

12. 高电压的测量

使用 MF-47 型万用表生产厂家提供的专用高压探头可以测量电视机内小于 25kV 的高电

压，测量时转换开关应放在 50μA 位置上，高压探头的红、黑插头分别插入“+”“-”插座中，接地夹子与电视机金属底板连接，然后握住探头进行测量，如图 1-14 所示。

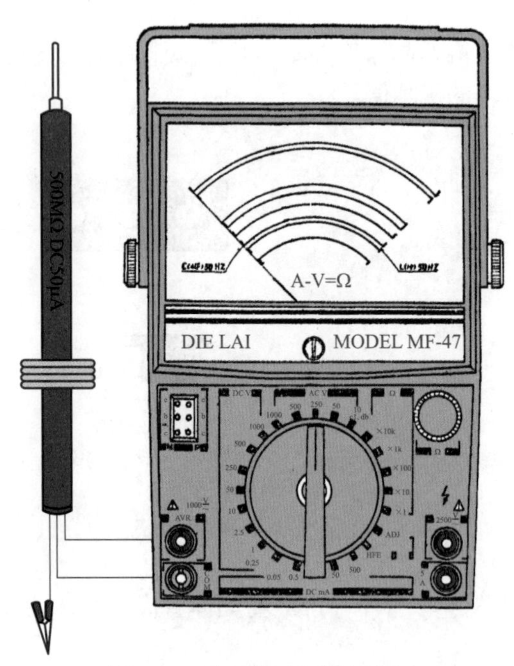

图 1-14　高压探头测量示意图

13. 新增功能的使用

新型的 MF-47B、MF-47C、MF-47F 型指针式万用表还增加了负载电压（稳压）、负载电流参数的测量功能和红外线遥控器数据检测功能以及通路蜂鸣提示功能。使用方法如下。

① 负载电压（稳压）LV（V）、负载电流 LI（mA）参数的测量：该挡主要测量在不同电流下非线性器件电压降性能参数或反向电压降（稳压）性能参数。如发光二极管、整流二极管、稳压二极管及晶体三极管等，在不同电流下电压曲线或稳压二极管的稳压性能，测量方法与指针式万用表电阻挡的使用方法相同，表盘刻度 LV（V），其中 0 ～ 1.5V 刻度供 $R\times1$ ～ $R\times1k$ 挡使用，0 ～ 10.5V 刻度供 $R\times10k$ 挡使用（可测量 10V 以内稳压二极管）。各挡满度电流见表 1-2。

表 1-2　负载电压（稳压）、负载电流各挡参数

开关位置	$R\times1$	$R\times10$	$R\times100$	$R\times1k$	$R\times10k$
满度电流 /mA	90	9	0.9	0.09	0.06
电压范围 /V	0 ～ 1.5				0 ～ 10.5

② 红外线遥控器数据检测（符号⎍⚡）：该挡是为判别所有红外线遥控器数据传输发射工作是否正常而设置的，如电视机、空调器的遥控器，笔记本电脑，手机等。将转换开关置于此挡时，把红外线发射器的发射头垂直（大约在 ±15° 内）对准表盘左下方接收窗口，按下需检测功能按钮，如果表盘上的红色发光二极管闪亮，表示该发射器工作正常。在一定距离内（1 ～ 10cm）移动发射器，还可以判断发射器输出功率状态。接收窗口和发光二极管

位置如图 1-15 所示。

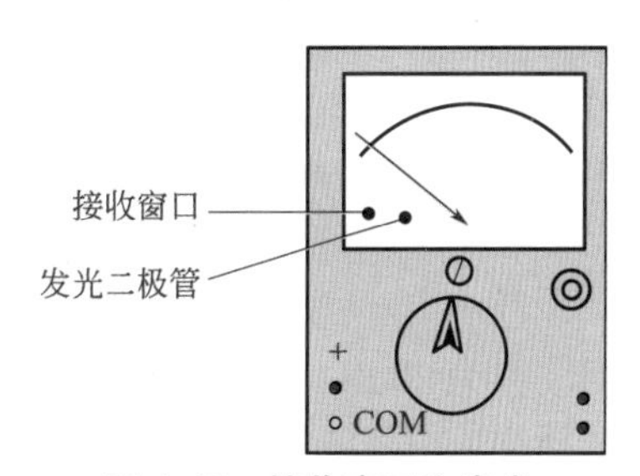

图 1-15　接收窗口和发光二极管位置

使用该挡时应注意，发射头必须垂直于接收窗口检测，当有强烈光线直射接收窗口时，红色发光二极管会发亮，并随照射光线强度不同而变化[此时可作光照度计(红外线)参考使用]。检测时应避开直射光使用。

③ 通路蜂鸣提示（·))BUZZ）：该挡主要是为检测电路通断而设置的。首先与使用指针式万用表的电阻挡一样，将红黑两表笔短接，进行仪表调零，此时若蜂鸣器工作，发出频率约为 2kHz 的长鸣叫声，则可进行测量。当被测电路阻值低于 10Ω 左右时，蜂鸣器发出鸣叫声，此时不必观察表盘指针摆动情况，即可了解电路通断情况。

14. 音频电平测量

由于我国通信线路采用特性阻抗为 600Ω 的架空明线，并且通信终端设备及测量仪表的输入输出阻抗均是按 600Ω 设计的，万用表的音频电平刻度是以交流 10V 为基准，按 600Ω 负载特性绘制而成的。

在电信工程中，往往需要在信号的传输过程中对信号的衰减或增益进行测量，而人耳对声音强度的感觉，不与其功率的大小成正比，而与功率的对数成正比；因此采用了功率比值的对数值为标准，也称作电平，一般以 dB（分贝）为单位（也有用 B 为单位的，1B=10dB）。

通常把 600Ω 负载上消耗 1mW 的功率作为 0dB，即零电平。

音频电平与功率、电压的关系式为：

$$N\text{dB} = 10\lg(P_2/P_1) = 20\lg(U_2/U_1)$$

式中，P_2 为输出功率或被测功率；P_1 为输入功率；U_2 为输出电压或被测电压；U_1 为输入电压。

音频电平的刻度系数按 0dB=1mW 600Ω 输送线标准设计。这时它所对应的电压为 0.775V。根据 $P_0=U_0^2/Z$，得出：

$$U_0=\sqrt{P_0Z}=\sqrt{0.001\text{W}\times 600\Omega}=0.775\text{V}$$

MF-47 型指针式万用表电平值的测量实际上与交流电压的测量原理相同，仅是将原电压示值取对数后在表盘上以 dB 值定度而已。音频电平是以交流 10V 为基准刻度，如指示值大于 +22dB 时，可在 50V 以上各量限测量，其示值可按表 1-3 所示数值修正。

表 1-3　量限修正值

量限	按电平刻度增加值	电平的测量范围
10V		−10 ～ +22dB
50V	14dB	+4 ～ +36dB
250V	28dB	+18 ～ +50dB
500V	34dB	+24 ～ +56dB

① 选择挡位。如果被测电平在 −10 ～ +22dB 范围内，选用交流电压 10V 挡；如果被测

电平在 4 ～ 36dB 范围内选用交流电压 50V 挡；如果被测电平在 18 ～ 50dB 范围内，选用交流电压 250V 挡；如果被测电平在 24 ～ 56dB 范围内，选用交流电压 500V 挡；如果被测电平未知，可选择交流电压最大挡。

② 将万用表并联接入电路中（无正负极之分）。

③ 从第六条标尺刻度线（音频电平刻度线）读取数值。如果指针指在 20dB，选挡为 10V 挡，则读数为 20dB，不需修正。选挡在交流电压 50V 以上时，读数则应按表 1-3 进行修正。例如，选择交流电压 50V 挡，指针指在 20dB 时，读数为 20dB+14dB=34dB；选择交流电压 250V 挡，指针指在 20dB 时，则读数为 20dB+28dB=48dB；选择交流电压 500V 挡，指针指在 20dB 时，则读数为 20dB+34dB=54dB。

④ 如被测电路中有直流电压成分时，可在“+”插座中串接一个 0.1μF 的隔直流电容器。

15. 作为电阻箱使用

万用表的直流电流挡和直流电压挡，每挡都有固定的电阻。如有的万用表直流电流 2.5A 挡为 0.5Ω，250mA 挡为 3Ω，25mA 挡为 25Ω，2.5mA 挡为 240Ω；直流电压 0.5V 挡内阻为 10kΩ，2.5V 挡为 50kΩ，10V 挡为 200kΩ，50V 挡为 1MΩ，250V 挡为 5MΩ，500V 挡为 10MΩ。

维修时，有时需要临时改变电路中某点的电位。需要抬高电位时，可以在此点与正电源之间并联电阻；需要降低电位时，可以在此点与负电源之间并联电阻。此时，阻值尚未确定，且频繁焊接颇为不便。这时，用万用表的某个挡位并联上去十分方便，需要改变阻值同样方便。

16. 作为临时电流或信号源

万用表的电阻挡 $R\times1$ ～ $R\times1\text{k}$ 挡位能够提供直流电源。$R\times1$ 挡可以测量发光二极管：点亮时，黑表笔一端为二极管的正极，红表笔一端为二极管的负极，二极管良好。$R\times10$ 挡或 $R\times100$ 挡可以作信号源：用其强劲的干扰信号，可以方便地输入到音频或视频电路的输入端，看输出端是否有反应，是否有更强的输出，可以大致判断电路是否工作。

第四节 万用表的准确度等级及测量误差分析

按万用表的测量准确度大小所划分的级别，称为万用表的准确度等级。划分的依据是仪表的基本误差，该误差是在规定的正常的测量条件下所具有的误差。指针式万用表的准确度等级有 1.0 级、1.5 级、2.5 级、5.0 级，进口的万用表还有 0.5 级。准确度等级的标注方法有 3 种，分别代表不同数值的测量误差。有的万用表还标有 3 个精度等级：-2.5、～ 5.0、Ω2.5。其中 -2.5 表示直流量程的基本误差为 2.5%，～ 5.0 表示交流量程的基本误差为 5.0%，Ω2.5 表示电阻量程的基本误差为刻度弧线长的 2.5%。

人为读数误差是影响测量精度的原因之一，它虽是不可避免的，但可尽量减小。主要应注意以下几点：

① 测量前要把万用表水平放置，进行机械调零；
② 读数时眼睛要与表针保持垂直；
③ 测电阻时，每改变一次挡位都要先行调零，若调不到零，则要更换新电池；
④ 测量电阻或高压时，不能用手捏住表笔的金属部分，以免增大测量误差或触电；
⑤ 测量在路电阻时，要切断电路电源，并将电容器放电后再进行测量。

除人为读数误差外，万用表还存在以下其他误差。

一、直流电压挡的量程选择与测量误差

万用表直流电压挡的总内阻是随电压量程而改变的，低压挡的阻值较小，高压挡的较大。在测量直流电压时，电表与被测电路并联，使等效的并联电阻下降，形成分流，使测得的电压值比实际值要低。电表分流的影响和并联电阻的大小有关，因此万用表总内阻越高，其测量误差就越小。用万用表测量电压时，应选用内阻远大于被测电阻电阻值的挡位测量，否则会产生较大的误差。

例如，一块 MF-30 型万用表，其准确度等级为 2.5 级，选用 100V 挡和 25V 挡测量 23V 标准电压。

100V 挡最大绝对允许误差为 $\Delta A_1=\pm2.5\%\times100V=2.5V$。

25V 挡最大绝对允许误差为 $\Delta A_2=\pm2.5\%\times25V=0.625V$。

用 100V 挡测量 23V 标准电压，万用表的示值在 20.5 ～ 25.5V 之间；用 25V 挡测量 23V 标准电压，万用表的示值在 20.375 ～ 23.625V 之间。由上面的式子可以看出 $\Delta A_1>\Delta A_2$，即 100V 挡的测量误差比 25V 挡的测量误差大得多。

因此，同一万用表测量不同电压时，不同量程所产生的误差是不同的。在满足被测电量读数的情况下，应尽量选用量程小的挡别，这样可以提高测量的精确度。

二、直流电流挡的量程选择与测量误差

用万用表测量直流电流时，电表必须串入被测电路。从串联电阻的观点来看，对回路电阻高的电路影响较小，也就是说在高电压、高电阻的电路内测量电流所造成的误差可忽略不计。但在测量低电压、低电阻的电路时，就要考虑此项误差。

为了减小测量误差，应尽量采用大电流量程即低内阻挡测量。必要时还可通过测量回路电阻两端的电压来间接地测定电流。

三、电阻挡的量程选择与测量误差

理论上，电阻挡的每个量程都可以测量 0Ω ～∞的电阻值，欧姆表的标尺刻度是非线性不均匀的倒刻度，是用标尺弧长的百分数来表示的，而且各量程的内阻等于标尺弧长的中心刻度数乘以倍率，称为“中心电阻”。也就是说，当被测电阻等于所选量程的中心电阻时，电流中流过的是满度电流的一半，指针指示的刻度中央，其准确度等级可用下式来表示：

$$R\%=(\Delta R/\text{中心电阻})\times100\%$$

例如，用同一块万用表测量同一电阻时，选用不同的量程产生的误差不同。

一块 MF-30 型万用表，其 $R\times10$ 挡的中心电阻为 250Ω，$R\times100$ 挡的中心电阻为 2.5kΩ，准确度等级为 2.5 级，现要测量一个 500Ω 的标准电阻，试问用 $R\times10$ 挡和 $R\times100$ 挡测量，哪个误差大?

解 由上式得 $R\times10$ 挡的最大绝对允许误差为

$$\Delta R(10)=\text{中心电阻}\times R\%=250\times(\pm2.5)\%=\pm6.25(\Omega)$$

用它测量 500Ω 的标准电阻，示值介于 493.75 ～ 506.25Ω 之间，最大相对误差为 ±6.25÷500×100%＝± 1.25%。

同理，可计算出 $R\times100$ 挡最大绝对允许误差为 $\Delta R(100)=\pm62.5\Omega$，用它测量 500Ω 的标准电阻，示值介于 437.5 ～ 562.5Ω 之间，最大相对误差为 ±62.5÷500×100%＝± 12.5%。

以上计算结果对比表明，选择不同的电阻量程，测量产生的误差相差很大，因此，在选择挡位时，要尽量使被测电阻值处于量程标尺弧长的中心部位，这样测量精度会更高。

四、交流电压挡的量程选择与测量误差

万用表测量交流电压时是先将交流电压通过整流变成直流电压来测量的。因此，测量交流电压时除了直流测量的误差外，还要受到频率的影响。一般地，万用表交流电压挡适用的额定频率为 45 ～ 1000Hz，如 MF-30 型指针式万用表。在测量频率更高的电压时，由于整流二极管的结电容的原因会使整流频率降低，且频率愈高，影响愈严重。

另外，指针式万用表输入电阻不高，且不能测量 1V 以下的交流电压。万用表只适合测量波形失真小于 2% 的正弦电压。

使用指针式万用表的注意事项

第五节 使用指针式万用表的注意事项

1. 正确选择表笔插孔

在未接入电路进行测量时，应按电表的要求垂直或水平放置。测量前必须注意表笔的插孔是否是所测的项目。应将红表笔插入“+”插孔，黑表笔插入“-”(或“*”“COM”)插孔内，如果 MF-47 型指针式万用表在测量交、直流电压 1000 ～ 2500V 或直流电流在 0.5 ～ 5A 时，红表笔应从“+”插孔中拔出，分别插到标有“2500V”或“5A”的插孔中，再将转换开关分别旋至交、直流电压 1000V 或直流电流 500mA 量程上。

万用表只适宜测正弦交流参数，而不能直接测非正弦量。

2. 根据被测参数合理选择转换开关挡位

检查转换开关是否在所测挡的位置上，如果被测的是电压，而转换开关置于电流挡或电阻挡，则会烧坏表头或测量电路。在使用万用表测量电阻时，应先将被测电路断电，不可带电测量电阻。

3. 测量未知电量时挡位要宁大勿小

在测量电流或电压时，如果对被测电压、电流大小不清楚，应将量程置于最高挡上，以防止表针打弯。然后逐渐转换到合适的量程上测量，以减小测量误差。在测试时，不应任意转换量程。

4. 不宜测毫伏与微伏级电信号

万用表的交流电压挡不适用于测量较高频率的信号，一般万用表的频率范围在

50Hz ～ 50kHz 之间。没有低于 1V 交流电压挡的万用表，不适宜测毫伏、微伏级的信号。

5. 注意视觉误差

读数时视线应与表盘垂直，视线、指针和刻度应在一直线上，以提高读数的准确度。正确使用有效数字，应读到估计值位。

6. 注意使用安全

在每次测量之前，应严格核对测量的电量种类，检查转换开关是否拨对位置。用万用表测量电压和较大电流时，必须在断电的状态下转动开关和量程旋钮，以免在触点处产生电弧，烧坏万用表转换开关的触点。测量完交、直流电流时，一定先切断电源，才能撤下表笔，避免发生仪表烧毁或人身安全事故。

不允许用万用表电阻挡测量电池、微安表头、检流计的内阻。不可用电压挡测量标准电池的电压。

7. 测量后的保管

每次测量完毕后，应将表笔取下，转换开关拨到交流电压最高挡或空挡“OFF”上，以免再次测量时烧坏电表。携带万用表时，避免激烈撞击和振动，以防损坏表头或其他元器件。

万用表应存放在干燥、无尘、无强磁场、环境温度适宜且无腐蚀性气体、不受振动的场所。长期不用万用表时，应将电池取出，防止电池漏液，腐蚀表内电路和元器件。

第六节 指针式万用表的常见故障及维修

指针式万用表的功能多、携带方便，在电气维修和调试中使用频繁，由于使用不当或用久变质 (如电阻元件变质等)，发生故障的概率很高，经常会发生各种不正常现象或损坏情况。

维修万用表时应根据电路图，结合实物结构，对故障现象进行综合分析判断，而后采取相应措施。为了使维修与调试准确可靠，对各项技术要求必须清楚，性能参数也应记熟。在调修万用表电路时，应具备所修表的电路图和各部分简化电路图，以方便分析维修。指针式万用表的常见故障主要包括两个方面，一方面是表头机械故障，另一方面是电路电气故障。

一、表头机械故障的检查与维修

① 将机械调零螺钉缓慢地旋转一周，观察指针是否在零位左右均衡地移动，然后再准确地调回零位。若调不到零位或移动不均衡，可能是游丝扭乱或粘圈，或者是调零杆松动，或是因为指针被打弯而卡针。如果是这些情况，则均需拆开表头修理。

② 摇动表头，如果表针摆动不正常，不动或无阻尼，则要检查表针支撑部位是否卡住，游丝是否绞住，是不是机械平衡不好，查看表头是否断线或分流电阻断。

③ 将万用表置于电阻挡并将红黑两表笔短接，查看表针有无卡阻现象，表笔分开后指针是否回零，若出现卡阻或不能回零现象，应拆开表头进行检查修理。

④ 将万用表竖立，观察指针平衡情况。如果指针偏离零位距离较大，表明指针打弯变形，或指针失去平衡。此时应拆开表头，调好表针，或重新调整平衡锤的位置。

关于表头的常见故障、原因及维修方法见表 1-4。

表 1-4 表头常见故障、原因及维修方法

故障现象	故障产生原因	维修方法
不回零 误差大	①轴尖磨损变秃 ②轴尖在轴尖座中松动 ③轴承锥孔磨损 ④轴承或轴承螺钉松动 ⑤游丝太脏、粘圈 ⑥游丝焊片与螺钉有摩擦 ⑦可动部分平衡不好	①磨轴尖或更换轴尖 ②调整 ③更换宝石轴承 ④修理调整 ⑤酒精清洗、调修 ⑥调整修理 ⑦调整平衡
电路通但 无指示	①游丝焊片与支架没有绝缘好，使进出线短路 ②游丝和支架接触，使动圈短路 ③有分流支路的测量电路，表头断路而支路完好	①加强绝缘性能 ②拨开接触点 ③检查断路点，重新焊接
电路通但指 示小	①动圈局部短路 ②分流电阻局部短路 ③游丝与支架绝缘不好，部分电流通过支架分流	①修理或重绕动圈 ②更换分流电阻 ③加强绝缘性能
电路不通 无指示	①电气测量电路断路 ②游丝烧断或开焊 ③动圈断路 ④与动圈串联的附加电阻开路	①检查断路点，重新焊好 ②更换游丝或重焊 ③更换动圈 ④更换附加电阻
电路通但指 示不稳定	①转换开关脏污，接触不良 ②电路有虚焊 ③测量电路中有短路或碰线 ④动圈氧化、虚焊	①清洗开关 ②查找虚焊点，重焊 ③分开电路，涂绝缘漆 ④重焊动圈线头
误差大	①永久磁铁失磁 ②可动部分平衡不好 ③线路接触不良 ④电阻的阻值改变	①充磁 ②调整平衡 ③检查线路，排除不良 ④用同阻值电阻进行更换
可动部分卡 滞不灵活	①磁气隙中有铁屑 ②磁气隙中有纤维毛或尘埃 ③轴尖轴承间隙过小	①用钢针拨出铁屑 ②用球压空气吹出纤维毛或尘埃 ③调整轴尖轴向位置

二、看万用表线路的方法

① 先弄清各元件的实物结构及其在图上的代表符号，了解各元件的作用及分布位置。

② 在万用表中起综合作用的是转换开关，应先弄清转换开关活动连接片转到某一位置时哪条电路被接通，哪些电路被断开；弄清转换开关上固定连接片的作用。如果说明书上没有转换开关的底视图，则最好根据实物具体情况绘出示意图。

③ 看直流电压和电流的测量线路时，首先将转换开关转到相应的区间，然后从接线柱“+”端开始，经过有关元件再回到“−”端。看交流测量线路时，同样要将转换开关转到相应的区间，然后从它的接线柱的一端经过整流器等交流特有元件再回到另一端。看电阻测量线路时，也和上面一样，但必须经过内附电池这一电阻测量的特殊元件。

④ 在查看某一部分线路时，如碰到几条支路的交点，则应分别查清各条支路，如果某一支路被开关切断走不下去，则该支路可以不考虑，凡是能走得通的支路，就应一直查下去，直到回到接线柱的另一端为止，这样的支路，在分析时，就应当加以考虑。

三、直观检查

先看外壳、指针、旋钮等部分是否有明显损坏或故障。再根据故障情况，拆开表壳(一般松下表背螺钉即可拆开)，观察内部各元件有无烧坏或其他损坏情况，线头有无脱焊或断开等。如果没有发现异常情况，即可进行通电检查。

四、通电检查及检修

通电检查，一般从直流电流部分开始，因为它的线路比较简单，而且是万用表其他各部分电路的基础。在这一部分调好之后，再依次检查直流电压、交流电压、电阻测量各部分。下面就按这一顺序进行介绍。

1. 测量直流电流部分的检查与调修

在检查万用表电流各挡时可用图 1-16 所示电路。标准表可用毫安表或其他无故障的万用表 mA 挡。

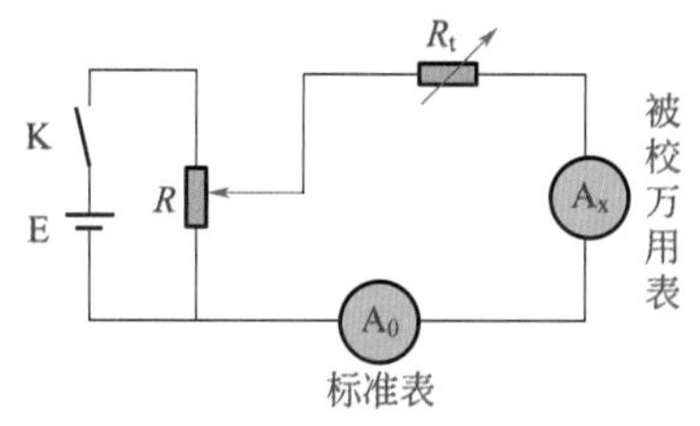

图 1-16　检查万用表直流电流各挡的电路

将被校万用表旋到最小毫安挡，合上开关 K，并逐渐减小电阻 R，观察万用表指示情况。然后改变万用表毫安挡量程。对检查结果进行分析，便可判断万用表的这一部分电路是否正常或有哪些故障。

测量直流电流部分常见故障及原因分析见表 1-5。根据表中所列举的可能产生的原因，进一步检查(直接观察或用万用表测量电阻值等)，最后便可找出故障点，然后进行修理，例如调整表头特性及更换好的电阻等。更换电阻时，电阻值一般可根据说明书或电路图中标明的阻值进行调换。如果查不到，则可用一可调电阻箱代替已损坏的电阻，然后校准万用表读数，便可从电阻箱的数值得出所需调配的电阻值。

表 1-5　测量直流电流部分常见故障及原因分析

序号	常见故障	可能产生的原因
1	在同一量程内误差率不一致	表头本身特性改变
2	各挡量程值偏高	①与表头串联的电阻值变小 ②分流电阻值偏高 ③表头灵敏度偏高
3	各挡量程值偏低	①表头串联电阻值增大 ②表头灵敏度偏低

续表

序号	常见故障	可能产生的原因
4	被校表无指示，而标准表有指示	①表头线圈脱焊或动圈短路 ②表头被短路 ③与表头串联的电阻损坏或脱焊 ④ 转换开关接触不良 ⑤二极管击穿或熔丝管熔断
5	被校表在小量程时，指示很快，但在较大量程时，又无指示	分流电阻烧断或脱焊
6	两者均无指示	转换开关不通，或公共线路断开
7	各挡均为正误差	①与表头串联的电阻短路或阻值变小 ②分流电阻某一挡焊接不良，电阻值偏大 ③表头灵敏度偏高
8	各挡均为负误差	①表头灵敏度降低 ②表头串联电阻阻值增大 ③分流电阻减小或分流电阻某一挡因烧坏而短路

2. 测量直流电压部分的检查与调修

当万用表直流电流部分调好之后，便可进行直流电压部分的检查。测量直流电压部分常见故障及原因分析见表 1-6。

表 1-6　测量直流电压部分常见故障及原因分析

序号	常见故障	可能产生的原因
1	某一量程误差很大，而后各量程误差逐渐减小	①该量程附加电阻变质或短路 ②该量程附加电阻额定容量太小，过载时阻值变大
2	某量程不通，而其他量程正常	①转换开关与该挡接触不好或烧坏触点 ②转换开关触点连接线与附加电阻脱焊或断线
3	被校表无指示	①转换开关电压部分公用接点脱焊 ②最小量程挡附加电阻断路或损坏 ③熔丝管熔断
4	某一量程以后，被校表无指示	开始出现不通时的那一个量程的某一附加电阻断路或脱焊

3. 测量交流电压部分的检查与调修

当直流电压部分调修正常以后，便可进行交流电压部分的检查。检查万用表交流电压部分的电路如图 1-17 所示，测量交流电压部分常见故障及原因分析见表 1-7。

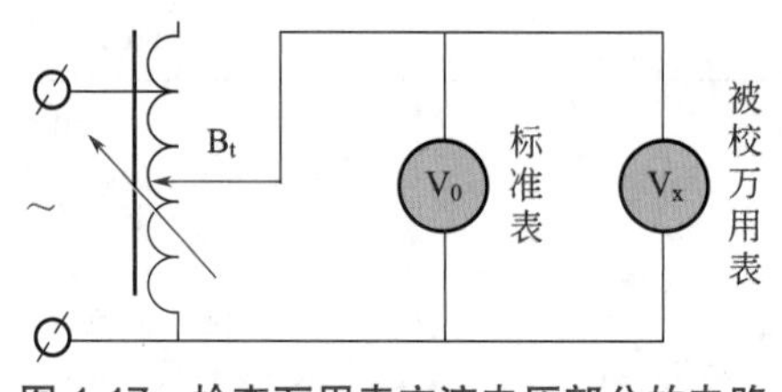

图 1-17　检查万用表交流电压部分的电路

表 1-7　测量交流电压部分常见故障及原因分析

序号	常见故障	可能产生的原因
1	被校表误差很大，有时偏低 50%	全波整流器中，有一个二极管被击穿
2	被校表读数很小，或指针只有轻微摆动	①整流器被击穿 ②转换开关接触不良
3	小量程误差大，量程增大时误差减小	可变电阻活动触点接触不良，或最小量程挡附加电阻值增大
4	各量程指示偏低	整流器损坏，反向电阻减小
5	某量程挡不通，其他量程正常	①转换开关与该挡接触不良或烧坏 ②转换开关与该挡附加电阻脱焊

一般完好的整流元件正、反向电阻之比应在 1 ∶ 40 以上，若比值过小，说明整流元件已被击穿，必须更换。若比值稍低，经过调节最小量程挡的电阻值后，可以消除误差，则整流元件仍可应用。

4. 测量电阻部分的检查与调修

测量电阻的电路是在测量直流电流电路的基础上增加了几个电阻及干电池等元件而组成的。所以当测量电流、电压各部分均已调修正常后，电阻部分的故障是比较容易找出的。测量电阻部分常见故障及原因分析见表 1-8。

表 1-8　测量电阻部分常见故障及原因分析

序号	常见故障	可能产生的原因
1	两测试棒短接时，指针调节不到零位	①干电池容量不足 ②串联的电阻阻值变大 ③转换开关接触不良，电阻增大
2	短接调零时，指针无指示	①转换开关公共接触点断路 ②可调电阻接触点脱焊 ③干电池无电压输出或断路 ④串联电阻断路
3	移动零欧姆调整器时，指针跳跃不定	欧姆调零电位器接触不良或过脏，阻值太大
4	个别量程误差很大	①该挡分流电阻变质或烧坏 ②该量程转换开关接触不良
5	个别量程不通	①该量程的串联电阻开路 ②转换开关接触不良 ③该量程与表头部分并联的专用电阻烧断

以上只是给出了指针式万用表常见的一部分故障，目的是给读者提供一个维修思路。在实际调修万用表时，必须首先弄清它的原理电路，仔细观察和分析各种异常现象，做出正确的判断，然后采取适当的措施，将故障排除，使仪表能恢复正常工作。前面介绍的表 1-5 ～表 1-8 都只是提供了一些参考线索，有时可能几种故障同时存在，这时应按照相应的测量电路，结合实际电路进行综合分析，参照上述分析和检查方法逐点排除，达到举一反三、灵活应用的目的。

五、MF-47 型指针式万用表的故障排除举例

1. 表头没有任何反应

表头没有任何反应可能存在以下故障：

① 表头或表笔损坏。

② 接线错误。

③ 保险管没有安装或损坏。

④ 电池极板装错。如果将两种电池极板位置装反，电池两极无法与电池极板接触，电阻挡就无法工作。

⑤ 电刷装错。

2. 电压指针反偏

这种情况一般是表头引线极性接反引起的。如果直流电流、直流电压正常，交流电压指针反偏，则为二极管接反。

3. 测电压示值不准

这种情况一般是焊接有问题，应对被怀疑的焊点重新处理。

第二章 数字式万用表

第一节 数字式万用表的组成

一、概述

我们把传统的指针式万用表称为模拟式万用表，而把数字化的模拟式万用表称为数字式万用表。数字式万用表具有测量精度高、灵敏度高、速度快及数字显示等特点。随着单片CMOS A/D转换器的广泛使用，新型袖珍式数字式万用表也迅速得到普及，尤其是现代电子设备普遍应用微机作中央控制系统，因此，除在测试过程中特殊指明者外，不能用指针式欧姆表测试微机和传感器，以免微机或传感器受损，通常应使用高阻抗的数字式万用表（内阻在10MΩ以上）。

数字式万用表与指针式万用表在使用方面有许多不同。

① 指针式万用表在使用中很容易读错直流电压和交流电压的刻度线，这种情况在电压量程不同时也经常发生，而数字式万用表就不会发生这种情况。

② 指针式万用表电阻阻值的刻度，从左到右的刻度密度逐渐变稀，也就是说它的刻度是非线性的；相对而言，数字式万用表显示则是线性的。

③ 与指针式万用表的内阻相比，数字式万用表的内阻非常高，所以在进行电压测量时，后者更接近理想的测量条件。

④ 在测量直流电压时，指针式万用表如果正、负极接反，表头指针的偏转方向也随之相反，而使用数字式万用表时，它能自动判断并且显示出电压的极性，所以用不着考虑接错正负极的问题。可见，数字式万用表有许多指针式万用表无法相比的优点。近年来，随着我国电子工业的发展，数字式万用表以其测量精度高、显示直观、速度快、功能全、可靠性好、小巧轻便、耗电省、便于操作等优点，受到人们的普遍欢迎，它已成为电子、电工测量以及电子设备维修等部门的必备仪表。

二、常见的数字式万用表类型

1. 按照量程转换方式分类

（1）手动量程

这种仪表的价格较低，但操作比较复杂，因量程选择得不合适很容易使仪表过载。

（2）自动量程

自动量程数字式万用表可大大简化操作，有效地避免过载并能使仪表处于最佳量程，从而提高了测量准确度与分辨力。此类仪表的价格较高。

2. 按照用途及功能分类

（1）低档数字式万用表

它属于 $3\frac{1}{2}$ 位普及型仪表，功能比较简单，价格与指针式万用表相当。典型产品有 M810、DT820B、DT830B、DT830C、DT830D、DT840D、M3900、DT5803、DT9201A 等型号。

（2）中档数字式万用表

① 多功能型数字式万用表　此类仪表一般设置了电容挡、测温挡、频率挡，有的还增加了高阻挡和电导挡。典型产品有 DT890C+、DT890C+TM、DT890F、DT890G、DT9208、VC9808 型 $3\frac{1}{2}$ 位数字式万用表。

② 准确度较高的数字式万用表　其准确度较高，功能较全，适合实验室测量用。典型产品有 DT930F+、VC94、DT980A、DT1000、M1000、DT9203A、DT9204A、DT9205A、VC9807A 型数字式万用表。

③ 语音数字式万用表　内含语音合成电路，显示数字的同时还能用语音播报测量结果。典型产品有 VC93 型 $3\frac{1}{2}$ 位数字式万用表。

（3）智能数字式万用表

① 中档智能数字式万用表　这类仪表一般采用 4 位单片机，带 RS-232 接口。典型产品有 BY1941A 型 $4\frac{1}{2}$ 位数字式万用表。

② 高档智能数字式万用表　内含 8 ～ 16 位单片机，具有数据处理、自动校准、故障自检等多种功能。典型产品有 HP3458A、7181 型 $8\frac{1}{2}$ 位台式数字式万用表。

（4）双显示及多重显示数字式万用表

双显示仪表的特点是在 $3\frac{1}{2}$ 位数显的基础上增加了模拟条图显示器，后者能迅速反映被测量的变化过程及变化趋势，典型产品有 DT960T、EDM81B、VC97 型数字式万用表。多重显示仪表是在双显示仪表的基础上发展而成的，它能同时显示三组或三组以上的数据（例如最大值、最小值、即时值、平均值），典型产品有国产 VC97 型数字式万用表，Fluke 公司生产的 87、88 型数字式万用表。

（5）专用数字仪表

例如 VC6013 型数字电容表，DM4070D、ADM6243、LC6243 型数字电感电容表，DM6801A、DM6902 型数字温度计，3001C、SW508、CTH-2 型数字温湿度计，HT-602 智

能露点仪，LX101 数字照度计，DM6234P 型光电式数字转速表，AM-4202 型数字风速表，VC3212 型数字钳形表，DT266FT 型钳形数字式万用表，CM6100、PG14A 型数字功率表。

三、数字式万用表的结构原理

常见的数字式万用表类型有 MS8215 型、DT9205A$^+$ 型、VC890C$^+$ 型等，如图 2-1 所示。

MS8215　　DT9205A$^+$　　VC890C$^+$

图 2-1　常见的万用表实物外形

数字式万用表主要由模拟电路、数字电路两部分构成：模拟电路包括输入电路、A/D 转换器；数字电路包括计数器、逻辑控制电路、时钟发生器、显示屏，如图 2-2 所示。

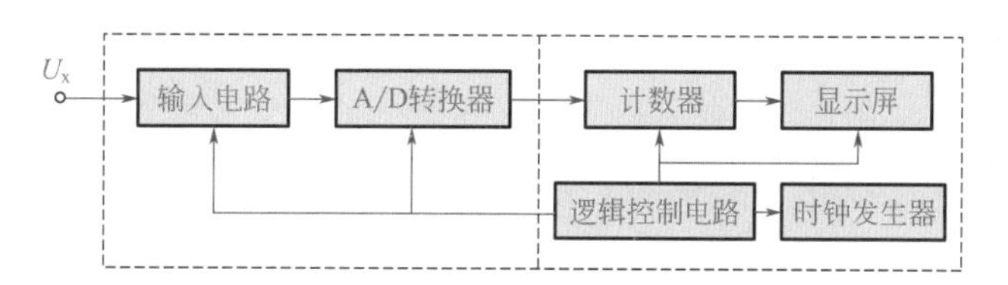

图 2-2　数字式万用表的构成方框图

A/D 转换器的作用是将模拟直流电压转换成数字量脉冲输出。例如，输入为 500mV，则输出为 500 个脉冲，计数器的任务是计量这些脉冲数，而显示器则以数字形式显示输入电压的值。这一过程就构成了最基本的数字直流电压表（DCM）。

在数字直流电压表的输入端，配以不同的转换器就构成了基本的数字式万用表，这些转换器的作用可以归结为以下四项变换过程，从而使数字式万用表不仅可以测量直流电压，还可以测量直流电流、交流电流、交流电压、电阻等各种参数。

这四项变换是：

① 把直流电流 I 变换成直流电压 U，简称 I-U 变换。

② 把交流电压 u 变换成直流电压 U，简称 u-U 变换。

③ 把交流电流 i 变换成直流电压 U，简称 i-U 变换。

④ 把电阻阻值 R 变换成直流电压 U，简称 R-U 变换。

实际中，I-U 变换是利用欧姆定律的原理，使被测的直流电流 I_x 通过标准电阻 R，以 R 上的直流压降 U_x 来表示 I_x 的大小，即

$$U_x=I_xR_x$$

u-U 变换是采用二极管整流的方法。为克服二极管整流的非线性，利用运算放大器来改善这种非线性引起的失真。

i-U 变换是把交流电流变换成交流电压，然后进行 u-U 变换。

R-U 变换是采用一种恒流法转换原理，即利用恒定电流 I_x 流经被测电阻 R_x 时，R_x 两端的电压 U_x 与 R_x 成正比的关系求得。通常，是用带有运算放大器的恒流源电路来实现的。

综上所述，数字式万用表的原理方框图就不难理解了，数字式万用表的总体方框图如图 2-3 所示（图中接线为测量直流电压）。

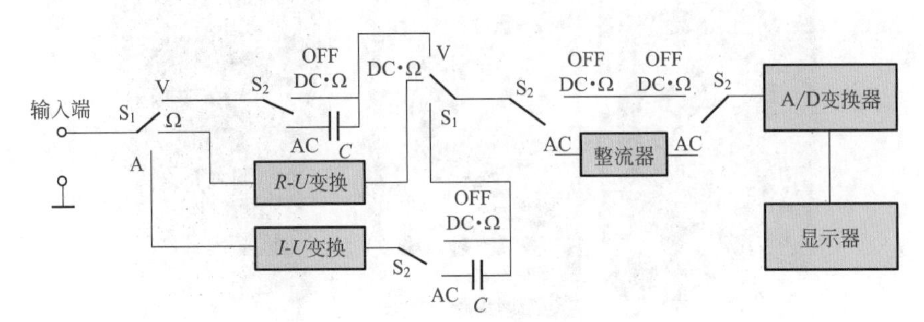

图 2-3　数字式万用表的原理框图

第二节 数字式万用表的性能特点

一、测量准确度高

数字式万用表的准确度比指针式万用表的准确度高很多。例如，现在比较普遍使用的 $3\frac{1}{2}$位或 $4\frac{1}{2}$位数字式万用表的测量准确度为 ±0.5%～±0.03%，而指针式万用表的准确度只有 ±2.5%。

二、分辨力高

数字式万用表由功能选择开关把各种输入信号分别通过相应的功能变换，变成直流电压，再经 A/D 转换器直接用数字显示被测量的大小，其分辨率大大提高。数字式万用表在最低电压量程上末位 1 个字所对应的电压值，称作仪表的分辨力，它反映出仪表灵敏度的高低。数字仪表的分辨力随着显示位数的增加而提高。不同位数的数字式万用表所能达到的最高分辨力是不同的。

数字式万用表的分辨力也可用分辨率来表示。分辨率是指所能显示的最小数字与最大数字之比，一般用百分数表示。例如，$3\frac{1}{2}$位数字式万用表可显示的最小数字（不包括零）为

1，最大数字为 1999，故分辨率为 1/1999≈0.05%。同理，可知 $3\frac{3}{4}$位数字式万用表的分辨率是 1/3999 ≈ 0.025%。

但需要指出的是，分辨力与分辨率是有区别的，例如，$3\frac{1}{2}$位、$3\frac{2}{3}$位、$3\frac{3}{4}$位仪表的分辨力相同，都是 100μV，但三者的分辨率却是不同的，分别为 0.05%、0.033%、0.025%。

另外，还要指出的是分辨力与准确度是两个不同的概念。分辨力表征的是仪表对微小电压的“识别”能力，即其“灵敏性”，而准确度则反映测量的“准确性”，即测量结果与真值的一致程度。两者之间无必然联系，不能混为一谈。分辨力只与仪表显示的位数有关，而准确度则取决于 A/D 转换器、功能转换器的误差以及量化误差等。在实际应用中，并不是准确度和分辨力越高越好，要根据被测对象和测量要求而定。如果不需要特别高的准确度时，采用准确度很高的仪表进行测量，实际上也是一种浪费。

三、输入阻抗高

数字式万用表的输入阻抗是指它的交直流电压挡在工作状态下从输入端看进去的等效阻抗。仪表的输入阻抗为有限值，因此它总要从被测电路中吸取电流而影响被测电路的工作状态，使测量结果产生误差。这一误差的大小不仅与仪表的输入阻抗有关，而且还与被调电路的等效输入电阻有关。

在测量电压时，仪表的输入阻抗越大，在测量过程中从被测电路中吸取的电流越小，对被测电路的影响也越小，因而测量误差也就越小。$3\frac{1}{2}$位数字式万用表的直流电压挡输入阻抗一般为 10MΩ，$5\frac{1}{2}$～$8\frac{1}{2}$位智能数字式万用表的输入阻抗可大于 10000MΩ。交流电压挡受输入电容的影响，其输入阻抗一般低于直流电压挡（$3\frac{1}{2}$位数字式万用表的阻抗不小于 2.5MΩ），只适于测量中、低频电压，如果测量高频电压需使用高频探头，它可将仪表的频率响应扩展到 20kHz ～ 700MHz。

四、测量速率快

测量速率是指数字式万用表单位时间（1s）内对被测量的测量次数，也就是仪表每秒钟内给出显示值的次数，单位是次 /s。

测量速率的快慢主要取决于 A/D 转换器的转换速率。不同类型的 A/D 转换器其转换速率也不同。$3\frac{1}{2}$～$4\frac{1}{2}$位数字式万用表的测量速率一般是 2 ～ 5 次 /s，$5\frac{1}{2}$～$7\frac{1}{2}$位数字式万用表的测量速率一般可达几十次每秒。有的数字式万用表用测量周期来表示测量的快慢。测量周期就是完成一次测量过程所需要的时间，显然测量周期越短，测量速率就越高，两者互为倒数关系。

但是，测量速率与准确度高低存在着矛盾，通常是准确度越高，测量速率越低，两者难以兼顾。为此，有些厂家在有些数字式万用表中专门增设了快速测量挡。做快速测量时测量速率可提高几倍，同时显示位数会减少一位，准确度也随之降低。有些表还设有低速（S）、中速（M）、快速（F）三挡，可满足不同用户的需要。

五、抗干扰能力强

数字式万用表测量时受到的干扰一般有内部干扰和外部干扰两个方面，内部干扰有漂移和各种噪声；外部干扰有共模干扰和串模干扰之分。对于用户来说，重要的是测量仪表对外部干扰的抑制作用。串模干扰是干扰电压与被测信号串联后加至仪表的输入端。如 50Hz 交流信号及其谐波叠加在直流信号上。共模干扰是指干扰电压同时加在仪表的两个输入端。这种干扰电压可能是直流，也可能是工频或高频交流电压。衡量仪表抗干扰能力的技术指标有两个：一个是串模抑制比（SMRR），另一个是共模抑制比（CMRR）。

数字式万用表内部的 A/D 转换器大多采用双积分式，因此它对 50Hz 工频一类的交流信号产生的串模干扰有很强的抑制能力，同时对共模干扰也有较强的抑制能力，一般共模抑制比可达 86 ～ 120dB。

六、测量功能多

数字式万用表除了具有指针式万用表的功能外，还具有其他一些功能，如测量温度（T）、电导（G）、频率（f）、低功率法测电阻挡（LO Ω）。

新型数字式万用表大多还增加了读数保持（HOLD）、逻辑测试（LOGIC）、真有效值测量（TRMS）、相对值测量（REL Δ）、自动关机（AUTO OFF POWER）、脉冲宽度测量（Pulse Duration）、占空比测量（Duty Factor）的功能。新型智能数字式万用表还开发了更先进的功能，如液晶条图显示（LCD Bargraph）、多重显示、最小值 / 最大值存储（Min/Max Mode）、峰值保持（PK HOLD）、数据存储（MER）、数据输出（COMM）、复位（RST）等功能。

三重显示可编程智能数字式万用表能同时显示三种不同参数值（例如最大值 Max、最小值 Min、实时值），并能预置测量范围的上、下限，为测量工作带来极大的方便。

数字式万用表插入“+”插孔的红表笔在测量电阻挡时是高电位端，这一点与普通万用表完全相反，在使用中必须注意。

第三节 数字式万用表的使用

本节以 MS8215 型数字式万用表的使用为例，介绍数字式万用表的使用方法。

一、概述

MS8215 型数字式万用表使用前，请仔细阅读使用说明书并请注意有关安全工作准则。必须遵守标准的安全规则：

① 通用的防电击保护的电路。

② 防止错误使用仪表。为保证人身安全，请使用随表提供的测试笔。在使用前必须检查并确保它们是完好的。

1. 使用注意事项

① 当仪表或表笔外观破损时，请不要使用。

② 若未按照说明书的指示使用仪表，仪表提供的安全功能可能会失效。

③ 在裸露的导体或母线周围工作时，必须极其小心。切勿在爆炸性的气体、蒸汽或灰尘附近使用本仪表。

④ 用仪表测量已知的电压，确认仪表正常工作。若仪表工作异常，请勿使用，保护设施可能已遭到损坏。使用仪表测量时，要确定测试笔和功能开关位于正确的位置。在不能确定被测量信号的大小范围时，将量程开关置于最大量程位置或尽可能选择自动量程方式。切勿超过每个量程所规定的输入极限值，以防损坏仪表。

⑤ 当仪表已连接到被测线路时，切勿触摸没有使用的输入端。当被测电压超过 60V 直流或 30V 交流有效值时，请小心操作以防电击。使用测试笔测量时，应将手指放在测试笔的护环后面。

⑥ 连接时，先连接公共测试笔，然后再连接带电的测试笔；断开连接时，先断开带电的测试笔，然后再断开公共测试笔。在转换量程之前，必须保证测试笔没有连接到任何被测电路。对于所有的直流功能，包括手动或自动量程，为避免由于可能的不正确读数而导致电击的危险，请先使用交流功能来确认是否有任何交流电压的存在。然后，选择一个等于或大于交流量程的直流电压量程。

⑦ 在进行电阻、二极管、电容测量或通断测试前，必须先切断电源，并将所有的高压电容器放电。不可在带电的电路上测量电阻或进行通断测试。在进行电流测量前，应先检查仪表的保险管。把仪表连接到被测电路之前，应先将被测电路的电源关闭。

⑧ 该表使用三节 7 号（AAA）电池供电，电池必须正确地安装在仪表的电池盒内。当电池指示符号[-+]出现时，应马上更换电池。电池电量不足会使仪表读数错误，从而导致电击或人身伤害。

⑨ 在进行测量类别Ⅱ电压测量时不可超过 1000V；进行测量类别Ⅲ电压测量时不可超过 600V。

⑩ 仪表的外壳（或外壳的一部分）被拆下时，切勿使用仪表。

2. 安全符号

仪表表面及使用说明书中的安全符号：

⚠——重要的安全信息，使用前应参阅使用说明书。

～——AC（交流电）。

⎓——DC（直流电）。

≂——交流电或直流电。

⏚——大地。

回——双重绝缘保护。

⊟——熔丝。

CE——符合欧洲工会（European Union）指令。

3. 安全保养

① 不要轻易打开仪表外壳进行维修和校验，只能由完全了解仪表及电击危险的工程技术人员执行。打开仪表外壳或拆下电池盖时，应先拔出测试笔。在打开仪表前，必须断开一切有关的电源，同时也必须确保没带有静电以免损坏仪表的元器件。打开仪表外壳时，必须

注意仪表内的一些电容即使在仪表关闭电源以后还存储着危险的电压。

② 维修仪表时，必须使用工厂指定的更换零部件。如果观察到有任何异常，该仪表应立即停止使用并送维修。

③ 当长时间不用时，请将电池取下，并避免存放于高温高湿的地方。

4. 保护措施

本仪表具有足够的保护措施：

① 在“V・Ω”输入插座，对超过 1000V 的瞬间电压利用压敏电阻进行限制。

② 在进行电阻、电容、温度、通断和二极管测量时，利用热敏电阻来限制和承受超过 1000V 的持久电压。

③ 在进行电流测量时，通过相应的保险管进行保护。

④ 本仪表具有防止表笔误插的机械保护设施。

红色测试笔插入的输入插座会按测量功能和量程的转换相应地开启和阻挡。当转动旋转开关感到不能转动时，应立即停止转动旋转开关，这表明所要选择的挡位和当前红色测试笔插入的输入插孔位置不符。应拔出红色测试笔插头，再转动旋转开关至所需的挡位。

二、万用表的构造与功能

1. 仪表外观

万用表的外观如图 2-4 所示。

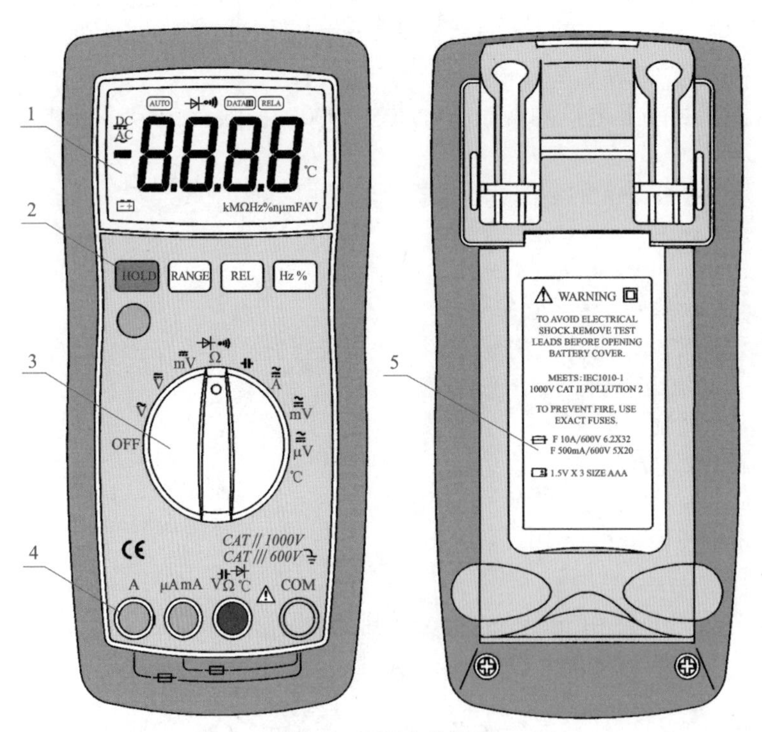

图 2-4　万用表的外观

1—液晶显示器；2—功能按键；3—旋转开关；4—输入插座；5—电池盖

2. 液晶显示器

显示器的面板如图 2-5 所示。

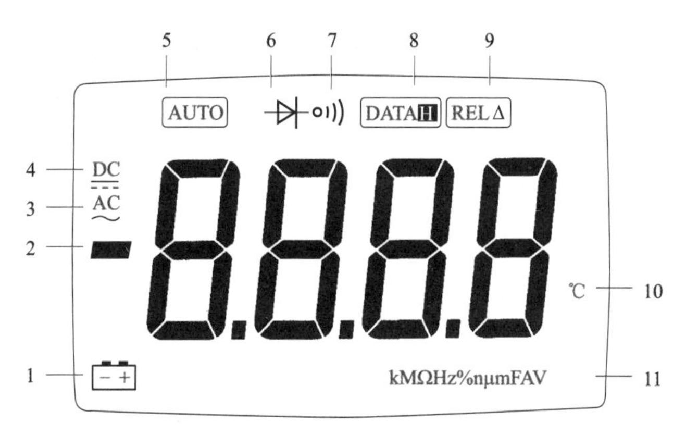

图 2-5 显示器的面板

显示器面板的符号说明如表 2-1 所示。

表 2-1 显示器面板的符号说明

号码	符号	含义
1	[电池符号]	电池电量低。 为避免错误的读数而导致遭受到电击或人身伤害，本电池符号显示出现时，应尽快更换电池
2	▬	负输入极性指示
3	AC ∼	交流输入指示。交流电压或电流是以输入的绝对值的平均值来显示的，并校准至显示一个正弦波的等效均方根值
4	DC ⎓	直流输入指示
5	AUTO	仪表在自动量程模式下，它会自动选择具有最佳分辨率的量程
6	[二极管符号]	仪表在二极管测试模式下
7	•)))	仪表在通断测试模式下
8	DATA H	仪表在读数保持模式下
9	REL Δ（仅限 MS8217）	仪表在相对测量模式下
10	℃（仅限 MS8217）	℃：摄氏度。温度的单位

续表

号码	符号	含义
11	V，mV	V：伏特。电压的单位 mV：毫伏。1×10^{-3}V 或 0.001V
	A，mA，μA	A：安培。电流的单位 mA：毫安。1×10^{-3}A 或 0.001A μA：微安。1×10^{-6}A 或 0.000001A
	Ω，kΩ，MΩ	Ω：欧姆。电阻的单位 kΩ：千欧。1×10^{3}Ω 或 1000Ω MΩ：1×10^{6}Ω 或 1000000Ω
	%（仅限 MS8217）	%：百分比。使用于占空系数测量
	Hz，kHz，MHz （仅限 MS8217）	Hz：赫兹。频率的单位（周期 / 秒） KHz：千赫。1×10^{3}Hz 或 1000Hz MHz：兆赫。1×10^{6}Hz 或 1000000Hz
	μF，nF	F：法拉。电容的单位 μF：微法。1×10^{-6}F 或 0.000001F nF：纳法。1×10^{-9}F 或 0.000000001F
12	OL	对所选择的量程来说，输入过高

3. 功能按键操作说明

功能按键操作说明如表 2-2 所示。

表 2-2　功能按键操作说明

按键	功能	操作介绍
O（黄色）	Ω　⊣▶⊢　•)))	选择电阻测量、二极管测试或通断测试
	A、mA 和 μA	选择直流或交流电流
	开机通电时按住	取消电池节能功能
HOLD	任何挡位	按 HOLD 键进入或退出读数保持模式
RANGE	V~、V⎓、Ω、A、 mA 和 μA	①按 RANGE 键进入手动量程模式 ②按 RANGE 键可以逐步选择适当的量程（对所选择的功能挡） ③持续按住 RANGE 键超过 2s 会回到自动量程模式
REL（仅限 MS8217）	任何挡位	按 REL 键进入或退出相对测量模式
Hz%（仅限 MS8217）	V~、A、mA 和 μA	①按 Hz %键启动频率计数器 ②再按一次进入占空系数（负载因数）模式 ③再按一次退出频率计数器模式

4. 旋转开关操作说明

旋转开关挡位的操作说明如表 2-3 所示。

表 2-3　旋转开关挡位的操作说明

旋转开关挡位	功　能
V～	交流电压测量
V⎓	直流电压测量
mV⎓	直流毫伏电压测量
Ω　⊣▷⊢　•)))	Ω 为电阻测量 / ⊣▷⊢ 为二极管测试 / •))) 为通断测试
⊣⊢	电容测量
A≂	0.01A 到 10.00A 的直流或交流电流测量
mA≂	0.01mA 到 400mA 的直流或交流电流测量
μA≂	0.1μA 到 4000μA 的直流或交流电流测量
℃（仅限 MS8217）	温度测量

5. 输入插座使用说明

输入插座的使用说明如表 2-4 所示。

表 2-4　输入插座的使用说明

输入插座	描　述
COM	所有测量的公共输入端（与黑色测试笔相连）
⊣⊢　⊣▷⊢ V　Ω　℃	电压、电阻、电容、温度（仅限 MS8217）、频率（仅限 MS8217）、二极管测量及蜂鸣通断测试的正输入端（与红色测试笔相连）
μA/mA	电流 μA 及 mA 和频率（仅限 MS8217）的正输入端（与红色测试笔相连）
A	电流 4A 及 10A 和频率（仅限 MS8217）的正输入端（与红色测试笔相连）

三、MS8215 型数字式万用表的使用

1. 读数保持模式

读数保持模式可以将目前的读数保持在显示器上。在自动量程模式下启动读数保持功能将使仪表切换到手动量程模式，但原有量程维持不变。通过改变测量功能挡位、按“RANGE”键或再按一次“HOLD”键都可以退出读数保持模式。

要进入和退出读数保持模式：

① 按一下“HOLD”键，读数将被保持且“DATA H”符号同时显示在液晶显示器上。

② 再按一下“HOLD”键将使仪表恢复到正常测量状态。

2. 手动量程和自动量程模式

本仪表有手动量程和自动量程两个选择。在自动量程模式内，仪表会为检测到的输入选择最佳量程，转换测试点时无须重置量程。在手动量程模式内，需要自己选择所需的量程，可以取代自动量程并把仪表锁定在指定的量程下。

对具有超过一个量程的测量功能挡，仪表会将自动量程模式作为其默认模式。当仪表在自动量程模式时，显示器会显示“AUTO”符号。

要进入和退出手动量程模式：

① 按“RANGE”键，仪表进入手动量程模式，“AUTO”符号消失。每按一次“RANGE”键，量程会增加一挡。到最高挡的时候，仪表会循环回到最低的一挡。

当进入读数保持模式后，如果以手动方式改变量程，仪表会退出该模式。

② 要退出手动量程模式，持续按住“RANGE”键两秒钟，仪表回到自动量程模式且显示器显示“AUTO”符号。

3. 电池节能功能

若开启但30min内未使用仪表，仪表将进入“休眠状态”并使显示屏空白。按“HOLD”键或转动旋转开关将唤醒仪表。

在开启仪表的同时按下黄色功能键，将取消仪表的电池节电功能。

四、MS8215型数字式万用表的技术指标

MS8215型数字式万用表的使用

1. 综合指标

使用环境条件：600V CAT. Ⅲ 及 1000V CAT. Ⅱ。

污染等级：2。

海拔高度：＜2000m。

工作环境温湿度：0～40℃（＜80% RH，＜10℃时不考虑）。

储存环境温湿度：-10～60℃（＜70% RH，取掉电池）。

温度系数：0.1×准确度/℃（＜18℃或＞28℃）。

测量端和大地之间允许的最大电压：1000V直流或交流有效值。

保险管保护：μA和mA挡为F 500mA/250V，ϕ5mm×20mm；A挡为F 10A/250V，ϕ6.3mm×32mm。

采样速率：约3次/s。

显示器：$3\frac{3}{4}$位液晶显示器显示。按照测量功能挡位自动显示单位符号。

量程切换方式：自动和手动。

超量程指示：液晶显示器将显示“OL”。

电池低压指示：当电池电压低于正常工作电压时，“[-+]”将显示在液晶显示器上。

输入极性指示：自动显示“-”号。

电源：直流4.5V。

电池类型：AAA，1.5V。

外形尺寸（长 × 宽 × 高）：185mm×87mm×53mm。
质量：约 360g（含电池）。

2. 精度指标

准确度：±（%读数 + 字），保证期一年。
基准条件：环境温度 18 ～ 28℃、相对湿度不大于 80%。
（1）电压
电压挡各类指标如表 2-5 所示。

表 2-5　电压挡各类指标

功能	量程	分辨率	准确度	输入阻抗（标称）	共模抑制比
直流毫伏电压 mV⎓	400mV	0.1mV	±（1.0%读数 +10 字）	>10MΩ<100pF	在 >50Hz 或 60Hz 时，直流 >100dB
直流电压V⎓	4V	1mV	±（0.5%读数 +3 字）		
	40V	10mV			
	400V	100mV			
	1000V	1V			
交流电压①、② V～	400mV③	0.1mV	±（3.0%读数 +3 字）	>5MΩ<100pF	在 >50Hz 或 60Hz 时，直流 >60dB
	4V	1mV	±（1.0%读数 +3 字）		
	40V	10mV			
	400V	100mV			
	1000V	1V			
过载保护：1000V 直流或交流有效值					

①频率范围：40 ～ 500Hz。
②频率响应：正弦波有效值（平均值响应）。
③仅限手动量程。

（2）电阻
电阻挡的各类指标如表 2-6 所示。

表 2-6　电阻挡的各类指标

功能	量程	分辨率	准确度
电阻 Ω	400.0Ω	0.1Ω	±（0.5%读数 +3 字）
	4.000kΩ	1Ω	±（0.5%读数 +2 字）
	40.00kΩ	10Ω	
	400.0kΩ	100Ω	
	4.000MΩ	1kΩ	
	40.00MΩ	10kΩ	±（1.5%读数 +3 字）
过载保护：1000V 直流或交流有效值			

（3）二极管

二极管挡的各类指标如表 2-7 所示。

表 2-7　二极管挡的各类指标

功能	量程	分辨率	测试环境
二极管测试 ▶|	1 V	0.001V	正向直流电流：约 1mA；反向直流电压：约 1.5V 显示器显示二极管正向压降的近似值
过载保护：1000V 直流或交流有效值			

（4）蜂鸣通断

蜂鸣挡的各类指标如表 2-8 所示。

表 2-8　蜂鸣挡的各类指标

功能	量程	分辨率	说明	测试环境
•))	400Ω	0.1Ω	当内置蜂鸣器发声时，被测电阻不大于 75Ω	开路电压：约 500mV
过载保护：1000V 直流或交流有效值				

（5）电容

电容挡的各类指标如表 2-9 所示。

表 2-9　电容挡的各类指标

功能	量程	分辨率	准确度
电容 ⊣⊢	50nF	10pF	＜ 10nF：±[5.0%（读数 −50 字）+10 字] ±(3.0%读数 +10 字)
	500nF	100pF	±(3.0%读数 +5 字)
	5μF	1nF	
	50μF	10nF	
	100μF	100nF	
过载保护：1000V 直流或交流有效值			

（6）电流

电流挡的各类指标如表 2-10 所示。

表 2-10　电流挡的各类指标

功能	量程	分辨率	准确度
直流电流 μA ⎓	400μA	0.1μA	±（1.5%读数 +3 字）
	4000μA	1μA	
直流电流 mA ⎓	40mA	0.01mA	±（1.5% 读数 +3 字）
	400mA	0.1mA	

续表

功能	量程	分辨率	准确度
直流电流 A⎓	4A	1mA	±（1.5% 读数 +3 字）
	10A	10mA	
交流电流①，②μA~	400μA	0.1μA	±（1.5% 读数 +3 字）
	4000μA	1μA	
交流电流①，②mA~	40mA	0.01mA	±（1.5% 读数 +3 字）
	400mA	0.1mA	
交流电流①，②A~	4A	1mA	±（1.5% 读数 +3 字）
	10A	10mA	

过载保护：A 挡为 F 10A/250V 保险管；μA 和 mA 挡为 F500mA/250V 保险管。
最大输入电流：μA 和 mA 挡为 400mA 直流或交流有效值；A 挡为 10A 直流或交流有效值。
当测量电流大于 5A 时，连续测量时间不长于 4min，测量后须停止电流测量 10min

①频率范围：40 ～ 200Hz。
②频率响应：正弦波有效值（平均值响应）。

五、测量交流和直流电压

1. 测量电压

不可测量任何高于 1000V 直流或交流有效值的电压，以防遭到电击和损坏仪表。不可在公共端和大地间施加超过 1000V 直流或交流有效值电压，以防遭到电击和损坏仪表。

电压是两点之间的电位差。图 2-6 为实际测量交流电压 220V 和实际测量直流电压 1.5V 干电池的示意图，注意所选择测量电压的挡位不同。

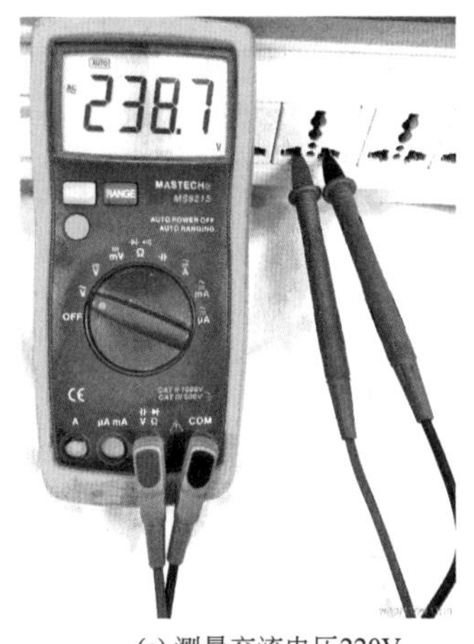

(a) 测量交流电压220V

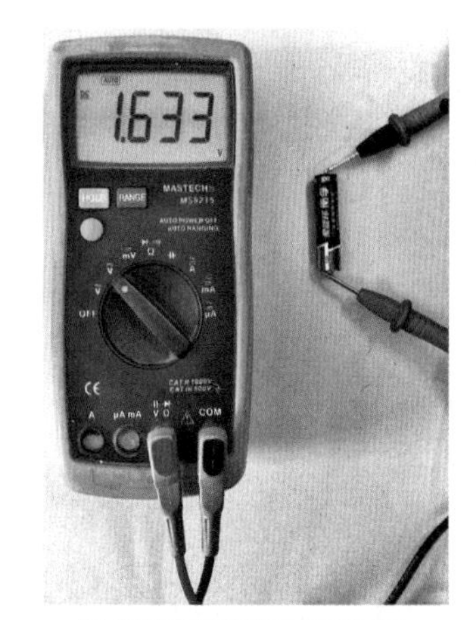

(b) 测量干电池直流电压1.5V

图 2-6　实际测量交流和直流电压示意图

交流电压的极性随时间而变化，而直流电压的极性不会随时间而变化。

本仪表的电压量程为：400.0mV、4.000V、40.00V、400.0V 和 1000V（交流电压 400.0mV 量程只存在于手动量程模式内）。

测量交流或直流电压（请按照图 2-6 设定和连接仪表）：

① 将旋转开关旋至“DC V”“AC V”或“DC mV”挡。

② 分别把黑色测试笔和红色测试笔连接到“COM”输入插座和“V”输入插座。

③ 用测试笔另两端测量待测电路的电压值（与待测电路并联）。

④ 由液晶显示器读取测量电压值。在测量直流电压时，显示器会同时显示红色表笔所连接的电压极性。

在 400mV 量程，即使没有输入或连接测试笔，仪表也会有若干显示，在这种情况下，短路“V Ω”和“COM”端一下，使仪表显示回零。

测量交流电压的直流偏压时，为得到更佳的精度，应先测量交流电压。记下测量交流电压的量程，而后以手动方式选择和该交流电压相同或更高的直流电压量程。这样可以确保输入保护电路没有被用上，从而改善直流测量的精度。

2. 市电火线和零线的检测

市电火线（相线的俗称）和零线的判断通常采用测电笔，在手头没有测电笔的情况下，也可以用数字式万用表来判断。

市电火线和零线的检测采用交流电压 20V 挡。检测时，将挡位选择开关置于交流电压 20V 挡，让黑表笔悬空，然后将红表笔分别接市电的两根导线，同时观察显示屏显示的数字，结果会发现显示屏显示的数字一次大、一次小，以测量大的那次为准，红表笔接的导线为火线。

市电火线和零线的检测

六、MS8215 型数字式万用表测量电流

当开路电压对地之间的电压超过 250V 时，切勿尝试在电路上进行电流测量。如果测量时保险管被烧断，可能会损坏仪表或伤害到使用者。为避免仪表或被测设备的损坏，进行电流测量之前，请先检查仪表的保险管。测量时，应使用正确的输入插座、功能挡和量程。当测试笔被插在电流输入插座上的时候，切勿把测试笔另一端并联跨接到任何电路上。

MS8215 型数字式万用表的电流量程为 400.0μA、4000μA、40.00mA、400.0mA、4.000A 和 10.00A。测量电流：

① 切断被测电路的电源。将全部高压电容放电。

② 将旋转开关转至“$\widetilde{\overline{\mu A}}$”“$\widetilde{\overline{mA}}$”或“$\widetilde{\overline{A}}$”挡位。

③ 按黄色功能按钮选择直流电流或交流电流测量方式。

④ 把黑色测试笔连接到“COM”输入插座。如被测电流小于 400mA 时将红色测试笔连接到“mA”输入插座；如被测电流在 400mA ～ 10A 之间，将红色测试笔连接到“A”

输入插座。

⑤ 断开待测的电路。

把黑色测试笔连接到被断开的电路（其电压比较低）的一端，把红色测试笔连接到被断开的电路（其电压比较高）的一端（把测试笔反过来连接会使读数变为负数，但不会损坏仪表）。

⑥ 接上电路的电源，然后读出显示的读数。如果显示器只显示“OL”，这表示输入超过所选量程，旋转开关应置于更高量程。

⑦ 切断被测电路的电源。将全部高压电容放电。拆下仪表的连接并把电路恢复原状。

图 2-7 为实际测量电流图，其中图 2-7（a）为测量安培（A）大电流时挡位和插孔位置，图 2-7（b）为测量毫安（mA）小电流时挡位和插孔位置。

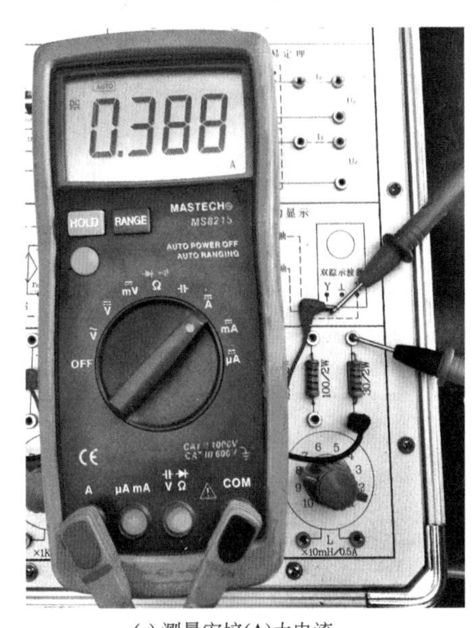

(a) 测量安培(A)大电流

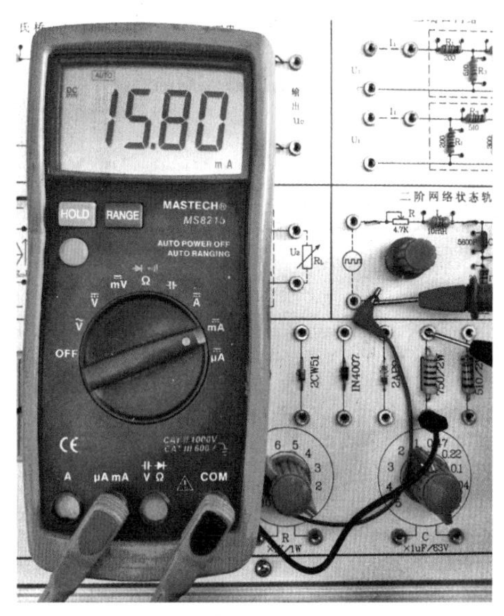

(b) 测量毫安(mA)小电流

图 2-7　实际测量电流图

七、MS8215 型数字万用表的蜂鸣通断测量功能

为避免仪表或被测设备损坏，在蜂鸣通断测试以前，应切断被测电路的所有电源并将所有高压电容器放电。

如果被测试电路完整，内置蜂鸣器会发出蜂鸣声。进行通断测试（请按照图 2-8 设定和连接仪表）：

① 将旋转开关转至“Ω ⊳⊦ ·)))”挡位。

② 按黄色功能键两次，切换到通断测试状态。

③ 分别把黑色测试笔和红色测试笔连接到“COM”输入插座和“Ω”输入插座。

④ 用测试笔另两端测量被测电路的电阻。

⑤ 在通断测试时，如被测电路电阻不大于 75Ω，蜂鸣器将会发出连续响声。

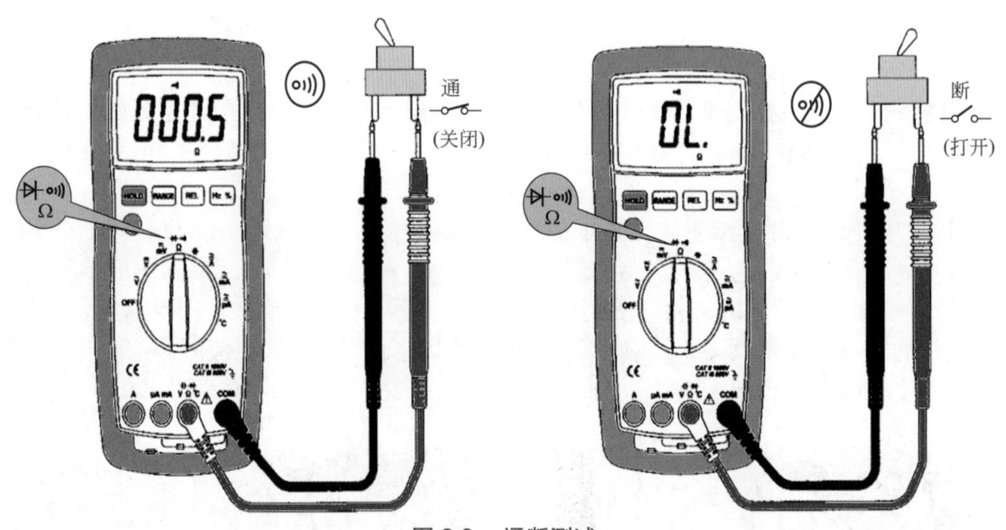

图 2-8　通断测试

八、MS8215 型数字式万用表的维护

万用表的维修与保养需具有维修经验的专业人员完成，而且具有相关的校准、性能测试以及维修资料，否则不要尝试去拆解与维修万用表。

1. 一般维护

为避免受到电击或损坏仪表，不可弄湿仪表内部。在打开外壳或电池盖前，必须把测试笔和输入信号的连接线拆除。

定期使用湿布和少量洗涤剂清洁仪表外壳，请勿用研磨剂或化学溶剂。输入插座如果弄脏或潮湿，可能会影响读数。

清洁输入插座时需注意：

① 关闭仪表，并将所有测试笔从输入插座中拔出。

② 清除插座上的所有脏物。

③ 用新的棉花球蘸上清洁剂或润滑剂（例如 WD-40）。

④ 用棉花球清理每个插座，润滑剂能防止和湿气有关的插座污染。

2. 更换保险管

为避免受到电击或人身伤害，更换熔丝以前，必须断开测试笔与被测电路的连接，并且只能使用仪表指定规格的熔丝更换。

请按照以下步骤更换仪表的保险管（见图 2-9）：

① 将旋转开关旋至“OFF”挡位。

② 将所有测试笔从输入插座中拔出。

③ 用螺丝刀（螺钉旋具）旋松固定电池盖的两颗螺钉。

④ 取下电池盖。

⑤ 轻轻地把保险管的一端撬起，然后从夹子上取下保险管。

⑥ 按指定规格更换熔丝：F500mA/250V、ϕ5mm×20mm 和 F10A/250V、ϕ6.3mm×32mm。

⑦ 装上电池盖，上紧螺钉。

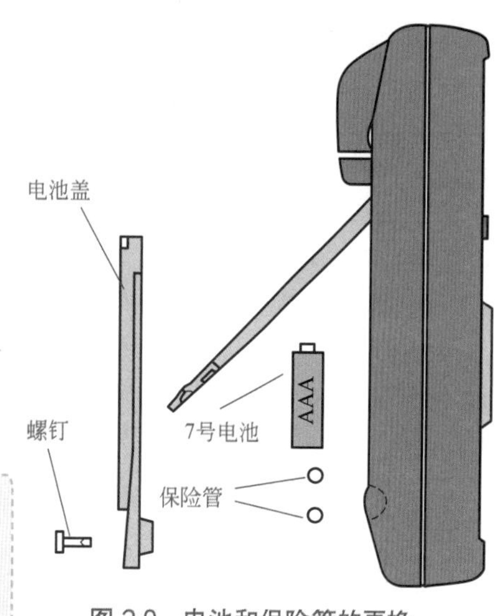

图 2-9 电池和保险管的更换

3. 更换电池

为避免错误的读数而导致受到电击或人身伤害，仪表显示器出现“ ”符号时，应马上更换电池。在打开电池盖更换新电池之前，应关机并检查确信测试笔已从测量电路断开。

使用数字式万用表的注意事项

请按照以下步骤更换电池（参见图 2-9）：

① 将旋转开关旋至“OFF”挡位。

② 将所有测试笔从输入插座中拔出。

③ 用螺丝刀旋松固定电池盖的两颗螺钉。

④ 取下电池盖。

⑤ 拿走旧电池。

⑥ 换上三节新的七号（AAA）1.5V 电池。

⑦ 装上电池盖，上紧螺钉。

第四节 使用数字式万用表的注意事项

正确使用好数字式万用表，是保证测量准确、安全、延长万用表使用寿命的前提。为此有以下几点注意事项。

① 在新购买数字式万用表后，首先应仔细阅读其使用说明书，了解其技术性能和使用条件。数字式万用表的测量准确度只有在满足测量条件（如环境温度）时才能达到，否则测量误差会增大。实际使用时尽量不超出规定的使用条件。

② 使用前应了解数字式万用表的面板布置情况，弄懂各种文字和图形符号的意义，熟悉电源开关、转换开关、各种插孔的位置及作用，测量不同物理量时应把表笔插在哪个插孔中，了解显示屏显示的内容和符号意义。

③ 测量前，应对表笔及表笔线进行检查，表笔及表笔线应绝缘良好，无破损现象。应检查表笔位置是否插对，转换开关的位置是否正确，以确保仪表和测量人员的安全，防止发生安全事故。

④ 数字式万用表大多都有过载、短路保护，但也要操作正确，尽量避免误操作，以免

将万用表损坏。表笔插孔处标有“⚠”符号的，表示输入电压或电流不得超过所示极限值，否则将损坏仪表内部电路元件。有的表在插孔旁还标有“ϟ”，提示操作者注意安全，防止触电。

⑤ 对于有自动关机功能的数字式万用表，当仪表停止使用或在某一挡位停留超过一定时间（约为 15min），仪表将自动切断电源，进入低功耗的备用状态。此时液晶显示屏消隐，仪表不能测量。如果需要继续测量，需按动两次电源开关，才能恢复正常。

⑥ 新型万用表还设有读数保持功能（HOLD），测量时，按下读数保持键，即可将显示的测量值保持下来，以便读取或记录。若发现刚开机时显示屏就显示某一固定数值且不随被测量变化，有可能是误将读数保持键按下所致，此时只要松开此键即可进行正常测量。

⑦ 测量时，如果出现只在最高位显示“1”，其他位均消隐，说明仪表出现溢出现象。原因是量程选择不合适，应选择更高的量程进行测量。

⑧ 每次测量使用完毕，应将转换开关置于“OFF”挡或交流电压最高挡，有电源开关的，应关闭开关，以免浪费电能。保存时应将表存放在干燥、无尘、无强磁场、温度适宜的场所，避免高温、潮湿、低温、振动环境。长期不用时应取出电池，防止电池漏液腐蚀电路，损坏仪表。

第五节 数字式万用表的常见故障及维修

要维修数字式万用表，学会正确使用是前提，熟悉其原理是基础，掌握仪表的维修技术则是可靠保证。

常用的数字式万用表基本都是以 ICL7106 为核心做的，例如 830、9205、9208 等型号的数字式万用表。一些厂家在设计电路时会考虑对 7106 做适当的保护措施，例如在 IN+ 端与地之间接一个三极管，将电压限制在 1V 以内，如果出现误操作导致高压进入，这个三极管被击穿短路，ICL7106 也不会损坏。如果发现万用表在电压挡一直显示 0V，就应首先检查这部分电路。一般来说芯片损坏的概率比较小，大部分都是外围元件损坏导致的故障。

一、数字式万用表检修注意事项

数字式万用表的线路比较复杂，元器件数量和品种也比较多，检修前必须理解仪表电路原理，并看懂安装图、原理图与元器件实物之间的联系，以防对元器件的检测不当引发新的故障。

1. 详细了解故障产生原因

一般来讲，正常地使用数字式万用表很少发生故障。故障多数是使用者的误操作、仪表在运输中受到剧烈振动、温度和湿度不符合仪表的范围等原因而引起的。了解故障有关情况对分析故障和寻找故障部位有重要作用，特别是对故障产生时仪表所处工作情况的详细了解更有必要。

除此以外，应了解该仪表是否曾经有过修理、曾发生过什么故障、更换过哪些元器件、线路有否被改动等。这对迅速判定故障部位也相当有利。

2. 切忌盲目拆卸

当发现数字式万用表存在故障时，切忌盲目拆卸。应当认真细致地观察故障现象，必要时需改变量程转换开关，在不同工作状态下全面了解故障特征，以便做到对故障现象基本上有把握时，再进行拆卸检查。

3. 合理使用检修工具

① 注意焊接前应断开数字式万用表的电源，以免因带电焊接损坏线路中的集成电路。

② 为避免电烙铁漏电损坏 CMOS 器件，电烙铁应有可靠的接地线。最好是电烙铁烧热之后拔掉电源，利用其余热进行焊接。

③ 凡由交流电网供电的测试仪表，必须有良好的接地。

④ 使用示波器时，探头的地端应与线路的公共地端相接，严防与非地端接触，以免造成短路故障。

4. 根据故障现象循序查找故障位置

① 直观检查。认真细致地观察是否有腐蚀、脱焊、断线或导线与元件之间相碰短路等现象，应排除此类机械性故障之后才进行下一步检查。

② 直觉检查。万用表通电后用手触摸元件，检查有无过热现象。例如电源线过热，说明肯定有短路故障，问题主要是在电源回路中。另外，通过手的触觉也可用来检查有无松动、假焊或开路状态的元件。

③ 通过仪表测量检查。把电路大致分为电源部分、模拟电路部分、数字电路部分、显示部分等，再根据故障现象由大至小、由部分电路至具体元器件的工作点，以及输入输出波形等逐点测试寻找，将测量值与正常值进行比较，直至最后找到具体的故障点为止。

④ 用替换法检查。对可疑的元器件进行更换，可以缩小故障范围。更换前必须代替元件进行严格的测量，符合质量指标的元件才可代入。另外，还应检测电源电压是否正常、负载是否短路，以免再次损坏替换的元器件。

二、数字式万用表的常见故障检修

数字式万用表的常见故障分析及维修见表 2-11。

表 2-11　数字式万用表常见故障分析及维修

故障部位	故障现象	故障检测	维修方法
显示屏	打开电源开关后无显示	①检查 9V 叠层电池的引线是否失效损坏，电压是否太低；检查电池扣是否插好，有无接触不良或锈蚀现象 ②检查 9V 叠层电池的引线是否断路，与印制板连接处的焊点是否脱焊 ③检查电源开关是否损坏或接触不良 ④检查 A/D 转换器（例如 ICL7106）引脚是否接触不良；管座焊点是否脱焊。另外，当与 A/D 转换器相连的印制电路板的敷铜板断裂时，也会引起不显示数字的故障，应根据具体电路进行仔细的检查，接通 A/D 转换器电路 ⑤检查液晶显示器背电极是否有接触不良的现象 ⑥检查液晶器老化时，通常表现为表面发黑	修复叠层电池供电电路，处理接触不良短路或漏电故障，更换损坏的液晶显示器等部件

续表

故障部位	故障现象	故障检测	维修方法
显示屏	显示笔画不全	①检查液晶显示器是否局部损坏 ②检查A/D转换器是否损坏，可通过用示波器观察相应引脚的信号波形进行鉴别判断 ③检查A/D转换器与显示器笔画之间的引线是否断路	更换损坏的部件电路
	不显示小数点，即故障表现为仅小数点不能显示，而其他笔段均能正常显示	①检查转换开关是否有接触不良的现象 ②检查控制小数点显示的或非门电路是否损坏	排除故障的方法是更换损坏部件
	将两支表笔短路时显示器不为零，而且还跳字	①分别检查两支表笔引线是否断路 ②检查仪表测量输入端是否断路或锈蚀引起接触不良 ③检查内置9V叠层电池的电压是否太低 ④检查仪表使用场地的周围是否存在较强的干扰源	修复断路或接触不良部位，消除干扰信号或采取屏蔽措施，更换新电池
	低电压指示符号显示不正常	当换上新电池后，低电压符仍显示，或者在旧电池电压降至7V时，低压指示符仍不显示。此类故障大多是由控制低压指示符的“异或非”电路损坏，或是与其输入端相接的三极管损坏，电阻严重变值、脱焊等原因引起的	更换损坏元件
直流电压挡和直流电流挡	直流电压挡失效	①检查转换开关是否接触不良或开路 ②检查直流电压输入回路所串联的电阻是否开路失效	修整转换开关触点，更换或接通串联电路
	直流电压测量显示值误差增大	造成这种故障的原因主要有两个：一是分压电阻的阻值变大或变小，偏离了标称值；二是转换开关有串挡现象。应重点对这两个部位进行检查：①检查分压电阻的阻值是否与标称值相符；②检查转换开关是否有串挡现象	清理或更换分压电阻，修复转换开关及其触点
	直流电流挡失效	①检查表内熔断管是否烧断 ②检查限幅二极管是否击穿短路 ③检查转换开关是否接触不良	通过更换同规格熔断管、二极管，清洗或更换转换开关
	直流电流测量显示误差增大	①检查分流电阻的阻值是否变值 ②检查转换开关是否有串挡现象	更换同规格的分流电阻或修复转换开关
交流电压挡	交流电压挡失效	①检查转换开关是否接触不良 ②检查交流电压测量电路中的集成运算放大器是否损坏 ③检查整流输出端的串联电阻是否有脱焊开路、阻值变大的现象 ④检查整流输出端滤波电容是否击穿短路	清洗修复转换开关、重焊、更换元器件
	交流电压测量显示值跳字无法读数	①检查后盖板屏蔽层的接地（COM端）引线是否断线或脱落 ②检查整流输出端的滤波电容是否脱焊开路或电容量消失 ③检查交流电压测量电路的集成运算放大器是否损坏、性能变差。当该集成电路失调电压增大时，会引起严重跳字现象 ④检查交流电压测量电路中的可调电阻是否损坏。当该可调电阻的活动触点接触不良时，会出现时通时断的故障，最终造成乱跳字而不能读数	恢复屏蔽层接地，接通或更换滤波电容器，更换损坏的运算放大器或可调电阻
	交流电压测量显示值误差增大	①检查交流电压测量线路中的可调电阻是否变值 ②检查AC/DC变换器电路中的整流元件是否损坏或性能变差	查明故障元件后，可进行更换、更新调整可调电阻

续表

故障部位	故障现象	故障检测	维修方法
电阻挡	电阻挡失效	①检查转换开关是否接触不良，这是引起电阻挡失效的常见原因 ②检查热敏电阻是否开路失效或阻值变大 ③检查标准电阻是否开路失效或阻值变大 ④检查过压保护晶体管 c-e 极之间并联的电容（0.1pF）是否击穿短路或严重漏电 ⑤检查与基准电压输出端串联的电阻是否断路或脱焊	修复或更换转换开关、热敏电阻、标准电阻、过电压保护电容器及基准电压输出电路串联的电阻
	电阻测量显示值误差增大	①检查标准电阻的阻值是否变值 ②检查测量输入电路部分是否有接触不良的现象 ③检查测量转换开关是否接触不良	更换标准电阻、修理接触不良触点
二极管挡及蜂鸣器挡	二极管挡失效	①检查保护电路中的二极管及电阻是否损坏 ②检查热敏电阻是否损坏 ③检查分压电阻是否脱焊开路或失效 ④检查转换开关是否接触不良	更换损坏的二极管、热敏电阻，更换或修复分压电阻、转换开关
	测量二极管时所显示的正向压降不正确	如果被测二极管良好，而仪表所显示值比正常值大很多，则说明二极管挡出现了较大的测量误差。产生这一故障的原因一般是分压电阻超差变值、引脚与电路板焊点接触不良所致。应着重检查分压电阻是否失效，引脚焊点是否有虚焊现象	更换分压电阻，重焊虚焊点
	两表笔短接时蜂鸣器无声	①检查压电蜂鸣器片是否有脱焊或损坏现象 ②检查 200Ω 电阻挡是否有故障（对蜂鸣器挡与 200Ω 电阻挡合用一个挡的数字式万用表而言） ③检查蜂鸣器振荡电路中是否有损坏的元件或有脱焊现象 ④检查构成蜂鸣振荡器的集成电路是否损坏 ⑤检查电压比较器（运算放大器）正向输入端所并联电阻是否有短路现象	更换损坏点元件，重焊脱焊点，处理电路短路点
h_{FE} 挡	h_{FE} 挡失效	①检查 h_{FE} 插孔内部接线是否有断路现象 ②检查 h_{FE} 插孔内是否有接触不良的现象。若 h_{FE} 插孔内部积聚灰尘，久而久之便形成一层氧化膜，最终便造成接触不良故障	清除 h_{FE} 插孔内的异物或接通内部断路点
	测量 h_{FE} 挡显示结果不正常	产生此故障的原因通常是由于设定基极电流的电阻（其一端接基极，另一端接电源）变值而引起的	根据仪表电路图所标参数更换合格的电阻，或者重新调整，使基极电流等于 10μA

第六节 指针式万用表与数字式万用表的比较与选用

一、指针式万用表、数字式万用表的比较

指针式万用表读取精度较差，但指针摆动的过程比较直观，其摆动速度幅度有时也能比较客观地反映被测量的大小；数字式万用表读数直观，但数字变化的过程看起来比较杂乱。

指针式万用表内一般有两块电池，一块是低电压的1.5V，另一块是高电压的9V或15V，其黑表笔相对红表笔来说是电压正端。数字式万用表则常用一块6V或9V的电池。在电阻挡，指针式万用表的表笔输出电流相对数字式万用表来说要大很多，用$R\times1$挡可以使扬声器发出响亮的"哒"声，用$R\times10k$挡甚至可以点亮发光二极管（LED）。

在电压挡，指针式万用表内阻相对数字式万用表来说比较小，测量精度相比较差。某些高电压微电流的场合甚至无法测准，因为其内阻会对被测电路造成影响，比如在测电视机显像管的加速极电压时，测量值会比实际值低很多。数字式万用表电压挡的内阻很大，至少在兆欧级，对被测电路影响很小。但极高的输出阻抗使其易受感应电压的影响，在一些电磁干扰比较强的场合测出的数据可能是虚的。

总之，在相对大电流高电压的模拟电路测量中适合使用指针式万用表，比如电视机、音响功放。在低电压小电流的数字电路测量中适合使用数字式万用表，如手机、单片机电路等。

数字式万用表的显示位数一般为4～8位，若最高位不能显示0～9的所有数字，即称作"半位"，写成"1/2"位。例如，袖珍式数字式万用表共有4个显示单元，习惯上叫三位半数字式万用表。由于采用了数显技术，测量结果一目了然。

表2-12列出了数字式万用表和指针式万用表的比较，它们各有优点，应根据需要选用。对于初学者，应当使用指针式万用表；对于非初学者，可以使用两种仪表。

表2-12　数字式万用表和指针式万用表的比较

项目	指针式万用表	数字式万用表
测量值显示	表针的指向位置	液晶显示屏显示数字
读数情况	很直观、形象（读数值与指针摆动角度密切相关），但有误差。能反映变化过程和变化趋势	数字显示，间隔0.3s左右数字有变化，读数方便、直观，没有视差。不能反映被测电量的连续变化
万用表内阻	各电压挡输入电阻不等，量程越高，输入电阻越大，500V挡一般为几兆欧，各挡电压灵敏度基本相等，通常为4kΩ/V～20kΩ/V，直流电压挡的灵敏度较高	各电压挡的输入电阻均为10MΩ，但各挡电压灵敏度不等，如200mV挡为50MΩ/V，而1000V挡为10kΩ/V
使用与维护	采用分立元件和磁电式表头，结构简单，成本较低，功能较少，维护简单，过流过压能力较强，损坏后维修容易	内部结构多采用大规模集成电路，因此过载能力较差，损坏后一般不容易修复。外围电路简单，液晶显示
输出电压	有10.5V和12V等，电流比较大，可以方便地测试晶闸管、发光二极管等	输出电压较低（通常不超过1V），对于一些电压特性特殊的元件测试不便（如晶闸管、发光二极管等）
量程	手动量程，挡位相对较少	量程多，很多数字式万用表具有自动量程功能
抗电磁干扰能力	抗干扰能力差	抗干扰能力强
保护电路	只有简单的保护电路，过载能力差，易损坏	保护电路较完善，过载能力强，使用故障率低
整流电路	采用二极管做非线性整流	交流电压挡采用线性整流电路
测量范围	测量范围较小，一般只能测量电流、电压、电阻，需要调机械零点，测量电阻时还要调欧姆零点	测量范围广，功能全，能自动调零，操作简单

续表

项目	指针式万用表	数字式万用表
测量速度	测量速度慢，测量时间（不包括读数时间）需一至几秒	测量速度快，一般为 2.5 ~ 3 次 /s
准确度	准确度相对较低，灵敏度为 100mV 到几百毫伏	测量准确度高，分辨率 100μV
对电池的依赖性	电阻量程必须要有表内电池，电阻挡耗电较大，但在电压挡和电流挡均不耗电	各个量程必须要有表内电池，省电，整机耗电一般为 10 ~ 30mW（液晶显示）
重量与体积	相对较重，体积较大，通常为便携式	重量相对轻，体积很小，通常为袖珍式
价格	价格较低	价格偏高

二、指针式万用表的选用

指针式万用表的主要特点是准确度较高、测量项目较多、操作简单、耐冲击、功能多、价格低廉、携带方便，目前仍是国内最普及、最常用的一种电测仪表。

选用指针式万用表，主要从其准确度、灵敏度、量程、阻尼性能、过载能力和外观与操作方便性等方面去选择。

1. 准确度

准确度即精度，精度引用误差就是仪表的基本误差，只有基本误差才能代表仪表的精度。准确度越高，测量误差越小。根据国家标准的规定，电工仪表的精度等级分为 0.1、0.2、0.5、1.0、1.5、2.5、5.0 七级。近年来随着仪表工业的迅速发展，我国已能制造 0.05 级的指示仪表。通常指针式万用表的精度范围为 1.0 ～ 2.5 级，其中 1.0 ～ 1.5 级为高精度指针式万用表。

国产 MF-18 型指针式万用表测量直流电压（DC V）、直流电流（DC A）和电阻（Ω）的准确度都是 1.0 级，可供实验室使用。目前仍被广泛使用的 MF-47、MF-30、500 型指针式万用表则属于 2.5 级仪表。

需要指出的是，受分压器、分流器、整流器等电路的影响，同一块指针式万用表各挡的基本误差也不尽相同。指针式万用表的基本误差有两种表示方法。对于直流和交流电压挡、电流挡，是以刻度尺工作部分上限的百分数表示的，这些挡的刻度呈线性或接近于线性。对于电阻挡，因刻度呈非线性，故改用刻度尺总弧长的百分数来表示基本误差。

2. 灵敏度

灵敏度是指该仪表对被测微小变量的测量能力和显示程度。高灵敏指针式万用表适合于电子测量，而低灵敏度指针式万用表适合于电工测量。指针式万用表的灵敏度可分为电压灵敏度和表头灵敏度两个指标。

（1）电压灵敏度

指针式万用表的电压灵敏度等于电压挡的等效内阻与满量程电压的比值，其单位是 Ω/V 或 kΩ/V，简称伏欧姆数，该数值一般标注在仪表盘上。

直流电压灵敏度是指针式万用表的主要技术指标，交流电压灵敏度受整流电路的影响，一般低于直流电压灵敏度。例如，500 型指针式万用表的直流电压灵敏度为 20kΩ/V，交流电压灵敏度则降低到 4kΩ/V。电压灵敏度越高，指针式万用表的内阻（即仪表输入电阻）越高，可以测量内阻的信号电压就越高。选择一块直流灵敏度大于 20kΩ/V、交流灵敏度大于 4kΩ/V

的指针式万用表，基本可以满足模拟电路测试场合。

（2）表头灵敏度

表头灵敏度表示表头的满度电流值 I_g（即满度电流），I_g 一般为 9.2 ～ 200μA，I_g 越小，说明表头灵敏度越高。高灵敏度表头一般小于 10μA，中灵敏度表头通常为 30 ～ 100μA，超过 100μA 就属于低灵敏度表头。表头灵敏度决定着整个指针式万用表的电压灵敏度，与表头灵敏度相关的两个指标分别为表头的内阻和线性度。其中表头内阻是指表针动圈和上、下两组游丝电阻值之和；线性度是指通过表头的电流强度与表针偏转幅度相互一致性的程度，可作为表盘刻度绘制的依据。

指针式万用表大多选用磁电式表头。过去的表头属于外磁式，并且靠轴尖支撑动圈，体积较大，抗振性差。某些新型指针式万用表的表头已改成内磁式张丝结构，其优点是磁能利用率高，能减小表头的体积，而用张丝代替轴尖和游丝，还可消除摩擦误差，提高抗冲击、抗振性，能使表头使用寿命超过 100 万次。

3. 量程

一般来说，指针式万用表测量的项目越多，量程范围越大，指针式万用表越好。对量程的要求很简单，多多益善。电阻挡至少要有 $R\times1$、$R\times10$、$R\times100$ 三挡，交直流电压、直流电流挡是必需的，其他一些功能可根据实际情况选择。例如，KF-1 型、KF-4 型指针式万用表就很适合业余使用和普通使用。

4. 阻尼性能

仪表进行测量时，指针在偏转过程中会由于惯性的影响，而不能迅速停止在指示位置上，指针在指示位置左右摆动会给测量带来影响。这就要求仪表可动部分在测量中能迅速停止在稳定的偏转位置上，且所要求的时间越短越好，即阻尼性能要好。

5. 过载能力

外加电压、电流的数值超过仪表的额定数值时，称为仪表的过载。除某些特殊仪表外，一般仪表都应具有承受瞬时过载的能力。新型指针式万用表采用了多种保护措施，除用熔断器做线路保护之外，还增加了表头过载保护电路，能大大减少因误操作引起的事故。

即使增加了保护电路，仍有过载的可能性，操作时人员必须小心谨慎，避免因误操作而使仪表损坏。

6. 外观与操作方便性

指针式万用表的外观设计也很重要。目前常见的指针式万用表有便携式、袖珍式、超薄袖珍式、折叠式、指针 / 数字双显示等多种类型。

选择大刻度盘的万用表，有助于减小读数误差。有些指针式万用表的刻度盘上带反射镜，能减少视差。新型指针式万用表的表笔和插口都增加了防触电保护措施，插口改成隐埋式，表面无金属裸露部分。

从使用角度看，所有的开关、旋钮均应转动灵活、接触良好，操作力求简便。大多数指针式万用表只用一只转换开关，操作比较方便。也有些指针式万用表将功能开关与量程开关分别设置，或把两者组合设置，通过适当的配合来选择测量项目及量程。有些指针式万用表增加了正、负极性转换开关，在测量负电压时可避免出现指针反打现象。

三、数字式万用表的选用

数字式万用表采用了大规模集成电路，具有数字化显示功能。由 A/D 转换器、显示逻辑电路和显示屏三块独立的逻辑组件，代替了普通指针式万用表的简单表头。其电压挡内阻比普通万用表高得多，且具有精度高、用途广、功耗小、重量轻、使用简单方便等优点，是近年来一种大量出现的先进的测量仪表。

国产数字式万用表有近百种型号，选购时应根据自己的需要来确定型号。若专门用于电压、电流、电阻测量，可选一般的 3.5 位低档表；要进行高精度测量时，可选用 4.5 位的数字表。

人们在选用数字式万用表进行测量时往往忽略以下问题：一是由于仪表的精度、分辨率不够，凭估测判断，往往导致人为的误差增大；二是由于各种数字式万用表测试方法不尽相同，在不同信号和非正弦波标准信号测试中数字式万用表往往会导致误差；三是操作上的安全性、可靠性和保护性考虑不足，由于数字式万用表本身的保护性较差，实际测试中测试人员不能有丝毫马虎，必须采取一定的安全措施，以防发生意外事故。当欲购的型号确定后，在挑选时首先用手拨动量程开关，不应有紧涩感，且轻轻摇动数字式万用表时无任何响声。再将电池装入表内，接通开关后数字显示应为“1”，旋转量程开关至电阻挡时，将两支表笔短路，数字显示应为“000”。然后根据说明书，检查仪表的过载显示、报警等。排除以上几个方面的问题后，一般应主要考虑以下几个方面。

1. 功能

不同型号的数字式万用表，生产厂家都会设计不同的功能。一般来讲，普通的数字式万用表都能测试交、直流电压，交、直流电流，电阻、线路通断等，但是有的数字式万用表为了降低成本，不设置交流电流测试功能。在此基础上，有的数字式万用表考虑使用方便，增加了一些其他功能。例如二极管测试挡，晶体三极管放大倍数（h_{FE}）测试挡，电容、频率、温度测试挡等。现在由于电子技术的发展，有些厂家在传统参数和元器件测试的基础上，增加了更先进的功能，例如占空比测试，dBm 值测试，最大、最小值记录保持功能等。总之，数字式万用表的功能将随着测试的需要，生产厂家将会创造更多、更优越的功能，使用时应根据具体要求选用。

2. 范围和量程

我们在追求数字式万用表功能的基础上，也不能忽视其测量范围。很多数字式万用表有自动量程功能，不用手动调节量程。另外，还有很多数字式万用表有过量程能力，在测量值超过该量程但还未达到最大显示时可不用换量程，从而提高了准确度和分辨力。

3. 显示位数和准确度

显示位数和准确度是数字式万用表的两个最基本也是最重要的指标。两者之间关系紧密，一般来讲数字式万用表显示位数越高其准确度也就越高，反之相反。显示位数有两种方式，即计数显示和位数显示。计数显示是数字式万用表显示位数范围的实际表达，只不过由于人们习惯与传统叫法上的方便，一般用位数显示表达。例如，3000 位计数显示，表示数字式万用表最高显示值可到 3999，而 1000 位计数显示只能到 1999，在测量 220V 交流电压时，可明显看到 3000 位显示比 1000 位后多 1 个小数位显示，这样在分辨率上高一个数量级。在测量、调试高灵敏的微小电信号中，高灵敏度的数字式万用表将会发挥更大的作用。

数字式万用表根据显示数字位数的不同分为三位半（3.5）、四位半（4.5）、五位半（5.5）、六位半（6.5）、七位半（7.5）和八位半（8.5）数字式万用表。所谓三位半（或3.5位），是指最多同时出现4个数字，最前面的一个数只能是“0”或“1”（0也可消隐，即不显示）。同理，四位半数字式万用表最多同时出现5个数字，最前面的一个数只能是“0”或“1”。仪表的准确度等级越高，测量结果就越准确，其价格就越贵。因此，选用数字式万用表时，应根据测量精度的要求，选用准确度合适的数字式万用表，以保证测量误差限定在允许的范围之内。

4. 测量方法和交流频响

数字式万用表的测量方法主要对交流信号测量而言，我们知道交流信号有很多种类和各种复杂情况，并且伴随交流信号频率的改变，会出现各种频率响应，影响数字式万用表的测量。数字式万用表对交流信号的测量，一般有两种方法，即平均值和真有效值测量。平均值测量一般是对纯正弦波而言，它采用估算平均的方法测量交流信号，而对非正弦波信号将会出现较大的误差，同时，如果正弦波信号出现谐波干扰时，其测量误差也会有很大改变。而真有效值测量是用波形的瞬时峰值再乘以0.707来计算电流与电压，保证在失真和噪声系统中的精确读数。这样如果需要检测普通的数字数据信号，用平均值数字式万用表测量就不会到达真实的测量效果。同时交流信号的频响也至关需要，有的可高达100kHz，数字式万用表的响应时间越短越好。

5. 输入电阻和零电流

数字式万用表的输入电阻过低和零电流过高均会引起测量误差，关键要看信号源的内阻值大小。当信号源阻抗高时，应选择高输入阻抗、低零电流的仪器。

6. 交流电压转换形式

一般来讲，数字式万用表的交流电压测量分平均值转换、峰值转换和有效值转换三种。当波形失真较大时，平均值转换和峰值转换不准确，而有效值转换可不受波形的影响，使测量结果更加准确。

7. 稳定性和安全性

和大多数仪器一样，数字式万用表自身也有测量稳定性，其测量结果的准确性与其使用时间，环境温、湿度等相关。如果数字式万用表的稳定性差，在使用一段时间后，有时就会出现测量同一信号时，其结果自相矛盾，即测量结果不一致的现象。

数字式万用表的安全性非常重要，有些数字式万用表设置了比较完善的保护功能，如插错表笔线时，会自动产生蜂鸣报警、短路保护等。所以对于数字式万用表的选购，不要盲目贪图便宜，要实用、好用才行。

8. 根据需要选用多功能的数字式万用表

很多数字式万用表增加了如下更实用的功能：

① 温度测量。在电子维修时，检验电子元器件的发热程度，如焊接拔取元器件时，测量温度可防止损伤元器件。

② 同时测量交流和直流分量。我们所碰到的信号并非是很纯的交流或直流信号，需

要观测波形的总真有效值（包括交流和直流），以便分析电路的功耗量，检查被损坏的元器件。

③ dBm 和毫伏值测量。所谓 dBm 值测量，即低电平测量。dB 一般用公式 dB=20lg（$U_{测}$/$U_{参}$) 来表达。如果改变参考电压，通过测试比较，我们可以测量相对值；可用来分析电压放大器的电压增益。

④ 尖峰保持。利用数字式万用表真有效值可以测量宽度大于 0.25ms、非规则交流信号的瞬时峰值电压，并且自动保持，有利于寻找元器件和设备破坏的原因。

⑤ 相对值测定。利用此功能，可以进行相对值测定，即我们测试电压或电流与参考电压或电流的差值，电压相对模式可以清除读数中的杂散电容产生的影响。

总之，在选择数字式万用表时，要根据实际工作需要出发，在保证测量准确度、测量范围满足要求的前提下，尽可能有较多的功能，以便今后可以扩展使用。另外数字式万用表的保护性也是值得注意的，不经意中表笔线插错或测试挡错误，会导致数字式万用表不必要的损害，影响工作。因此，数字式万用表的安全性非常重要，有些好的数字式万用表自我保护性很好，像有些数字式万用表插错表笔线时，会自动产生蜂鸣报警，这些功能是很实用的。

VC890C+ 型数字式万用表的使用

VC890C+ 数字式万用表测量交直流电压

第三章

万用表检测电阻器

第一节 电阻器的基础知识

一、电阻器的分类及技术指标

电阻器是电路元件中应用最广泛的一种，在电子设备中占元件总数的30%以上，其质量的好坏对电路工作的稳定性有极大影响。电阻器的主要用途是稳定和调节电路中的电流和电压，也可作为分流器、分压器和消耗电能的负载等。

电阻器按结构可分为固定式、可变式和敏感式三大类。电阻器的分类详见表3-1。

表3-1 电阻器按结构分类

电阻器结构	电阻器类别	
固定式	膜式电阻	碳膜电阻RT、金属膜电阻RJ、合成膜电阻RH和氧化膜电阻RY等
	实心电阻	有机实心电阻RS和无机实心电阻RN
	金属线绕电阻（RX）	通用线绕电阻器、精密线绕电阻器、功率型线绕电阻器、高频线绕电阻器
	特殊电阻	MG型光敏电阻、MF型热敏电阻、压敏电阻器、湿敏电阻器、气敏电阻器、力敏电阻器、磁敏电阻器
可变式	滑线式变阻器	可调电阻器
	电位器	电位器应用最广泛
敏感式	（同特殊电阻）	MG型光敏电阻、MF型热敏电阻、压敏电阻器、湿敏电阻器、气敏电阻器、力敏电阻器、磁敏电阻器

图3-1所示为常用的几种电阻器实物图。

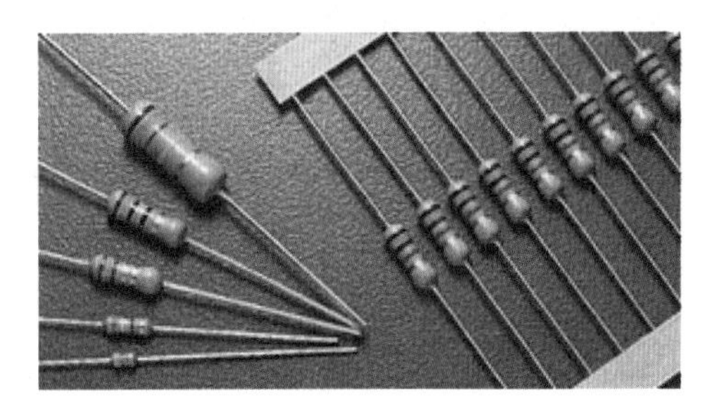

(a) 碳膜电阻

(b) 金属膜电阻

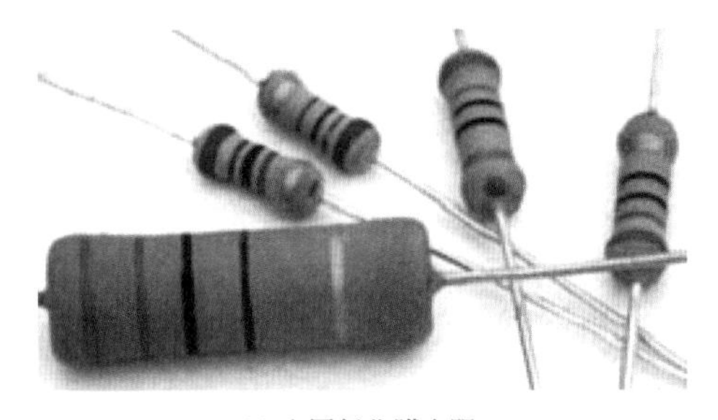

(c) 金属氧化膜电阻

(d) 大功率涂漆线绕电阻器

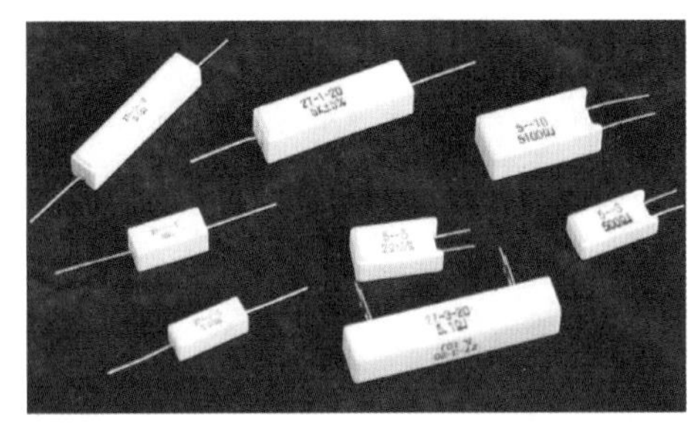

(e) 水泥电阻

(f) 直插排阻

(g) 贴片电阻

(h) 贴片排阻

图 3-1　常用的几种电阻器实物

除了上述电阻器外，还有一类特殊类型的电阻器。例如：棒状电阻器、管状电阻器、片状电阻器、纽扣状电阻器以及具有双重功能的熔断电阻器等。

二、电阻器的型号、主要性能指标及标称阻值

1. 电阻器的型号

电阻器的型号命名详见表 3-2。

表 3-2 电阻器的型号命名法

第一部分		第二部分		第三部分		第四部分
用字母表示主称		用字母表示材料		用数字或字母表示特征		用数字表示序号
符号	意义	符号	意义	符号	意义	
R RP	电阻器 电位器	T P U C H I J Y S N X R G M	碳膜 硼碳膜 硅碳膜 沉积膜 合成膜 玻璃釉膜 金属膜（箔） 氧化膜 有机实心 无机实心 线绕 热敏 光敏 压敏	1,2 3 4 5 7 8 9 G T X L W D	普通 超高频 高阻 高温 精密 电阻器——高压 电位器——特殊函数 特殊 高功率 可调 小型 测量用 微调 多圈	包括： 额定功率 标称阻值 允许误差 精度等级

示例：RJ71-0.125-5.1k Ⅰ型电阻器的命名含义，如图 3-2 所示。

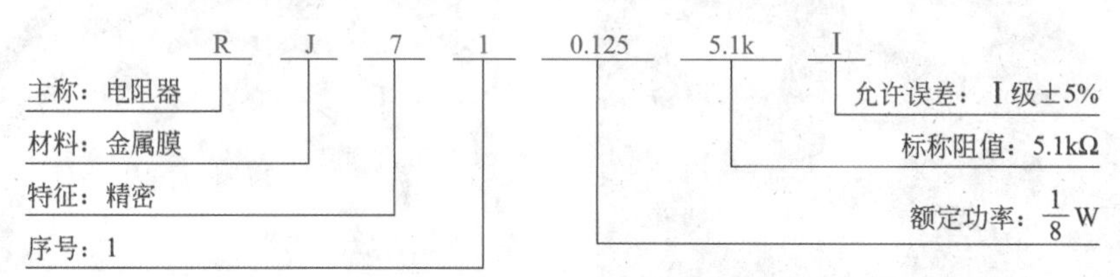

图 3-2 RJ71-0.125-5.1k Ⅰ型电阻器的命名含义

由此可见，这是精密金属膜电阻器，其额定功率为 1/8W，标称电阻值为 5.1kΩ，允许误差为 ±5%。

2. 电阻器的主要性能指标

电阻器的主要性能指标有：标称阻值和允许误差、额定功率、最大工作电压、温度系数、电压系数、噪声电动势、高频特性、老化系数等。

3. 电阻器的标称阻值

标称阻值是指电阻体表面上标志的电阻值。其单位为欧（Ω），对热敏电阻器则指 25℃时的阻值，或标以千欧（kΩ）、兆欧（MΩ）。标称阻值系列如表 3-3 所示。

任何固定电阻器的阻值都应符合表 3-3 所列数值乘以 10^nΩ，其中 n 为整数。

表 3-3 标称阻值

允许误差	系列代号	标称阻值系列
±5%	E24	1.0，1.1，1.2，1.3，1.5，1.6，1.8，2.0，2.2，2.4，2.7，3.0，3.3，3.6，3.9，4.3，4.7，5.1，5.6，6.2，6.8，7.5，8.2，9.1
±10%	E12	1.0，1.2，1.5，1.8，2.2，2.7，3.3，3.9，4.7，5.6，6.8，8.2
±20%	E6	1.0，1.5，2.2，3.3，4.7，6.8

三、电阻器的允许误差及额定功率

1. 电阻器的允许误差

允许误差是指电阻器和电位器实际阻值对于标称阻值的最大允许误差范围。它表示产品的精度。一个电阻器的实际阻值不可能绝对等于标称阻值，总是有一定的偏差的。两者间的偏差允许范围称为允许误差。一般允许误差小的电阻器，其阻值精度就高，稳定性也好，但生产要求就相应提高，成本也加大，价格也就贵些。电阻器的电阻允许误差应根据电路或整机实际要求来选用。例如通常的电子制作实验对电阻精度大多无特殊要求，可选用普通型的电阻器（允许误差为±5%、±10%、±20%均可）；在测量仪表（如万用表）及精密仪器中，对许多电阻器都要求高精度（如±1%、±0.5%等），不能选用普通精度的电阻器。

允许误差等级如表3-4所示。线绕电位器允许误差一般小于±10%，非线绕电位器的允许误差一般小于±20%。

表3-4　允许误差等级

级别	005	01	02	Ⅰ	Ⅱ	Ⅲ
允许误差	±0.5%	±1%	±2%	±5%	±10%	±20%

电阻器的阻值和误差一般都用数字标印在电阻器上，但体积很小的一些合成电阻器，其阻值和误差常用色环来表示，如图3-3所示。它是在靠近电阻器的一端画有四道或五道（精密电阻）色环，第一道色环靠近电阻的一端，露着电阻本色较多的另一端为末端。其中，第一道色环、第二道色环以及精密电阻的第三道色环都表示其相应位数的数字。其后的一道色环则表示前面数字再乘以10的*n*次幂，最后一道色环表示阻值的容许误差，其中第五条色环的宽度宽于其他色环。各种颜色所代表的意义如表3-5、表3-6所示。

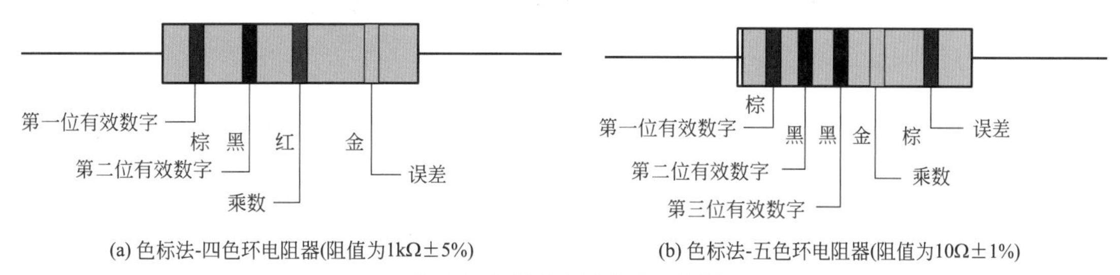

(a) 色标法-四色环电阻器(阻值为1kΩ±5%)　(b) 色标法-五色环电阻器(阻值为10Ω±1%)

图3-3　阻值和误差的色环标记

表3-5　四色环颜色的意义

颜色	黑	棕	红	橙	黄	绿	蓝	紫	灰	白	金	银	无色
代表数值	0	1	2	3	4	5	6	7	8	9			
乘数	10^0	10^1	10^2	10^3	10^4	10^5	10^6	10^7	10^8	10^9			
容许误差/%　±		1	2			0.5	0.25	0.1			5	10	20

表 3-6 五色环颜色的意义

颜色	棕	红	橙	黄	绿	蓝	紫	灰	白	黑	金	银	无色
有效数字	1	2	3	4	5	6	7	8	9	0	—	—	—
乘数	10^1	10^2	10^3	10^4	10^5	10^6	10^7	10^8	10^9	10^0	10^{-1}	10^{-2}	—
允许偏差/%	±1	±2	—	—	±0.5	±0.25	±0.1	—	—	—	±5	±10	±20

例如，四色环电阻器的第一、二、三、四道色环分别为棕、绿、红、金色，则该电阻的阻值和误差分别为：

$$R=(1\times10+5)\times10^2\Omega=1500\Omega，误差为 \pm5\%$$

即表示该电阻的阻值和误差是：1.5kΩ±5%。

2. 电阻器的额定功率

电阻器的额定功率是在规定的环境温度和湿度下，假定周围空气不流通，在长期连续负载而不损坏或基本不改变性能的情况下，电阻器上允许消耗的最大功率。当超过额定功率时，电阻器的阻值将发生变化，甚至发热烧毁。不同材料的电阻器额定功率与电阻器外形尺寸及应用的环境温度有关。在选用时，根据电阻器的额定功率和环境温度的不同，应当留有不同的裕量，为保证安全作用，一般选其额定功率比它在电路中消耗的功率高 1 ～ 2 倍。

额定功率分 19 个等级，常用的有 1/20W、1/8 W、1/4W、1/2W、1W、2W、4W、5W、7W 和 10W。在电路图中，非线绕电阻器额定功率的符号表示法如图 3-4 所示。

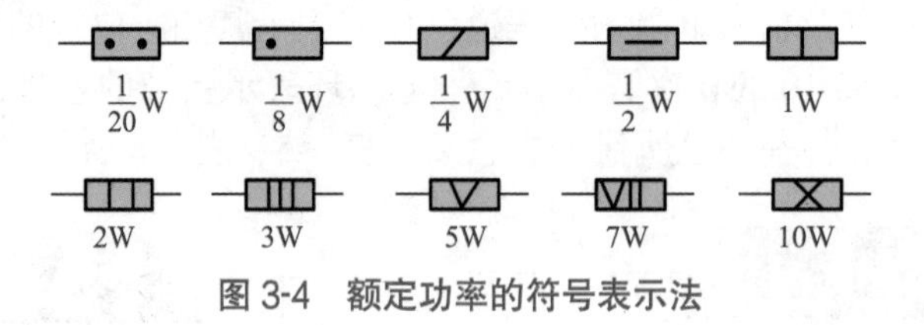

图 3-4 额定功率的符号表示法

实际中应用较多的有 1/4W、1/2W、1W、2W。线绕电位器应用较多的有 2W、3W、5W、10W。电阻器的额定功率系列见表 3-7。

表 3-7 电阻器的额定功率系列

类别	额定功率系列 /W
线绕电阻器	0.05，0.125，0.25，0.5，1，2，4，8，10，16，25，40，50，75，100，150，250，500
非线绕电阻器	0.05，0.125，0.25，0.5，1，2，5，10，25，50，100
线绕电位器	0.25，0.5，1，1.6，2，3，5，10，16，25，40，63，100
非线绕电位器	0.025，0.05，0.1，0.25，0.5，1，2，3

四、选用电阻器注意的问题

选用电阻器时注意的问题见表 3-8。

表 3-8　选用电阻器时注意的问题

序号	注意问题
1	根据电子设备的技术指标和电路的具体要求选用电阻的型号和误差等级
2	为提高设备的可靠性，延长使用寿命，应选用额定功率大于实际消耗功率的 1.5 ～ 2 倍
3	电阻装接前应进行测量、核对，尤其是在精密电子仪器设备装配时，还需经人工老化处理，以提高稳定性
4	在装配电子仪器时，若所用非色环电阻，则应将电阻标称值标志朝上，且标志顺序一致，以便于观察
5	电阻要固定焊接在接线架上时，较大功率的线绕电阻应用螺钉或支架固定起来，以防因振动而折断引线或造成短路，损坏设备
6	电阻引线需要弯曲时，不应从根部打弯，这样容易引起引线折断，或者造成两端金属帽松脱，接触不良，而应从根部留出一定距离，最好大于 5mm，用尖嘴钳夹住引线根部，将引线折成所需角度
7	焊接电阻时，烙铁停留时间不宜过长。以免电阻长时间受热，引起阻值变化，影响设备正常工作
8	选用电阻时应根据电路中信号频率的高低来选择
9	电路中如需串联或并联电阻来获得所需阻值时，应考虑其额定功率。阻值相同的电阻串联或并联，额定功率等于各个电阻额定功率之和；阻值不同的电阻串联时，额定功率取决于高阻值电阻。并联时，取决于低阻值电阻，且需计算方可应用
10	电阻在存放和使用过程中，都应保持漆膜的完整性，不要互相碰撞、摩擦。否则，漆膜脱落后，电阻防潮性能降低，容易使导电层损坏，造成条状导电带断裂，电阻失效

例如表 3-8 中的问题 8，一个电阻可等效成一个 R、L、C 二端线性网络，如图 3-5 所示。不同类型的电阻，R、L、C 三个参数的大小有很大差异。线绕电阻本身是电感线圈，所以不能用于高频电路中。薄膜电阻中，电阻体上刻有螺旋槽的，工作频率在 10MHz 左右；未刻螺旋槽的（如 RY 型）工作频率则更高。

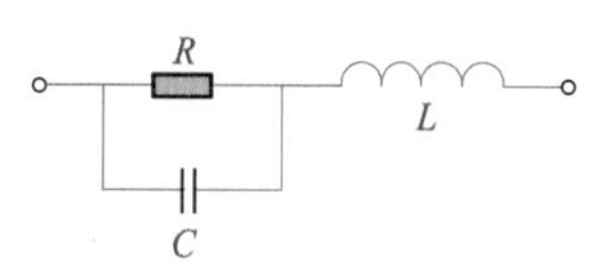

图 3-5　电阻器的等效电路

第二节 电阻器的检测

一、使用电阻器前的质量检查

电阻器在使用前必须逐个检查，应先检查一下外观有无损坏、引线是否生锈、端帽是否松动。尤其是组装较复杂的电子装置时，由于电阻多，极易搞错。要检查电阻器的型号、标称阻值、功率、误差等，还要从外观上检查一下引脚是否受伤，漆皮是否变色；最好用万用表测量一下阻值，如图 3-6 所示，测好后分别记下，并把它顺序插到一个纸板盒上，这样用时就不会搞错了。测量电阻时，注意手不要同时搭在电阻器的两脚上，以免造成测量误差。

图 3-6　用万用表测量电阻的方法

二、万用表对电阻器的简单测试

万用表对电阻器的简单测试见表 3-9。

表 3-9　万用表对电阻器的简单测试

方法	内容
用欧姆表、电阻电桥和数字欧姆表直接测量	当测量精度要求较高时，我们采用电阻电桥来测量电阻。电阻电桥有单臂电桥（惠斯通电桥）和双臂电桥（开尔文电桥）两种
	当测量精度要求不高时，可直接用欧姆表测量电阻。现以 MF-47 型万用表为例，介绍测量电阻的方法。首先将万用表的功能选择波段开关置“Ω”挡，量程波段开关置合适挡。将两支测试笔短接，表头指针应在刻度线零点，若不在零点，则要调节“Ω”旋钮（零欧姆调整电位器）回零。调回零后即可把被测电阻串接于两支测试笔之间，此时表头指针偏转，待稳定后可从刻度线上直接读出所示数值，再乘上事先所选择的量程，即可得到被测电阻的阻值。当另换一量程时必须再次短接两测试笔，重新调零。每换一量程挡，都必须调零一次
根据欧姆定律 $R=U/I$	通过测量流过电阻的电流 I 及电阻上的压降 U 来间接测量电阻值

特别要指出的是，在测量电阻时，不能用双手同时捏住电阻或测试笔，因为那样的话，人体电阻将会与被测电阻并联在一起，表头上指示的数值就不单纯是被测电阻的阻值了。

三、万用表对固定电阻器的测试

阻值不变的电阻器称为固定电阻器，固定电阻器简称电阻。其种类有普通型（线绕、碳膜、金属膜、金属氧化膜、玻璃釉膜、有机实心、无机实心等）、精密型（线绕、有机实心、无机实心）、功率型、高压型、高阻型和高频型 6 类。用万用表测试固定电阻器，即是对独立的电阻元件进行测试，方法如图 3-7 所示。

这种测试方法又叫开路测试法。测试前应先将万用表调零，即把万用表的红表笔与黑表笔相碰，调整调零旋钮，使万用表指针准确地指零，如图 3-7（a）所示。

指针式万用表测量电阻

(a) 红、黑表笔短接调零使指针指零

(b) 表笔并联在电阻器两个引脚上测量

图 3-7　万用表对固定电阻器的测试

万用表的电阻量程分为几挡，其指针所指数值与量程数相乘即为被测电阻器的实测阻值。例如，把万用表的量程开关拨至 $R\times100$ 挡时，把红、黑表笔短接，调整调零旋钮使指针指零，然后如图 3-7（b）所示将表笔并联在被测电阻器的两个引脚上，此时若万用表指针指示在“50”上，则该电阻器的阻值为 $50\times100\Omega=5k\Omega$。

在测试中，如果万用表指针停在无穷大处静止不动，则有可能是所选量程太小，此时应把万用表的量程开关拨到更大的量程上，并重新调零后再进行测试。

如果测试时万用表指针摆动幅度太小，则可继续转换量程，直到指针指示在表盘刻度的中间位置，即在全刻度起始的 20%～80%弧度范围内时测试结果较为准确，此时读出阻值，测试即告结束。

如果在测试过程中发现在最高量程时万用表指针仍停留在无穷大处不摆动，这就表明被测电阻器内部开路，不可再用。反之，在万用表的最低量程时，指针指在零处，则说明被测电阻器内部短路，也是不能使用的。

四、数字式万用表对电阻器的测试

用数字式万用表测试电阻器，所得阻值更为精确。将数字式万用表的红表笔插入“V•Ω”插孔，黑表笔插入“COM”插孔，之后将量程开关置于电阻挡，再将红表笔与黑表笔分别与被测电阻器的两个引脚相接，显示屏上便能显示出被测电阻器的阻值，如图 3-8 所示，所测阻值为 5.056 kΩ。显然，阻值比指针式万用表更为精确。

如果测得的结果为阻值无穷大，数字式万用表显示屏左端显示“1”或者“-1”，这时应选择稍大量程进行测试。

用数字式万用表测试电阻器时无须调零。

数字式万用表测量电阻

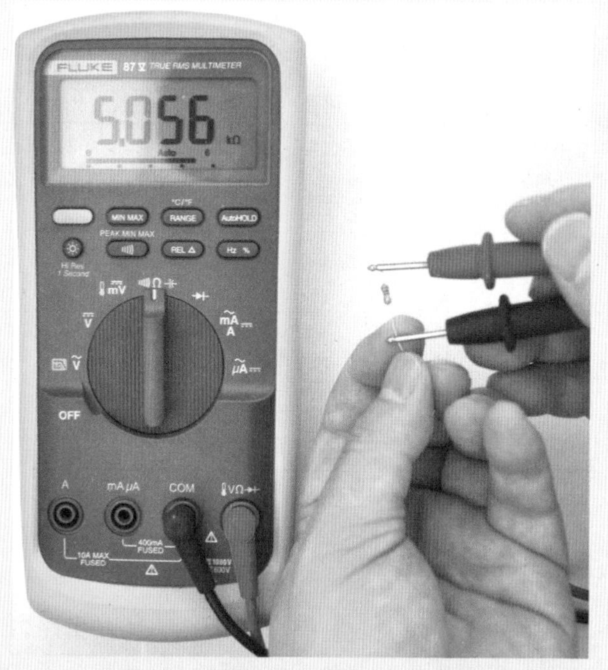

图 3-8 用数字式万用表测试电阻器

五、万用表对可变电阻器的测试

常用可调电阻的实物图如图 3-9 所示。

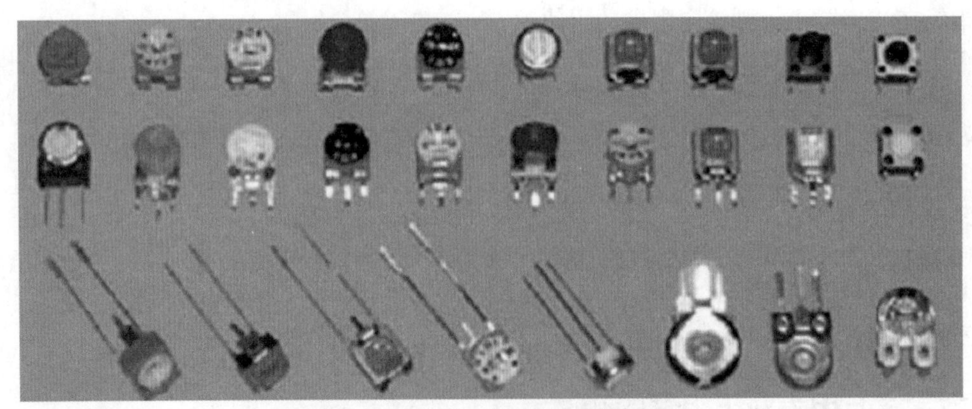

图 3-9 常用可调电阻的实物图

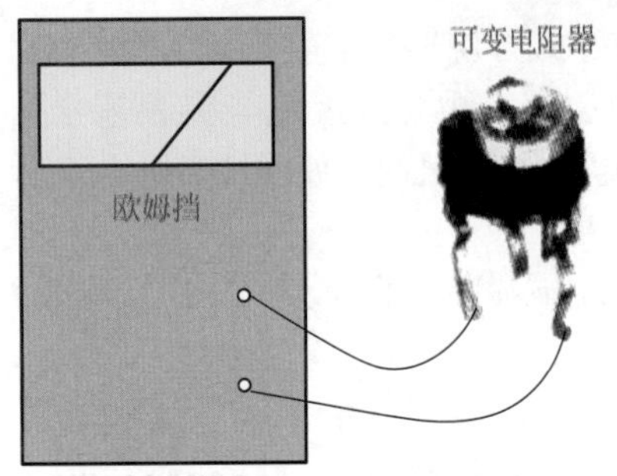

图 3-10 万用表检测可变电阻器标称阻值

用万用表检测可变电阻器时，万用表置于欧姆挡适当量程，两支表笔接可变电阻器两个定片引脚，如图 3-10 所示，这时测量的阻值应该等于该可变电阻器的标称阻值，否则说明该可变电阻器已经损坏。

然后将万用表置于欧姆挡适当量程，一支表笔接一个定片，另一支表笔接动片，在这个测量状态下，转动可变电阻器动片时，表针偏转，阻值从零增大到标称值，或从标称值减小到零。如果不符合以上结果则可变电阻器损坏。

检测可变电阻器要注意几个方面的问题，见表 3-10。

表 3-10 检测可变电阻器注意的问题

检测可变电阻器注意的问题	如果测量动片与任一定片之间的阻值已大于标称阻值，说明可变电阻器已出现了开路故障；如果测量动片与某定片之间的阻值为 0，此时应看动片是否已转动至所测定片这一侧的端点，否则可认为可变电阻器已损坏（在路测量时要排除外电路的影响）
	测量中，如果测量动片与某一定片之间的阻值小于标称阻值，并不能说明它已经损坏，而应看动片处于什么位置，这一点与普通电阻器不同
	断开线路测量时，可用万用表欧姆挡适当量程，一支表笔接动片引脚，另一支表笔接某一个定片，再用平口起子顺时针或逆时针缓慢旋转动片，此时表针应从 0Ω 连续变化到标称阻值
	同样方法再测量另一个定片与动片之间的阻值变化情况，测量方法和测试结果应相同。这样，说明可变电阻器是好的，否则说明可变电阻器已损坏

六、万用表对电阻器的在路测试

在路测试电阻器的方法如图 3-11 所示。采用此方法测印制电路板上电阻器的阻值时，印制电路板不得带电（即断电测试），而且还应对电容器等储能元件进行放电。通常，需对电路进行详细分析，估计某一电阻器有可能损坏时，才能进行测试。此方法常用于维修中。

例如，怀疑印制电路板上的某一个阻值为 10kΩ 的电阻器烧坏时，可以采用此方法。将数字式万用表的量程开关拨至电阻挡，在排除该电阻器没有并联大容量的电容器或电感器等元件的情况下，把万用表的红、黑表笔并联在 10kΩ 电阻器的两个焊点上，若指针指示值接近（通常是略低一点）10kΩ 时，如图 3-11 所示测量值为 9.85kΩ，则可排除该电阻器出现故障的可能性；若指示的阻值与 10kΩ 相差较大时，则该电阻器有可能已经损坏。为了证实，可将这只电阻器的一个引脚从焊点上焊脱，再进行开路测试，以判断其好坏。

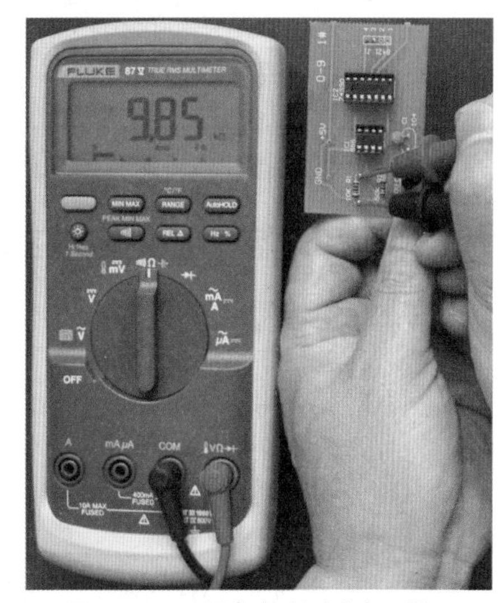

图 3-11　万用表在路测试电阻器

七、万用表对熔断电阻器的开路测试

熔断电阻器俗称熔丝电阻，它起着电阻器和熔断器的双重作用。

熔断电阻器的分类见表 3-11。

表 3-11　熔断电阻器的分类

类别	特点
负温度系数的热敏电阻器	当在它的两端施加的电压增大到某一特定值时，因过电流使其表面温度达到 500 ～ 600℃，其阻值将急剧减小，电阻层剥落而熔断
正温度系数的热敏电阻器	当在它的两端施加的电压超过额定值时，其阻值将急剧增大，使电路处于开路状态

表 3-11 中的两种熔断电阻器具有相同的作用，即能实现在高电压、大电流时保护其他元件不致烧损。在明白了它的这一特征之后，对熔断电阻器的测试原理和方法也就不难理解了。

常用熔断电阻器的实物图如图 3-12 所示。

熔断电阻器目前尚无统一的电路图形符号，图 3-13（a）所示为不同公司生产的几种熔断电阻器的图形符号。

测试方法如图 3-13（b）所示。首先测出熔断电阻器在常温下的阻值，方法与测量固定电阻器时相同。

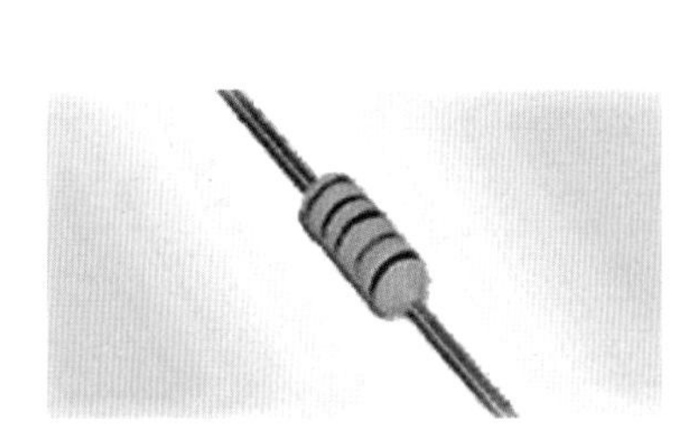
图 3-12　常用熔断电阻器的实物图

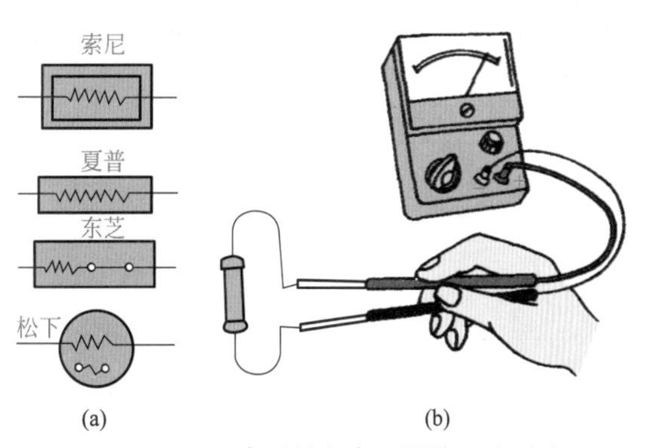

图 3-13　万用表对熔断电阻器的开路测试

如果被测熔断电阻器的阻值正常，再用万用表测试它的其他性能。将万用表的表笔并联在熔断电阻器两端，同时用人体对它进行加热，用手握住它，使熔断电阻器的温度升高，此时能看到万用表指针逐渐偏转。如果温度升高时，其阻值迅速增大，则被测熔断电阻器是正温度系数的热敏电阻器；若其阻值迅速降低，则为负温度系数的热敏电阻器。

八、万用表对熔断电阻器的在路测试

若熔断电阻器已焊装在印制电路板上，此时要想判断它是否烧坏，可采用图 3-14 所示的方法对其进行在路测试。

测试时，先将印制电路板上的电源关断一段时间，确信熔断电阻器已经冷却后，再将万用表量程开关拨至 $R\times1$ 挡（熔断电阻器一般为低阻值，从数欧到几十欧，小容量，功率为 1/8 ～ 1W）。当测得的阻值较大或阻值近似为零时，则被测熔断电阻器已经烧坏。

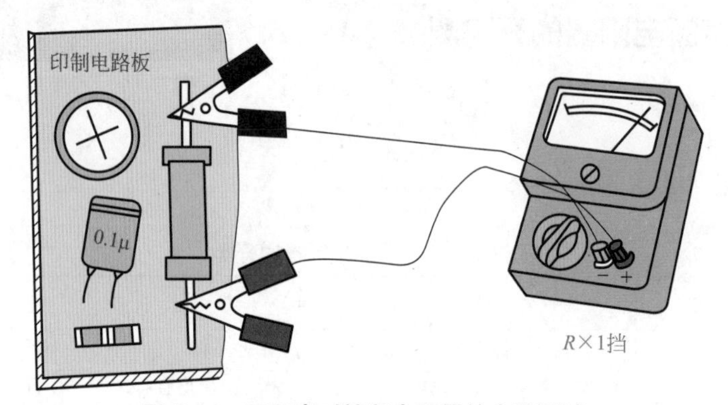

图 3-14　万用表对熔断电阻器的在路测试

如果测得的阻值较小且接近常温值时，则被测熔断电阻器基本是好的，这时可焊开它的一个引脚进行开路测试，以检查它的性能好坏。

九、万用表对消磁电阻器的测试

消磁电阻器是一种正温度系数的热敏电阻器，随着温度的升高，其阻值将迅速增大。在常温下消磁电阻器为低阻抗（如 12Ω、18Ω、27Ω、30Ω 等）。它可与消磁线圈串联，组成彩色显像管的自动消磁电路。同熔断电阻器一样，消磁电阻器目前尚无统一的文字及图形符号，图 3-15（a）所示为不同公司生产的常见的几种消磁电阻器的图形符号。

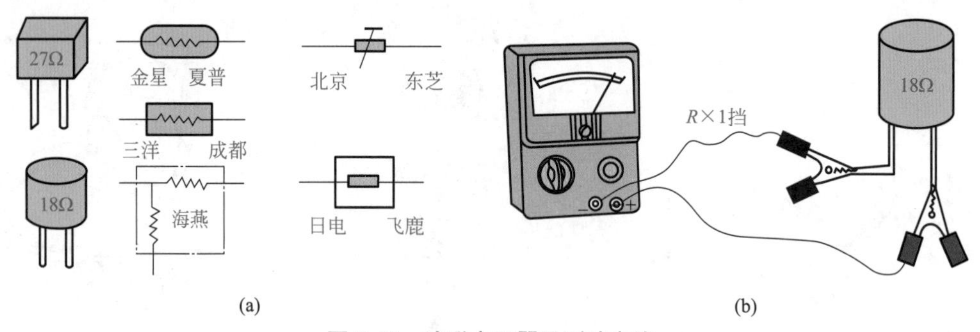

图 3-15　消磁电阻器及测试方法

万用表对消磁电阻器的测试方法如图 3-15（b）所示。一个性能良好的消磁电阻器，在万用表接通的几秒内，其外壳发烫，万用表测得的阻值很大，之后随着温度的降低，阻值也将相应减小。

判断消磁电阻器质量好坏的方法十分简单，在室温条件下，用万用表测得的实际阻值，与标称值之差为 ±2Ω 时为正常。倘若测得的阻值小于 8Ω，或者大于 50Ω 时，则可判定被测消磁电阻器的性能不良或已经损坏。

值得一提的是，不宜在彩色电视机关机后立即测试消磁电阻器。因为此时消磁电阻器的温度较高，所测得的阻值会大于标称阻值，从而使测试者产生误判。

第三节 敏感电阻器的检测

一、光敏电阻器简介

光敏电阻器大多数是由半导体材料制成的。它是利用半导体的光导电特性，使电阻器的电阻值随入射光线的强弱发生变化，当入射光线增强时，它的阻值会明显减小；当入射光线减弱时，它的阻值会显著增大。它与普通电阻一样，没有正负极性。因此，其阻值检测方法与测量普通电阻相似。

光敏电阻器的种类很多，根据所用半导体材料的不同分为单晶光敏电阻器和多晶光敏电阻器。根据光敏电阻器的光谱特性的分类见表 3-12。

表 3-12　根据光敏电阻器的光谱特性的分类

类别	介绍
红外光光敏电阻器（响应峰值波长在红外光范围内的光敏电阻器）	硫化镉、硒化镉、碲化镉光敏电阻器，锗掺金光敏电阻器等
可见光光敏电阻器	砷化镓、硫化镉光敏电阻器（多以单晶或多晶硫化镉为主体材料的光敏电阻器），硅、锗光敏电阻器等
紫外光光敏电阻器	硫硒化镉光敏电阻器，它是在硫化镉电阻中加入硒化镉，使光谱响应范围增大

在业余制作中用得最多的是可见光光敏电阻器，即硫化镉光敏电阻器。硫化镉光敏电阻器通常都是制成薄膜结构的，以便于接收更多的光线。

光敏电阻器由玻璃基片、光敏层、电极组成。光敏电阻器的外形结构多为片状，其实物图、外形结构和电路符号如图 3-16、图 3-17 所示。

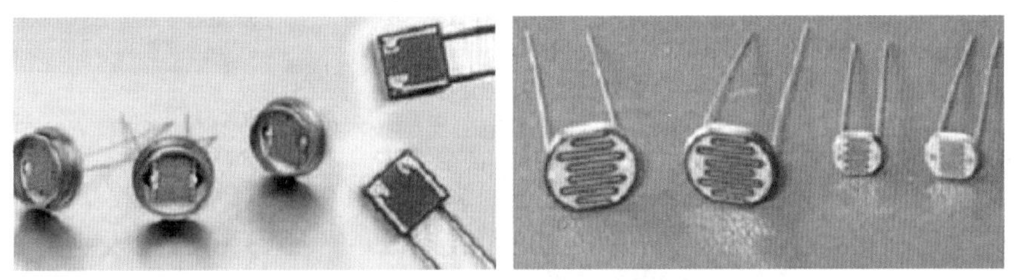

图 3-16　光敏电阻器实物图

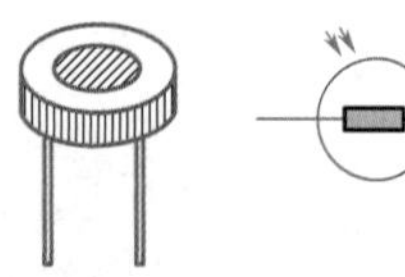

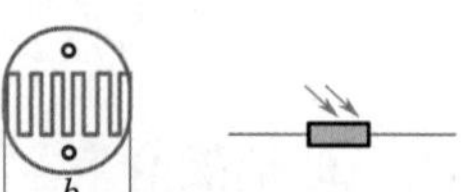

图 3-17 光敏电阻器外形结构和电路符号

光敏电阻器的特点：

① 光敏电阻器的阻值随入射光的强弱而改变，有较高的灵敏度。

② 它在直流、交流电路中均可使用，其电性能稳定。

③ 它体积小、结构简单、价格便宜，可广泛用于检测、自动计数、光电自动控制、医疗电器、通信、自动报警、照相机自动曝光等电路中。

1. 光敏电阻器的主要参数

光敏电阻器的主要参数见表 3-13。

表 3-13 光敏电阻器的主要参数

主要参数	定义
光电流、亮阻	光敏电阻器在一定的外加电压下，当有光照射时（一般照度为 100lx 时），流过光敏电阻的电流称光电流。外加电压与光电流之比称为亮阻
暗电流、暗阻	光敏电阻器在一定外加电压下，当没有光照时（照度为 0lx 时），流过光敏电阻器的电流称为暗电流。外加电压与暗电流之比称为暗阻
灵敏度	灵敏度是指光敏电阻器不受光照射时的电阻值（暗阻，当照度为 0lx 时的）和受光照射时的电阻值（亮阻，即照度为 100lx 时的）的相对变化值
光谱响应	光谱响应又称光谱灵敏度。它是指光敏电阻器在不同波长的单色光照下的灵敏度。若把不同波长下的灵敏度画成曲线，就可得光谱灵敏度分布图，又称光谱响应曲线。硫化镉光敏电阻器光谱响应峰值波长为 0.52 ～ 0.85μm
光照特性	光敏电阻器输出的电信号随光照强度而变化的特性。光敏电阻器的光照特性多数情况下是非线性的，只是在微小区域呈线性
伏安特性曲线	伏安特性曲线是描述光敏电阻器的外加电压和流过的光电流的关系。对于光敏元件来说，其光电流随外加电压增大而增大。硫化镉光敏电阻器在规定的极限电压下，它的伏安特性具有较好的线性
温度系数	光敏电阻器的光电效应受温度影响较大，不少的光敏电阻器在低温下的光电灵敏度较高，而在温度升高时则灵敏度降低，因此这类元件只宜用于低温环境中。硫化镉光敏电阻器与温度的关系较复杂，有时亮阻随温度增加而增大，而有时又变小。通常用电阻温度系数来描述光敏电阻器的这一特性。它表示温度改变一度时，电阻的相对变化
额定功率	额定功率也称功耗。其含义是，当光敏电阻器用于某种电路中所允许加上的功率。额定功率主要取决于光敏电阻本身特性、环境温度及光敏电阻本身所产生的温度，也就是说，环境温度升高，光敏电阻器允许消耗的功率就降低。额定功率 $P=I^2R$，式中，P 为光敏电阻的额定功率，W；I 为光电流，A；R 为亮阻，Ω

2. 常用光敏电阻器的技术指标和外形尺寸

国产光敏电阻器的型号为 MG41 ～ MG45。常用的 MG45 型塑封光敏电阻器的技术指标见表 3-14。

表 3-14 MG45 光敏电阻器的技术指标

型号	额定功率 /mW	亮阻 /kΩ	暗阻 /MΩ	环境温度 /℃	时间常数 /ms	最高工作电压 /V
MG45-1	10	≤ 2 ～ 10	1 ～ 10	-40 ～ +70	≤ 20	50

续表

型号	额定功率 /mW	亮阻 /kΩ	暗阻 /MΩ	环境温度 /℃	时间常数 /ms	最高工作电压 /V
MG45-2	20	≤ 2 ～ 10	1 ～ 10	−40 ～ +70	≤ 20	85
MG45-3	50	≤ 2 ～ 10	1 ～ 10	−40 ～ +70	≤ 20	150
MG45-5	200	≤ 2 ～ 10	1 ～ 10	−40 ～ +70	≤ 20	250

MG45 光敏电阻器的外形尺寸见图 3-18 及表 3-15。

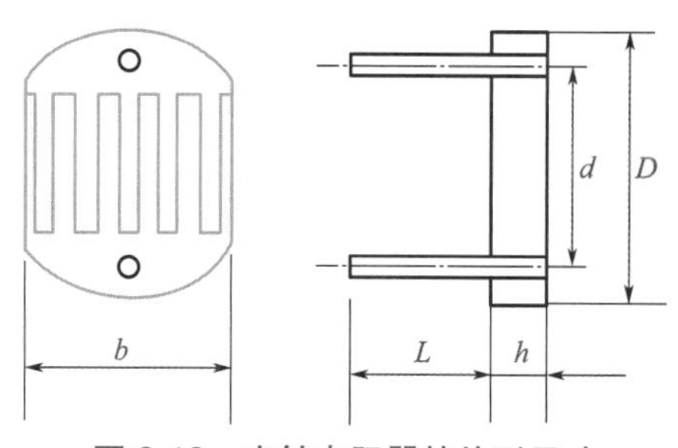

图 3-18　光敏电阻器的外形尺寸

表 3-15　MG45 光敏电阻器的外形尺寸

型号	*D*/mm	*d*/mm	*b*/mm	*h*/mm	*L*/mm
MG45-1	ϕ5.0+0.2	3.5±0.1	4.3±0.1	1.6±0.1	25±5
MG45-2	ϕ9 + 0.5	6.4±0.1	8 + 0.5	2 + 0.5	25±5
MG45-3	ϕ16+0.5	12±0.1	16±0.5	2 + 0.5	25±5

二、数字万用表对光敏电阻器的测试

1. 万用表对光敏电阻器暗阻的测试

光敏电阻器可分为可见光光敏电阻器、红外光光敏电阻器、紫外光光敏电阻器。常见的几种硫化镉光敏电阻器如图 3-19（a）所示，对光敏电阻器暗阻的测试方法如图 3-19（b）所示。

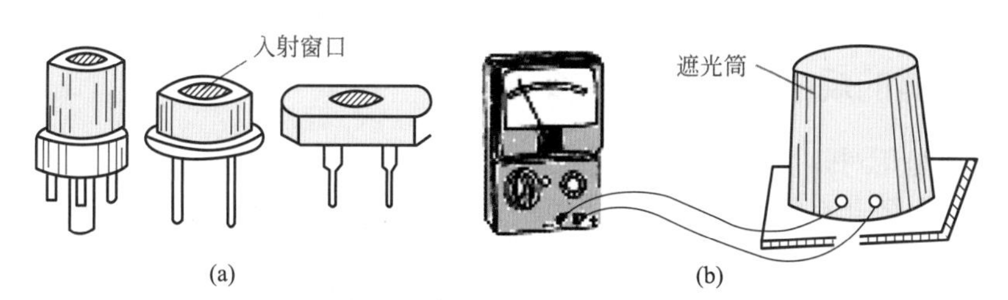

图 3-19　万用表对光敏电阻器暗阻的测试

暗阻是光敏电阻器在一定外加电压下无光照时的电阻值。光敏电阻器的暗阻阻值很大，通常为数兆欧姆。因光敏电阻器无极性，所以不必考虑表笔的极性，但需注意在测试时不可用手接触光敏电阻器的引脚，以免减小阻值，造成测试误差。

为严密遮住光敏电阻器，不让光线照射其入射窗口，可制作一个遮光筒，也可用黑布将光敏电阻器盖严。如图 3-19（b）所示，万用表测出的读数即为被测光敏电阻器的暗阻阻值。

图 3-20 为用数字式万用表检测光敏电阻器暗阻的示意图，图中将光敏电阻器放入黑色屏蔽布内，实测光敏电阻器暗阻为 3.237MΩ。

2. 万用表对光敏电阻器亮阻的粗测

光敏电阻器的亮阻是光敏电阻器在一定外加电压和一定光照强度下的阻值。光敏电阻器的亮阻阻值较小，常为几千欧或几十千欧。万用表对光敏电阻器亮阻的测试方法如图 3-21 所示，图中显示光敏电阻器的亮阻为 17.96kΩ。

测试时，将光敏电阻器的引脚与万用表表笔接牢，然后用灯光照射光敏电阻器，此时万用表的读数即为光敏电阻器的亮阻阻值。不同的光源照射时，被测光敏电阻器的亮阻阻值不同。因此，此阻值仅是个粗测值。如果将灯光移开，光敏电阻器的阻值将变大，但小于其暗阻阻值。由此也可判断出被测光敏电阻器性能的好坏。

数字式万用表测试光敏电阻器

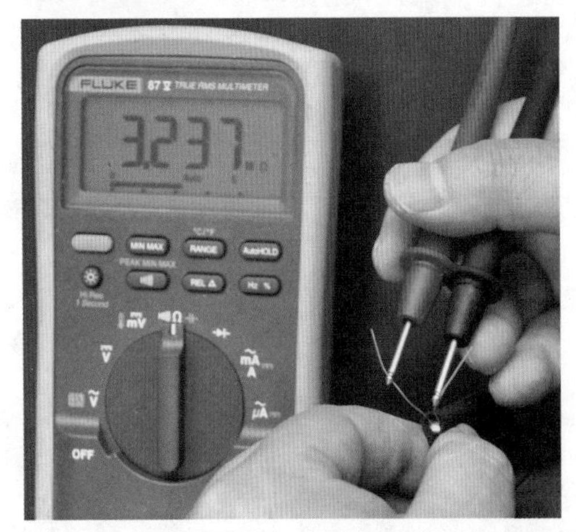

图 3-20 数字式万用表对光敏电阻器暗阻的测试

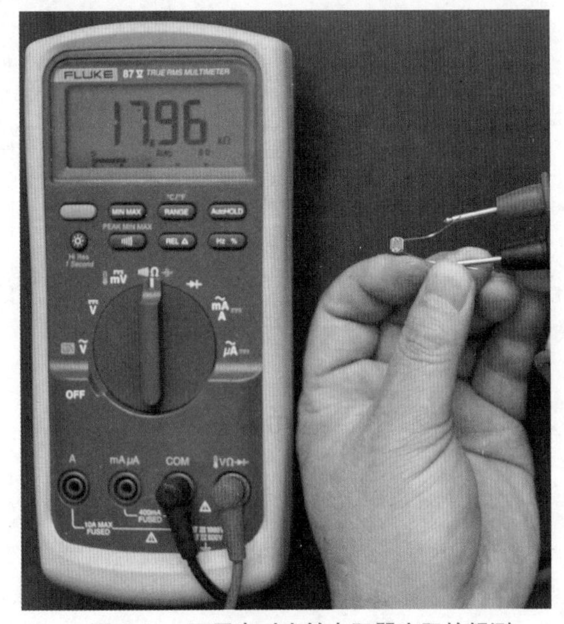

图 3-21 万用表对光敏电阻器亮阻的粗测

三、热敏电阻器的规格型号及主要参数

热敏电阻器是用对热度极为敏感的半导体材料制成的，它的阻值随温度的变化有比较明显的改变。热敏电阻器有随温度升高电阻值增大（即正温度系数）的热敏电阻器和随温度升高而电阻值减小（即负温度系数）的热敏电阻器两种。

热敏电阻发展历史并不很长，但品种繁多，其实物如图 3-22 所示。习惯上，将半导体热敏电阻器简称为“热敏电阻”，代号为 R_t 。图 3-23 为部分国产热敏电阻器及其电路图形符号。

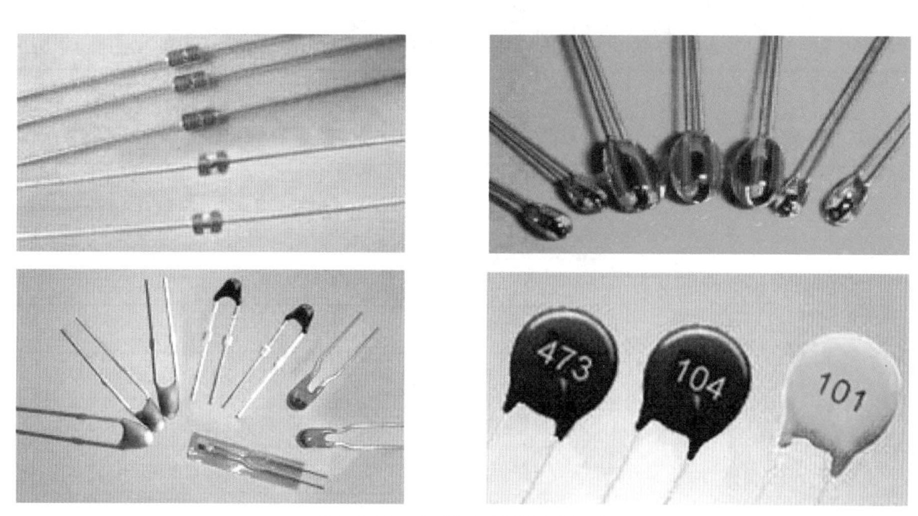

图 3-22　热敏电阻器实物图

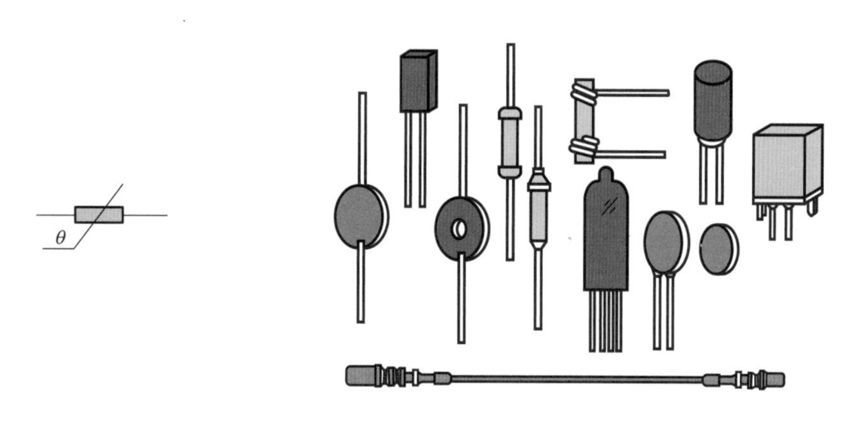

(a) 热敏电阻器电路图形符号　　(b) 部分国产热敏电阻器外形

图 3-23　部分国产热敏电阻器及其电路图形符号

1. 热敏电阻器的规格型号

目前，国产热敏电阻器是按标准来制定型号的，它由四个部分组成，见表 3-16。

表 3-16　国产热敏电阻器制定型号的四个组成部分

第一部分	主称，用字母 M 表示“敏感元件”
第二部分	类别，用字母表示。“Z”表示正温度系数热敏电阻器，“F”表示负温度系数热敏电阻器
第三部分	用途或特征，用数字 0 ～ 9 表示
第四部分	序号，也用数字表示，代表着某种规格、性能

有些厂家的产品，在序号之后又加了一个数字，如 MF54-1，在“4”的后面又加了一个“-1”，这“-1”也属于序号，通常叫“派生序号”。

表 3-17 和表 3-18 列出了正温度系数热敏电阻器和负温度系数热敏电阻器的型号命名法。

表 3-17　正温度系数热敏电阻器型号命名方法

主称		类别		用途或特征		命名全称
符号	意义	符号	意义	符号	意义	
M	敏感元件	Z	正温度系数热敏电阻器	1	普通用	普通型正温度系数热敏电阻器
				2		
				3		
				4		
				5	测温	测温型正温度系数热敏电阻器
				6	控制	控制型正温度系数热敏电阻器
				7	消磁	消磁型正温度系数热敏电阻器
				8		
				9	恒温	恒温型正温度系数热敏电阻器
				0		

注：表中的“普通”是指工作温度在 −55 ～ +315℃范围内，没有特殊的技术和结构要求者。

表 3-18　负温度系数热敏电阻器型号命名方法

主称		类别		用途或特征		命名全称
符号	意义	符号	意义	符号	意义	
M	敏感元件	F	负温度系数热敏电阻器	1	普通用	普通型负温度系数热敏电阻器
				2	稳压用	稳压型负温度系数热敏电阻器
				3	微波测量	微波功率测量型负温度系数热敏电阻器
				4	旁热式	旁热式负温度系数热敏电阻器
				5	测温用	测温型负温度系数热敏电阻器
				6	控温用	控温型负温度系数热敏电阻器
				7		
				8	线性型	线性型负温度系数热敏电阻器
				9		
				0	特殊用	特殊型负温度系数热敏电阻器

注：表中的“普通”是指工作温度在 −55 ～ +315℃范围内，没有特殊的技术和结构要求者。

2. 热敏电阻器的主要参数

热敏电阻器的主要参数见表 3-19。

表 3-19　热敏电阻器的主要参数

主要参数	定义
标称电阻值	常标在热敏电阻器上，是指在基准温度为 25℃时的零功率阻值。因此，在有的产品说明书上的参数表把它叫作“标称电阻值 R_{25}”。标称电阻值与实际测得的零功率电阻值存在一定的误差，通常以百分比的形式表示，如 ±5%、±10%

续表

主要参数	定义
耗散系数	在规定的条件下，热敏电阻器耗散功率的变化与热敏电阻体温度变化之比叫耗散系数。在工作温度范围内，耗散系数随温度的提高而略有增大
时间常数	表示热敏电阻热惯性大小的参数
温度系数	在规定温度下，热敏电阻器零功率电阻值的相对变化与引起该变化的相应温差之比
测量功率	当采用该功率测量热敏电阻器的电阻值时，所产生的热量可以忽略不计。即由测量功率产生的热量所引起的阻值变化，相对于总的测量误差来说，是微小的，可以忽略不计
额定功率	在环境温度为25℃、相对湿度为45%～80%，及大气压力为650～800mmHg（1mmHg=133.322Pa）的大气条件下，长期连续负荷所允许的耗散功率。在此功率下，电阻体的温度不应超过最高工作温度。功率的单位为mW或W
标称电压	指稳压用热敏电阻器在规定温度下，与标称工作电流所对应的电压值
工作电流	指稳压用热敏电阻器在工作状态下所规定的名义电流值
稳压范围	指稳压用热敏电阻器在规定的环境温度范围的压降范围
最大加热电流	指旁热式热敏电阻器在规定的环境条件下，能长期连续工作所允许通过加热器的最大电流值

四、数字式万用表对热敏电阻器的测试

在选用热敏电阻器时，应该挑选外表面光滑、引线不发黄锈的热敏电阻器。对热敏电阻器简易测试时，通常对它的几个比较重要的参数必须进行测试。其方法是：

一般来说，由于热敏电阻器对温度的敏感性高，所以不宜用指针式万用表来测量它的阻值，因为指针式万用表的工作电流比较大，流过热敏电阻器时会发热而使阻值改变。对于电子爱好者来说，可以用数字式万用表来检测，方法如图3-24所示。

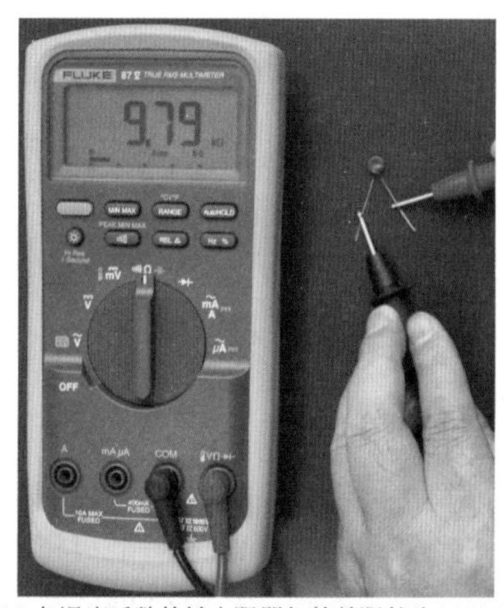

(a) 负温度系数热敏电阻器加热前阻值为9.79kΩ

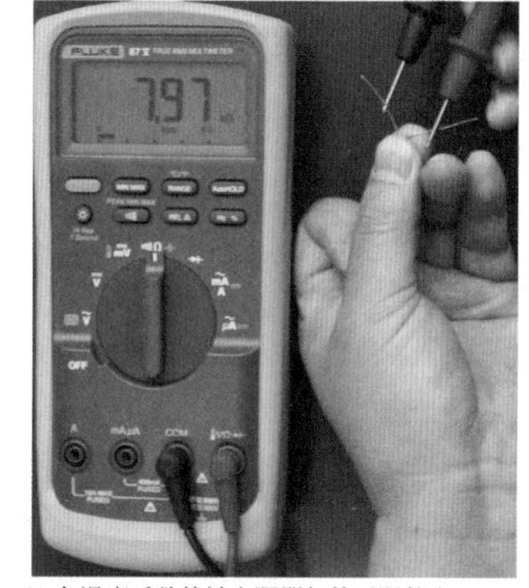

(b) 负温度系数热敏电阻器加热后阻值为7.97kΩ

图3-24　用数字式万用表粗测热敏电阻器示意图

将数字式万用表的挡位开关拨到欧姆挡（视标称电阻定挡位），用测试表笔分别连接热敏电阻器的两个引脚，如图3-24（a）所示，记下此时的阻值为9.79kΩ。然后用手捏住热敏

电阻器，使它温度慢慢升高，观察数字式万用表，会看到热敏电阻器的阻值在逐渐减小。减小到一定数值时，指针停下来，如图 3-24（b）所示，此时的阻值为 7.97kΩ，说明热敏电阻器是负温度系数的。若气温接近体温，用这种方法就不灵了，这时可用电烙铁靠近热敏电阻器进行加热，其阻值会明显下降。把手或电烙铁移开热敏电阻器，表针会慢慢上升，最后回到原来的位置。这就可以证明此热敏电阻器是好的。

用万用表检测时，请注意以下几点。

① 如果用指针式万用表，它的电池必须是新换不久的，而且在测量前应调好欧姆零点。

② 一般用数字式万用表检测。由于指针式万用表的电阻挡刻度为非线性的，为减少误差，读数方法正确与否很重要。读数时，视线必须正对着表针。若表盘上有反射镜，眼睛看到的表针应与镜里的影子重合。

③ 热敏电阻上所标出的阻值叫标称阻值，它常常与万用表测出的读数不相等。这是因为热敏电阻的标称电阻值是在温度为 25℃的条件下，用专用的测量仪器测得的。而用万用表来测量，则有一定的电流通过热敏电阻器产生热量，况且环境温度不可能正好是 25℃，所以不可避免地产生了误差。

五、数字式万用表对 NTC 功率热敏电阻器的测试

NTC 功率热敏电阻器是一种负温度系数热敏元件。为了避免电子电路中在开机的瞬间产生的浪涌电流，在电源电路中串接一个 NTC 功率热敏电阻器，能有效地抑制开机时的浪涌电流，并且在完成抑制浪涌电流作用以后，由于通过其电流的持续作用，NTC 功率热敏电阻器的电阻值将下降到非常小的程度，它消耗的功率可以忽略不计，不会对正常的工作电流造成影响，所以，在电源回路中使用 NTC 功率热敏电阻器，是抑制开机时的浪涌，以保证电子设备免遭破坏的最为简便而有效的措施。 MF72 型 NTC 功率热敏电阻器的实物图如图 3-25 所示。MF11、MF12 补偿型 NTC 热敏电阻器如图 3-26 所示，用于一般精度的温度测量和在计量设备、电路中的温度补偿。

图 3-25　MF72 型 NTC 功率热敏电阻器

图 3-26　MF11、MF12 补偿型 NTC 热敏电阻器

家用电器由于开机电流冲击而导致的故障较多，为解决这一问题，在家用电器中常用一种软启动元件 NTC 功率热敏电阻器，它是一种负温度系数热敏元件，一般可以通过 1 ～ 10A 的电流。图 3-27（a）所示为 NTC 功率热敏电阻器加热前阻值测试方法示意图。将数字式万用表量程开关拨至电阻挡，测出它的阻值，从图中可见阻值为 5.7Ω。

然后用手捏着 NTC 功率热敏电阻器，测量加温以后的阻值为 4.8Ω，如图 3-27（b）所示。这种现象说明 NTC 功率热敏电阻器是一种负温度系数热敏元件。根据其型号对照所测阻值是否在规定范围内。若阻值很大，则是有开路故障；若阻值为 0，则是有短路故障。

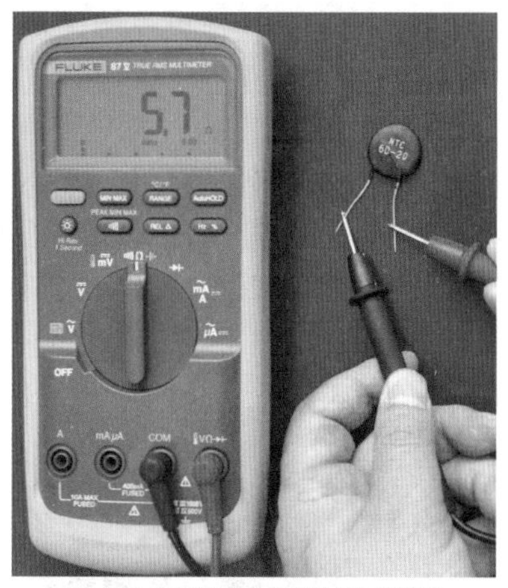

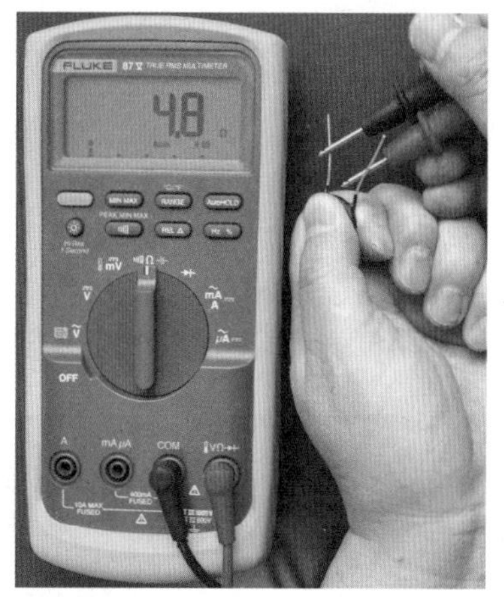

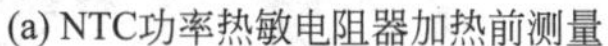

(a) NTC功率热敏电阻器加热前测量　　(b) NTC功率热敏电阻器加热后测量

图 3-27　NTC 功率热敏电阻器测试方法

为了证实判断是否正确，可将 NTC 功率热敏电阻器如图 3-28 所示搭接在一个灯泡线路中，正常时接通电源后，灯泡由暗变亮。

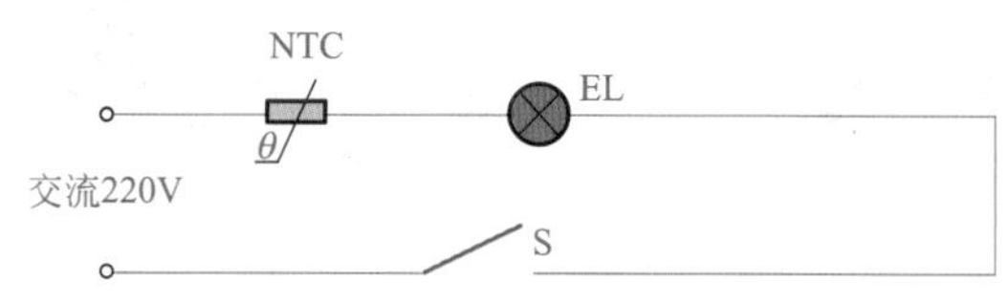

图 3-28　NTC 功率热敏电阻器在电路中的测试

数字式万用表对 NTC 功率热敏电阻器进行测量

估计温度系数 α_t：测试方法如图 3-29 所示。先在室温 t_1 下测得电阻值为 R_{t_1}，将电烙铁通电后靠近热敏电阻器，同时用温度计测热敏电阻器的表面温度 t_2 和热敏电阻器的电阻值 R_{t_2}。将所得数据代入公式即可得出温度系数。求温度系数的公式为

$$\alpha_t = \frac{R_{t_2} - R_{t_1}}{R_{t_1}(t_2 - t_1)}$$

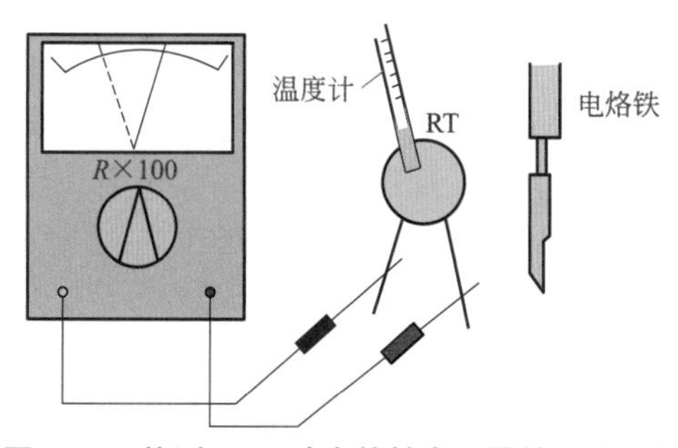

图 3-29　估测 NTC 功率热敏电阻器的温度系数

NTC 功率热敏电阻器的温度系数应为负值 $\alpha_t < 0$，若测得 $\alpha_t > 0$，则此热敏电阻器是正温度系数热敏电阻器。

六、数字式万用表对 PTC 功率热敏电阻器的测试

PTC 功率热敏电阻器是一种正温度系数热敏元件，常作为无触点开关元件，普遍应用于

电冰箱的启动电路中，具有启动时无接触电弧、无噪声、启动性能可靠等优点。但是若 PTC 功率热敏电阻器出现故障，就有可能烧毁压缩机的主绕组，或是主、副绕组同时烧坏。用数字式万用表对 PTC 功率热敏电阻器的测试方法如图 3-30 所示。

将数字式万用表的量程开关拨至电阻挡，室温接近 25℃时最好。红黑表笔分别与 PTC 功率热敏电阻器的两个引脚相接（因 PTC 功率热敏电阻器无极性，所以可任意连接），其阻值为 238.4Ω，如图 3-30（a）所示。将数字式万用表的读数与热敏电阻器的标称值进行比较，若误差不超过 20%，则此热敏电阻器是正常的。

数字式万用表对 PTC 功率热敏电阻器进行测量

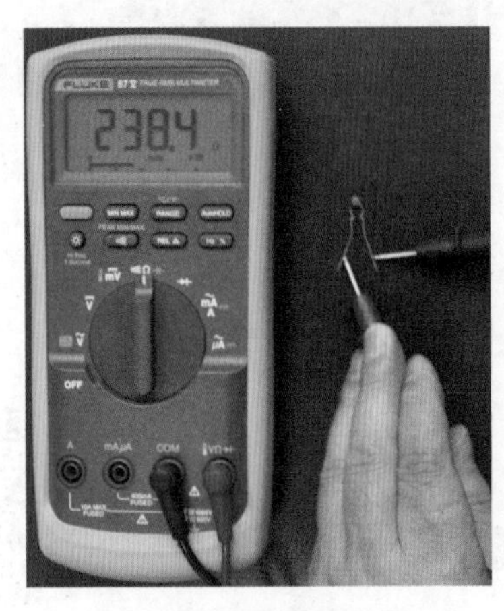

(a) PTC功率热敏电阻器加热前测量

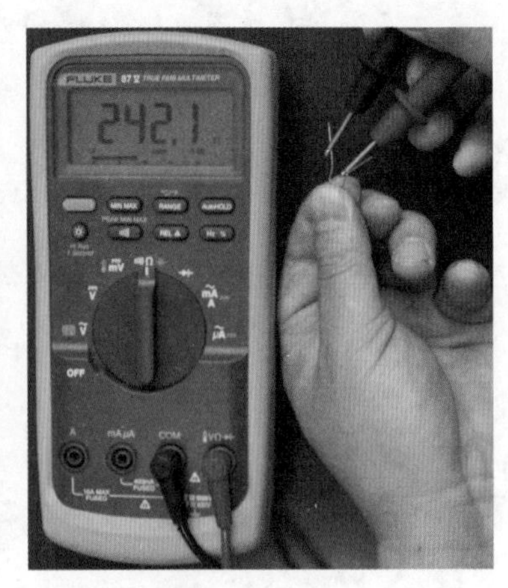

(b) PTC功率热敏电阻器加热后测量

图 3-30 数字式万用表对 PTC 功率热敏电阻器的测试

然后用手捏着 PTC 功率热敏电阻器，测量加温以后的阻值为 242.1Ω，如图 3-30（b）所示，说明 PTC 功率热敏电阻器是一种正温度系数热敏元件。

也可以像图 3-28 那样，将 PTC 功率热敏电阻器串入 100W 白炽灯泡线路中，接通 220V 交流电源，灯泡迅速点亮，约在 60s 后灯泡瞬间变暗、熄灭。切断电源，迅速用数字式万用表测 PTC 功率热敏电阻器的阻值，此时其阻值应为无穷大，用手触摸它时会觉得很热。待 PTC 功率热敏电阻器自身温度与室温相同时，再测试其阻值，应回到初始的数值。

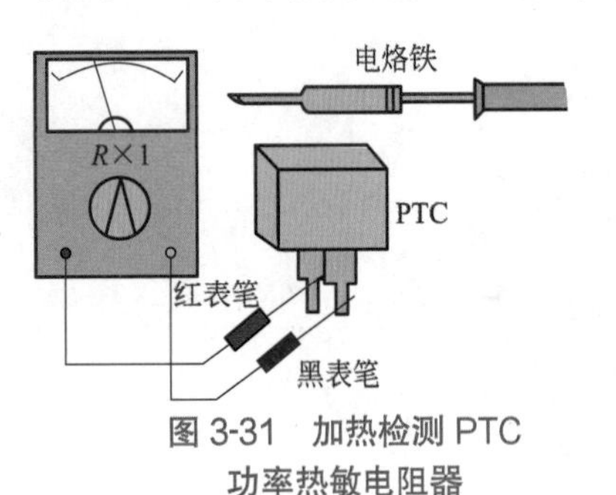

图 3-31 加热检测 PTC 功率热敏电阻器

只要 PTC 功率热敏电阻器符合上述条件，就可以判定它是可以使用的。

加温检测（以彩色电视机用 PTC 功率热敏电阻器为例）：检测方法如图 3-31 所示。将已预热的电烙铁靠近热敏电阻器，如果数字式万用表测得的电阻值随 PTC 温度升高而增大，说明热敏电阻器是正常的，如果加热后数字式万用表指针不动，则说明热敏电阻器已失效。

已经损坏的消磁热敏电阻器，用手摇晃它，里面常常会发出碎片的撞击声。

七、万用表对压敏电阻器的测量

压敏电阻器是一种电压敏感元件。当电阻器上的外加电压增加到某一临界值（标称电压值）时，其阻值将急剧减小。它是利用半导体材料具有非线性伏安特性原理制成的，因此属于非线性电阻器。常用压敏电阻器的实物图如图 3-32 所示。

压敏电阻器的品种很多。按其结构分类，有体型压敏电阻器、结型压敏电阻器、单颗粒层压敏电阻器和薄膜压敏电阻器；按材料分类，分为碳化硅压敏电阻器、硅锗压敏电阻器、金属氧化物压敏电阻器、钛酸钡压敏电阻器和硒化镉和硒压敏电阻器等。

目前使用较多的是氧化锌（ZnO）压敏电阻器。它的特点是时间响应快、电压范围宽、体积小、工艺简单、成本低廉。图 3-33（a）是标称电压为 56V 的氧化锌压敏电阻器的外形。它的文字符号为 MY，电路符号如图 3-33（b）所示，图中字母 *U* 也可用 *V* 代替。

图 3-32　压敏电阻器的实物图

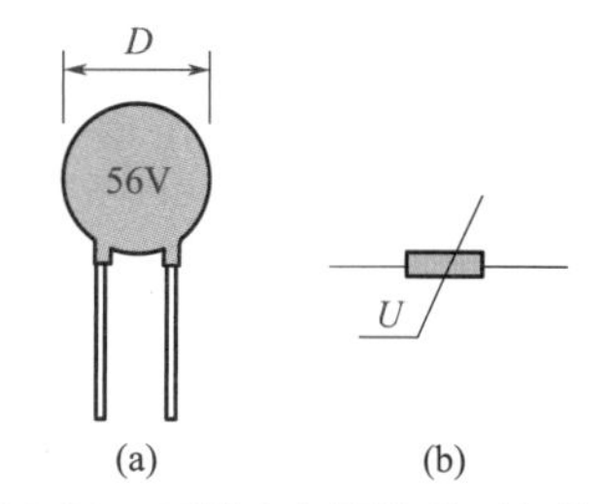

图 3-33　压敏电阻器的外形与符号

压敏电阻器的好坏用普通万用表是测不出来的，因为一般压敏电阻器的标称电压都比万用表内的电池电压高，所以用万用表测压敏电阻，一般都为无穷大阻值。如果测出的阻值接近于 0，说明压敏电阻器已经短路，不能再用了。但对于断路或失去功能的压敏电阻器，普通万用表就检测不出来了。

检测压敏电阻器功能的好坏，可以自己搭接一个简单电路进行测量。现以测量标称电压为 56V 的压敏电阻为例，按图 3-34 搭一个测试电路。图中电源为一个 0 ～ 60V（高于 60V 也可）的可调直流电源。逐渐加大电源电压，刚开始阶段电流表无指示，当电压增加到某一数值后，电流表的指示显著增加。这时电源电压所示的数值就是压敏电阻的标称电压值。同时也能断定压敏电阻器的性能是好的。

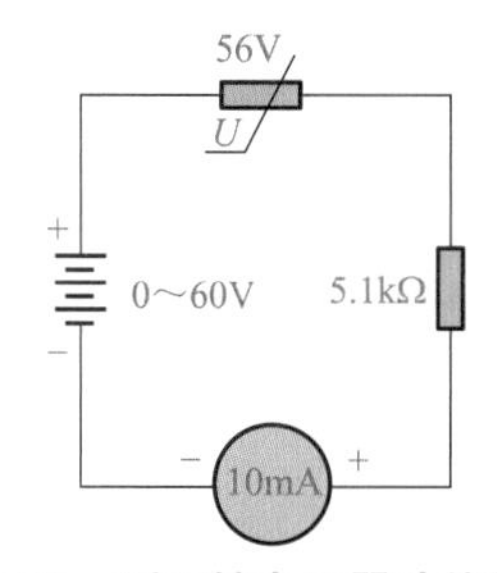

图 3-34　测压敏电阻器功能的电路

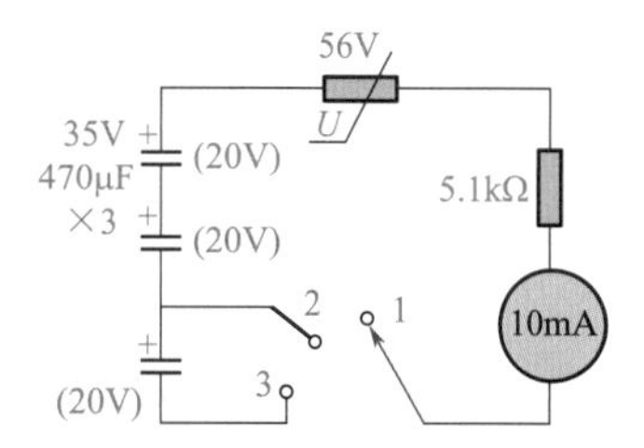

图 3-35　用串联电容增压法测压敏电阻的好坏

如果没有 0 ～ 60V 连续可调的电压源，而只有 0 ～ 30V 的电压源，可按图 3-35 所示电路连接。开始实验时，把三个耐压 35V/470μF 左右的电解电容器串联好，然后分别给每个电容充到 20V 左右的电压。把开关从空挡拨到 2 挡，相当于给压敏电阻加了一个 40V 的电压，可以看到电流表没指示；当开关扳到 3 挡时，相当于给压敏电阻加了一个 60V 的电压。这时电流表有明显指示，说明压敏电阻器是好的。

八、压敏电阻器标称电压的检测

首先，用万用表 *R*×10k 挡测一下压敏电阻器是否击穿或有漏电现象。如果测得的电阻值接近 0Ω，表明压敏电阻器已击穿短路。如果测得电阻值不是接近无穷大，表明它漏电严重，已不能使用。

然后，用两块万用表和一块兆欧表测出压敏电阻器的标称电压，检测电路如图 3-36 所示。图中电流表和电压表使用两块万用表，电流表置于直流 50mA 挡，电压表置于直流电压 1000V（或 500V）挡。检测时尽量匀速摇动兆欧表的把手，摇速大约为 120r/min。开始摇动时，由于转速较小，兆欧表的输出电压低，未达到压敏电阻器的标称电压，所以电流表上通过的电流很小。当兆欧表的转速较大，达到某一电压时，达到了压敏电阻器的标称值。此时，压敏电阻器的电阻值迅速变小，则电路中电流迅速变大，电流表的指针迅速向右摆，这时电压表中的电压读数就是压敏电阻器的标称值。

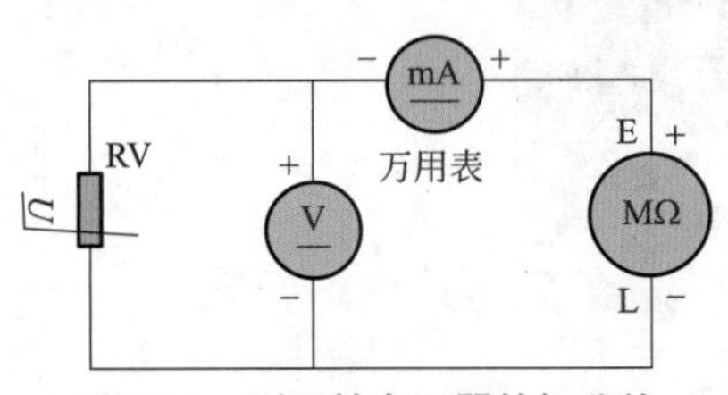

图 3-36　测压敏电阻器的标称值

第四章

万用表检测电位器

电位器是由一个电阻体和一个转动或滑动系统组成的。在家用电器和其他电子设备电路中，电位器常用来作为可调的无线电电子元件。它是从可变电阻器发展派生的电阻器的另一分支。电位器的作用是用来分压、分流和用来作为变阻器。在晶体管收音机、CD 唱机、VCD 机中，常用电位器阻值的变化来控制音量的大小，有的兼作开关使用。

电位器当用来作分压器时，它是一个四端电子元件；当它作为变阻器使用时，它是一个两端电子元件。电位器在电路中用字母“RP”表示。为了选用好电位器，我们将首先介绍电位器的基本知识，然后介绍电位器的选用常识。

第一节 电位器的基础知识

一、电位器的分类及外形和符号

1. 电位器的分类

电位器是一种具有三个接头的可变电阻器。其阻值可在一定范围内连续可调。

电位器的分类见表 4-1。

表 4-1 电位器的分类

分类	简介
按电阻体材料分	薄膜电位器，薄膜又可分为 WTX 型小型碳膜电位器、WTH 型合成碳膜电位器、WS 型有机实心电位器、WHJ 型精密合成膜电位器和 WHD 型多圈合成膜电位器等
	线绕电位器，代号为 WX 型。一般情况下，线绕电位器的误差不大于 ±10%，非线绕电位器的误差不大于 ±2%。其阻值、误差和型号均标在电位器上

续表

分类	简介
按调节机构的运动方式分（如图 4-1 所示）	旋转式电位器，如图 4-1（a）所示
	直滑式电位器，如图 4-1（b）所示
按结构分	单联电位器
	多联电位器
	带开关电位器，开关形式又有旋转式、推拉式、按键式等
	不带开关电位器
按用途分	普通电位器
	精密电位器
	功率电位器
	微调电位器
	专用电位器
按阻值随转角变化关系分（如图 4-2 曲线所示）	线性电位器
	非线性电位器

(a) 旋转式

(b) 直滑式

图 4-1　旋转式和直滑式电位器

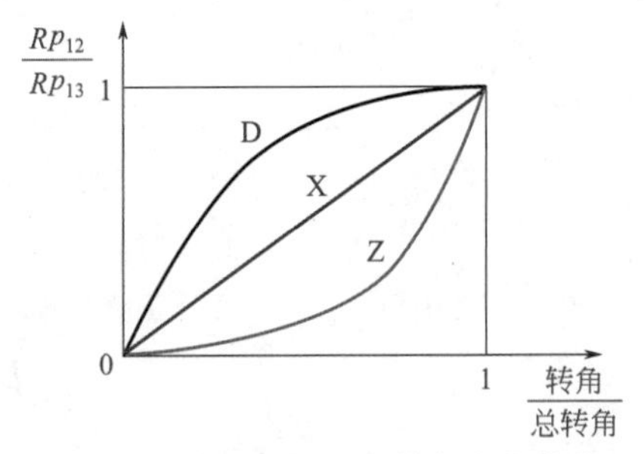

图 4-2　电位器阻值随转角变化曲线

它们的特点分别为：

X 式（直线式）：常用于示波器的聚焦电位器和万用表的调零电位器（如 MF-20 型万用表），其线性精度为 ±2%、±1%、±0.3%、±0.05%。

D 式（对数式）：常用于电视机的黑白对比度调节电位器，其特点是，先粗调后细调。

Z 式（指数式）：常用于收音机的音量调节电位器，其特点是，先细调后粗调。

所有 X、D、Z 字母符号一般印在电位器上，使用时应注意。

2. 常用电位器的外形和符号

常用电位器的实物如图 4-3 所示。

常用电位器的外形和符号如图 4-4 所示。

电位器阻值的单位与电阻器相同，基本单位也是欧姆，用符号“Ω”表示。由基本单位导出的单位有 kΩ、MΩ 等。

图 4-3　常用电位器的实物图

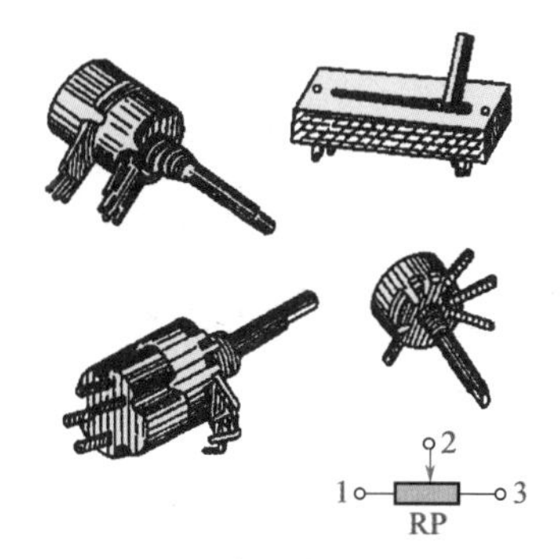

图 4-4　常用电位器外形及符号

二、电位器的型号和主要参数

1. 电位器的型号

根据中华人民共和国行业标准 SJ/T 10503—1994《电子设备用电位器型号命名方法》，电位器产品型号一般由下列四部分组成：

① 第一部分：电位器代号。电位器代号用一个字母“W”表示。

② 第二部分：电阻体材料代号。电阻体材料代号见表 4-2，用一个字母表示。

表 4-2　电阻体材料代号

代号	H	S	N	I	X	J	Y	D	F
材料	合成碳膜	有机实心	无机实心	玻璃釉膜	线绕	金属膜	氧化膜	导电塑料	复合膜

另外，也用 P 表示硼碳膜，M 表示压敏，G 表示光敏等。

③ 第三部分：类别代号。类别代号按表 4-3 用一个字母表示。

表 4-3　类别代号

代号	类别	代号	类别
G	高压类	D	多圈旋转精密类
H	组合类	M	直滑式精密类
B	片式类	X	旋转低功率类
W	螺杆驱动预调类	Z	直滑式低功率类
Y	旋转预调类	P	旋转功率类
J	单圈旋转精密类	T	特殊类

④ 第四部分：序号。序号用阿拉伯数字表示。

其他代号：规定失效率等级代号用一个字母“K”表示。对规定失效率等级的电位器，其型号除符号第一部分至第四部分的规定外，还应在类别代号与序号之间加“K”。

2. 电位器的主要参数

电位器的主要参数有：标称阻值、额定功率、分辨率、滑动噪声、阻值变化规律、温度系数等。

三、电位器的标称阻值及额定功率

1. 电位器的标称阻值

电位器上标注的阻值叫标称阻值。电位器的标称阻值系列如表 4-4 所示。

表 4-4　电位器标称阻值系列

<table>
<tr><th colspan="4">允许偏差</th></tr>
<tr><th colspan="4">±20% | ±10% | ±5% | ±2% | ±1%</th></tr>
<tr><th colspan="2">标称阻值 E_{12} 系列（±10%）</th><th colspan="2">标称阻值 E_6 系列（±20%）</th></tr>
<tr><td>1.0</td><td>3.3</td><td><u>1.0</u></td><td>3.3</td></tr>
<tr><td>1.2</td><td>3.9</td><td></td><td></td></tr>
<tr><td>1.5</td><td>4.7</td><td>1.5</td><td><u>4.7</u></td></tr>
<tr><td>1.8</td><td>5.6</td><td></td><td></td></tr>
<tr><td>2.2</td><td>6.8</td><td>2.2</td><td>6.8</td></tr>
<tr><td>2.7</td><td>8.2</td><td></td><td></td></tr>
</table>

注：允许偏差为 ±1% 和 ±2% 在线绕电位器中和 ±5% 在非线绕电位器中必要时才选用；
数值下面画“__”的数值表示在非线绕电位器中可优先采用。

2. 电位器的额定功率

电位器的额定功率是指它在直流或交流电路中，当大气压为 87 ～ 107kPa，在规定的额定温度下，长期连续负荷所允许消耗的最大功率。线绕和非线绕电位器的额定功率系列如表 4-5 所示。

表 4-5　线绕和非线绕电位器的额定功率系列

额定功率系列 /W	线绕电位器 /W	非线绕电位器 /W	额定功率系列 /W	线绕电位器 /W	非线绕电位器 /W
0.025		0.025	3	3	3
0.05		0.05	5	5	
0.1		0.1	10	10	
0.25	0.25	0.25	16	16	
0.5	0.5	0.5	25	25	
1	1	1	40	40	
1.6	1.6		63	63	
2	2	2	100	100	

注：当系列数值不能满足时，允许按表内的系列值向两头延伸。

四、电位器的分辨率及最大工作电压

1. 电位器的分辨率

分辨率也称分辨力，对线绕电位器来讲，当动接点每移动一绕圈时，输出电压不连续地发生变化，这个变化量与输出电压的比值为分辨率。直线式线绕电位器的理论分辨率为绕组总匝数 N 的倒数，并以百分数表示。其电位器的总匝数越多，分辨率越高。

对于非线绕电位器阻值连续变化，所以电位器的分辨率较高。

2. 电位器的最大工作电压

最大工作电压是指电位器在规定的条件下，长期（指工作寿命内）可靠地工作不损坏，所允许承受的最高工作电压，一般也可称为额定工作电压。

电位器的实际工作电压要小于额定电压。如果工作电压高于额定电压，则电位器所承受的功率要超过额定功率，则导致电位器过热损坏。电位器的最大工作电压同电位器的结构、材料、尺寸、额定功率等因素有关。比如，WHJ 单联电位器最大工作电压为 250V，WH20 型电位器最大工作电压为 200V，WH102 型电位器最大工作电压为 100V。

第二节 电位器的检测

一、电位器的选用

电位器是一个可调的电子元件，用它作分压器时，当调节电位器的转轴或滑柄时，动触点随之移动，在输出端就能得到连续变化的输出电压。当电位器作为变阻器用时，在电位器行程范围可以得到一个平滑连续变化的阻值。电位器作为电流调节元件，其成为电流控制器，其中一个选定的电流输出端必须是滑动触点引出端。选用时应根据使用要求选择不同的类型和不同结构的电位器，同时要满足电子设备对电位器的性能及主要参数的要求。

1. 根据使用要求选用不同类型的电位器

合成碳膜电位器是家用电气设备使用最早、最广泛的电位器种类。其特点是分辨率高，种类型号多，阻值范围宽（一般为 470Ω ～ 4.7MΩ），价格便宜，制作工艺简单；但耐湿性和稳定性差。在要求不高的电路中，可选用这种电位器。比如，在晶体管收音机用的大型和小型带旋转开关的音量电位器，可选用合成碳膜电位器；在电视机中的调谐电路、音量控制电路，可选用带推拉开关和直滑式碳膜电位器；在家用电器和其他电子设备用的高负载及微调电位器可选用合成碳膜电位器。另外，合成碳膜电位器的机械寿命长，比如，WHJ-2 型精密合成碳膜电位器额定功率为 2W 的机械寿命为 200000 周。对要求使用耐磨寿命长的电路，就可以选用这种电位器。

线绕电位器的接触电阻小，精度高，功率范围宽，而且耐热性能比较好。在直流电路和低频电路中可选用线绕电位器；对要求噪声低的电路也可选用这种电位器。但因电流通过电阻丝时，产生的分布电容和分布电感较大，所以在高频电路不宜选用这种电位器。

线绕电位器如图 4-5 所示。

图 4-5　线绕电位器

金属玻璃釉电位器的阻值范围宽，可靠性高，高频特性好，耐热、耐湿性较好。其中精密型的电位器可用于精密电子设备，微调型的电位器可选用于小型的电子设备的音调、音量调整。

对于晶体管收音机电路，通常选用带开关的小型合成碳膜电位器。开关部分用作接通和切断收音机电源，电位器部分用作收音机的音调和音量调节。在收音机的放大电路中，用作调整放大器工作点的电位器可选用微调电位器，如WH13型微调电位器，其阻值范围为0.47～1kΩ，WH3型微调碳膜电位器，其阻值范围为6.8～100kΩ等。

对于彩色电视机和黑白电视机电路，使用电位器比较多，比如用于音量调节和电源电路电位器可选用带开关推拉式电位器；用于帧同步电路、行同步电路、亮度调节、对比度调节的电位器可选用普通单联电位器。在收录机、唱机及其他立体声音响设备中，用作调节两个声道的音量和音调的电位器，要选用双联电位器。在精密电子设备的自动控制电路、电子计算机的伺服控制电路中，可选用精密多圈电位器。比如WHD-2型精密多圈合成碳膜电位器的阻值变化范围为10～470kΩ，额定功率为1W；WX1.5-2型小型精密多圈线绕电位器阻值为0.1～2.7kΩ，额定功率为1W等。

2. 根据电路对参数的要求选用电位器

电位器的主要参数有标称阻值范围、阻值偏差、额定功率、最高工作电压、机械寿命、线性精度、轴端形状等技术和性能参数。这些参数是我们选用电位器的依据。我们根据电子设备和电路要求选好电位器的种类后，首先就要选择电位器的阻值要符合电路要求，比如小型晶体管收音机的音量控制电位器的阻值范围一般为几千欧到几十千欧，我们就不能选用一个阻值为4.7kΩ～4.7MΩ的电位器。

我们在选用电位器时，应该选用其动噪声和静噪声尽量小的电位器，尤其是有些电子设备对噪声要求严格，我们可选用噪声小的线绕电位器。线绕电位器比金属玻璃釉电位器的噪声要小。另外，有些电路对电位器的噪声要求严格，比如电视机、收录机、收音机的前置放大电路选用的电位器的噪声要小。如果前置放大电路所用电位器的电流噪声过大，经各级放大后在输出端噪声会更大。

不同的电位器机械寿命（也称耐磨寿命）也不同，常用的金属玻璃釉电位器的机械寿命以100～200周为多；常用的线绕电位器的机械寿命以200～50000周为多；而合成碳膜电位器的机械寿命有的高达200000周。选用时，我们依据电子电路对耐磨性的不同要求，选用不同参量的电位器。同时，我们还要结合电位器的额定功率、最高工作电压、分辨率、线性精度等主要参数合理选择电位器。

另外，电位器调节轴的直径、长度以及轴端形状也各不相同。轴端形状有ZS-1型（轴端没有特殊加工）、ZS-3型（轴端开槽型）、ZS-5型（铣成平面）；调节轴的长度也各不相同，如WH148-113-4型轴长有16mm、20mm、25mm等，WH111-1型的轴长有20mm、25mm、32mm等，WH134-2型的轴长最长达50～60mm等。我们可根据使用的场合来选择不同轴长和轴端形状的电位器。

3. 直线式、对数式、反转对数式和开关电位器的选用

直线式电位器的阻值随旋转角度做均匀变化，在家用电器及其他电子设备中，要求电位器阻值均匀变化的电路，可选用直线式电位器。

比如，在电子示波器和电视接收机中，用于控制示波管和显像管亮度和聚焦的电位器应能均匀地改变栅极、阴极之间的电压及聚焦电压，所以选用直线式电位器调节方便，容易调到最佳工作点。在稳压电源的取样电路中，选用直线式电位器，由于阻值变化均匀，因而可以均匀地调节输出电压，它也适于作分压器。

又如晶体管收音机电路中调节工作点的电位器，调节AGC电压的电位器，电视机中调

节场频和线性及场幅度、亮度、场伺服的电位器等，都应选用直线式电位器。

反转对数式电位器阻值在转角较小时变化大，以后阻值逐渐变小。这可以看成为前一段具有粗调性质，后一段具有细调的性质，它比较适合于音调控制电路，使调节者首先能够初步找到适合的音调，然后可进一步左右细调，找到最佳点。同样反转对数式电位器也适用于电视机中对比度的调节，使前一段的调节能够找到较合适的对比度，而后一段的调节由于阻值变化较小，因此可以使图像调整得更加柔和。

在收音机、电视机、各种音响设备中，音量控制通常用对数式电位器。这主要由于人耳对声音响度的听觉特性在声音十分微弱时，若声音稍有增加，人耳的感觉是很灵敏的；但当声音增大到一定程度以后，即便声音继续增加，人耳的反应却比较迟钝。音量电位器采用对数式电位器，正好和人耳的听觉特性相互补偿，使音量电位器转角从零开始逐渐增大时，人们对音量的增加有均匀的感觉。

开关电位器有两种：推拉式开关电位器和旋转式开关电位器。推拉式电位器在执行开关动作时，电位器的动接点不参加动作，对电阻体没有磨损；而旋转式电位器开关每动作一次，动接点就要在电阻体上滑动一次，因此磨损大，影响其使用寿命。带开关电位器的开关位数有单刀单掷、单刀双掷、双刀双掷等，选择时应根据需要确定。

在电视机的音量调节和电源开关电路，在组合音响的音调、音色调节电路中，可选用带开关的推拉式电位器。在收录机、晶体管收音机、唱机、电视机的音量调节、亮度调节和电源开关中，常选用带开关的旋转式电位器。

二、电位器使用前的检查

通用型电位器在使用前，对其标称阻值，电位器的开、关接触情况等进行检查。检查时，可用万用表的 $R\times10$ 挡和 $R\times1$k 挡进行测量。

1. 测量电位器的标称阻值

测量方法如图 4-6（a）所示。将万用表的两支表笔接电位器的 A、C 两端，测 A、C 两端的电阻值即为总阻值，看其阻值是否同标注值相符。如果万用表指针不动或阻值增大很多，则表明电位器已经断路，不能选用。

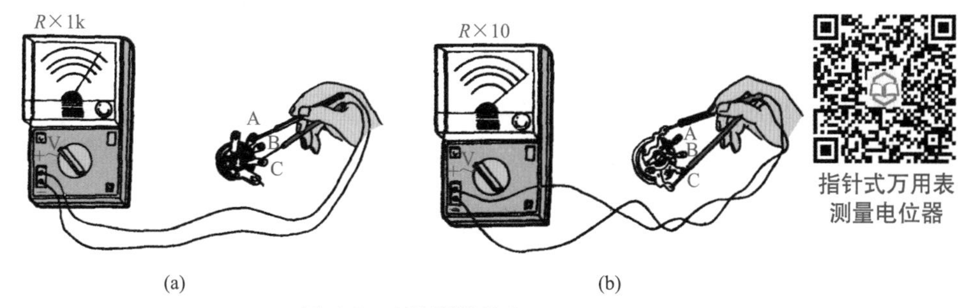

图 4-6 电位器的检查

2. 检查电位器开、关接触情况

检查电位器开、关接触是否良好。检查时，用万用表的低阻挡，测量两端部的焊片，如图 4-6（b）所示。旋转电位器轴柄，使开关处于“开”或“关”，观察电表是否“通”或“断”。经过几次“开、关”试验，“通”“断”如果正确，证明开关是好的。正常的电位器在收音机上使用时，打开收音机能听到“沙沙”的静噪声，位于接近“关”的位置应听不到广播声，关掉电位器则完全无声。如果电位器“关不掉”，可能是开关短路，应检查排除故障。如果电位器“开不通”，则是电位器的开关断线。

在没有万用表的情况下，也可将待查的电位器接入收音机作为音量调节来检查电位器开、关接触情况。旋转电位器时，无“喀喀”的杂音；音量变化平稳，表示该电位器接触良好，可以安装使用；反之若“喀喀”声大，音量有突变的情况，该电位器不能使用。

3. 检查电位器的中心抽头接触点

检查电位器的中心抽头 B 连接的活动滑臂与电阻片的接触点是否接触良好。将一支表笔固定于 B 端子，另一支表笔接 A、C 两端子任意一个端子，同时转动电位器轴柄，这时万用表指针应随着慢慢偏转。当轴柄旋转时，阻值逐渐变大，旋转到头时阻值应很接近总电阻值。反方向旋转时，则阻值应逐渐变小，到头时则应接近于零。如果第一次转到头时与总阻值相差甚大，或逆向转到头时又有很大阻值，则说明此电位器质量不好。若用作音量电位器时，音量就不能调到很小。轴柄在转动时，若发现万用表指针在跳动，或突然变为无穷大，则说明此电位器接触不良，也不能使用。

三、万用表对电位器的测试

电位器是一种机电元件，其文字符号用 RP 表示，电路图形符号如图 4-7（a）所示，作分压器时的电路如图 4-7（b）所示，作变阻器时的电路如图 4-7（c）所示。

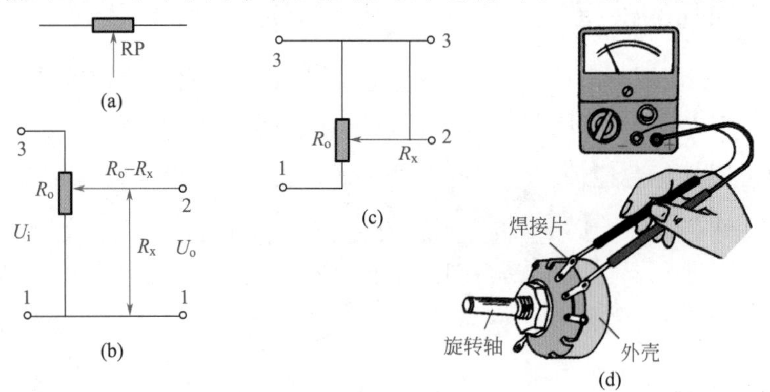

图 4-7　电位器及其测试方法

电位器的接线原理是这样的：当外加电压 U_i 加在电阻体 R_o 的 1 端与 3 端时，动触点 2 端即把电阻体分成 R_x 和 R_o-R_x 两部分，而输出电压 U_o 则是动触点 2 端到 1 端的电压。因此，作电位器时它是一个 3 端元件，如图 4-7（b）所示。

电位器也可作为变阻器使用，这时 RP 的 2 端与 3 端接成一个引出端，动触点电刷在电阻体 R_o 上滑动时，可以平滑地改变其电阻值，如图 4-7（c）所示。

用万用表测试电位器的方法如图 4-7（d）所示。图中的焊接片，即为电阻体引出的 1 ～ 3 端，黑表笔接触的是 1 端，又叫上抽头；红表笔接触的是 2 端，又叫中抽头；红表笔以下是 3 端，又叫下抽头。

测试电位器时，应首先测试其阻值是否正常，即用红、黑表笔与电位器的上、下抽头相接触，观察万用表指示的阻值是否与电位器外壳上的标称值一致。然后，再检查电位器的中抽头与电阻体的接触情况，即如图 4-7（d）所示，一支表笔接中抽头，另一支表笔接上抽头（或下抽头），慢慢地将转轴从一个极端位置旋转至另一个极端位置，被测电位器的阻值则应从零（或标称值）连续变化到标称值（或零）。

在旋转转轴的过程中，若万用表指针平稳移动，则说明被测电位器是正常的；若指针抖动（左右跳动），则说明被测电位器有接触不良现象。

图 4-7（d）所示为一个线绕电位器。电位器的种类很多，明白了测试方法，测试其他种类的电位器时也就得心应手了。

四、数字式万用表对电位器的测试

用数字式万用表测试电位器时，首先测量电位器的两端，即 1 端与 3 端，如图 4-8（a）所示，测量的电位器数据是 97.6Ω（标称值是 100Ω）。再用表笔测量 1 端和中心抽头 2 端，阻值为 53.1Ω，如图 4-8（b）所示。然后测量 2 端和 3 端，阻值为 46.8Ω，如图 4-8（c）所示。

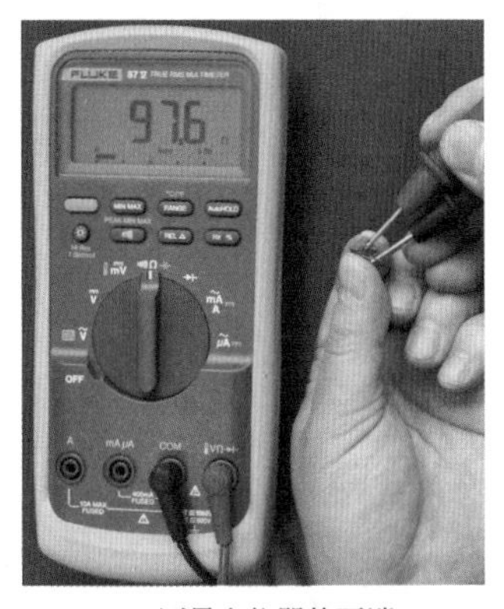

(a) 测量电位器的两端

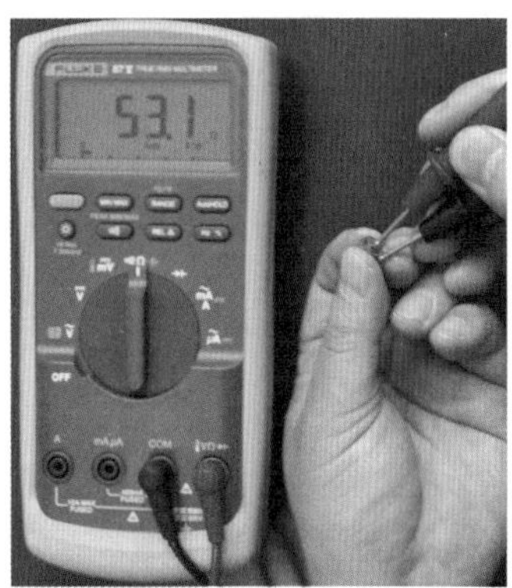
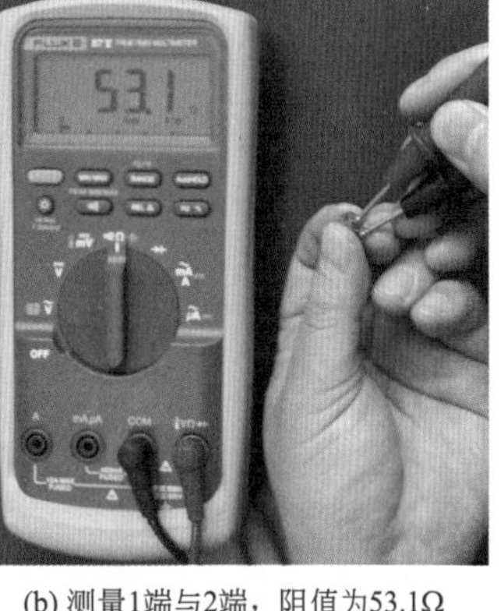

(b) 测量1端与2端，阻值为53.1Ω

数字式万用表测量电位器

(c) 测量2端与3端，阻值为46.8Ω

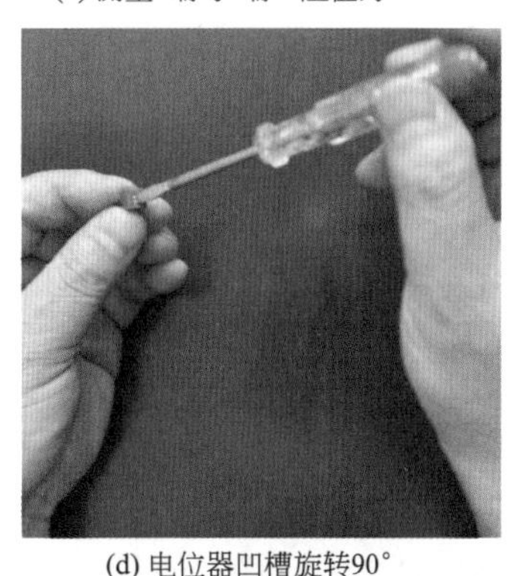

(d) 电位器凹槽旋转90°

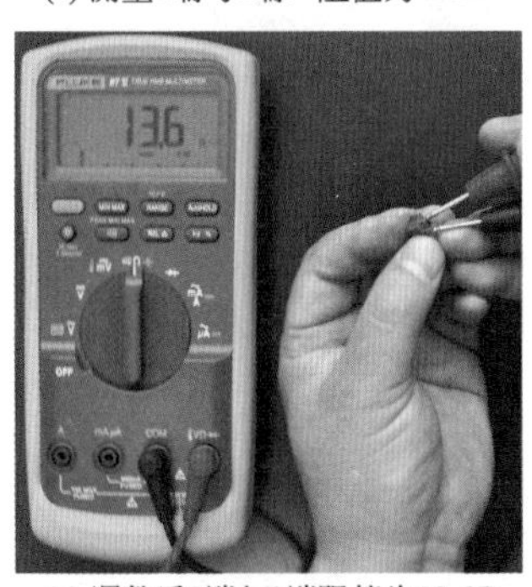

(e) 调整后1端与2端阻值为13.6Ω

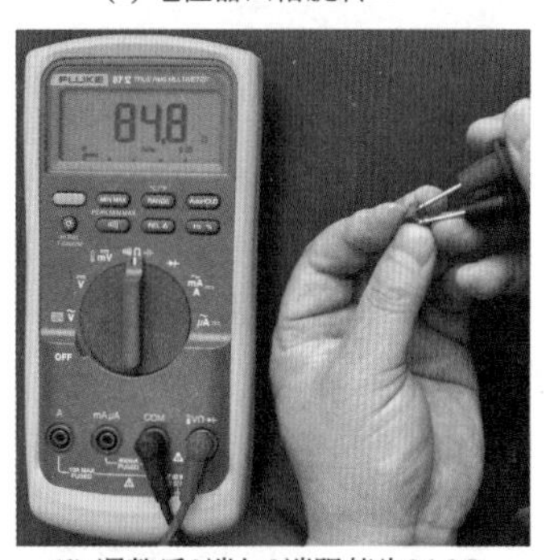

(f) 调整后2端与3端阻值为84.8Ω

图 4-8　电位器及其测试方法

用小起子旋转电位器凹槽 90º，如图 4-8（d）所示。此时再分别测量 1 端与 2 端阻值为 13.6Ω［图 4-8（e）］、2 端与 3 端阻值为 84.8Ω［图 4-8（f）］，说明电位器是好的。

五、万用表对同轴电位器同步特性的测试

同轴电位器在高保真立体声音响设备中是不可缺少的元件，其质量好坏直接影响立体声效果。下面介绍用万用表测试双联同轴电位器是否同步的技巧，如图 4-9 所示。

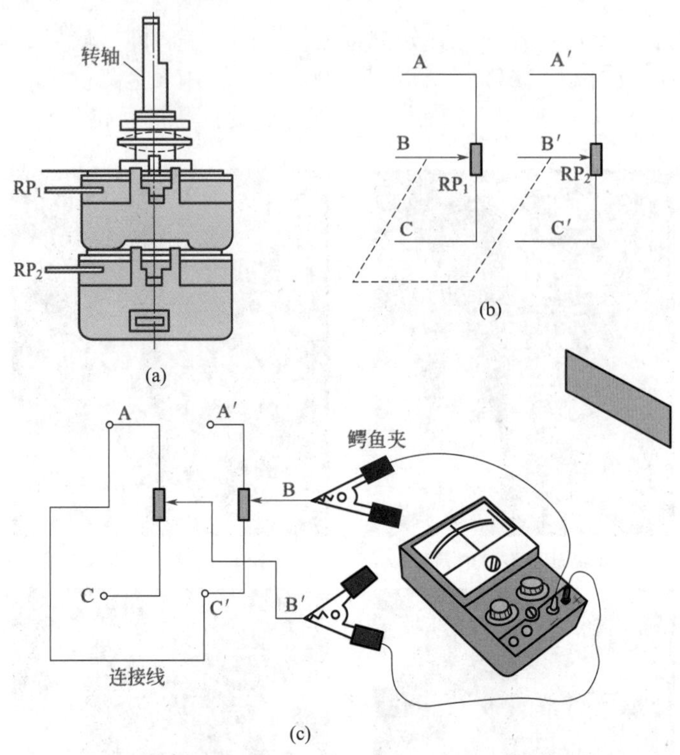

图 4-9　万用表对同轴电位器同步特性的测试

测试时，首先用万用表的电阻挡（选择量程时，应视被测电位器的标称阻值而定）分别测量同步电位器上的两个单联电位器 RP_1、RP_2 的阻值，即图 4-9（b）中的 A-C、A′-C′ 之间的阻值。一般来说，RP_1 与 RP_2 的阻值应是相等的，否则说明这个同步电位器的质量不好。

若 $R_{A\text{-}C}=R_{A'\text{-}C'}$，再用导线把 A、C′ 两点连接起来（或把 A′、C 两点连接起来），然后用万用表的电阻挡测量 B、B′ 两点间的阻值。正常时，无论转轴旋转到什么位置，$R_{B\text{-}B'}$ 都应该等于 A、C 或 A′、C′ 两端之间的标称阻值。接线方法如图 4-9（c）所示。

如果在旋转转轴的过程中，出现万用表指针偏转、抖动的现象，则说明这个同步电位器的同步性能不太好。万用表指针偏转角度越大，同步偏差也就越大。

为了确保接触牢固可靠，同时测试者能腾出手来调整转轴，可以将红黑表笔换成红黑鳄鱼夹。

第五章

万用表检测电容器

电容器是由两个金属电极，中间夹一层绝缘体（也叫电介质）构成的。在两个电极间加上电压时，电极上就储存电荷。所以电容器实际上就是储存电能的元件。电容器具有阻止直流电通过，而允许交流电通过的特点。电容器是电子仪表和设备中不可缺少的重要元件之一。

电容器的电容量 C 在数值上等于一个导电极板上的电荷量 q 与两个极板之间的电压 u 之比值，即

$$C=\frac{q}{u}$$

电容器的电容量的基本单位是法拉（用字母 F 表示）。

如果一伏特（1V）的电压能使电容器充电一库仑，那么电容器的容量就是一法拉（1F）。

在实际应用时，法拉这个单位太大，常用法拉的百万分之一，称作微法（μF），有时也用微法的百万分之一为单位，称作皮法（pF），它们之间的换算关系如下：

$$1\text{F（法拉）}=10^6\mu\text{F（微法）}$$

$$1\mu\text{F（微法）}=10^3\text{nF（纳法）}=10^6\text{pF（皮法）}$$

平板电容器的容量与电容器极板的面积（S）、绝缘介质的介电常数（ε）成正比，与两个极板之间的距离（d）成反比，即

$$C=\frac{\varepsilon S}{d}$$

除了平板电容器外，还有其他结构类型的电容器，以后将陆续介绍。电容器在电子电路中，可用于调谐、隔直流、滤波、交流旁路等。

第一节 电容器的基础知识

一、电容器的型号及分类

1. 电容器的型号

电容器型号命名法见表 5-1。

表 5-1　电容器型号命名法

第一部分		第二部分		第三部分		第四部分
用字母表示主称		用字母表示材料		用字母表示特征和分类		用字母或数字表示序号
符号	意义	符号	意义	符号	意义	
C	电容器	C	瓷介	T	铁电	
		I	玻璃釉	W	微调	
		O	玻璃膜	J	金属化	
		Y	云母	X	小型	
		V	云母纸	S	独石	
		Z	纸介	D	低压	
		J	金属化纸	M	密封	
		B	聚苯乙烯	Y	高压	
		F	聚四氟乙烯	C	穿心式	
		L	涤纶（聚酯）	G	高功率	包括品种、尺寸代号、温度特性、直流工作电压、标称值、允许误差、标准代号
		S	聚碳酸酯			
		Q	漆膜			
		H	纸膜复合			
		D	铝电解			
		A	钽电解			
		G	金属电解			
		N	铌电解			
		T	钛电解			
		M	压敏			
		E	其他材料电解			

电容器的型号一般由以下几部分组成：

① 第一部分：用一字母表示产品主称代号。

电容器代号用字母 C 表示。

② 第二部分：电容器介质材料代号。

电容器介质材料代号按表 5-1 用一个字母表示。

③ 第三部分：类别代号，一般用字母表示特征和分类，个别类型用数字表示。

字母 G 表示高功率型电容器。

字母 W 表示微调电容器。

④ 第四部分：用字母或阿拉伯数字表示序号。

示例：CJX-250-0.33-±10%电容器的命名含义见图 5-1。

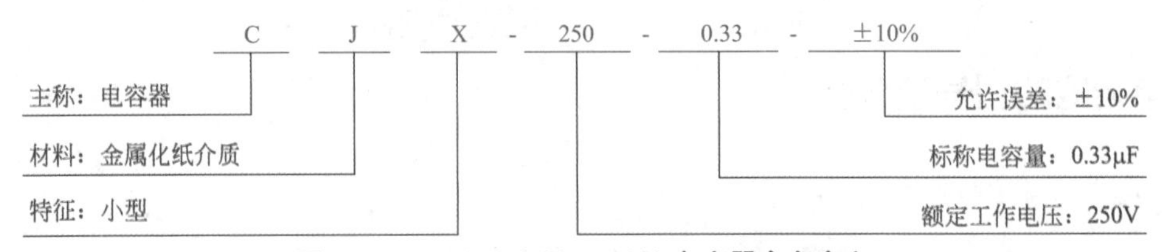

图 5-1　CJX-250-0.33-±10% 电容器命名含义

2. 电容器按照电容量分类

根据电容器的电容量是否可以调整，可将电容器分为三大类：

① 固定电容器（包括电解电容器）：其电容量不能改变、固定不可调。图 5-2 所示为几种固定电容器的外形和电路符号。其中图 5-2（a）为电容器符号（带“+”号的为电解电容器），图 5-2（b）为瓷介电容器，图 5-2（c）为云母电容器，图 5-2（d）为涤纶薄膜电容器，图 5-2（e）为金属化纸介电容器，图 5-2（f）为电解电容器。

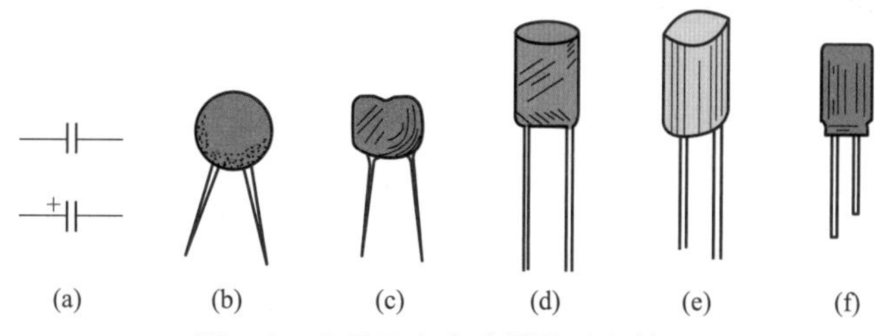

图 5-2　几种固定电容器外形及符号

几种常用固定电容器的实物图如图 5-3 所示。

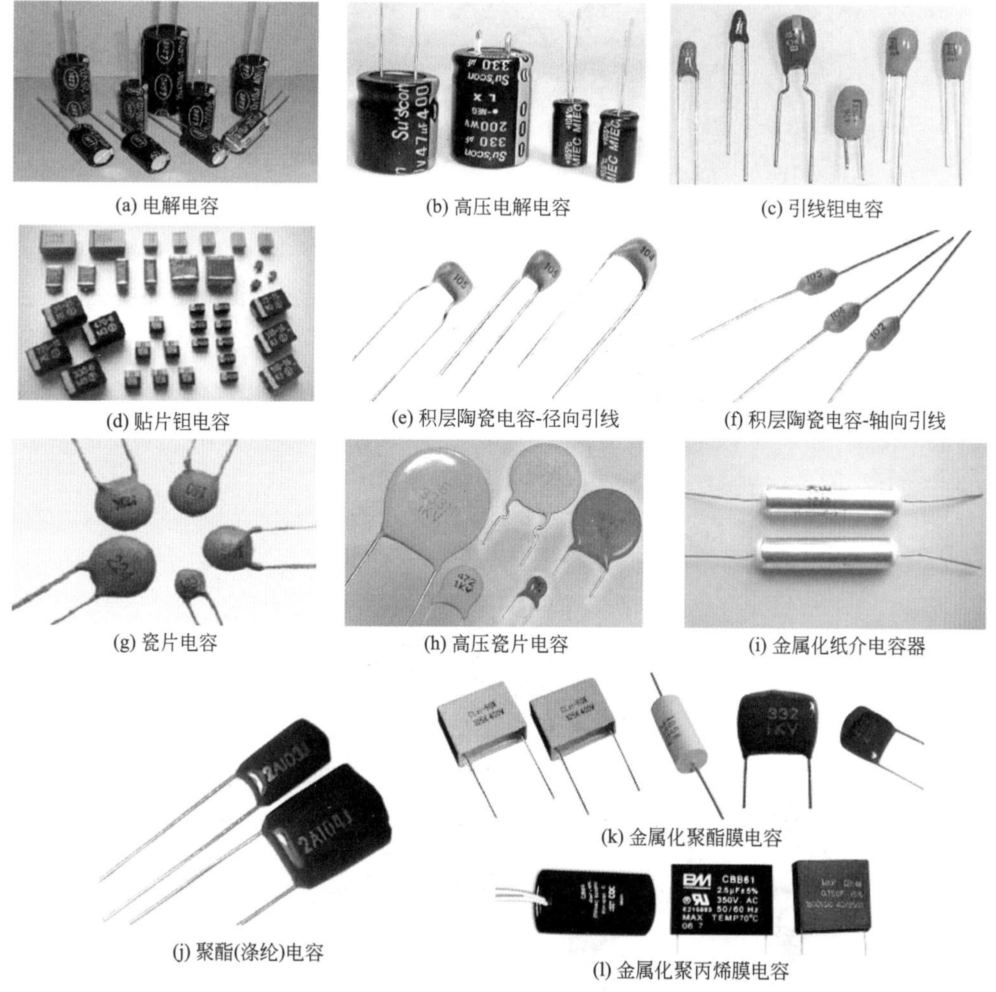

(a) 电解电容　(b) 高压电解电容　(c) 引线钽电容

(d) 贴片钽电容　(e) 积层陶瓷电容-径向引线　(f) 积层陶瓷电容-轴向引线

(g) 瓷片电容　(h) 高压瓷片电容　(i) 金属化纸介电容器

(j) 聚酯(涤纶)电容　(k) 金属化聚酯膜电容　(l) 金属化聚丙烯膜电容

图 5-3　几种常用固定电容器的实物图

② 可变电容器：其电容器容量可在一定范围内连续变化。常有“单联”“双联”之分，它们由若干片形状相同的金属片并接成一组定片和一组动片，其外形及符号如图 5-4 所示。动片可以通过转轴转动，以改变动片插入定片的面积，从而改变电容量。一般以空气作介质，也有用有机薄膜作介质的，但后者的温度系数较大。

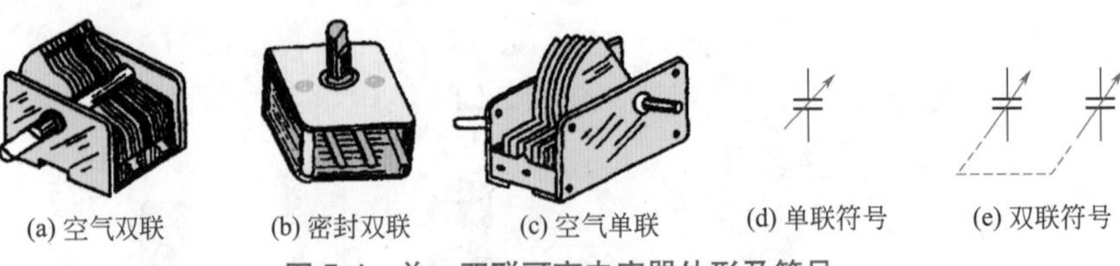

图 5-4　单、双联可变电容器外形及符号

密封双联、多联可变电容器实物图如图 5-5 所示。

图 5-5　密封双联、多联可变电容器实物图

③ 半可变电容器（又称微调电容器或补偿电容器）：电容器容量可在小范围内变化，其可变容量为几至几十皮法，最高达一百皮法（以陶瓷为介质时），适用于整机调整后电容量不需经常改变的场合，常以空气、云母或陶瓷作为介质。其外形和电路符号如图 5-6 所示。

图 5-6　半可变电容器外形及符号

几种常用的半可变电容器实物图如图 5-7 所示。

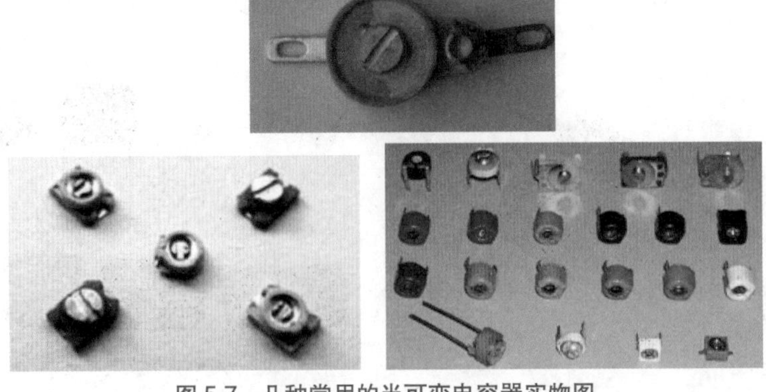

图 5-7　几种常用的半可变电容器实物图

鉴定一个电容器的性能，可以用标称电容量、电容量允许误差、耐压（或叫额定直流工作电压）、绝缘电阻等主要参数来衡量。

二、电容器按照电介质分类

电容器的电性能、结构和用途在很大程度上取决于所用的电介质，因此电容器常常又按电介质来分类，如表 5-2 所示。

表 5-2　电容器按照电介质分类

按电介质来分类	简介
固定无机介质电容器	纸介电容器及有机薄膜介质电容器等
固体无机介质电容器	玻璃釉电容器、云母电容器、陶瓷电容器等
电解电容器	铝电解电容器、钽电解电容器等
气体介质电容器	空气电容器等
液体介质电容器	介质采用矿物油或合成液体，这种电容器应用较少

三、电容量及标称电容量

1. 电容量

指电容器加上电压后储存电荷的能力，储存的电荷数愈少，电容量愈小，储存的电荷数愈多，电容量愈大。电容器的电容量，因其介质的厚薄、介电常数的大小及电极面积的大小、电极之间的距离不同而不同。介质愈薄（也就是电极之间的距离愈小），电容量愈大；介质的介电常数愈大，电容量愈大；电极面积愈大，电容量愈大。

电容常用符号 C 表示。电容量的单位是法拉，简称法，符号为 F。但在实用中这个单位太大，常用它的百万分之一作单位，称为微法，符号为 μF，或用微法的百万分之一作单位，称为皮法，符号为 pF。

2. 标称电容量

和不可能做到有无数个阻值的电阻器一样，也不可能生产出无数个电容量的电容器。为了生产和选用的方便，国家规定了各种电容器电容量的系列标准值，电容器大都是按 E24、E12、E6、E3 优选系列进行生产的。实际选择时通常应按系列标准要求，否则可能难以购到。标称电容量通常标于电容器的外壳上。

E24 ～ E3 系列固定电容器的标称电容量及允许偏差参见表 5-3。实际应用的标称容量，可按表列数值再乘以 10^n，其中幂指数 n 为正整数或负整数。

表 5-3　E24 ～ E3 系列固定电容器的标称电容量及允许偏差

系列	允许偏差	标称容量												
E24	±5%	1.0	1.1 1.2	1.3 1.5	1.6 1.8	2.0 2.2	2.4 2.7	3.0 3.3	3.6 3.9	4.3 4.7	5.1 5.6	6.2 6.8	7.5 8.2	9.1
E12	±10%	1.0	1.2	1.5	1.8	2.2	2.7	3.3	3.9	4.7	5.6	6.8	8.2	

续表

系列	允许偏差	标称容量												
E6	±20%	1.0		1.5		2.2		3.3		4.7		6.8		
E3	＞±20%	1.0				2.2				4.7				

四、电容量的允许误差和耐压

1. 允许误差

实际电容量常与标称电容量存在一定的偏差，称为电容量误差（或偏差）。电容器实际电容量对于标称电容量的允许最大偏差范围，称为电容量允许误差。例如纸介电容器，通常按其容量允许误差分为以下几级：Ⅰ级为 ±5%、Ⅱ级为 ±10%、Ⅲ级为 ±20%。允许误差等级的详细介绍见表 5-4。

表 5-4　允许误差等级

级别	01	02	Ⅰ	Ⅱ	Ⅲ	Ⅳ	Ⅴ	Ⅵ
允许误差	±1%	±2%	±5%	±10%	±20%	+20% ～ −30%	+50% ～ −20%	+100% ～ −10%

2. 耐压

耐压指电容器所能承受的最大直流工作电压，在此电压下电容器能够长期可靠地工作而不被击穿，所以耐压也称额定直流工作电压，其单位是伏特，用符号 V 表示。

电容器的耐压程度和电容器中介质的种类及其厚度有关，还和使用的环境温度、湿度有关。例如用云母介质就比用纸和陶瓷作介质的耐压高；介质愈厚，耐压愈高；湿度愈大，耐压愈低。所以在选用电容器时，必须要注意该电容器的耐压指标，它也常被标注在电容器的外壳上。例如当电容器上写有 DC 400V 字样时，就表示该电容器能承受的最大直流工作电压为 400V。

五、电容器的参数标识

电容器的标注参数主要有标称电容量及允许偏差、额定电压等。

固定电容器的参数表示方法有多种，主要有直标法、色标法、字母数字混标法、三位数表示法和四位数表示法等多种。

1. 直标法

直标法在电容器中应用最广泛，在电容器上用数字直接标注出标称电容量、耐压（额定电压）等，直标法电容器容易识别各项参数。

如图 5-8 所示是采用直标法的电容器示意图。

2. 三位数表示法

在电容器的三位数表示法中，用三位整数来表示电容器的标称电容量，再用一个字母来表示允许偏差。

在三位数字中，前两位数表示有效数，第三位数表示倍乘数，即表示是 10 的 *n* 次方。三位数表示法中的标称电容量单位是 pF。

如三位数分别是 332，如图 5-9 所示，它的具体含义为 33×10^2pF，即标称容量为 3300pF 的电容器。

图 5-8　采用直标法的电容器示意图

图 5-9　三位数表示法

在一些体积较小的电容器中普遍采用三位数表示方法，因为电容器体积小，采用直标法标出的参数字太小，容易磨掉。

3. 四位数表示法

四位数表示法有两种表示形式。

① 用小数（有时不足四位数字）来表示标称容量，此时电容器的容量单位为 μF，如 0.22μF 电容器。

② 用四位整数来表示标称容量，此时电容器的容量单位是 pF，如 3300pF 电容器。

4. 色标法

采用色标法的电容器又称色码电容，色码表示的是电容器标称容量。

色标法电容器的具体表示方式同三位数表示法相同，只是用不同颜色色码表示各位数字。

如图 5-10 所示是色标法电容器示意图。电容器上有三条色带，三条色带分别表示了三个色码。色码的读码方向是：从顶部向引脚方向读，对这个电容器而言，棕、绿、黄依次为第 1、2、3 个色码。

在色标法中，第 1、2 个色码表示有效数，第 3 个色码表示倍乘中 10 的 *n* 次方，容量单位为 pF。

如表 5-5 所示是色码的具体含义解说。

表 5-5　色码的具体含义解说

色码颜色	黑色	棕色	红色	橙色	黄色	绿色	蓝色	紫色	灰色	白色
表示数字	0	1	2	3	4	5	6	7	8	9

根据上述读码规则和色码含义可知，图 5-10 中的电容器标称电容量为 15×10^4pF=150000pF=0.15μF。

当色码要表示两个重复的数字时，可用宽一倍的色码来表示，该电容器前两位色码颜色相同，所以用宽一倍的红色带表示，如图 5-11 所示。这一电容器的标称电容量为 22×10^4pF=220000pF=0.22μF。

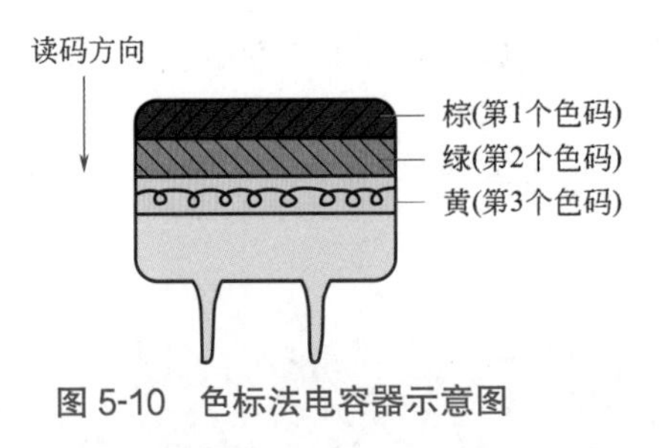

图 5-10　色标法电容器示意图

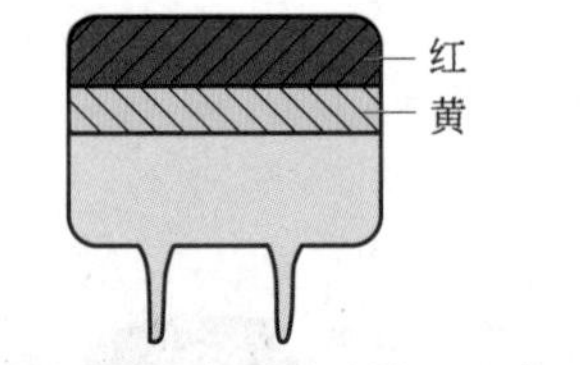

图 5-11　色标法电容器特殊情况示意图

六、电容器的充电和放电

1. 电容器的充电

当电压加到电容器上时，电容器的一个极板将逐渐积累正电荷，另一极板则积累负电荷，而极板之间的电位差将随极板上电荷的积累而增高。当电位差与外加电压平衡时，极板上不再继续积累电荷，这个过程称为电容器的充电过程。电容器充电时，电能储存在电容器中。

2. 电容器的放电

如果将充好电的电容器两极板接通，则电容器两极板上所储存的正负电荷相互中和而消失，即将所储存的能量放出，这就是电容器的放电过程。

七、电容器的击穿、击穿电压、试验电压

电容器的击穿、击穿电压、试验电压见表 5-6。

表 5-6　电容器的击穿、击穿电压、试验电压

名词	说明
击穿	电容器在工作过程中，由于介质或绝缘体被破坏而导致短路的现象叫击穿。电容器被击穿后，一般来说这个电容器已损坏而不能再用
击穿电压	电容器被击穿时的电压称为电容器的击穿电压
试验电压	电容器在出厂以前，必须经过耐压试验，所施加的电压应当是既不会对大批产品造成损害，又能剔除那些因原材料和工艺上有明显缺陷而使绝缘强度显著降低的电容器，这个测试电压称为试验电压。试验电压施加时间为 10s 或 1min。试验电压值的大小介于击穿电压和额定直流工作电压之间

八、电解电容器的使用

电解电容器以各种金属为正极，以其表面上形成的一层氧化膜为介质，介质与正极是不可分离的整体。负极是非固体电解质或固体电解质。构成电解电容器的两个电极的材料不一样，因此在使用时就要识别它的正负极，一定要正极接电路中的高电位端，负极接电路中的低电位端，否则可能被击穿损坏，甚至使电路中其他元件也遭到损坏。为突出电解电容器与一般固定电容器的区别，在电路图中使用如图 5-12 所示的符号，有时在符号旁边还注明其耐压值。

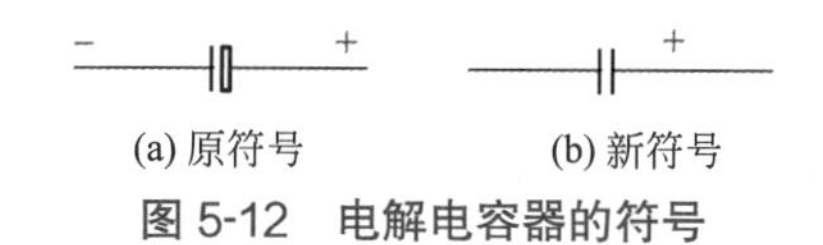

图 5-12　电解电容器的符号

1. 电解电容器的特点

电解电容器的特点在于可以用小的体积获得大的电容量，其电容量一般可从几微法做到几千微法，但耐压低，频率特性较差，温度特性也较差，绝缘电阻低，漏电电流大，久放不用很容易变质失效，而且其容量偏差大，分为±20%、（+50%、-10%）、（+50%、-20%）、（+100%、-10%）四种。由于它的电容量和损耗受温度的影响也比较大，受热后容易损坏，因此注意不要将它安装在发热元件附近。

电解电容器按所用电极材料的不同进行的分类见表 5-7。

表 5-7　电解电容器的分类

分类	说明
按所用电极材料的不同	铝电解电容器
	钽电解电容器
	铌电解电容器

2. 电解电容器的使用

电解电容器的极性不能接反，这是由电解电容器本身的结构所决定的。

电解电容器按正极板使用的金属材料的不同可分为铝电解电容器、钽电解电容器和铌电解电容器。

我们以铝电解电容器为例，看看它的内部结构。它的正极板使用的是铝箔，将其在电解池中做阳极氧化处理，表面生成一层三氧化二铝薄膜，作为电容器的介质。电解电容器的负极是由浸过中性电解液的特殊纸组成的。把正、负极材料叠在一起卷成圆筒引出正、负极引线就构成了电解电容器。为了保持电解质溶液不干涸、不泄漏，用铝壳把电解电容芯密封起来，下端口用橡胶塞密封。电解电容器的外形如图 5-13 所示。

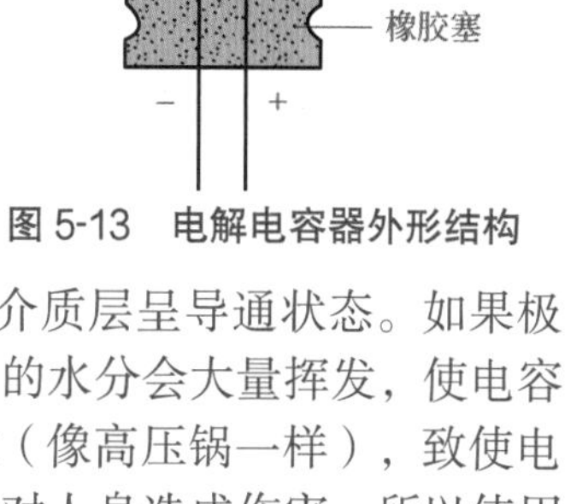

图 5-13　电解电容器外形结构

电解电容器两极板之所以有极性，是因为正极板上形成的三氧化二铝薄膜具有单向导电作用。当正极接高电位、负极接低电位时，介质层（三氧化二铝）表现为绝缘状态；反之介质层呈导通状态。如果极性接反介质层导通，较大的电流会使介质迅速升温，电解质中的水分会大量挥发，使电容器体积骤增，由于电容器密封在铝壳中，内部压力会越来越大（像高压锅一样），致使电容器爆炸或很快将氧化膜击穿。尤其是电容器爆炸时有可能会对人身造成伤害，所以使用电解电容器时，尤其是高压下使用时，千万不要把电解电容器的极性接反。

九、电容器的选用方法

电容器的选用方法见表 5-8。

表 5-8　电容器的选用方法

选择要求	方法
型号合适	一般用于低频、旁路等场合，电气特性要求低时，可采用纸介、有机薄膜电容器；在高频电路和高压电路中，应选用云母或瓷介电容器；在电源滤波、去耦、延时等电路中，采用电解电容器
精度合理	在大多数情况下，对电容器的容量要求并不严格，例如在去耦、低频耦合电路中，但在振荡回路、延时电路、音调控制等电路中，电容器的容量应尽可能和计算值一致。在各种滤波器和各种网络中，要求精度值应小于 ±(0.3 ～ 0.5)%
额定工作电压应有余量	因为电容器额定工作电压低于电路工作电压时，电容器就可能爆炸，所以，宜选用额定工作电压高于电路工作电压的 20% 以上
通过电容器的交流电压和电流值不能超过额定值	有极性的电解电容器不宜在交流电路中使用，但可以在脉动电路中使用
因地制宜选用	气候炎热，工作温度较高的环境，设计时宜将电容器远离热源或采取通风降温措施；寒冷地区使用普通电解电容器时，其电解液易于结冰而失效，使电子装置无法工作，因而选择钽电解电容器合适；在湿度大的环境中，应选用密封型电容器

十、选用电容器的注意事项

① 电容器装接前应注意进行测量，看其是否短路、断路或漏电严重，并在装入电路时，应使电容器的标志易于观察，且标志顺序一致。

② 电路中，电容器两端的电压不能超过电容器本身的工作电压。装接时注意正、负极性不能接反。

③ 当现有电容器与电路要求的容量或耐压不合适时，可以采用串联或并联的方法予以适应。当两个工作电压不同的电容器并联时，耐压值取决于低的电容器；当两个容量不同的电容器串联时，容量小的电容器所承受的电压高于容量大的电容器。

④ 技术要求不同的电路，应选用不同类型的电容器。例如，谐振回路中需要介质损耗小的电容器，应选用高频陶瓷电容器（CC 型）；隔直、耦合电容可选纸介、涤纶、电解等电容器；低频滤波电路一般应选用电解电容器；旁路电容可选涤纶、纸介、陶瓷和电解电容器。

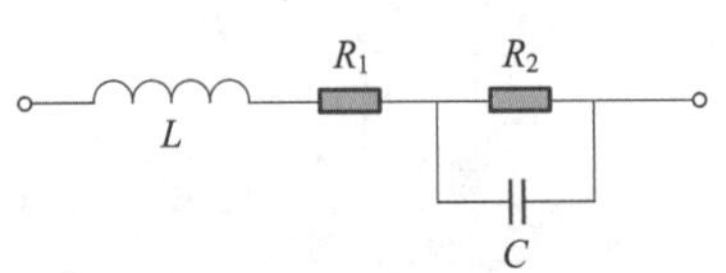

图 5-14　电容器的等效电路

⑤ 选用电容器时应根据电路中信号频率的高低来选择。一个电容器可等效成一个 R、L、C 二端线性网络，如图 5-14 所示，不同类型的电容器其等效参数 R、L、C 的差异很大。等效电感大的电容器（如电解电容器）不适合用于耦合、旁路高频信号；等效电阻大的电容器不适合用于 Q 值要求高的振荡回路中。为满足从低频到高频滤波旁路的要求，在实际电路中，常将一个大容量的电解电容器与一个小容量的、适合于高频的电容器并联使用。

第二节　电容器的检测

一、对电容器质量的简单测试

一般，我们利用万用表的欧姆挡就可以简单地测量出电解电容器的优劣情况，粗略地辨别其漏电、容量衰减或失效的情况。具体方法是：选用 $R\times1$k 或 $R\times100$ 挡，将黑表笔接电容器的正极，红表笔接电容器的负极，若表针摆动大，且返回慢，返回位置接近∞，说明该电容器正常，且电容量大；若表针摆动大，但返回时，表针显示的欧姆值较小，说明该电容器漏电流较大；若表针摆动很大，接近于0Ω，且不返回，说明该电容器已击穿；若表针不摆动，则说明该电容器已开路，失效。

该方法也适用于辨别其他类型的电容器。但如果电容器容量较小，应选择万用表的 $R\times10$k 挡测量。另外，如果需要对电容器再一次测量时，必须将其放电后方能进行。

测试时，应根据被测电容器的容量来选择万用表的电阻挡，详见表 5-9。

表 5-9　测量电容器时对万用表电阻挡的选择

名称	电容器的容量范围	所选万用表欧姆挡
小容量电容器	5000pF 以下、0.02μF、0.033μF、0.1μF、0.33μF、0.47μF 等	$R\times10$k 挡
中等容量电容器	4.7μF、3.3μF、10μF、33μF、22μF、47μF、100μF	$R\times1$k 挡或 $R\times100$ 挡
大容量电容器	470μF、1000μF、2200μF、3300μF 等	$R\times10$ 挡

如果要求更精确的测量，我们可以用交流电桥和 Q 表（谐振法）来测量，这里不作介绍。

二、用指针式万用表对小容量电容器的检测

小容量电容器的电容量一般为 1μF 以下，因为容量太小，充电现象不太明显，测量时表针向右偏转角度不大。所以用指针式万用表一般无法估测出其电容量，而只能检查其是否漏电或击穿损坏。正常时，用万用表 $R\times10$k 挡测量其两端的电阻值应为无穷大。若测出一定的电阻值说明该电容器存在漏电故障，若阻值接近 0Ω 则说明该电容器已击穿损坏。

三、用数字式万用表对小容量电容器的测试

为避免仪表或被测设备损坏，在测量电容器以前，应切断被测电路的所有电源并将所有高压电容器放电。用直流电压功能挡确定电容器均已被放电。

电容是元件储存电荷的能力。电容的单位是法拉（F）。大部分电容器的值是在纳法（nF）到微法（μF）之间。MS8215 数字式万用表是通过对电容器的充电（用已知的电流和时间），然后测量电压，再计算电容值。每一个量程的测量大约需要 1s 的时间。电容器的充电可达 1.2V。

MS8215 数字式万用表测量电容时，请按以下步骤进行：

① 将旋转开关转至“⊣⊢”挡位。

② 分别把黑色测试笔和红色测试笔连接到“COM”输入插座和“⊣⊢”输入插座（也可使用多功能测试座测量电容）。

③ 用测试笔另两端测量待测电容器的电容值并从液晶显示器读取测量值。

图 5-15 为 MS8215 数字式万用表实际测量标称值为 47nF 的无极性电容器的示意图。

另外，FLUKE87V 数字式万用表测量电阻和电容在一个挡位，测量电容时，需按下黄色按键，如图 5-16 所示。

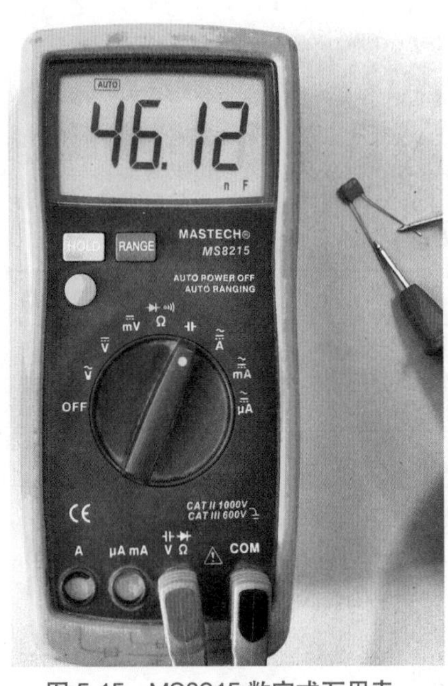

图 5-15 MS8215 数字式万用表实际测量无极性电容器的示意图

数字式万用表测量小电容

(a) 转换前在电阻挡

(b) 按下黄色键后在电容挡

图 5-16 FLUKE87V 数字式万用表电阻和电容转换按键

挡位转换后在电容挡就可以测量电容器了，如图 5-17 所示。

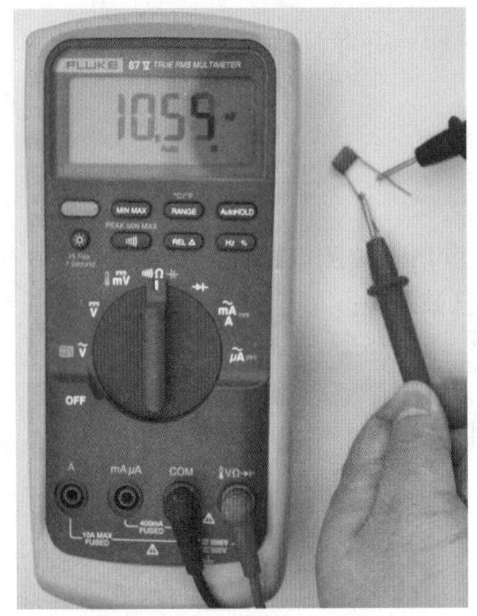

图 5-17 FLUKE87V 数字式万用表测量电容器

如果还要检测一下电容器 C_x 对外力与加温后的稳定性，可采用如下方法。

① 用竹制晒衣夹或塑料夹，夹住待测电容器 C_x 的壳体（即在电容器上施加外力），正常时，C_x 的容量在数字式万用表的显示屏上不应发生变化。如果被测电容器容量发生变化，则表明其质量不佳，其内部叠片间存在着空隙。注意不可用金属夹去夹电容器，因为这会影响对电容器的检测效果。

② 检测被测电容器的热稳定性。用电吹风对准被测电容器逐步加温至 60 ～ 80℃，同时观察数字式万用表的读数是否有变化。合格的电容器，这样的温度变化对它影响不大，数字式万用表的电容值读数是稳定的，或者说没有明显的变化。若是在对 C_x 逐步加温的过程中，数字式万用表的读数有明显的跳变，则说明此电容器内部存在着缺陷，数字式万用表的读数变化越大，则说明该电容器的性能越差。

四、用指针式万用表对电解电容器的检测

对于普通指针式万用表，由于无电容测量功能，可以用欧姆挡进行电容器的粗略检测。

虽然是粗略检测，因为检测方便和能够说明一定的问题，所以普遍采用。

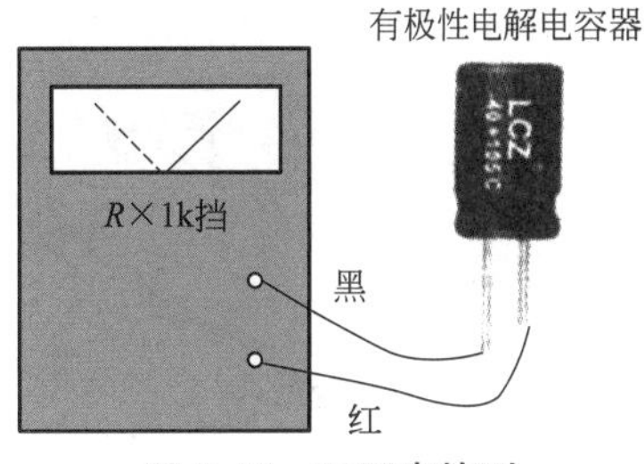

图 5-18　万用表检测有极性电解电容器

使用万用表检测有极性电解电容器，黑表笔接电容器正极，红表笔接负极。在表笔接触电容器引脚时，如图 5-18 所示。表针迅速向右偏转一个角度，这表明表内电池开始对电容器充电，电容器容量愈大，所偏转的角度愈大，若表针没有向右偏转，说明电容器开路。

表针到达最右端之后，开始缓慢向左偏转，这是表内电池对电容器充电电流减小的过程，表针直到偏转至阻值无穷大处，说明电容器质量良好。如果表针向左偏转不能回到阻值无穷大处，说明电容器存在漏电故障，所指示阻值愈小，说明电容器漏电愈严重。

测量无极性电解电容器时，万用表的红、黑表笔可以不分，测量方法与测量有极性电解电容器的方法一样。

指针式万用表测量电解电容

五、数字式万用表对电解电容器的检测

用数字式万用表检测电解电容器的方法与普通固定电容器一样，如图 5-19 所示。具体操作方法：将数字式万用表调至测量电容挡，将待测电容器直接连接到红、黑两个表笔进行测量，注意被测电容器的正极接红表笔、负极接黑表笔。从液晶显示屏上直接读出所测电容器的读数，即为所测电容器的容值，图 5-19 中测量的电容值为 21.4μF。一般数字式万用表只能检测 0.02 ～ 100μF 之间的电解电容器。

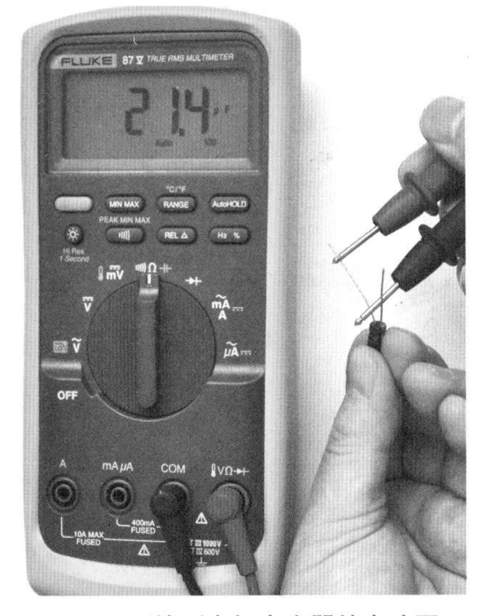

图 5-19　检测电解电容器的电路图

六、万用表对可变电容器的检测

对于空气介质可变电容器可以在转动其转轴的同时，直观检查其动片与定片之间是否有碰片情况，也可用万用表的电阻挡测量。检测薄膜介质可变电容器时，可以用万用表的 R×1k 挡或 R×10k 挡，在测量其定片与各组动片之间的电阻值的同时，转动其转轴，正常时阻值应为无穷大，说明无碰片现象，也不漏电。若转动到某一处时，万用表能测出一定的阻值说明该可变电容器存在漏电现象。若阻值变为 0Ω，则说明可变电容器有碰片短路故障。

数字式万用表测量电解电容

七、万用表对大容量电容器的测试

下面介绍的微法值电容器，其容量为 0.22 ～ 3300μF，用万用表对其测试的方法如图 5-20 所示。

在测试前，应根据被测电容器容量的大小，参考表 5-10 将万用表的量程开关拨至合适的挡位。此时万用表既是电容器的充电电源（表内电池），又是电容器充放电的监视器，所以操作起来极为方便。为了便于操作，这里将黑表笔换成黑色鳄鱼夹，夹住电容器的一脚，其另一脚与红表笔接触时，万用表指针先向右边偏转一定角度（表内电池对电容器充电），

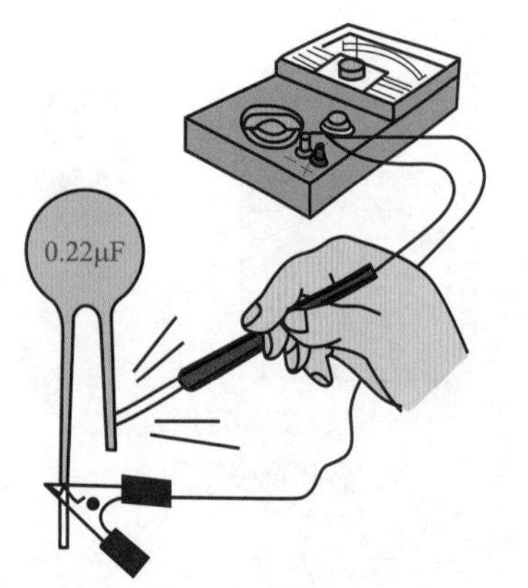

图 5-20　万用表对微法值电容器的测试

然后很快向左边返回到“∞”处，表示对电容器充电完毕。

对于小容量电容器而言，其容量小，所以充电电流也很小，乃至还未观察到万用表指针的摆动便返回到“∞”处。这时，可将鳄鱼夹与表笔交换一下，再接触电容器引脚时，指针仍向右摆动一下后复原，但这一次向右摆动的幅度应比前一次大。这是因为电容器上已经充电，交换表笔后便改变了充电电源的极性，电容器要先放电后再进行充电，所以万用表指针偏转角度较前次大。

如果测试的是大容量电解电容器，在交换表笔进行再次测量之前，须用螺钉旋具的金属杆与电解电容器的两个引脚短接一下，放掉前一次测试中被充上的电荷，以避免因放电电流太大而致使万用表指针打弯。

八、万用表对高电压电容器好坏的判别

电风扇、洗衣机、冰箱、空调器中的单相电动机，经常采用耐压值为交流 400V 以上的电容器；也有些电路采用耐压值为交流 400V 以上的电容器代替电源变压器进行降压。对高电压电容器好坏的判别方法，如图 5-21 所示。

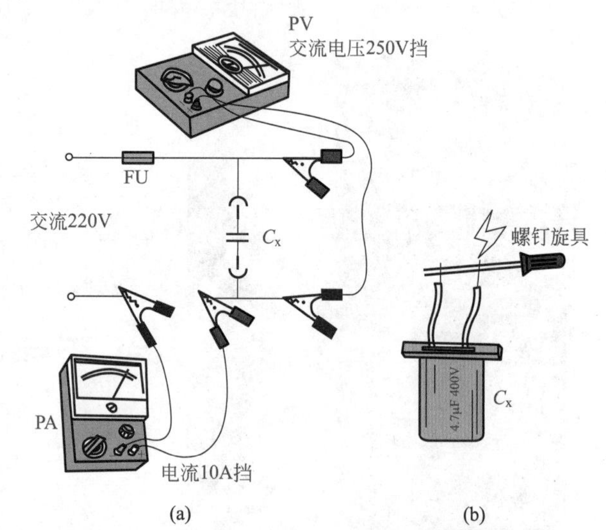

图 5-21　万用表对高电压电容器好坏的判别方法

判别步骤如下。

① 用万用表的高阻挡（R×10k 或 R×100k），检查电容器内部是否短路。也可用一根熔丝与待测电容器串联后接到 220V 交流电源上，若熔丝熔断，则说明内部短路，该电容器不能使用。

② 测试电容器的容量是否足够。可采用图 5-21（a）所示电路进行测试。采用两块万用表，将其中一块的量程开关拨到电流 10A 挡，作为电流表表头（PA）；将另一块的量程开关拨到交流电压 250V 挡，作为电压表表头（PV）。接通电源，读出两块万用表上的读数，按下式即可求出被测电容器的容量：

$$C=3180IU$$

式中　C——被测电容器 C_x 的容值，μF；

I——万用表（PA）读数，A；

U——万用表（PV）读数，V；

3180——常数。

③ 测试完毕，断电后不要用手接触电容器的两个引脚，以免触电。必须用一把绝缘柄的螺钉旋具，如图 5-21（b）所示碰触电容器的两个引线端，则在接触的瞬间有强烈的火花产生，并伴随“啪”的一声响。如果没有火花，也说明此电容器漏电严重，或已损坏。

九、估测电解电容器的电容量

电容器的电容量最好使用电感电容表或具有电容测量功能的数字式万用表测量。若无此类仪表，也可用指针式万用表来估测其电容量。用万用表测量电解电容器时，应根据被测电容器的电容量选择适当的量程。利用万用表内部电池给电容器进行正、反向充电，通过观察万用表指针向右摆动幅度的大小，即可估测出电容器的容量。表 5-10 所示为利用万用表指针向右摆动位置来估测电解电容器的电容量。

表 5-10　估测电解电容器的电容量

电容量/μF	万用表指针向右摆动位置	万用表电阻挡位	电容量/μF	万用表指针向右摆动位置	万用表电阻挡位
1	210kΩ	R×10k	100	2.2kΩ	R×100
2.2	110kΩ	R×10k	220	750Ω	R×100
3.3	55kΩ	R×10k	330	500Ω	R×100
4.7	50kΩ	R×1k	470	120Ω	R×10
6.8	34kΩ	R×1k	1000	230Ω	R×10
10	21kΩ	R×1k	2200	90Ω	R×10
22	8.5kΩ	R×1k	3300	75Ω	R×10
33	5kΩ	R×1k	4700	26Ω	R×10
47	3.2kΩ	R×100			

十、电容器漏电电阻的测试

将万用表置于适当的量程，将两表笔短接后调零。黑表笔接电解电容器的正极，红表笔接其负极时，电容器开始充电，所以万用表指针缓慢向右摆动，摆动至某一角度后（充电结束后）又会慢慢向左返回（表针通常不能返回“∞”的位置）。漏电较小的电解电容器，指针向左返回后所指示的漏电电阻会大于 500kΩ。若漏电电阻值小于 100kΩ，则说明该电容器已漏电，不能继续使用。

再将两表笔对调（黑表笔接电解电容器负极，红表笔接电解电容器正极）测量，正常时表针应快速向右摆动（摆动幅度应超过第一次测量时表针的摆动幅度）后返回，且反向漏电电阻应大于正向漏电电阻。

若测量电解电容器时表针不动或第二次测量时表针的摆动幅度不超过第一次测量时表针的摆动幅度，则说明该电容器已失效或充放电能力变差。

若测量电解电容器的正、反向电阻值均接近 0Ω，则说明该电解电容器已击穿损坏。

注意

从电路中拆下的电解电容器，应将其两引脚短路放电后，再用万用表测量。对于大容量电解电容器和高压电解电容器，可以用 1 只 60 ～ 100W、220V 的白炽灯泡对其放电。其方法是：将灯泡装在灯头上，从灯头引出两条线，分别接到电解电容器的两个引脚上。若此时灯泡瞬间亮一下，则说明电容器已放电完毕。

第六章

万用表检测电感器和变压器

第一节

电感器的基础知识

一、电感器及自感和电感量

1. 电感器

凡能产生电感作用的元件统称电感器。一般的电感器是用漆包线、纱包线或镀银铜线等在绝缘管上绕一定的圈数而构成的，所以又称电感线圈。它和电阻器、电容器一样，也是一种重要的电子元件，在电路图中常用字母“*L*”来表示。

鉴别一个电感器的性能的指标有电感量、线圈的 *Q* 值（品质因数）、分布电容、标称电流等参数。

为了增大电感器的电感量、*Q* 值并缩小其体积，通常在电感器的线圈中加入软磁性材料的磁芯或铁芯，这种插入了磁芯或铁芯的电感器叫作磁芯线圈或铁芯线圈，把没有加磁芯或铁芯的电感器叫作空心线圈。它们的实物图如图 6-1 所示。结构形状及其在电路图中的表示符号如图 6-2 所示。

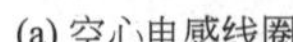

(a) 空心电感线圈　　(b) 模压可调磁芯电感线圈

图 6-1　空心电感线圈与模压可调磁芯电感线圈实物图

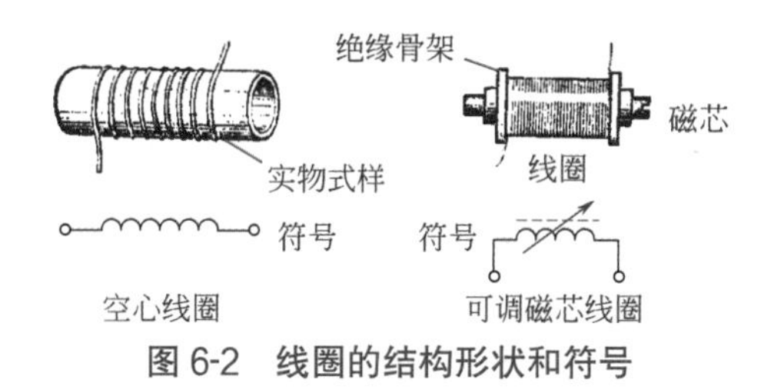

图 6-2　线圈的结构形状和符号

电感器的种类很多，可分别用作调谐、耦合、滤波、阻流等。

2. 自感

当一个交替变化的电流通过线圈时，线圈本身就会感应出一个电动势来，这种由于通过线圈本身内部的电流变化所引起产生电磁感应的现象叫作自感。电感器和扼流圈就是利用这个原理进行工作的。

3. 电感量

电感量是表示电感数值的大小的量，通常简称电感，用字母“L”表示。

电感量的大小与线圈的圈数、形状、尺寸和线圈中有无磁芯以及磁芯材料的性质有关。一般地说，线圈的直径愈大，绕的圈数愈多，则电感量愈大。有磁芯比无磁芯的电感量要大得多。

电感量的单位是亨利，用字母H表示。在实际应用中常用千分之一亨利做单位，叫作毫亨，用字母mH表示，有时还用毫亨的千分之一做单位，叫作微亨，用字母μH表示。其进位关系是：

$$1\text{H}=10^3\text{mH}=10^6\mu\text{H}$$

二、线圈的参数

1. 线圈的品质因数

线圈的品质因数习惯上称为Q值，在电子技术中，常用Q值来评价电感线圈的质量。线圈的Q值愈大，表示线圈的功率损耗愈小，效率愈高，选择性愈好。例如收音机在收音时，能很清楚地收到所需选的电台，而没有其他邻近电台的杂音串入，就说明该收音机的选择性好。

线圈Q值的大小，与所选用的绕制线圈的材料、绕法、线圈中是否有磁芯有关。一般选用绝缘性能良好的材料做骨架，用较粗的镀银导线或多股绞合导线，采用间绕法或蜂房式绕法，并在线圈中加入磁芯的线圈，它的Q值较大。

品质因数Q在数值上等于线圈在某一频率的交流电压下工作时，线圈所呈现的感抗和线圈的直流电阻的比值，即

$$Q=\frac{2\pi fL}{R}=\frac{\omega L}{R}$$

式中，L为电感量；f为频率；R为线圈电阻值；ω为角频率。

2. 线圈的标称电流

线圈的标称电流就是允许通过电感器的“名义”最大电流值。不同的电感器，标称电流的大小不同，常以字母A、B、C、D、E来分别代表其标称电流值为50mA、150mA、300mA、700mA和1600mA，一般都标注在固定电感器的外壳上。选用电感器时要注意实际

流过它的电流不得超过标称电流值。

3. 线圈的分布电容

由于线圈中的每两圈导线可以看成是一个电容器的两块金属片，导线之间的绝缘材料相当于电容器的绝缘介质层，这样，在获得电感量的同时，客观上就伴随着形成了一个个沿线轴分布的小电容器，称为“分布电容”，又叫“寄生电容”。

寄生电容的存在，会使线圈的 Q 值降低，人们为使分布电容尽可能地小，设计出了各种绕线圈的方法，如蜂房式绕法和分段式绕法等。

三、电感器的分类

根据电感器的电感量是否可调，电感器分为固定、可变和微调电感器。

1. 固定电感器

固定电感器就是具有固定不变电感量的电感器。几种固定电感器的实物图如图 6-3 所示。

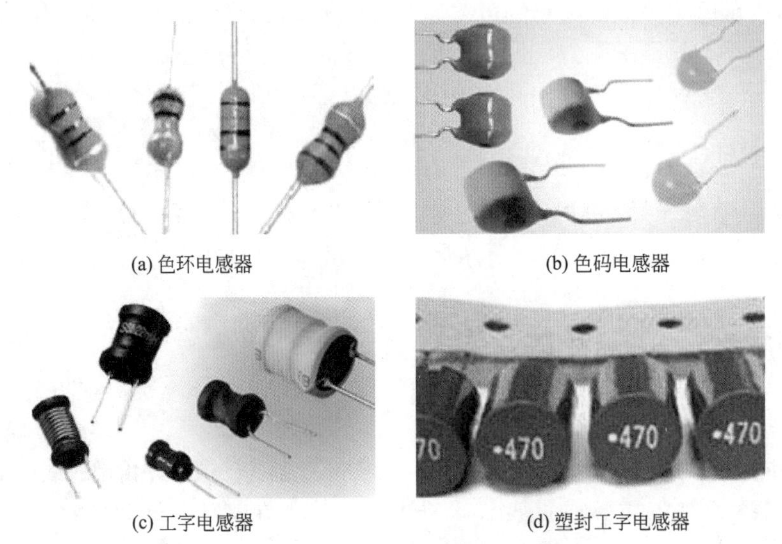

(a) 色环电感器　(b) 色码电感器

(c) 工字电感器　(d) 塑封工字电感器

图 6-3　几种固定电感器的实物图

2. 可变电感器

可变电感器的电感量可利用磁芯在线圈内移动而在较大的范围内调节。它与固定电容器配合应用于谐振电路中起调谐作用。磁棒绕线电感器的实物图如图 6-4 所示。

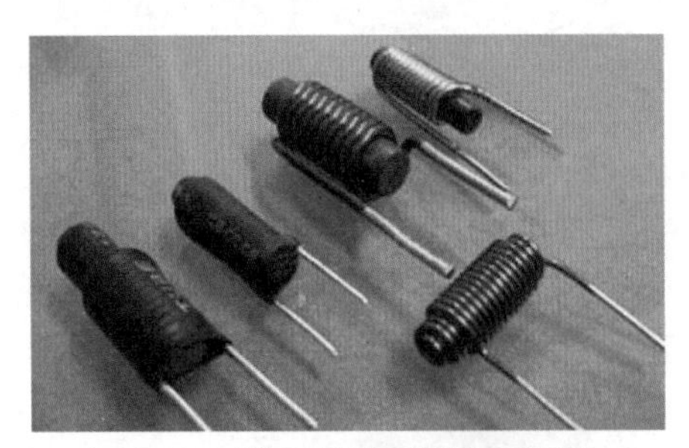

图 6-4　磁棒绕线电感器的实物图

图 6-5　磁性天线线圈的实物图

例如，收音机用的磁性天线，磁棒可以在线圈中移动，磁棒在线圈的正中位置时电感量最大，磁棒移出线圈外时电感量最小。磁性天线线圈的实物图如图 6-5 所示。

3. 微调电感器

微调电感器是电感量可以在较小范围内调节的电感器。微调的目的在于满足整机调试的需要和补偿电感器生产中的分散性，一次调好后，一般不再变动。

按磁芯结构的不同，微调电感器有多种型式，如螺纹磁芯微调电感器、罐形磁芯微调电感器等。

除此之外，还有一些小型电感器，如色码电感器、贴片绕线电感器和贴片绕线层叠电感器、平面电感器和集成电感器，可满足电子设备小型化的需要。贴片绕线电感器和贴片绕线层叠电感器如图 6-6 所示。

(a) 贴片绕线电感器

(b) 贴片绕线层叠电感器

图 6-6　贴片绕线电感器和贴片绕线层叠电感器

磁环电感器和扼流电感器如图 6-7 所示。

(a) 磁环电感器　　(b) 扼流电感器

图 6-7　磁环电感器和扼流电感器

四、电感线圈的型号及绕法

1. 电感线圈的型号

电感线圈的型号，目前尚无统一的命名方法，常用汉语拼音和阿拉伯数字联起来表示，如表 6-1 所示。

表 6-1　电感线圈的型号含义

第一部分	第二部分	第三部分	第四部分
主称	特征	型式	区别代号
L 为线圈，ZL 为扼流圈	G 为高频	用字母或数字表示，如 X 为小型	用字母 A、B、C 等表示

例如：LGX 为小型高频电感线圈。小型高频电感线圈如图 6-8 所示。

2. 电感线圈的绕法

电感线圈一般是绕在圆柱形的线圈骨架上的，有单层和多层两种绕法。

电感量小的多采用单层，单层线圈又分密绕和间绕两种，密绕时导线是一圈挨一圈的，如图 6-9（a）所示。这种绕法比较简单，缺点是 Q 值较低，稳定性较差，多用于简单的收音机中。间绕时线圈的相邻圈之间有一定的间隔，如图 6-9（b）所示。这种线圈有较高的 Q 值，分布电容小，比较稳定。

为了满足那些高稳定性的场合，还应用烧渗法将银膜直接按线圈形式被覆在膨胀系数很小的瓷质骨架上，制成温度系数很小的高稳定性线圈。

图 6-8　小型高频电感线圈

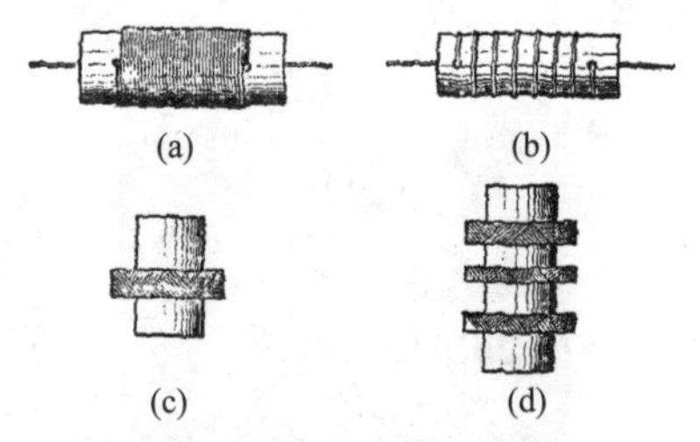

图 6-9　不同绕法的几种线圈

电感量大的多采用多层，当要求分布电容小、Q 值高时，采用蜂房式和分段式绕法，蜂房式绕法是导线和线圈管轴成一定的偏转角度（约 19° ～ 26°），线匝相互交叉而不是互相平行的，当线圈绕骨架一周时，导线可能来回折弯多次，如图 6-9（c）所示。收音机中中波波段的振荡线圈多用这种绕法，电视机视频补偿和高频滤波也常用这种线圈。分段式绕法是将绕组分成几段绕制，而后相互串联起来，如图 6-9（d）所示，这样更能减小分布电容，适用于要求电感量大和更加稳定的电路。

五、电感器的主要参数

1. 电感量与允许误差

电感量表示了电感器电感量的大小。电感线圈的圈数越多，线圈越集中，电感量就越大，电感线圈内有铁芯或有磁芯的比无铁芯或无磁芯的电感量更大。

电感线圈的允许误差是指电感器的实际电感量与标称电感量的比值乘以 100%，它标志着电感线圈的电感精度。生产时是按 E 系列规定值生产的，误差等级同电阻器，即有 ±5%、±10%、±0.2%、±0.5%等。

一般高频电感器的电感量较小，为 0.1 ～ 100μH，低频电感器的电感量为 1 ～ 30mH。

2. 品质因数

电感线圈的品质因数也称 Q 值，Q 值表示了线圈的“品质”。Q 值愈高，说明电感线圈的功率损耗愈小，效率愈高。它与构成电感线圈的导线粗细、绕法、单股还是多股等有关。Q 值的大小，表明电感线圈损耗的大小。一般电感线圈的 Q 值为几十至几百，不同电路对 Q 值的要求也不同。

3. 额定电流

电感器的额定电流是指电感线圈在正常工作时，允许通过电感器的最大电流，这也是电感器的一个重要参数。电感线圈的额定电流一般以字母表示，如表 6-2 所示。

表 6-2 电感线圈额定电流的代表字母及意义

字母	A	B	C	D	E
意义	50mA	150mA	300mA	0.7A	1.6A

4. 分布电容

电感线圈的分布电容是指线圈的匝与匝之间存在的电容，线圈与屏蔽盒之间存在的电容。这些电容的总和与电感线圈本身电阻就构成了一个等效电路（谐振电路），相当于并在电感线圈两端的一个总的等效电容。

5. 稳定性

电感线圈的稳定性是指电感线圈随外界的温度、湿度等因素的变化电感量、Q 值等参数发生改变的程度。

六、电感器的标识

1. 直标法

直标法是直接在电感器外壳上标出电感量的标称值，同时用字母表示额定工作电流，再用Ⅰ、Ⅱ、Ⅲ表示允许偏差参数。

如电感线圈外壳上标有 C、Ⅱ、10μH，表明电感线圈的电感量为 10μH、最大工作电流为 300mA、允许误差为 ±10%。

2. 色标法

色码电感线圈的标注法如图 6-10 所示。在电感线圈的外壳上，使用颜色环或色点表示标称电感量和允许误差的方法就称色标法。采用这种方法表示电感线圈的主要参数的小型固定高频电感线圈就称色码电感。

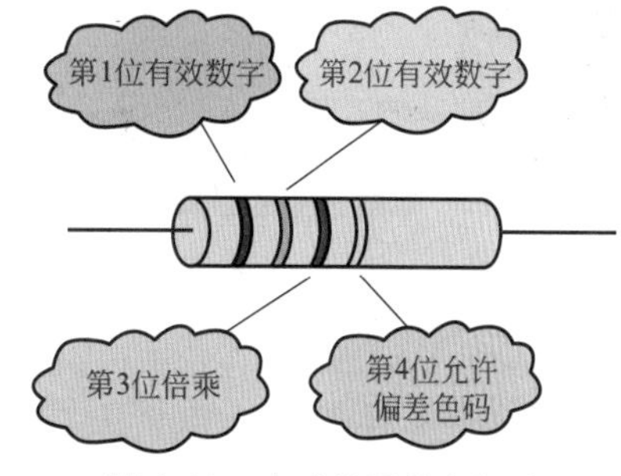

图 6-10 电感线圈的色标法

在图 6-10 中，各颜色环所表示的数字与色环电阻器的标志方法相同，不再赘述，可参阅电阻色环标注法。

如某一电感线圈的色环依次为蓝、灰、红、银，表明此电感线圈的电感量为 6800μH（微亨），允许误差为 ±10%。

七、电感线圈的选用

绝大多数的电子元器件，如电阻器、电容器、扬声器等，都是生产部门根据规定的标准和系列进行生产的成品供选用。而电感线圈只有一部分如阻流圈、低频阻流圈，振荡线圈和 *LC* 固定电感线圈等是按规定的标准生产出来的产品，绝大多数的电感线圈是非标准件，往往要根据实际的需要，自行制作。由于电感线圈的应用极为广泛，如 *LC* 滤波电路、调谐放大电路、振荡电路、均衡电路、去耦电路等都会用到电感线圈。要想正确地用好线圈，还是一件较复杂的事情。

在选用电感器时，首先应明确其使用频率范围。铁芯线圈只能用于低频；一般铁氧体线圈、空心线圈可用于高频。其次要弄清线圈的电感量。

线圈是磁感应元件，它对周围的电感性元件有影响。安装时一定要注意电感性元件之间的相互位置，一般应使相互靠近的电感线圈的轴线互相垂直，必要时可在电感性元件上加屏蔽罩。

八、线圈在使用和装配时的注意问题

1. 线圈的装配位置应合理

线圈的装配位置与其他各种元器的相对位置要符合设计的规定，否则将会影响整机的正常工作。例如，简单的半导体收音机中的高频阻流圈与磁性天线的位置要合理安排；天线线圈与振荡线圈应相互垂直，这就避免了相互耦合和自激振荡的影响。

2. 线圈在装配时应进行外观检查

使用前，应检查线圈的结构是否牢固，线匝是否有松动和松脱现象，引线接点有无松动，磁芯旋转是否灵活，有无滑扣等。这些方面都检查合格后，再进行安装。

3. 线圈在使用过程中的微调方法

有些线圈在使用过程中，需要进行微调，依靠改变线圈圈数又很不方便，因此，选用时应考虑到微调的方法。例如单层线圈可采用移开靠端点的数圈线圈的方法，即预先在线圈的一端绕上 3 ～ 4 圈，在微调时，移动其位置就可以改变电感量。实践证明，这种调节方法可以实现微调 ±2%～ ±3%的电感量。应用在短波和超短波回路中的线圈，常留出半圈作为微调，移开或折转这半圈使电感量发生变化，实现微调，如图 6-11 所示。多层分段线圈的微调，可以移动一个分段的相对距离来实现，可移动分段的圈数应为总圈数的 20%～ 30%。实践证明：这种微调范围可达 10%～ 15%。具有磁芯的线圈，可以通过调节磁芯在线圈管中的位置，实现线圈电感量的微调。

图 6-11　单层线圈的微调方法

4. 使用中应注意保持原有电感量

线圈在使用中，不要随便改变线圈的形状、大小和线圈间的距离，否则会影响线圈原来的电感量。尤其是频率越高，即圈数越少的线圈。所以，目前在电视机中采用的高频线圈，一般用高频蜡或其他介质材料进行密封固定。另外，应注意在维修中，不要随意改变或调整原线圈的位置，以免导致失谐故障。

5. 可调线圈的安装应便于调整

可调线圈应安装在机器易于调节的位置，以便于调整线圈的电感量达到最佳的工作状态。

九、绕制线圈时应注意的事项

线圈在实际使用过程中，有相当数量品种的电感线圈是非标准件，都是根据需要有针对性地进行绕制。自行绕制时，要注意以下几点。

1. 根据电路需要，选定绕制方法

在绕制空心电感线圈时，要依据电路的要求、电感量的大小以及线圈骨架直径的大小，确定绕制方法。间绕式线圈适合在高频和超高频电路中使用，在圈数少于 3 ～ 5 圈时，可不用骨架，就能具有较好的特性，Q 值较高，可达 150 ～ 400，稳定性也很高。单层密绕式线圈适用于短波、中波回路中，其 Q 值可达到 150 ～ 250，并具有较高的稳定性。

2. 确保线圈载流量和机械强度，选用适当的导线

线圈不宜用过细的导线绕制，以免增加线圈电阻，使 Q 值降低。同时，导线过细，其载流量和机械强度都较小，容易烧断或碰断线。所以，在确保线圈的载流量和机械强度的前提下，要选用适当的导线绕制。

3. 绕制线圈抽头应有明显标志

带有抽头的线圈应有明显的标志，这样对于安装与维修都很方便。

4. 不同频率特点的线圈，采用不同材料的磁芯

工作频率不同的线圈，有不同的特点。在音频段工作的电感线圈，通常采用硅钢片或坡莫合金为磁芯材料。低频用铁氧体作为磁芯材料，其电感量较大，可高达几亨到几十亨。在几十万赫到几兆赫之间，如中波广播段的线圈，一般采用铁氧体芯，并用多股绝缘线绕制。频率高于几兆赫时，线圈采用高频铁氧体作为磁芯，也常用空心线圈。此情况不宜用多股绝缘线，而宜采用单股粗镀银线绕制。在 100MHz 以上时，一般已不能用铁氧体芯，只能用空心线圈；如要做微调，可用铜芯。使用于高频电路的阻流圈，除了电感量和额定电流应满足电路的要求外，还必须注意其分布电容不宜过大。

第二节 电感器的检测

一、万用表对电感量的测试

取一个调压器 TA 与被测电感器 L_x 和一个电位器 RP，按图 6-12 所示进行接线，便构成了一个电感量测试电路。

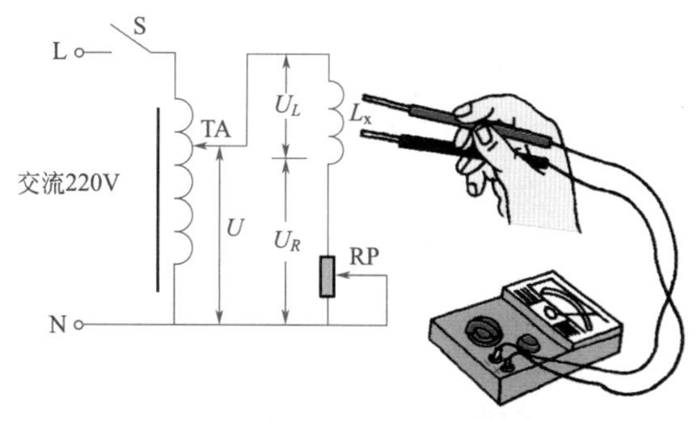

图 6-12　万用表对电感量的测试

调节电位器 RP 使得其阻值为 3140Ω，闭合开关 S，调节调压器 TA，使 U_R=10V，通过下式便可计算出被测电感器的电感量：

$$L_x = \frac{RP}{100\pi} \times \frac{U_L}{U_R} = \frac{3140}{100 \times 3.14} \times \frac{U_L}{10}$$

这就是说，在上述条件下，L_x 上的压降数值就是它的电感量数值。如果万用表测出 U_L 的单位为 V（伏特），则电感量的单位就是 H（亨利）。由于单位 H 很大，而一般电感器的电感量很小，为测试方便，一般宜选用数字式万用表的 mV 挡。

对电感量的测量也可采用估测的方法。一般用于高频的电感器，圈数较少，有的只有几圈，其电感量一般只有几微亨；用于低频的电感器，圈数较多，其电感量可达数千微亨；而用于中频段的电感器，电感量为几百微亨。了解这些，对于用万用表所测得的结果，具有一定的参考价值。

二、数字式万用表对电感器好坏的测试

在家用电器的维修中，如果怀疑某个电感器有问题，可使用简单的测试方法，以判断它的好坏，如图 6-13 所示为磁环电感器好坏的测试，可通过数字式万用表来进行，从图 6-13 中看出磁环电感器的电阻值为 0.4Ω。首先要将数字式万用表的量程开关拨至电阻挡“通断蜂鸣”符号处用红、黑表笔接触电感器两端，如果阻值较小，表内蜂鸣器则会鸣叫，表明该电感器可以正常使用。

数字式万用表对电感器进行测试

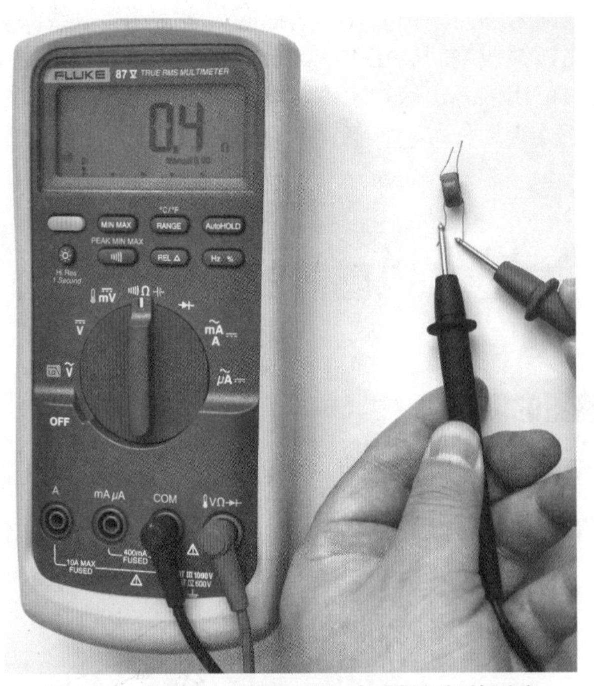

图 6-13　数字式万用表对磁环电感器好坏的测试

当怀疑电感器在印制电路板上开路或短路时，在断电的状态下，可利用万用表测试电感器 L_x 两端的阻值。一般高频电感器的直流内阻在零点几到几欧姆之间；低频电感器的内阻在几百欧姆至几千欧姆之间；中频电感器的内阻在几欧姆到几十欧姆之间。测试时要注意，有的电感器圈数少或线径粗，直流电阻很小，这属于正常现象（可用数字式

万用表测量），如果阻值很大或为无穷大时，表明该电感器已经开路。

当确定某个电感器确实断路时，可更换新的同型号电感器。由于电感器长时间不用，引脚有可能被氧化，这时可用小刀轻轻刮去氧化物，如图 6-14 所示。

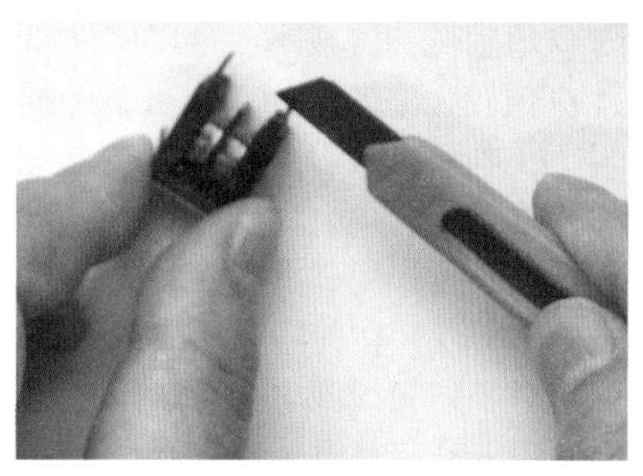

图 6-14　小刀轻轻刮去引脚氧化物

刮去电感器引脚氧化物后，用数字式万用表测量电感器直流电阻阻值，观察是否符合要求，如图 6-15 所示。图 6-15（a）所示测量电感器初级线圈阻值为 112.4Ω，图 6-15（b）所示测量电感器次级线圈阻值为 1.0Ω。

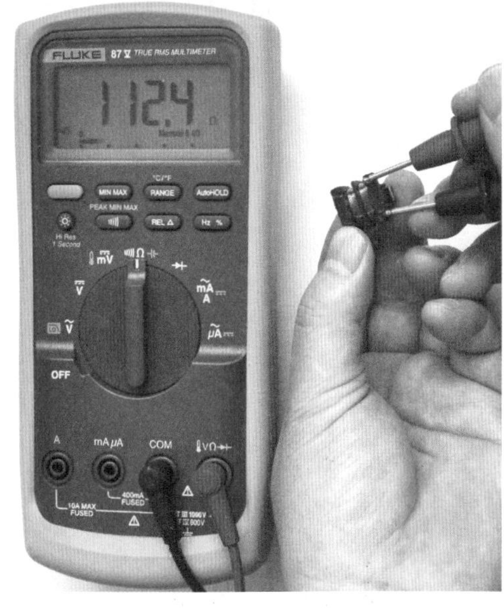

(a) 测量电感器初级线圈阻值为112.4Ω

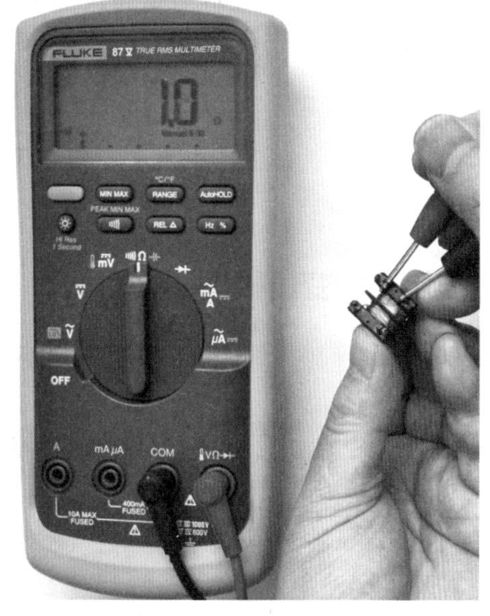

(b) 测量电感器次级线圈阻值为1.0Ω

图 6-15　用数字式万用表测量电感器

数字式万用表在线对电感器进行测试

三、万用表对选用的电感线圈的检测

在选择和使用电感线圈时，首先要想到对线圈的检查测量，然后去判断线圈的质量好坏和优劣。欲准确检测电感线圈的电感量和品质因数 Q，一般均需要专门仪器，而且测试方法较为复杂。在实际工作中，一般不进行这种检测，仅进行线圈的通断检查和 Q 值的大小判断。可先利用万用表电阻挡测量线圈的直流电阻，再与原确定的阻值或标称阻值相比较，如果所测阻值比原确定阻值或标称阻值增大许多，甚至指针不动（阻值趋向无穷大），可判断线圈断线；若所测阻值极小，则判定是严重短路（如果是局部短路则很难比较出来）。这两种情况出现，可以判定此线圈是坏的，不能用。如果检测电阻与原确定的或标称阻值相差不大，可判定此线圈是好的。此种情况，我们就可以根据以下几种情况，去判断线圈的质量即 Q 值的大小。线圈的电感量相同时，其直流电阻越小，Q 值越高；所用导线的直径越大，其 Q 值越大；若采用多股线绕制时，导线的股数越多，Q 值越高；线圈骨架（或铁芯）所用材料的损耗越小，其 Q 值越高。例如，高硅硅钢片做铁芯时，其 Q 值较用普通硅钢片做铁芯时高；线圈分布电容和漏磁越小，其 Q 值越高。例如，蜂房式绕法的线圈，其 Q 值较平绕时为高，比乱绕时也高；线圈无屏蔽罩，安装位置周围无金属构件时，其 Q 值较高，相反，

则 Q 值较低。屏蔽罩或金属构件离线圈越近，其 Q 值降低得越严重；对有磁芯的高频线圈，其 Q 值较无磁芯时为高；磁芯的损耗越小，其 Q 值也越高。

在电源滤波器中使用的低频阻流圈，其 Q 值大小并不太重要，而电感量 L 的大小却对滤波效果影响较大。要注意，低频阻流圈在使用中，多通过较大直流，为防止磁饱和，其铁芯要求顺插，使其具有较大气隙。为防止线圈与铁芯发生击穿现象，二者之间的绝缘应符合要求。所以，在使用前还应进行线圈与铁芯之间绝缘电阻的检测。

对于高频线圈电感量 L，由于测试起来更为麻烦，一般都根据在电路中的使用效果适当调整，以确定其电感量是否合适。

对于多个绕组的线圈，还要用万用表检测各绕组之间线圈是否短路；对于具有铁芯和金属屏蔽罩的线圈，要测量其绕组与铁芯或金属屏蔽罩之间是否短路。

第三节 变压器的检测

一、万用表对变压器检测的方法

如图 6-16 所示为各类变压器的实物示意图。

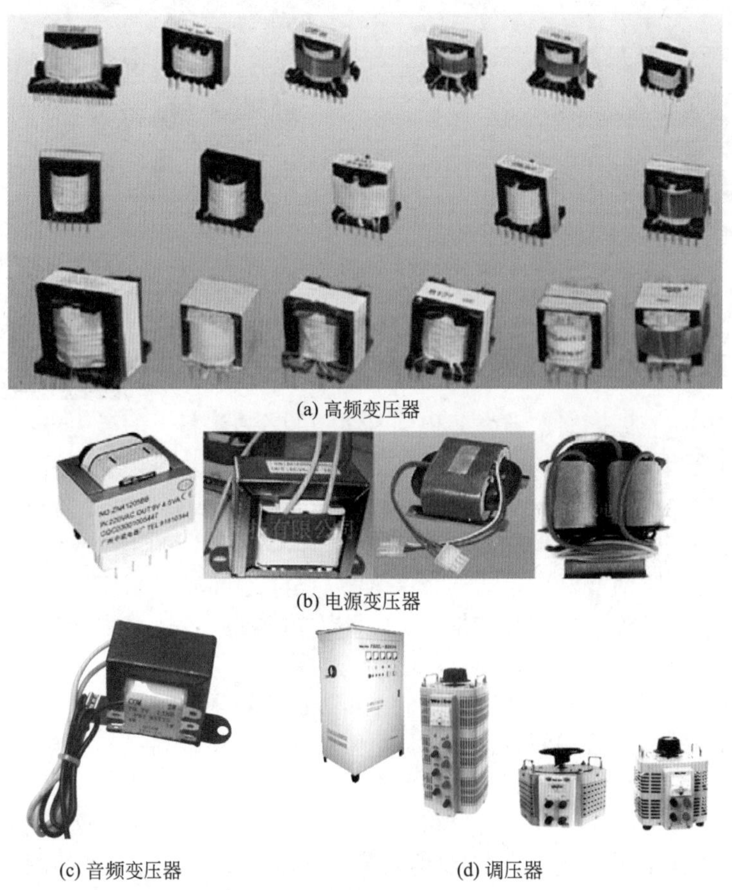

(a) 高频变压器

(b) 电源变压器

(c) 音频变压器　(d) 调压器

图 6-16　各类变压器的实物图

1. 万用表测量变压器初级和次级线圈直流电阻

电源变压器初级绕组引脚和次级绕组引脚通常是分别从两侧引出的，并且初级绕组多标有 220V 字样，次级绕组则标出额定电压值，如 15V、24V、35V 等。万用表置于 R×1 挡测量电源变压器初级线圈直流电阻，阻值应该较大，不应该出现开路现象，否则是变压器损坏。降压电源变压器的初级线圈电阻应该大于次级线圈直流电阻，根据这一点还可以分辨初、次级线圈。

万用表置于 R×1 挡测量电源变压器次级线圈直流电阻，阻值应该较小，测量不应该出现开路现象，否则是变压器损坏。

对于输出变压器，初级绕组电阻值通常大于次级绕组电阻值且初级绕组漆包线比次级绕组细。

2. 测试变压器的次级空载电压

将电源变压器初级两接头接入 220V 交流电源，将万用表置于交流电压挡，根据变压器次级的标称值，选好万用表的量程，依次测出次级绕组的空载电压，允许误差范围为 ≤ ±（5%～10%）。测量过程如图 6-17 所示。若测得输出电压都升高，表明初级线圈有局部短路故障；若次级的某个线圈电压偏低，表明该线圈有短路故障。有短路故障的电源变压器，工作温度会偏高。

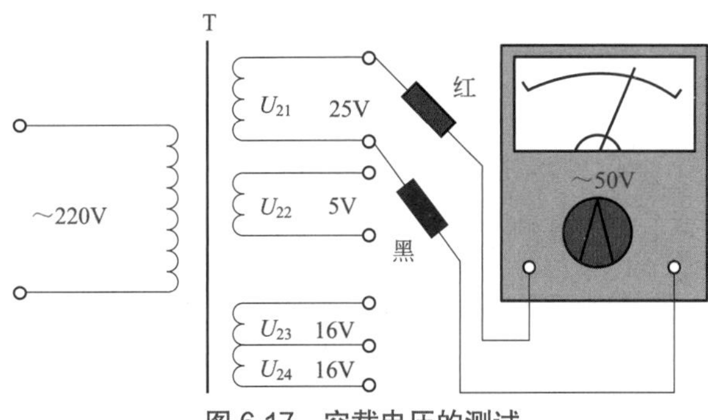

图 6-17　空载电压的测试

万用表检测变压器绝缘性能

二、万用表对变压器绝缘性能的检测

电源变压器的绝缘性能可用万用表的 R×10k 挡或用兆欧表（摇表）来测量。电源变压器正常时，其一次（初级）绕组与二次（次级）绕组之间、铁芯与各绕组之间的电阻值均为无穷大，检测绕组与铁芯之间的绝缘电阻时一支表笔接变压器外壳，另一支表笔接触各线圈的一根引线，如图 6-18 所示。若测出两绕组之间或铁芯与绕组之间的电阻值小于 10MΩ，则说明该电源变压器的绝缘性能不良，尤其是阻值小于几百欧时表明绕组间有短路故障。

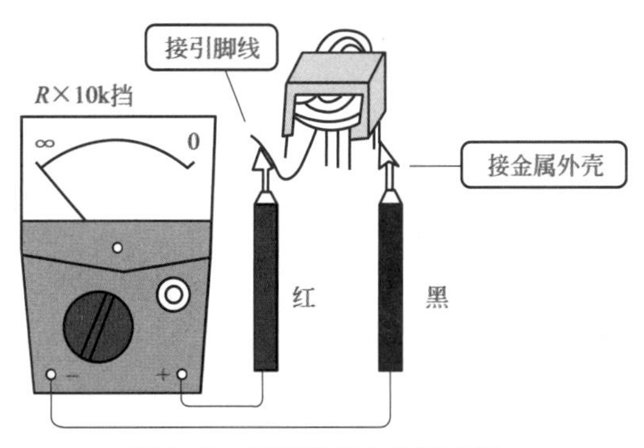

图 6-18　测量绝缘电阻示意图

三、万用表对变压器通断的检测

用万用表 $R\times1$ 挡分别测量电源变压器的初级、次级绕组的电阻值。通常，降压变压器初级绕组的电阻值应为几十欧姆至几百欧姆，次级绕组的电阻值为几欧姆至几十欧姆（输出电压较高的二次绕组，其电阻值也大一些）。

若测得某绕组的电阻值为无穷大，则说明该绕组已断路；若测得某绕组的电阻值为 0Ω，则说明该绕组已短路。

如果次级绕组有多个时，输出标称电压值越小，其阻值应越小。

线圈断路时，无电压输出。断路的原因有外部引线断线、引线与焊片脱焊、受潮后内部霉断等。

四、万用表对变压器各绕组同名端的检测

如果变压器的次级绕组需要串联使用，必须正确连接绕组，这就要求知道各绕组的同名端。检测时准备干电池一节，万用表一块，如图 6-19 所示。图中，G 为 1.5V 电池，S 为开关。将万用表置于直流电压低挡位，如 2.5V 挡（直流电流 0.5mA 挡也可以）。

万用表检测变压器各绕组同名端和内阻

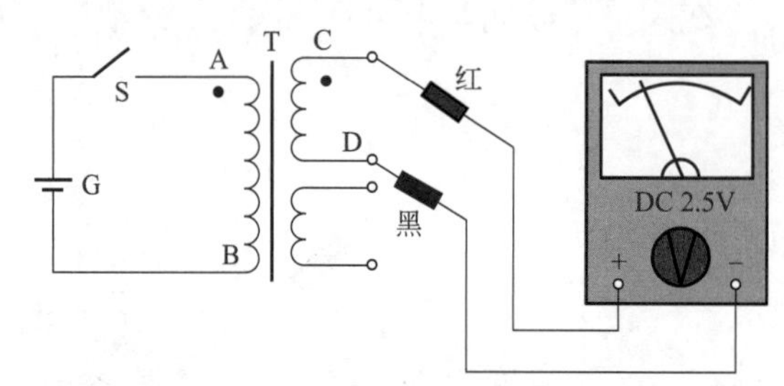

图 6-19 检测变压器同名端的方法

将万用表的表笔分别接次级绕组的两端，图中红表笔接 C 端，黑表笔接 D 端。当接通 S 的瞬间，使变压器的变化电流流过一次绕组，根据电磁感应原理可知，此时在变压器二次绕组上将产生一个时间很短的感应电压，仔细观察万用表指针，可以看到指针的摆动方向。如果指针正向偏转，则万用表的正极 C 点、电池的正极 A 点所接的为同名端，D 点和 B 点是同名端。若闭合开关 S 时，万用表指针向左摆，则 C 点和 B 点是同名端，D 点和 A 点是同名端。

在检测过程中，要仔细观察开关 S 闭合时万用表指针的摆动方向。当开关 S 闭合后再断开时，由于变压器一次绕组的自感作用，会产生一个反向电压，指针向相反方向摆。所以，开关 S 多做几次闭合，看准万用表指针的摆动方向。

必须注意 S 不可长时接通，以免造成线圈故障。

第七章 万用表检测电声器件

电声器件是指能将音频电信号转换成声音信号，或者能将声音信号转换成音频电信号的器件。电声器件的应用范围很广，如收音机、录音机、扩音机、电视机、计算机、通信设备等。

电声器件的种类很多，如扬声器、传声器、耳机、拾音器、受话器、送话器等。另外，用于收录机、录音机中的音频磁头和用于录像机、摄像机中的视频磁头虽属磁电转换器件，但最终实现的也是声音信号。

第一节 扬声器的检测

一、电声器件的型号命名

电声器件的命名方法由以下四部分组成。

第一部分，用一个或两个汉语拼音字母表示主称。各字母的含义如表 7-1 所示。

表 7-1　主称字母的含义

主称	代表字母	主称	代表字母	备注
扬声器	Y	声柱	YZ	含扬声器组
传声器	C	号筒式组合扬声器	HZ	
耳机	E	耳机传声器组	EC	
送话器	O	扬声器系统	YX	
受话器	S	复合扬声器	TF	
送话器组	N	送受话器组	OS	
两用换能器	H	通信帽	TM	

第二部分，用汉语拼音字母表示分类。

第三部分，用汉语拼音字母或数字表示特征。

第四部分，用阿拉伯数字表示序号（数字后面也可带字母）。

型号中的第二部分分类、第三部分特征中的各字母的含义如表 7-2 所示。

表 7-2 分类、特征部分各字母的含义

第二部分：分类		第三部分：特征					
分类	字母	特征 1	字母	特征 2	字母	数字	含义
电磁式	C	号筒式	H	高频	G	Ⅰ	1 极
动圈式（电动式）	D	椭圆式	T	中频	Z	Ⅱ	2 极
带式	A	球顶式	Q	低频	D	Ⅲ	3 极
平膜音圈式	E	接触式	J	立体声	L	0.25	0.25W
压电式	Y	气导式	I	抗噪声	K	0.4	0.4W
电容式（静电式）	R	耳塞式	S	测试用	C	0.5	0.5W
驻极体式	Z	耳挂式	G	飞行用	F	1	1W
炭粒式	T	听诊式	Z	坦克用	T	2	2W
气流式	Q	头载式	D	舰艇用	J	3	3W
		手持式	C	炮兵用	P	5	5W
						10	10W
						15	15W
						20	20W

例如，直径为 100mm 的动圈式纸盒扬声器的表示方法是 YD100-1；额定功率为 5V・A 的高频号筒式扬声器的表示方法是 YHG5-1；立体声动圈式耳机的表示方法是 EDL-3；耳塞式电感耳机的表示方法是 ECS-S；10W 电动式扬声器的表示方法是 YD10-12B，其中，12B 为序号；三极驻极体传声器的表示方法是 CZⅢ-1。

二、扬声器的型号命名

国产扬声器的型号由四部分组成，如表 7-3 所示。

表 7-3 国产扬声器的型号含义

第一部分	第二部分	第三部分	第四部分
主称	类型	重放频带或口径	序号
用字母 Y 表示	用字母 D 表示电动式，用字母 DG 表示电动式高音，用字母 HG 表示号筒式高音	用字母或数字表示（口径单位为 mm）	用数字或数字与字母混合表示

第三部分的重放频带或口径的数字与字母代表的含义如表 7-4 所示。

表 7-4　重放频带或口径部分字母与数字的含义

第三部分：重放频带或口径												
字母或数字	D	Z	G	QZ	QG	HG	130	140	165	176	200	206
含义	低音	中音	高音	球顶中音	球顶高音	号筒高音	130mm	140mm	165mm	176mm	200mm	206mm

例如，165mm 电动式扬声器的表示方法是 YD165-5，其中 Y 表示主称，D 表示类型，165 表示 165mm 的口径，5 表示序号。

三、扬声器的分类

扬声器的种类很多，分类方法也有很多种，如表 7-5 所示。

表 7-5　扬声器的分类

分类	型式
按振膜形状	分为锥盆式扬声器、球顶式扬声器、带式扬声器、平板式扬声器和平膜式扬声器等
按振膜结构	分为单纸盆扬声器、复合纸盆扬声器、复合号筒式扬声器和同轴式扬声器等
按振膜材料	分为纸质振膜扬声器和非纸质振膜扬声器
按驱动方式（即换能方式）	分为电动式扬声器、压电式扬声器、电磁式扬声器、电容式扬声器、晶体式扬声器、离子式扬声器、数字式扬声器和气流调制式（气动式）扬声器等。部分扬声器的实物图如图 7-1 所示
按重放频带	分为高音（高频）扬声器、中音（中频）扬声器、低音（低频）扬声器和全频带（全音域）扬声器
按磁路形式	分为内磁式扬声器、外磁式扬声器、励磁式扬声器、双磁路式扬声器和屏蔽式扬声器
按磁体材料及磁路性质	分为铁氧体磁体扬声器、钕铁硼磁体扬声器、铝镍钴磁体扬声器和直流励磁扬声器
按声波的辐射方式	分为直射式扬声器和反射式扬声器
按扬声器外形方式	分为圆形扬声器、椭圆形扬声器、超薄形扬声器、号筒形扬声器等。号筒形扬声器如图 7-2 所示

(a) 电动式扬声器

(b) 电磁式扬声器

(c) 压电式扬声器

图 7-1　部分扬声器的实物图

各类扬声器的外形如图 7-3 所示。扬声器的电路图形符号如图 7-4 所示。

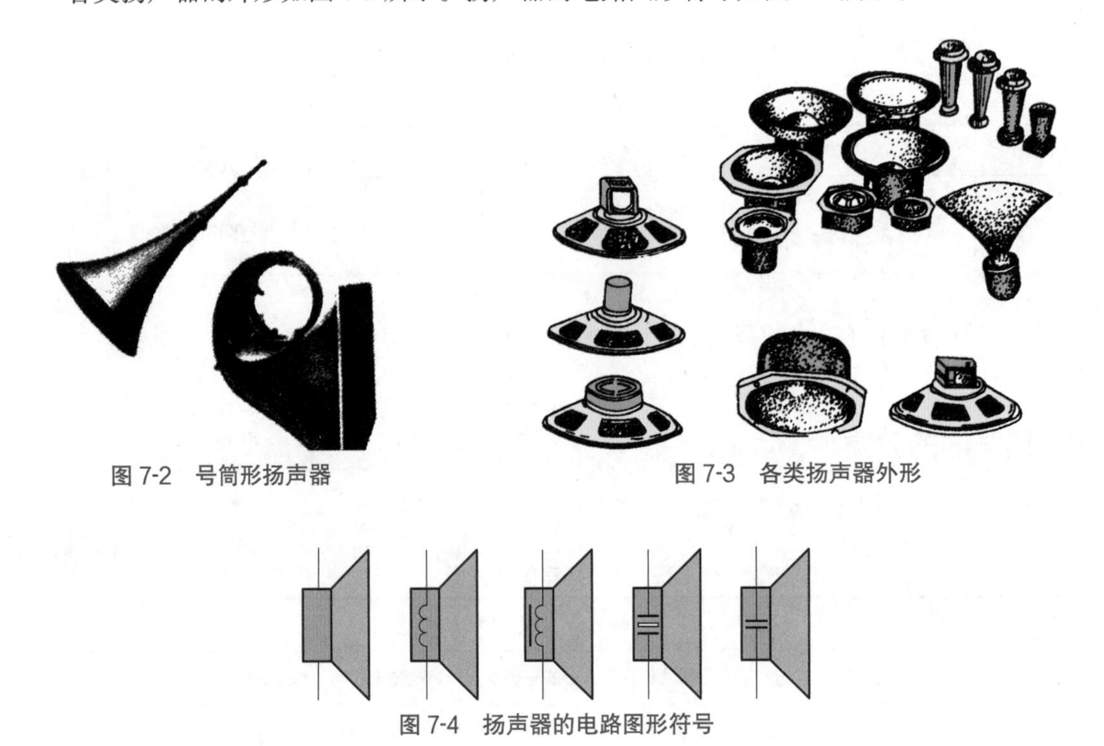

图 7-2　号筒形扬声器

图 7-3　各类扬声器外形

图 7-4　扬声器的电路图形符号

四、选用扬声器时应注意的问题

① 选用单个扬声器无法重放声音的全频带，必须选用多个扬声器单元，利用分频网络使它们各自重放相应的频率范围。

② 注意扬声器位置的摆放。一种是使几个低、中、高音扬声器单元对同一轴心对称，即为同轴排列。选用同轴排列位置，听者感到高、中、低音均从同一位置出发，乐感十分自然。另一种是选用几个不同口径、不同类型的扬声器单元组合排列起来。

③ 组合扬声器可选用宽频带单元组合，宽频带单元使重放声的空间感、声场包围感等均为较好状态。

五、使用扬声器时应注意的事项

① 扬声器的可动部分多，纸盆又比较脆弱，所以使用纸盆扬声器时，应将其安装在机箱和木箱内，这样有利于扬声器的发音，又有保护作用。

② 扬声器的安放不要靠近热源，使用的环境温度不要过高。因为有些扬声器受热电性能要降低，有些扬声器长期受热会退磁。

③ 扬声器要避免潮湿，应安放于空气干燥的地方。因电磁式扬声器的线圈用的导线很细，受潮后易霉断或短路；压电式扬声器的压电陶瓷受潮后会影响其性能；扬声器的纸盆铁架受潮会生锈；扬声器的纸盆受潮会降低其强度，干燥后又会变形，导致音圈移位，影响使用。

④ 扬声器应防止强烈振动、撞击，防止灰尘。因较强的振动、撞击会使其失磁、变形和损坏。

⑤ 扬声器在接入音响设备中使用时，一定要使设备的输出功率与扬声器的额定功率相当，加到扬声器的功率，不要超过它的标称额定功率，否则将损坏扬声器。

六、万用表对扬声器的检测

万用表对扬声器的一般检测

1. 扬声器阻抗的测量

采用万用表检测扬声器也只是粗略的，主要是用 $R\times1$ 挡测量扬声器两引脚之间的直流电阻大小。

① 正常时应比铭牌上扬声器的阻抗略小一些。如一个 8Ω 的扬声器，测量的直流电阻为 7Ω 左右是正常的。并且在表笔接通瞬间能听到扬声器发出的“喀啦”响声。

② 如果测量的电阻远大于几欧姆，说明扬声器已经开路。如果测量的电阻为零欧姆，说明扬声器已经短路。

2. 扬声器正、负极的判定

首先将万用表置于直流 0 ～ 5mA 挡，两表笔分别接在扬声器的两个焊片上。再用手轻按扬声器的纸盆，同时观察万用表指针的摆动方向。若指针反向偏转，则表明红表笔接的是扬声器正极、黑表笔接的是扬声器负极。反之，红表笔接负极、黑表笔接正极。

3. 扬声器性能的检测

将万用表置于 $R\times1$ 挡，断续测量扬声器的音圈电阻，同时听纸盆发出的振动声。振动声愈大，则扬声器电声转换效率愈高；振动声愈清脆，扬声器音质愈好。

第二节 传声器的检测

一、传声器的分类

传声器俗称话筒、麦克风，是把声音信号转换成电信号的电声器件。

传声器的种类很多，但基本上都属于动圈式和电容式。常用的有动圈式传声器、驻极体式传声器、电容式传声器、晶体式传声器、炭粒式传声器、铝带式传声器等等。驻极体式传声器和电容式传声器如图 7-5 所示。

(a) 驻极体式传声器

(b) 电容式传声器

图 7-5 驻极体式传声器和电容式传声器

传声器根据外形的不同可分为领夹式传声器、手持式传声器、头戴式传声器等，根据输出阻抗的不同可分为高阻抗传声器和低阻抗传声器。另外还有无线传声器，有线传声器和无线、有线两用传声器以及近讲传声器等。无线传声器如图 7-6 所示。

传声器的外形如图 7-7 所示。

图 7-6　无线传声器　　图 7-7　传声器的外形

传声器的电路图形符号如图 7-8 所示，其中图 7-8（a）为新电路图形符号。图 7-8（b）～（e）为旧电路图形符号，图 7-8（b）为动圈式，图 7-8（c）为电容式，图 7-8（d）为晶体式，图 7-8（e）为铝带式。传声器在电路中用“B”或“BM”表示，但也有的电路用“M”或“MIC”表示（旧标准符号）。

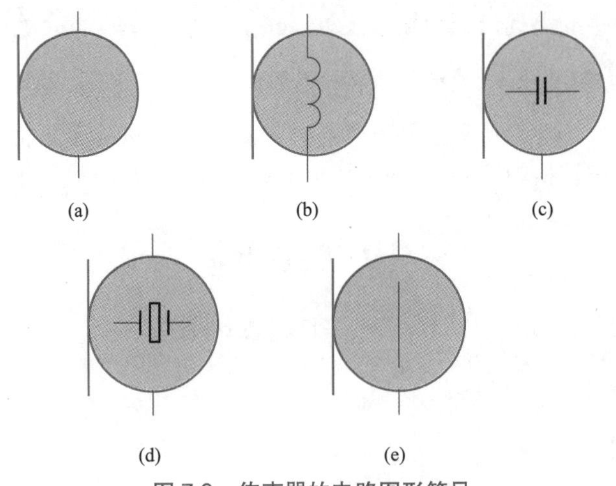

图 7-8　传声器的电路图形符号

二、传声器在使用中应注意的问题

① 使用传声器时应防止摔碰和强烈的振动，或用手敲打的方法来试音，这样容易使传声器的振动系统受损，影响其性能。正确的试音方法是直接对准传声器轻声讲话即可。

② 在使用传声器时应注意声源与传声器的距离，一般两者相距 30cm 左右即可，对灵敏度较高的传声器，两者距离应更远些。如距离太近，容易造成声音模糊不清并产生阻塞失真，太远则产生噪声，声音太轻的现象。

③ 注意放置位置。对于一些特意为歌唱演员设计的近讲传声器，使用时则必须贴近其振动膜片，以获得特殊的演唱效果。无论何种传声器，放置时都必须尽可能地远离扬声器，也不要对准扬声器，以免引起反馈啸叫。

④ 传声器的输出引线不能过长，应尽可能缩短引线的长度。因引线过长，容易引入干扰信号。高阻传声器的引线一般为 10m 左右，引线不能很长，否则由于引线分布电容的影响，

会使信号高音频端的特性变坏。低阻话筒引线可适当再长一些。

⑤ 传声器的输出引线应采用屏蔽线，以避免外界噪声的窜入，造成干扰。因为传声器输出音频电压很低，干扰信号窜入将影响播音质量，为此，最好采用双芯绞合金属隔离线或单芯金属隔离线，同时应尽可能缩短引线的长度。

⑥ 注意传声器输出阻抗与扩音、调音设备输入阻抗的匹配。在同一场合需要两个以上传声器时，不能将两个传声器直接并联使用，而应将各话筒分别接到扩声设备的传声器输入端，如扩声设备只有一个输入端时也要采用隔离电阻将其隔离，并联时也应选用同一型号的传声器，否则会因阻抗的不同，给使用上带来不同的效果。

⑦ 避免振动。传声器一般都不能经受强烈的振动，尤其是灵敏度较高的电容式传声器，因此在试音时，不宜采用拍打的方法，以免使传声器受损。试音的正确方法是，对准传声器轻声讲话或用手指轻轻划动传声器的保护网罩。

⑧ 传声器不使用时，应存放在干燥的地方，以免使电容式传声器的灵敏度降低、动圈式传声器的音圈霉断。

⑨ 传声器前网状保护罩可减小呼吸声和其他杂声，不要在传声器外包裹绸布等，以免高频响应变坏。

⑩ 声源应尽可能对准传声器中心线，以获得较好的频率特性。最好以中心线为准，使偏离角保持在指向性角度内。角度偏离增加，高音损失增大。

三、万用表对动圈式传声器的检测

动圈式传声器是应用比较广泛的一种传声器，有低阻和高阻两种。低阻传声器的阻抗在 600Ω 以下，高阻传声器的阻抗在 10kΩ 以上。目前使用的动圈式传声器中，有的因改变了音圈的制作工艺，采用细线多层绕制方法，省掉了升压变压器，其阻抗为 200Ω 左右。

① 对于低阻传声器可选用万用表欧姆挡的 $R\times1$ 挡测其输出端（插头的两个部位）的直流电阻值，一般阻值在 50 ～ 200Ω 之间（直流电阻值应低于阻抗值）。测试时，一支表笔断续触碰插头的一个极，传声器应发出微弱的“喀喀”声，若传声器无任何反应，表明有故障，若阻值为 0Ω 说明传声器有短路故障，若阻抗为∞则说明传声器有断路故障。

② 对于高阻传声器应选用万用表的 $R\times1k$ 挡，其阻值在 0.5 ～ 1.5kΩ 之间。测试的方法同上述相同。

③ 将万用表置于交流电流 0.05mA 挡，将两表笔分别接传声器插头的两极，然后对准扬声器讲话，若万用表的指针有摆动，说明传声器良好，若万用表针不动，则表明传声器有故障。万用表指针摆动的幅度越大，说明传声器的灵敏度就越高。

④ 传声器的常见故障是传声器接线及插头接线开路或接触不良。传声器开路后不工作，接触不良时（屏蔽线易发生接触不良），表现为声音时断时续。

四、万用表对驻极体式传声器的检测

1. 驻极体式传声器好坏的检测

如图 7-9 所示，将万用表置于 $R\times100$ 挡或 $R\times1k$ 挡，红表笔接传声器输出端的漏极（D）即芯线（信号输出线）或插头的中心点，黑表笔接传声器输出端的源极（S）即屏蔽网金属部分。此时万用表应显示 500Ω ～ 3kΩ 的阻值。若阻值为 0Ω 或接近 0Ω，说明传声器有短路故障，若测得的阻值为∞，说明有开路故障，如测得的阻值超出上面所述范围，表明传声器的性能变差，或已经不能使用。对于有三个输出端的传声器，其万用表的表笔接法是：黑表笔接传声器的正极（漏极 D），红表笔接信号的输出端（源极 S），将接地端悬空。

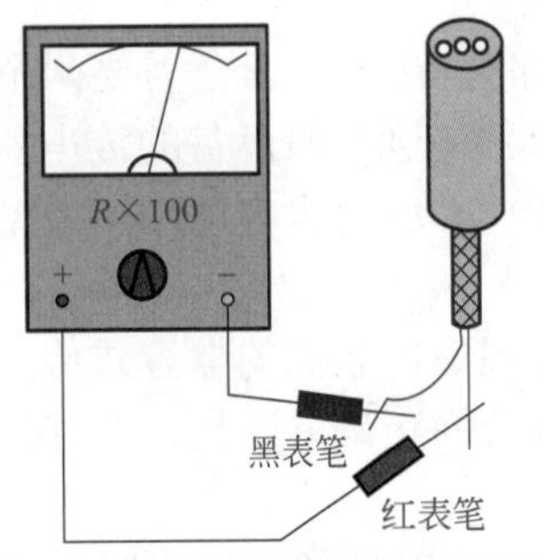

图 7-9　驻极体式传声器好坏的检测

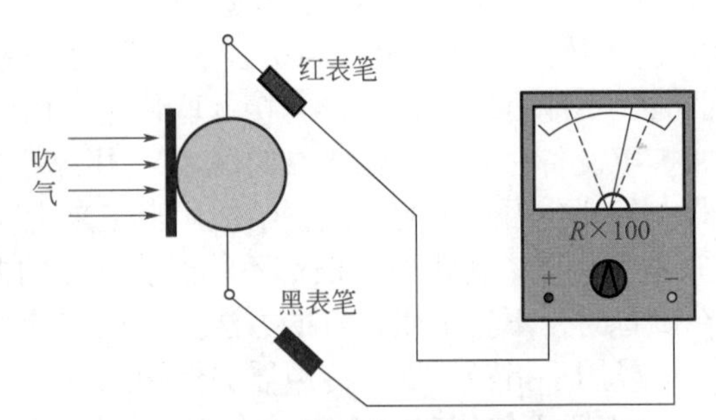

图 7-10　驻极体式传声器灵敏度的检测

2. 驻极体式传声器灵敏度的检测

如图 7-10 所示，将万用表置于 $R\times100$ 挡，红表笔接传声器的源极即信号输出端（芯线），黑表笔接传声器的正极（传声器屏蔽线）。此时万用表有一个阻值，然后对着传声器讲话，或向传声器吹一口气，给传声器一个声压，此声压信号经放大后，使传声器输出电流增大，万用表的指针应有明显的摆动。其摆动范围越大，说明传声器的灵敏度越高；若指针摆动较小，表明传声器的灵敏度较低。若对着传声器讲话时，万用表指针无反应，或者指针漂移不定，表明传声器不能使用。

五、万用表对电容式传声器的检测

万用表对传声器进行检测

电容式传声器需外加电源后才能工作，因此它不能直接插入功率放大器等放大器。一些便携式收录机上使用此传声器。

检测电容式传声器也可以使用驻极体式传声器的方法，吹一口气检测输出电流。但由于构造和灵敏度的不同，电容式传声器输出电流很小。如果万用表有 1mA 挡，可以看到较小的万用表指针摆动情况。最好使用 50μA 的微安表来检测。检测电路如图 7-11 所示。吹气时，万用表指针摆动幅度越大，表明传声器是好的且灵敏度较高。如果距传声器很近，吹气时万用表指针不动，说明传声器已坏。

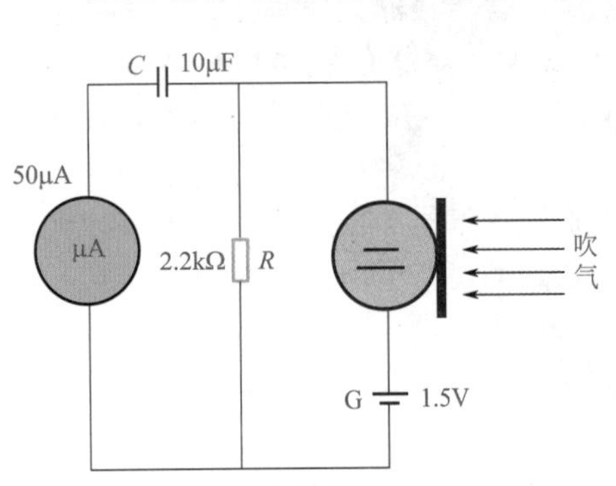

图 7-11　电容式传声器的检测

如果接成图 7-11 所示的电路，未吹气时微安表指针就游移不定地摆动，则说明此传声器稳定性差。

电容式传声器和驻极体式传声器外观上差不多，不好区分，可用上述吹气方法加以区分。用万用表的 $R\times100$ 挡测阻值（实质是测电流），吹气时，驻极体式传声器可使万用表指针摆动，电容式传声器不会使万用表指针摆动。

用万用表 $R\times100$ 挡或 $R\times1k$ 挡，将两表笔分别接传声器的引线，然后对准传声器受话口轻轻讲话，若万用表的表针摆动，则说明该传声器正常。表针摆动幅度越大，传感器的灵敏度越高。

第三节

耳机的检测

一、耳机的分类

耳机也是一种将电信号转换成音频信号的电声换能器件，主要用于收音机、收放机、单放机、随身听、手机和电视机中代替扬声器作放声用。耳机按其外形不同可分为头戴式耳机和耳塞机两大类，按传送声音的不同可分为单声道耳机和立体声耳机两种。

耳机在电路中用字母“B”或“BE”表示，其电路图形符号见图 7-12。常见耳机和耳塞的外形如图 7-13 所示。对于立体声耳机或耳塞机，一般均标有左、右声道标志“L”和“R”，使用时应注意，“L”应戴在左耳，“R”应戴在右耳，这样才能聆听到正常的立体声。

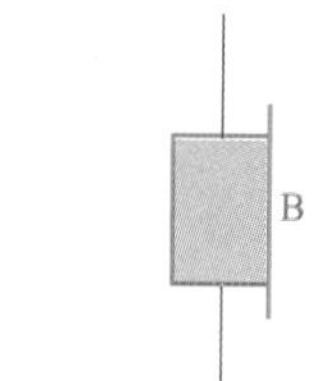

图 7-12　耳机的电路图形符号

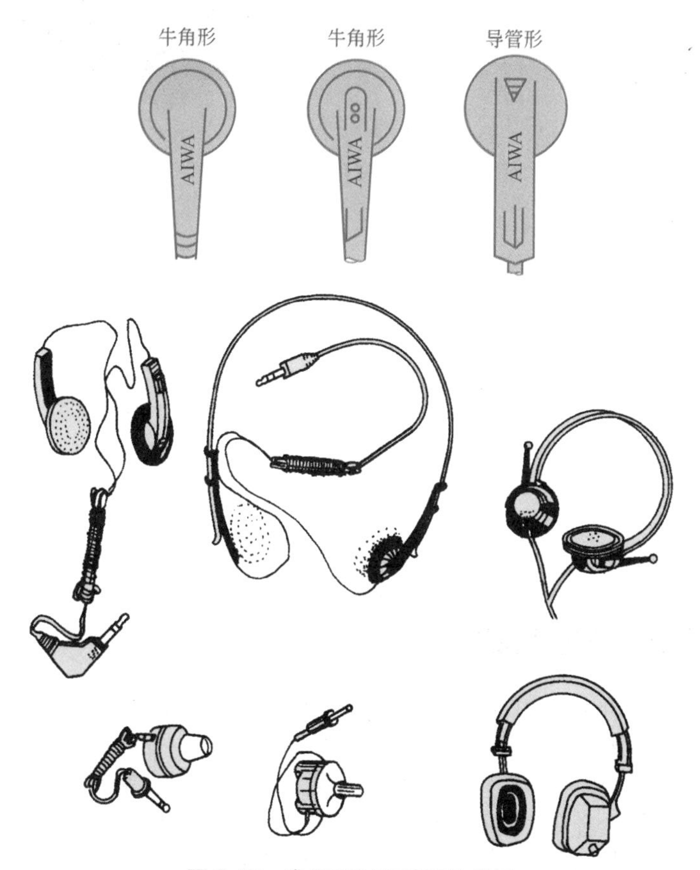

图 7-13　常见耳机和耳塞的外形

耳机可以根据其换能原理、驱动方式、结构形式、传导方式和使用形式来分类。

1. 按换能原理分类

耳机按其换能原理可分为电磁式、电动式（包括动圈式）、静电式（包括电容式、驻极体式）和压电式（包括压电陶瓷式、压电高聚物式）耳机。

2. 按驱动方式分类

耳机按驱动方式可分为中心驱动式耳机和全面驱动式耳机。

3. 按结构形式分类

耳机按结构形式可分为耳塞式、耳挂式、听诊式、头戴式（贴耳式、耳罩式）、帽盔式和手柄式等多种。几种常用的耳机实物图如图 7-14 所示。

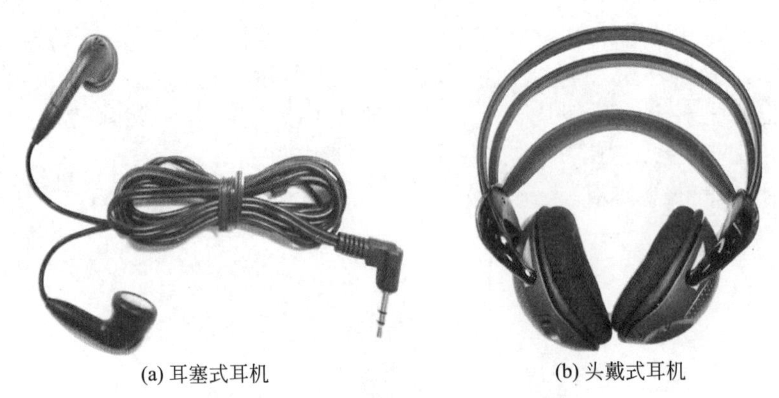

(a) 耳塞式耳机　　(b) 头戴式耳机

图 7-14　几种常用的耳机实物图

4. 按传导方式分类

耳机按传导方式可分为气导式（包括速度型和位移型）和骨导式（接触式）。

5. 按使用形式分类

耳机按使用形式可分为语言通信用耳机和广播收音专用耳机以及飞行员专用耳机等。

语言通信用耳机又包括有线电话通信用耳机、无线电台通信用耳机、抗噪声通信用耳机、耳聋助听用耳机、电化教育用耳机及语音控制用耳机等。

广播收音用耳机又包括无线广播用耳机、高质量监听用耳机、欣赏用 Hi -Fi 立体声耳机等。

二、耳机使用时应注意的问题

① 使用立体声耳机时，应注意双声道耳机有左、右声道之分，使用时应注意区分，L 表示左声道，R 表示右声道，欣赏节目和调音时加以注意。

② 使用耳机时，为保护耳机和收听者的耳朵，应先要把音响设备的音量调小后，再插入耳机，插入后逐渐调大音量。使用耳机收听时，切勿将音量开得太大，因耳机的功率较小，耳机的振动系统的振动范围有限，音量太大时会损坏耳机。

③ 耳机的引出线在佩戴时经常受到拉伸和弯折，很容易造成折断，故使用时不要用劲过猛拉伸耳机的引线。

④ 耳机的输入插头一定要插入放音设备的耳机专用插孔，不允许插入其他插孔中使用，

否则将造成耳机的损坏。插入插孔遇到阻力，应先检查是否插错插孔或者孔径不合适，不要硬插入不适的插孔。

⑤ 清洁耳机时，不能用水冲洗耳机，以防耳机锈蚀损坏。存放耳机应注意防磁、防潮，并且要远离热源，防止音圈霉断或耳机变形损坏。

万用表对耳机的一般检测

三、万用表对耳机的一般检测

1. 单声道耳机的检测

单声道耳机有两个引出点，检测单声道耳机（耳塞机）时，可将万用表置于 $R\times10$ 挡或 $R\times100$ 挡，两支表笔分别断续触碰耳机引线插头的地线和芯线，此时，若能听到耳机发出“喀喀”声，万用表指针也应随之偏转，则表明耳机良好。如果表笔断续触碰耳机输出端引线时，若耳机无声，听不到“喀喀”声，万用表指针不动，表明耳机不能使用，有开路故障或性能不良。如果对两侧或两副以上耳机同时进行同种方法的检测时，其声音较大者，灵敏度较高，在检测中如果出现有失真的声音，表明有音圈不正或音膜损坏变形的故障。

2. 双声道耳机的检测

双声道耳机有三个引出点，插头顶端是公共点，中间的两个接触点分别为左、右声道接触点。将万用表置于 $R\times1$ 挡，测量耳机音圈的直流电阻。将万用表的任一表笔接触插头的公共端（地线），另一表笔分别接触耳机插头的两个芯线，正常时，相应的左声道或右声道耳机会发出较清脆的“喀喀”声，万用表指针偏转，其阻值均应小于 32Ω，且两声道耳机的阻值应对称。因为立体声耳机的交流阻抗为 32Ω，而直流电阻总比交流阻抗低，一般双声道耳机的直流阻值为 20Ω 以上、30Ω 以下。若测得的阻值过小或超过 32Ω 很多，说明耳机有故障。

若测量时耳机无声，万用表指针也不偏转，则说明相应的耳机有音圈开路或连接引线断裂、耳机内部脱焊等故障。若万用表指示阻值正常，但耳机发声较轻，则说明该耳机性能不良。

四、耳机常见故障排除

① 因为耳机在使用时经常弯折，所以耳机的根部引线容易折断，其表现为时而有声，时而无声。修理方法是：

a. 将折断的引线剪断；

b. 用小螺钉旋具从耳机后盖引线出下部将后盖翘起，并取下后盖；

c. 将耳机残留的引线用电烙铁拆焊并从线孔中拉出；

d. 把剪断的引线剥去绝缘层，从线孔中穿进去，分别焊在两引线片上；

e. 将后盖盖好并压紧。

② 耳机引线的另一个断线部位是耳机插头接线处，其表现是有时有声，有时无声。其排除方法是：

a. 对于不可拆的一次性插头，只能将插头带断线部位一起剪去，重新换插头。

b. 对于可拆插头，可将断线剪去，将引线重新焊好便可。

c. 耳机的无声故障一般是耳机音圈引出线断开所致，用万用表进行检测时，其阻值为无穷大。排除方法是把后盖打开，找到断线处，用电烙铁重新焊好即可。

第四节 蜂鸣器的检测

一、蜂鸣器的分类与选用

蜂鸣器是一种一体化结构的电子讯响器，采用直流电压供电，广泛应用于计算机、打印机、复印机、报警器、电子玩具、汽车电子设备、电话机、定时器等电子产品中作发声器件。

1. 蜂鸣器的分类

蜂鸣器主要分为压电式蜂鸣器和电磁式蜂鸣器两种类型。

蜂鸣器的实物图如图 7-15 所示。

(a) 压电式蜂鸣器　　(b) 电磁式蜂鸣器

图 7-15　蜂鸣器的实物图

蜂鸣器在电路中用字母“H”或“HA”（旧标准用“FM”“LB”“JD”等）表示。其电路图形符号如图 7-16 所示。

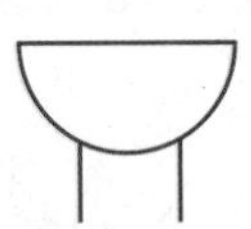

图 7-16　蜂鸣器的电路图形符号

2. 蜂鸣器的选用

报警器、门铃、定时器、儿童玩具、电子时钟等装置，可以选用压电式蜂鸣器或电磁式蜂鸣器。计算机（电脑）、寻呼机、复印机、打印机等装置，可选用电磁式蜂鸣器。

压电式蜂鸣器内置多谐振荡器，只要为其接通合适的直流工作电源，即可振荡发声。电磁式蜂鸣器分为“自带音源”和“不带音源”两种类型，如表 7-6 所示。

表 7-6　电磁式蜂鸣器的两种类型

自带音源	不带音源
“自带音源”的电磁式蜂鸣器内置集成电路，它不需要外加任何音频驱动电路，只要接通合适的直流工作电源，即可发声。根据工作电压的不同，又分为 1.5V、3V、6V、9V、12V 五种规格，可根据应用电路的工作电源来选用合适的型号	“不带音源”的电磁式蜂鸣器类似于 1 个微型扬声器，需要外加音频驱动电路才能发声。“不带音源”的电磁式蜂鸣器，其直流阻抗有 16Ω、42Ω 和 50Ω 等规格，选用时应注意与驱动电路相匹配

二、指针式万用表对蜂鸣器的检测

1. 压电式蜂鸣器的检测

用 6V 直流电源，将正极和负极分别与压电式蜂鸣器的正、负极连接上，正常的压电式蜂鸣器应发出悦耳的响声。若通电后蜂鸣器不发声，说明其内部有线路断线或元件损坏，应对内部的振荡器和压电式蜂鸣片进行检查修理。

压电式蜂鸣片可用万用表的 1V、2.5V 直流电压挡来检测。测量时，黑表笔接压电陶瓷表面，红表笔接金属片表面（不锈钢片或黄铜片），左手的食指与拇指同时用力捏紧蜂鸣片，然后再放开手。若所测的压电式蜂鸣片是正常的，此时万用表指针应向右摆动一下，然后回零。摆动幅度越大，说明压电式蜂鸣片的灵敏度越高。若表针不动，则说明该压电式蜂鸣片性能不良。

2. 电磁式蜂鸣器的检测

电磁式蜂鸣器的检测方法见表 7-7。

表 7-7　电磁式蜂鸣器的检测方法

“自带音源”的电磁式蜂鸣器	“不带音源”的电磁式蜂鸣器
可为其加上合适的工作电压，正常的蜂鸣器会发出响亮的连续长鸣声或节奏分明的断续声。若蜂鸣器不响，则是蜂鸣器损坏或其驱动电路有故障	可用万用表 $R\times10$ 挡，将黑表笔接蜂鸣器的正极，用红表笔去点触蜂鸣器的负极。正常的蜂鸣器应发出较响的“喀喀”声，万用表指针也大幅向左摆动。若无声音，万用表指针也不动，则是蜂鸣器内部的电磁线圈开路损坏

三、数字式万用表对蜂鸣器的检测

用数字式万用表测试蜂鸣器，可将数字式万用表的红表笔插入“V・Ω”插孔，黑表笔插入“COM”插孔，之后将量程开关置于电阻挡，再将红表笔与黑表笔分别与被测蜂鸣器的两个引脚相接，显示屏上显示出被测蜂鸣器的阻值，如图 7-17 所示，所测阻值为 17.40 kΩ。

图 7-17　数字式万用表对蜂鸣器的检测

第八章 万用表检测二极管

第一节 二极管的特性与主要参数

一、常用半导体二极管的结构

1. 常用半导体二极管的结构

半导体（晶体）二极管的管芯是一个 PN 结。在管芯两侧的半导体上分别引出电极引线，其正极由 P 区引出，负极由 N 区引出，用管壳封装后就制成二极管。

常用的半导体二极管是用硅或锗等半导体材料制成的，目前我国已系列化生产的硅二极管有 2CP、2CZ、2CK 等系列，锗二极管有 2AP、2AK 等系列。

按结构分，二极管有点接触型和面接触型两类，如表 8-1 所示。

表 8-1　常用半导体二极管的结构

分类	图形	用途
点接触型二极管	1—引线；2—外壳；3—触丝；4—N 型锗片	点接触型二极管的 PN 结结面积小，不能通过较大电流，但高频性能好，一般适用于高频或小功率电路
面接触型二极管	1—铝合金小球；2—阳极引线；3—PN 结；4—N 型硅；5—金锑合金；6—底座；7—阴极引线	面接触型二极管的 PN 结结面积大，允许通过的电流大，但工作频率低，多用于整流电路
二极管符号		

2. 半导体二极管的主要极限参数和封装外形

半导体二极管的主要极限参数有两个，即最大整流电流与最高反向电压，如表 8-2 所示。

表 8-2　半导体二极管的主要极限参数

主要极限参数	说明
最大整流电流	指二极管长时间工作时，允许流过的最大正向电流平均值，使用时不能超过这个数值，否则会损坏二极管
最高反向电压	指保证二极管不被击穿而给出的反向峰值电压，一般是反向击穿电压的一半或三分之二

除上述主要参数外，还有最高工作频率，最大反向电流，最高、最低工作温度等参数。

❖**【必须指出】**　当温度升高时，二极管的正向电流增加，反向击穿电压会降低，所以二极管在高温条件下使用时其工作电压必须降低，否则就有被击穿的危险。

常用二极管的封装外形如图 8-1 所示。

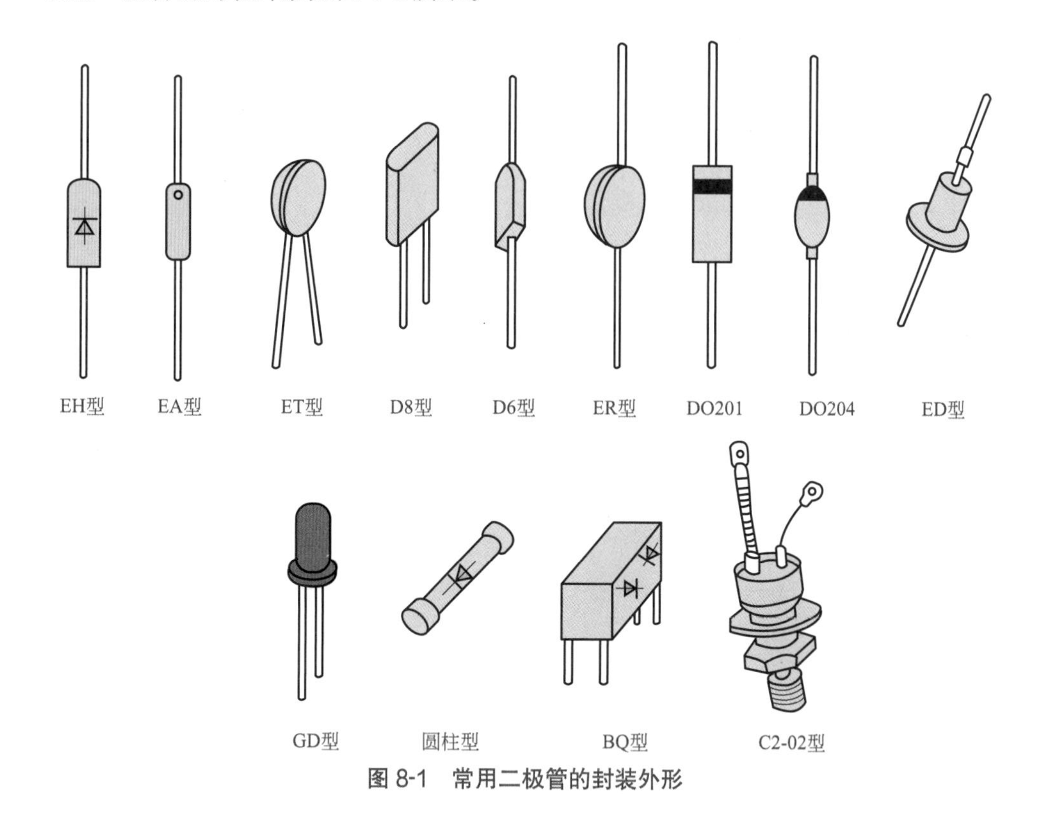

图 8-1　常用二极管的封装外形

二、二极管的伏安特性与反向击穿特性

1. 二极管的伏安特性

二极管的伏安特性如表 8-3 所示。

表 8-3　二极管的伏安特性

分类	说明
二极管伏安特性示意图	如图所示是二极管的伏安特性，即二极管两端的电压和流过二极管电流的关系曲线。由图可见，它有正向特性和反向特性两部分
正向特性	当二极管承受的正向电压很低时，外电场不足以克服内电场对多数载流子扩散运动的阻力，故正向电流 I_F 很小，几乎为零。这一段所对应的电压称为死区电压或阈值电压。通常，硅二极管的死区电压约为 0.5V，锗二极管的死区电压约 0.2V。当正向电压大于死区电压后，PN 结的内电场被大大削弱，正向电流迅速增大，而正向电阻变得很小。二极管充分导通后，其特性曲线很陡，二极管两端电压几乎恒定，该电压称为二极管的正向导通电压 U_F。硅二极管的 U_F 约为 0.7V，锗二极管的 U_F 约为 0.3V
反向特性	二极管两端加反向电压时，外电场方向和内电场方向一致，只有少数载流子的漂移运动，形成很小的反向漏电流。由于少数载流子数目很少，在相当大的反向电压范围内，反向电流几乎恒定，故称为反向饱和电流 I_R。正常情况下，硅二极管的 I_R 在几微安以下，锗二极管的 I_R 较大，一般在几十至几百微安

2. 二极管的反向击穿特性

二极管的反向击穿特性如表 8-4 所示。

表 8-4　二极管的反向击穿特性

分类	说明
二极管的反向击穿特性	当反向电压增大到一定值时，反向电流急剧增大，这一现象称为反向击穿，所对应的电压称为反向击穿电压。二极管发生反向击穿时，反向电流突然增大，如不加以限制，将会造成二极管永久性的损坏，失去单向导电的特性。因此，二极管工作时，所加反向电压值应小于其反向击穿电压。不同的二极管，反向击穿电压不一样
产生反向击穿的原因	产生反向击穿的原因是由于外加反向电压太高时，在强电场的作用下，空穴和电子数量大大增多，使反向电流急剧增大。在反向电流和反向电压的乘积不超过 PN 结允许的耗散功率的前提下，此击穿过程是可逆的，当反向电压降低后，二极管还可恢复到原来的状态，否则二极管会因过热而烧毁。因此在实际电路中，常常串联一个限流电阻来保护 PN 结

3. 二极管的理想化

在实际工作中，为使问题简化，在电源电压远远大于二极管导通时的正向电压降时，可将二极管看成理想元件，如表 8-5 所示。

表 8-5　二极管的理想化

分类	说明
二极管导通时	即加正向电压时，二极管导通，正向电压降和正向电阻等于零，二极管相当于短路
二极管截止时	加反向电压时，二极管截止，反向电流等于零，反向电阻等于无穷大，二极管相当于开路

三、半导体器件的型号命名

半导体二极管和三极管是组成分立元件电子电路的核心器件。二极管具有单向导电性，可用于整流、检波、稳压、混频电路中。三极管对信号具有放大作用和开关作用。它们的管壳上都印有规格和型号。其型号命名法见表 8-6。

表 8-6　半导体器件型号命名法

第一部分		第二部分		第三部分		第四部分	第五部分
用数字表示器件的电极数		用字母表示器件的材料和极性		用字母表示器件的类别		用数字表示器件的序号	用字母表示规格号
符号	意义	符号	意义	符号	意义	意义	意义
2	二极管	A	N 型锗材料	P	普通管		
		B	P 型锗材料	V	微波管		
		C	N 型硅材料	W	稳压管		
		D	P 型硅材料	C	参量管		
3	三极管	A	PNP 型锗材料	Z	整流管		
		B	NPN 型锗材料	L	整流堆		
		C	PNP 型硅材料	S	隧道管		
		D	NPN 型硅材料	N	阻尼管		
		E	化合物材料	U	光电器件		
				K	开关管		
				X	低频小功率管（$f_\alpha<3\text{MHz}$，$P_c<1\text{W}$）		反映了承受反向击穿电压的程度。如规格号为 A、B、C、D……其中 A 承受的反向击穿电压最低，B 次之……
				G	高频小功率管（$f_\alpha\geqslant 3\text{MHz}$，$P_c<1\text{W}$）	反映了极限参数、直流参数和交流参数等的差别	
				D	低频大功率管（$f_\alpha<3\text{MHz}$，$P_c<1\text{W}$）		
				A	高频大功率管（$f_\alpha\geqslant 3\text{MHz}$，$P_c>1\text{W}$）		
				T	半导体闸流管（可控整流器）		
				Y	体效应器件		
				B	雪崩管		
				J	阶跃恢复管		
				CS	场效应器件		
				BT	半导体特殊器件		
				FH	复合管		
				PIN	PIN 管		
				JG	激光器件		

示例：

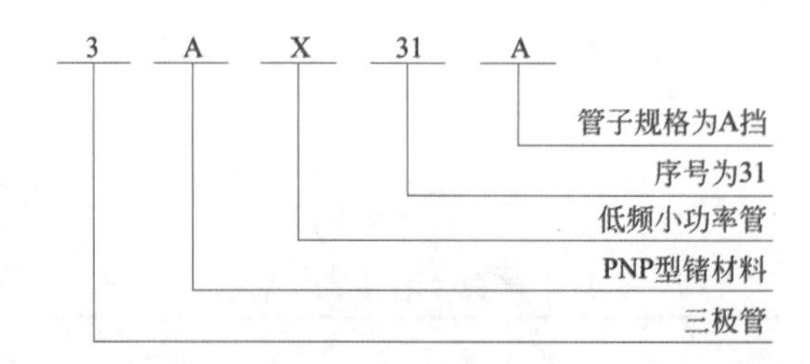

由标号可知，该管为 PNP 型低频小功率锗三极管。

第二节 整流二极管的检测

一、塑封整流二极管的主要参数

整流二极管多用硅半导体材料制成，有金属封装和塑料封装两种。整流二极管是利用 PN 结的单向导电性能，把交流电变成脉动直流电的。

塑封整流二极管的典型产品有 1N4001 ～ 1N4007（1A）、1N5391 ～ 1N5399（1.5A）、1N5400 ～ 1N5408（3A），主要技术指标见表 8-7，外形如图 8-2 所示，靠近色环（通常为白颜色）的引线为负极。注意，1N4007 也有封装成球形的。

表 8-7　常见塑封整流二极管技术指标

型号	最高反向工作电压 U_{RM}/V	额定整流电流 I_F/A	最大正向压降 U_{FM}/V	最高结温 T_{jm}/℃	封装形式	国内参考型号
1N4001 1N4002 1N4003 1N4004 1N4005 1N4006 1N4007	50 100 200 400 600 800 1000	1.0	≤ 1.0	175	DO-41	2CZ11-2CZ11J 2CZ55B-M
1N5391 1N5392 1N5393 1N5394 1N5395 1N5396 1N5397 1N5398 1N5399	50 100 200 300 400 500 600 800 1000	1.5	≤ 1.0	175	DO-15	2CZ86B-M
1N5400 1N5401 1N5402 1N5403 1N5404 1N5405 1N5406 1N5407 1N5408	50 100 200 300 400 500 600 800 1000	3.0	≤ 1.2	170	DO-27	2CZ/2-2CZ/2J 2DZ2-2DZ2D 2CZ56B-M

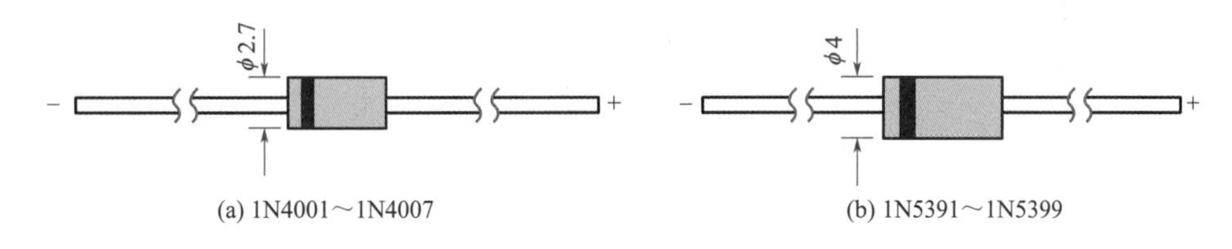

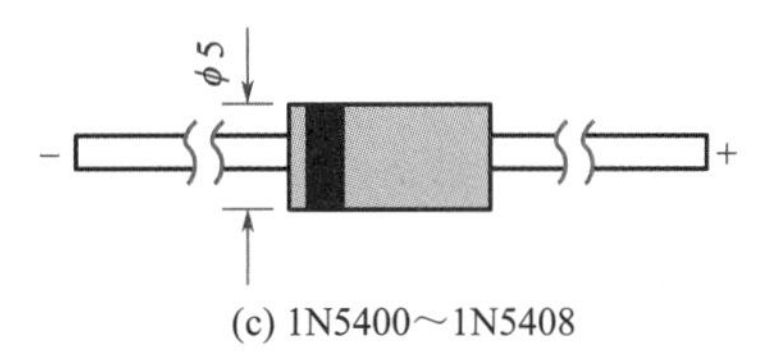

图 8-2　塑封整流二极管外形

部分二极管的实物图如图 8-3 所示。

图 8-3　部分二极管的实物图

二、整流二极管的选用

整流二极管主要应用在整流电路中，选用时主要应考虑整流电路的最大输入电压、输出电流、截止频率、反向恢复时间、整流电路的形式及各项参数值等，然后根据电路的具体要求选用合适的整流二极管。

二极管的选用有以下几点注意事项：

① 普通串联型电源电路中可选用一般的整流二极管，应有足够大的整流电流和反向工作电压。低压整流电路中，所选用的整流二极管的正向电压应尽量小。

② 选用彩色电视机行扫描电路中的整流二极管时，除了考虑最高反向电压、最大整流电流、最大功耗等参数外，还要重点考虑二极管的开关时间，不能用普通整流二极管。一般可选用 FR-200、FR-206 以及 FR300-307 系列整流管，它们的开关时间小于 0.85μs。在电视机的稳压电源中，一般为开关型稳压电源，应选用反向恢复时间短的快速恢复整流二极管。可选用 FR 系列、MUR 系列、PFRl50-157 系列，其反向恢复时间为 0.85μs。

③ 收音机、收录机的电源部分用于整流的二极管，可选用硅塑封的普通整流二极管，比如 2CZ 系列、1N4000 系列、1N5200 系列。

三、万用表对塑封硅整流二极管的检测

硅整流管的工作电流较大，因此在用万用表检测时，可首先使用 $R\times1$k 挡检查其单向导

电性，然后用 $R\times1$ 挡复测一次，并测出正向压降 U_F 值。$R\times1k$ 挡的测试电流很小，测出的正向电阻应为几千欧至十几千欧，反向电阻则应为无穷大。$R\times1$ 挡的测试电流较大，正向电阻应为几至几十欧，反向电阻仍为无穷大。

使用 500 型万用表分别检测 1N4001（1A/50V）、1N4007（1A/1000V）、1N5401（3A/100V）三种塑封整流二极管。由表 8-8 可知，该仪表 $R\times1$ 挡测量负载电压的公式为 $U=0.03n'$（V）。由此可求出被测管的 U_F 值。全部测量数据列入表 8-8 中。

表 8-8 实测几种硅整流二极管的数据

型号	电阻挡	正向电阻	反向电阻	n'①/ 格	正向压降 U_F/V
1N4001	$R\times1k$	4.4kΩ	∞	—	—
	$R\times1$	10Ω	∞	25	0.75
1N4007	$R\times1k$	4.0kΩ	∞	—	—
	$R\times1$	9.5Ω	∞	24.5	0.735
1N5401	$R\times1k$	4.0kΩ	∞	—	—
	$R\times1$	8.5Ω	∞	23	0.69

① n' 为 500 型万用表电压刻度线倒数偏转格数。

指针式万用表测量整流二极管

为确定管子的耐压性能，还可用兆欧表和万用表测量反向击穿电压。例如，用 ZC25-3 型兆欧表和 500 型万用表的直流电压 250V 挡实测一个 1N4001，$U_{BR}\approx180V>U_{RM}$（50V）。这表明该项指标留有较大余量。

四、检测塑封硅整流二极管应注意的事项

① 塑封硅整流二极管的 $I_F\geqslant1A$，而 $R\times1$ 挡最大测试电流仅几十毫安至一百几十毫安，因此上述测量绝对安全。

② 测正向导通压降时应选 $R\times1$ 挡，而不要用 $R\times1k$ 挡。其原因是 $R\times1k$ 挡的测试电流太小，不能使整流管完全导通，这样测出的 U_F 值明显偏低。举例说明，用 $R\times1k$ 挡实测一个 1N4001 的正向电阻时，读出 $n'=15.5$ 格，由此算出 U_F=0.03V/ 格 ×15.5 格 = 0.465V，较正常值偏低许多。而用 $R\times1$ 挡测得 $n'=25$ 格，U_F=0.75V，与正常值很接近。

③ 测量最高反向工作电压 U_{RM} 时，对于 1N4007、1N5399 和 1N5408 型整流管，所用兆欧表的输出电压应高于 1000V，可选 ZC11-5、ZC11-10、ZC30-1 等型号的兆欧表，它们的内部直流发电机额定电压均为 2500V。对其他型号的管子，可选用 ZC25-4 型（1000V）或 ZC25-3 型（500V）兆欧表。

④ 除塑料封装（简称塑封）整流管之外，还有一种玻璃封装（简称玻封）整流管。后者的工作电流较小，例如 1N3074 ～ 1N3081 型玻封整流二极管，其额定整流电流为 200mA，最高反向工作电压为 150 ～ 600V。

五、数字式万用表对整流二极管的测量

用数字式万用表测量二极管实例如图 8-4 所示。将数字式万用表置于二极管挡位，黑色测试笔和红色测试笔分别连接到被测二极管的负极和正极，数字式万用表显示被测二极管的正向偏压为 0.5779V。如果测试笔极性反接，仪表将显示“1”，表示不通。

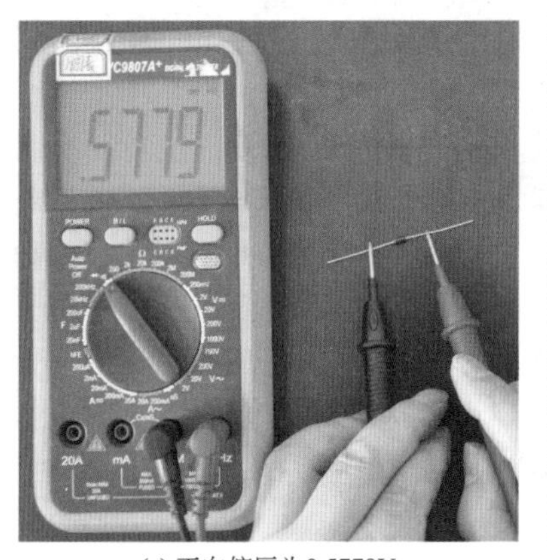

(a) 正向偏压为0.5779V

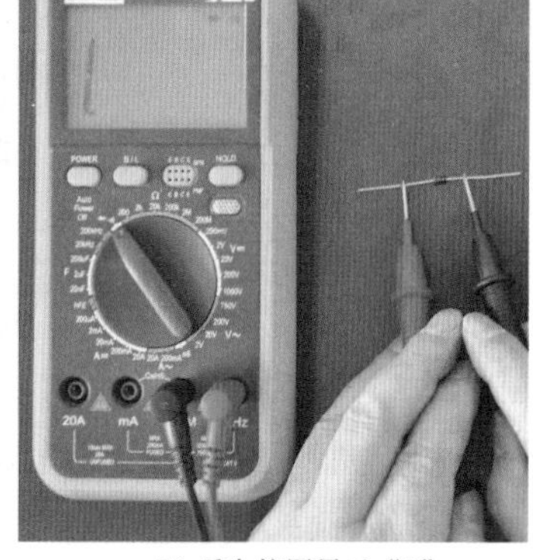

(b) 反向偏置显示“1”

图 8-4　实际测试二极管

数字式万用表测量整流二极管

六、在线检测整流二极管的好坏

家用电器常因整流二极管出现故障而影响整机的工作。这里介绍一种简便方法，不用焊下整流二极管即可判断整流二极管的好坏，如图 8-5 所示。

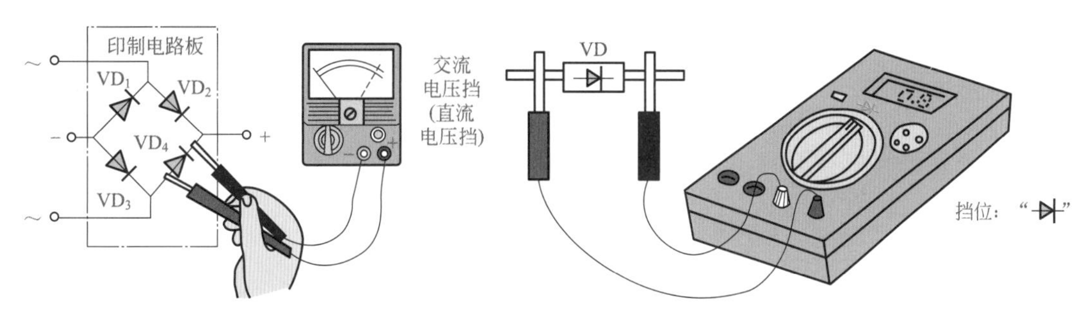

图 8-5　在线判断整流二极管的好坏

将有故障的机器接通交流电源，把万用表的量程开关拨至交流电压挡（应根据整流电压范围选定具体挡位），将红表笔接到整流二极管的正极，黑表笔接在其负极，测得一个交流电压值；再将表笔对调，又测得一个交流电压值。用同样的方法，将万用表的量程开关拨至直流电压挡，测得一个直流电压值。根据上述测试结果进行判断：

① 若第一次测试的交流电压值为直流电压值的两倍（近似值），而第二次测试的交流电压值为零，说明该整流二极管是好的。

② 如果两次测得的交流电压值相差不多，说明整流二极管已击穿。

③ 若第二次的测试值既不为零又不等于第一次的测试值，说明被测整流二极管的性能已变坏。若两次测试值均为零，则说明整流二极管已短路。这两种情况均须更换新的整流二极管。

七、万用表对汽车用硅整流二极管质量的判断

汽车用硅整流二极管的判断，需用数字式万用表进行。检查正二极管时可将万用表的红表笔搭在外壳上，黑表笔搭在引出线上。这时万用表指示读数应在 8 ～ 10Ω 之间。读数很大，则说明二极管内阻很大，不能使用。换置两支表笔的接触点，则万用表的指示读数应在

10000Ω 以上。如果读数很小或等于零，则说明二极管已击穿，不能使用。检查负二极管时，其结果应相反。由于二极管在测量电阻时呈非线性，故这种方法并不十分准确。

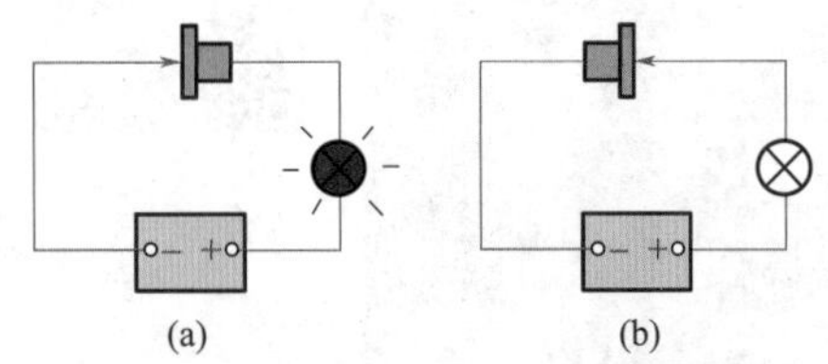

图 8-6　汽车用硅整流二极管的通电检查

汽车用硅整流二极管，也可用直接通电的方法检查，如图 8-6 所示。检查正向二极管时，将蓄电池正极接在二极管引线上，负极接在二极管外壳上，灯泡应亮；将蓄电池的正极接在二极管的外壳上，负极接在二极管的引线上，灯泡应不亮。检查反向二极管时，将蓄电池正极接在二极管引线上，负极接在二极管外壳上，灯泡应不亮。蓄电池正极接在二极管外壳上，负极接在二极管引线上，灯泡应亮。否则，说明二极管已损坏，不能使用。

第三节　稳压二极管的检测

一、稳压二极管的主要参数

稳压二极管（也称为稳压管）是一种特殊的面接触型半导体硅二极管，稳压二极管的实物图如图 8-7 所示。

稳压管是利用二极管反向击穿时，其两端电压固定在某一数值而基本上不随电流大小变化这一特性来工作的。图 8-8 是它的伏安特性及电路图形符号。

图 8-7　稳压二极管的实物图

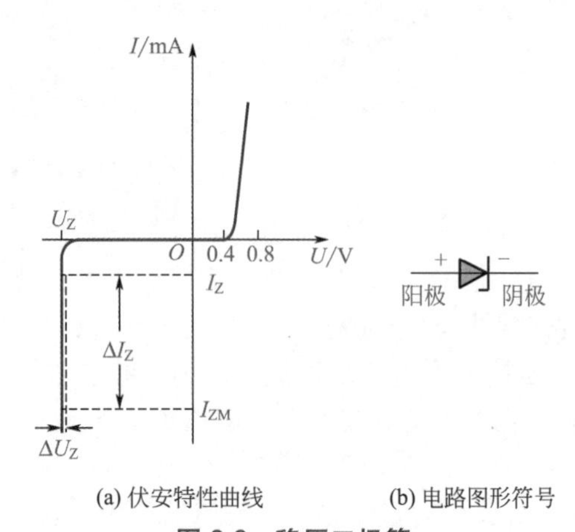

图 8-8　稳压二极管

稳压二极管的主要参数有以下几项：

① 最大耗散功率　最大耗散功率是指电流增长到最大工作电流时，管中散发出的热量会使管子损坏的稳压管耗散功率。

② 最大工作电流　最大工作电流是指稳压二极管长时间工作时，允许通过的最大反向电流值。在使用稳压二极管时，其工作电流不能超过这个数值，否则，可能会把稳压管烧坏。为了确保安全，在电路中必须采取限流措施，使通过稳压管的电流不超过允许值。例如，2CW52 型稳压管的最大稳定工作电流不能超过 55mA。

③ 稳定电压 U_Z　稳压二极管在起稳压作用的范围内，其两端的反向击穿后的稳定工作电压值，称为稳定电压。不同型号的稳压二极管，稳定电压是不同的。例如，2CW55（2CW14）型管的稳定电压值为 6 ～ 7.5V，2CW59（2CW18）型管的稳定电压值为 10 ～ 12V。

④ 动态电阻　稳压二极管在直流电压的基础上，再加上一个增量电压，稳压二极管就会有一个增量电流。增量电压与增量电流的比值，就是稳压管的动态电阻，即：

$$r_Z = \frac{\Delta U_Z}{\Delta I_Z}$$

动态电阻反映了稳压二极管的稳压特性，稳压管的动态电阻值越小，稳压管性能越好。例如，2CW52（2CW11）型稳压管动态电阻小于或等于 90Ω，2CW54 型稳压管动态电阻小于或等于 30Ω，1N6018B 型稳压管动态电阻为 110Ω。

⑤ 稳定电流 I_Z　稳定电流 I_Z 是指稳压管正常稳压时的一个参考电流值。稳压管的工作电流大于等于 I_Z，才能保证稳压管有较好的稳压性能。

⑥ 电压温度系数 α_U　环境温度每变化 1℃，稳定电压 U_Z 的相对变化量，称为电压温度系数，即：

$$\alpha_U = \frac{\Delta U_Z}{U_Z \Delta T} \times 100\%/℃$$

电压温度系数越小，温度稳定性越好。通常，稳定电压低于 6V 的管子，α_U 是负值；高于 6V 的管子，α_U 是正值。稳定电压 6V 左右的管子，电压温度系数接近于零。

二、稳压二极管的选用

① 稳压二极管一般用在稳压电源中作为基准电压源，工作在反向击穿状态下，使用时注意正负极的接法，管子正极与电源负极相连，管子负极与电源正极相连。选用稳压管时，要根据具体电子电路来考虑，简单的并联稳压电源，输出电压就是稳压管的稳定电压。晶体管收音机的稳压电源可选用 2CW54 型的稳压管，其稳定电压达 6.5V 即可。

② 稳压管的稳压值离散性很大，即使同一厂家同一型号产品其稳定电压值也不完全一样，这一点在选用时应加以注意。对要求较高的电路选用前对稳压值应进行检测。

③ 使用稳压管时应注意，二极管的反向电流不能无限增大，否则会导致二极管的过热损坏。因此，稳压管在电路中一般需串联限流电阻。在选用稳压管时，如需要稳压值较大的管子，维修现场又没有，可用几个稳压值低的管子串联使用；当需要稳压值较低的管子而又买不到时，可以用普通硅二极管正向连接代替稳压管。比如两个 2CZ82A 型硅二极管串联，可当作一个 1.4V 的稳压管使用，但稳压管一般不得并联使用。

④ 对于 2DW7 型有三个电极的稳压管。这种稳压管是将两个稳压二极管相互对称地封装在一起，使两个稳压管的温度系数相互抵消，提高了管子的稳定性。这种三个电极的稳压管的外形很像晶体三极管，选用的时候要注意引脚的接法，一般接两端，中间悬空。

⑤ 对用于过电压保护的稳压二极管，其稳定电压的选定要依据保护电压的大小选用。其稳定电压值不能选得过大或过小，否则起不到过电压保护的作用。

⑥ 在收录机、彩色电视机的稳压电路中，可以选用 1N4370 型、1N746 ～ 1N986 型稳压二极管。在电气设备和其他无线电电子设备的稳压电路中可选用硅稳压二极管，如 2CW100 ～ 2CW121 型稳压管。

数字式万用表测量稳压二极管

三、万用表对稳压二极管好坏的判断

稳压管是一个经常工作在反向击穿状态的二极管。稳压管在产生反向击穿以后，其电流便有较大的变化，两端电压变化很小，因而起到稳压作用。稳压管与一般二极管不一样，它的反向击穿是可逆的。当去掉反向电压之后，稳压管又恢复正常。但是，如果反向电流超过允许范围，稳压管将会发生热击穿而损坏。

当使用万用表 $R\times1k$ 挡以下测量稳压二极管时，因为表内电池为 1.5V，这个电压不足以使稳压二极管击穿，所以测量稳压管正、反向电阻时，其阻值应和普通二极管一样。

稳压二极管的主要直流参数是稳定电压 U_Z。要测量其稳压值，必须使管子进入反向击穿状态，所以电源电压要大于被测管的稳定电压 U_Z。这样，就必须使用万用表的高阻挡，例如 $R\times10k$ 挡。这时表内电池是 10V 以上的高压电池，例如 500 型是 10.5V，108-1T 型是 15V，MF-19 型是 15V。

当万用表量程置于高阻挡后，测其反向电阻，若实测时阻值为 R_x，则：

$$U_x=E_gR_x/(R_x+nR_0)$$

式中，n 为所用挡次的倍率数，如所用万用表最高电阻挡是 $R\times10k$，即 n=10000；R_0 为万用表中心阻值，例如 500 型是 10Ω，108-1T 型是 12Ω，MF-19 型是 24Ω；E_g 为所用万用表最高挡的电池电压值。

用 108-1T 型万用表测一个 2CW14 型稳压管。该表 R_0=12Ω，在 $R\times10k$ 挡时 E_g=15V，实测反向电阻为 95kΩ，则：

$$U_O=15\times95\times10^3/(95\times10^3+10^4\times12)=6.64(V)$$

如果实测阻值 R_x 非常大（接近∞），表示被测管的 U_Z 大于 E_g，无法将被测稳压管击穿。如果实测时阻值 R_x 极小，则是表笔接反了，这时只要将表笔互换就可以了。

第四节 光电二极管的检测

光电二极管是一种将光信号转换成电信号的半导体器件，其常见的几种光电二极管与电路图形符号如图 8-9 所示。

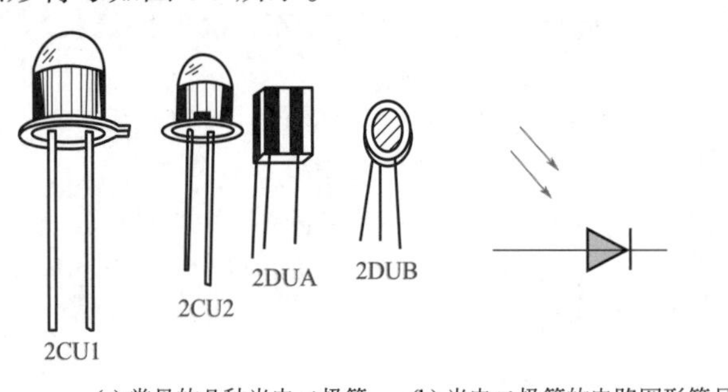

(a) 常见的几种光电二极管　(b) 光电二极管的电路图形符号

图 8-9　常见的几种光电二极管及电路图形符号

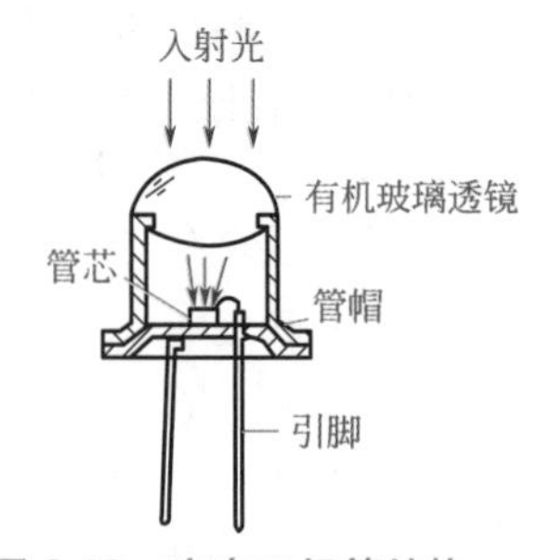

图 8-10　光电二极管结构

光电二极管与普通二极管相比，在构造上的相似之处是管芯都是一个 PN 结，都是非线性元件，都具有单向导电性能。但是，光电二极管又有别于普通二极管。从外观上看，它的管壳上有一个能射入光线的玻璃口，这个玻璃口是用有机玻璃透镜封严的，入射光通过有机玻璃透镜正好照射在管芯上，如图 8-10 所示。当有光照时，其反向电流随光照强度的增加而正比上升。

光电二极管的实物图如图 8-11 所示。

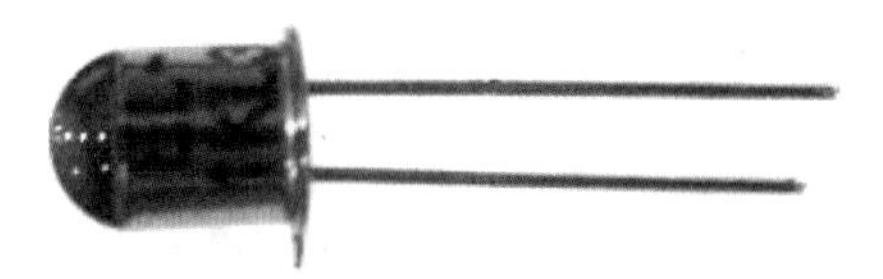

图 8-11 光电二极管的实物图

从管芯结构上看，光敏面就是 P 型扩散层，它是通过扩散工艺在 N 型硅单晶体片上形成的一薄层。P 型扩散层与 N 型衬底之间形成一个 PN 结，其结深小于 1μm。光电二极管的管芯内的 PN 结的面积做得比较大，而管芯上的电极面积则尽量做得小些，这有利于光敏面收集更多的光线。PN 结的结深较浅，这是为了提高光电转换能力。此外，在硅片上有一层二氧化硅保护层，它把 PN 结的边缘保护起来，从而提高了管子的稳定性，减少了光电二极管的暗电流。

光电二极管可用于光的测量。当制成大面积的光电二极管时，可作为一种能源，称为光电池。

一、光电二极管的选用

光电二极管用于一般的光电控制电路，在装置体积允许的情况下，尽量选用光照窗口面积大的管子，如 2CU1、2CU2 或 2DUB 型管子。但 2CU 型的暗电流随环境温度变化大，所以在稳定性要求较高的光电控制电路上就要用 2DU 型光电二极管。

2DUA 和 2DUB 型硅光电二极管的体积小，特别是 2DUA 型管子，外壳宽度只有 2mm±0.2mm。这两种管子通过适当排列，可组成光电二极管阵列，用于光电编码器和光电输入机上的光电读出。它们的入射光窗口很小，因此产生的光电流也小，如果要提高线路的灵敏度，就要多加几级放大电路。

二、万用表对光电二极管的检测

光电二极管的种类很多，多应用在红外遥控电路中。为减少可见光的干扰，常采用黑色树脂封装，可滤掉 700nm 波长以下的光线。对长方形的管子，往往做出标记角，指示受光面的方向。一般情况下引脚长的为正极。

光电二极管的管芯主要用硅材料制作。测量光电二极管好坏可以用以下三种方法。

1. 电阻测量法

用万用表 $R\times100$ 或 $R\times1k$ 挡，像测普通二极管一样，正向电阻应为 10kΩ 左右，无光照射时（可用手捏住二极管管壳），反向电阻应为∞，然后让光电二极管见光，光线越强反向电阻应越小。光线特强时反向电阻可降到 1kΩ 以下。这样的管子就是好的。若正、反向电阻都是∞或零，说明管子是坏的。

2. 电压测量法

把万用表（指针式）接在直流 1V 左右的挡位。红表笔接光电二极管正极，黑表笔接负极，在阳光或白炽灯照射下，其电压与光照强度成正比，一般可达 0.2 ～ 0.4V。

3. 电流测量法

把指针式万用表拨在直流 50μA 或 500μA 挡，红表笔接光电极，黑表笔接负极，在阳光或白炽灯照射下，其短路电流可达数十到数百微安。

第五节 变容二极管的检测

一、变容二极管的主要参数

变容二极管是利用 PN 结的空间电荷层具有电容特性的原理制成的特殊二极管。变容二极管主要用于自动频率微调、远距离控制调谐、稳频器电调谐以及微波参量放大器中。变容二极管的电路图形符号如图 8-12 所示。

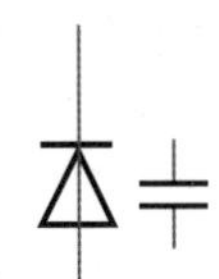

图 8-12 变容二极管的电路图形符号

就制作材料而言，变容二极管有锗材料的，如 2AC 型（2AC1A ～ 2AC1D），也有用硅材料制作的，如 2CC 型（2CC13A ～ 2CC13F），还有 2EC 型的砷化镓变容二极管（如 2EC12EA ～ 2EC13C、2ECA ～ 2ECE 等）。变容二极管多采用硅或砷化镓材料制成，采用陶瓷和环氧树脂封装，一般长引线表示二极管正极。

二、变容二极管的选用

① 变容二极管是专门作为“压控可变电容器”的特殊二极管，它有很宽的容量变化范围，很高的 Q 值。变容二极管的导电特性与检波二极管相似，但结构却不同。变容二极管为获得较大的结电容和较宽的可变范围，多用面接触型和台面型结构。

② 变容二极管适用于电视机的电子调谐电路；在调频收音机的 AFC 电路中，作为压控可变电容在振荡回路中使用。通常要求变容二极管在同一变化的电压下，其容量的变化相同。

③ 选用变容二极管时，要注意结电容和电容变化范围。变容二极管在同型号中有不同的规格，区别方法是在管壳中用不同的色点或字母表示。

④ 使用变容二极管时，要避免变容二极管的直流控制电压与振荡电路直流供电系统之间的相互影响，通常采用电感或大电阻来作两者的隔离。

⑤ 变容二极管的工作点要选择合适，即直流反偏压要选适当。一般要选用相对容量变化大的反向偏压小的变容二极管。

三、变容二极管的检测

被测变容二极管（VCD）采用玻璃封装，外形与极性判断如图 8-13 所示。玻壳两端涂有色环，一端是黄色环，另一端为红色环。现给两个引脚分别编上序号①、②。

选择 500 型万用表的 $R\times1k$ 挡，测量步骤如图 8-14 所示。首先将红表笔接①脚，黑表笔接②脚，测得电阻值为 6.5kΩ，与此同时记下表针倒数偏转格数 $n'\approx19.7$ 格。然后交换引脚位置后重新测量，电阻值变成无穷大。由此判定第一次为正向接法，正向电阻为 6.5kΩ，正向导通压降 U_F=0.03V/ 格 ×19.7 格 = 0.59V。第二次则属于反向接法。证明该管子具有单向导电性，且靠近红色环的引脚为正极。

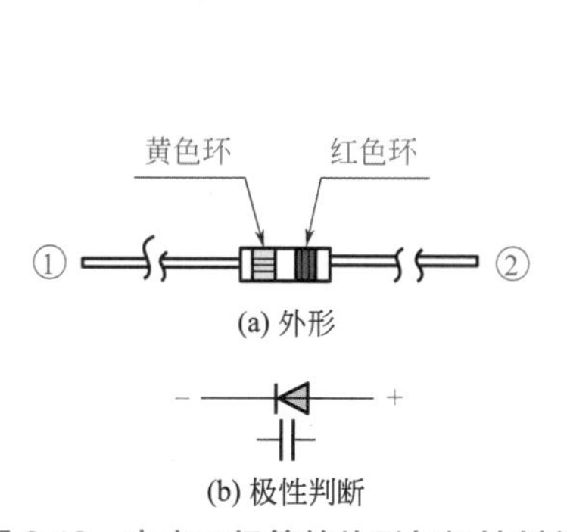

(a) 外形

(b) 极性判断

图 8-13　变容二极管的外形与极性判断

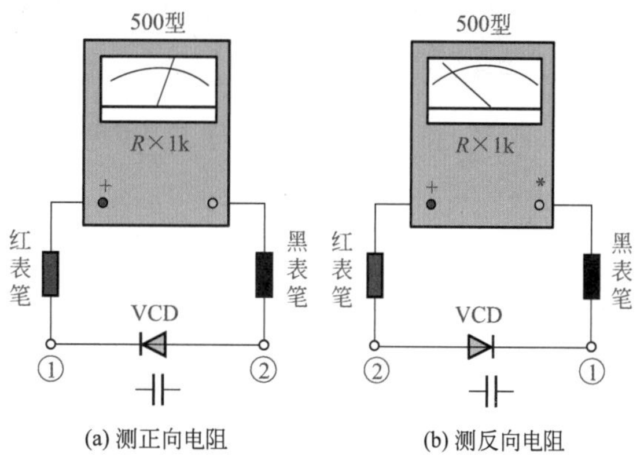

(a) 测正向电阻

(b) 测反向电阻

图 8-14　用 $R\times1k$ 挡检测变容二极管

第六节 硅整流桥的检测

在整流电路中，经常会使用一些由多个二极管组合而成的桥堆，如半桥硅整流堆与全桥硅整流堆，如图 8-15 所示。

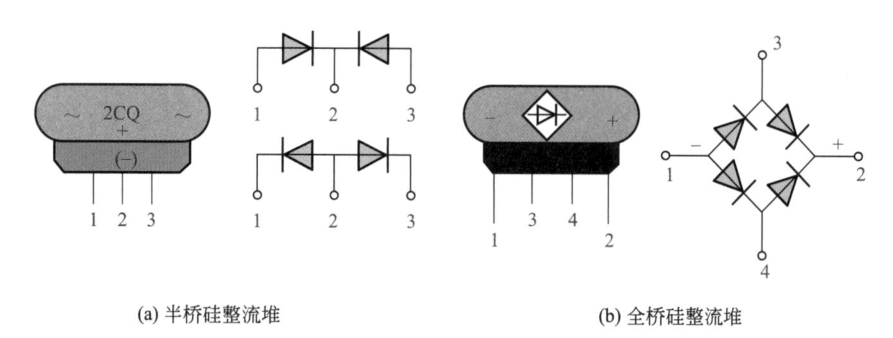

(a) 半桥硅整流堆

(b) 全桥硅整流堆

图 8-15　半桥硅整流堆与全桥硅整流堆

一、硅整流桥的检测

硅整流桥也称全波桥式整流器，它是将 4 个硅整流二极管接成桥路形式，再用塑料封装而成的半导体器件。它具有体积小、使用方便、各整流管参数的一致性好等优点，可广泛用于单相桥式整流电路。整流桥有 4 个引出端，其中交流输入端、直流输出端各两个。部分全波桥式整流器（硅整流桥）的实物图如图 8-16 所示。

图 8-16　全波桥式整流器（硅整流桥）的实物图

图 8-17（a）是进口 PM104M 型 1A/400V 整流桥的外形，图 8-17（b）、（c）分别是国产 QSZ2A/50V、MB25A/800V 整流桥的外形。以 QSZ2A/50V 为例，该器件在环境温度 T_A=25℃的条件下，最大整流电流的平均值为 2A，最高反向工作电压为 50V。小功率整流桥可直接焊在印制板上，大、中功率整流桥需用螺钉固定，并且要加散热器。

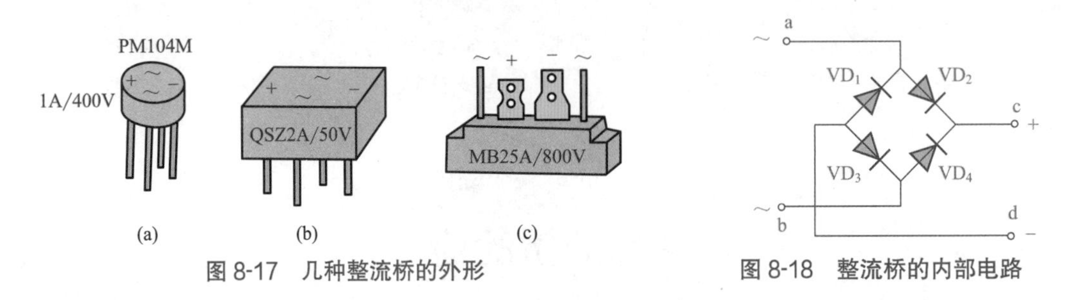

图 8-17　几种整流桥的外形

图 8-18　整流桥的内部电路

整流桥的内部电路如图 8-18 所示，可仿照检测半导体二极管的方法来判断其好坏。

❖ **实例：** 将 MF-30 型万用表拨至 $R\times1k$ 挡，依次测量 QSZ2A/50V 整流桥 a、b、c、d 端之间的正、反向电阻，数据见表 8-9。因为测出的正向电阻较小而反向电阻均很大，证明被测整流桥的质量良好。

表 8-9　测量整流桥的数据

测量端	正向电阻 /kΩ	反向电阻
a-c	10	∞
a-d	10	∞
b-c	9.5	∞
b-d	11	∞

二、检测硅整流桥的注意事项

① 整流桥内部整流管也可能因击穿而造成开路损坏，此时应结合图 8-18 所示电路做具体分析。例如，若测得 b-c 间正、反向电阻均呈无穷大，则肯定是 VD_4 已开路。

② 对于其他型号的整流桥，利用 $R\times1k$ 挡测出的正向电阻值会有差异，但判断方法相同。也可选择 $R\times100$、$R\times10$ 或 $R\times1$ 挡测量，都不会损坏整流管。此方法也适于检测硅整流半桥。

③ 两个整流管相串联（例如图 8-18 中的 VD_1、VD_2）时，测它的正向电阻 R_{dc} 要比单独测每个管子正向电阻后再相加的数值大一些。即 $R_{dc}>R_{da}+R_{ac}$。查表 8-9，单测 VD_1 或 VD_2 的正向电阻仅 10kΩ，而 R_{dc}=27kΩ>20kΩ。其原因是整流管属于非线性器件，正向电阻与正向电流的大小有关。

④ 采用测量负载电压法可以测量各桥臂上整流管的正向压降。为使测量值接近于工作值，应选择万用表的 $R\times1$ 挡测量 U_F。

⑤ 目前市场中也有整流桥的伪劣产品存在，有的管壳上印的交、直流侧标记错位。若按所标引脚位置接入电路，就会烧毁整流桥。为安全起见，焊接前先用万用表查明实际引脚位置与标记是否相符。倘若不符，应以实际位置为准。

⑥ 使用大、中功率整流桥时需配合适的散热器，并在二者接触面上涂一层导热硅脂，以降低 PN 结的结温，避免过热损坏。

三、硅整流桥的快速检测

上述对硅整流桥测量共需进行八次，比较烦琐。实际上只需测出 a-b、b-a 之间的电阻均为无穷大，而 d-c 间正向电阻为 25 ～ 30kΩ（实测为 27kΩ），即可判定无击穿短路现象。因为只要有一个管子被击穿短路，a-b 间电阻就总有一次为 9 ～ 10kΩ。

测试电路如图 8-19 所示。测试分两步。第一步如图 8-19（a）所示。将万用表的量程开关拨至 $R\times10k$ 挡，测试交流电源输入端即 2 脚、4 脚的正、反向电阻值，由电路结构可知，无论两表笔怎样连接（正、反向，共计两次），对于一个性能良好的硅整流桥来说，其 2 脚、4 脚间的正、反向电阻值均应很大，因为每次测试总有一个二极管是处于反向运用状态。假如测得的正反向电阻值只有几千欧，则说明桥堆中至少有一个或多个二极管击穿或漏电，不可使用。但这种测试是不能判断出硅整流桥中的二极管是否有开路现象。

第二步如图 8-19（b）所示。将万用表的量程开关拨至 $R\times1k$ 挡，测试直流输出端 1 脚和 3 脚。万用表红表笔接 3 脚，黑表笔接 1 脚，如果此时测出的正向电阻值略比单个二极管正向电阻值大，说明该硅整流桥正常；如果正向电阻值接近单个二极管的正向电阻值，则说明该硅整流桥中有一个或两个二极管击穿；如果正向电阻值较大，且比两个二极管的正向电阻值大很多，表明该硅整流桥中的二极管有正向电阻变大或有开路的二极管。

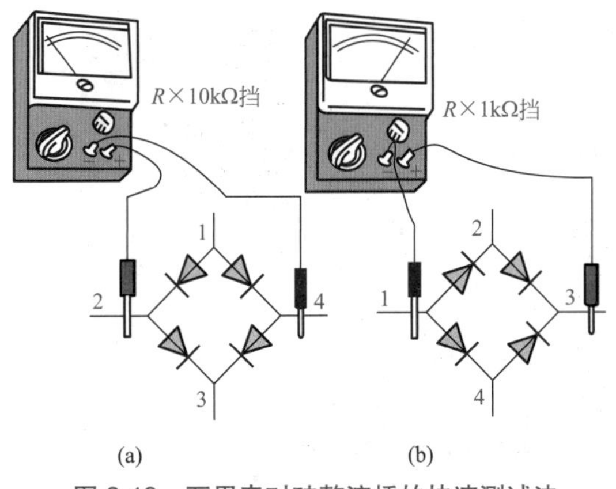

图 8-19 万用表对硅整流桥的快速测试法

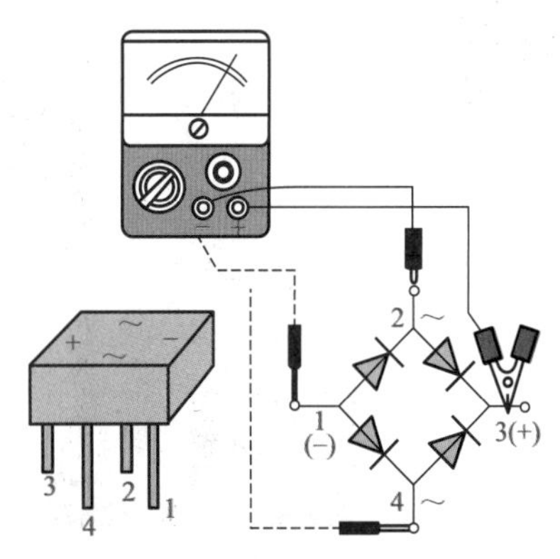

图 8-20 万用表对硅整流桥引脚的判断

四、硅整流桥引脚的判断

硅整流桥引脚一般在其外壳上都有标明，一目了然。但有的标记不清，甚至标记有误，这时可用下面介绍的方法进行判断，如图 8-20 所示。

方法是先找出直流输出正端（3 脚），假定某个引脚为 3 脚，将万用表的量程开关拨至 $R\times1$k 挡，红表笔接 3 脚，黑表笔分别去接 1 脚、2 脚、4 脚，如 3 次测得的电阻值均较小，则说明这个假定的 3 脚确实是输出正极。倘若 3 次测试中有一脚通或全不通，则说明这个假定是错的，需另行假定 3 脚并重新进行测试。

找出 3 脚后，其余各脚便好确定了。仍用红表笔接 3 脚，用黑表笔分别测试另外 3 个引脚，其中阻值最大的那个引脚为直流电压输出端的负极，剩下的两个引脚为交流输入端。

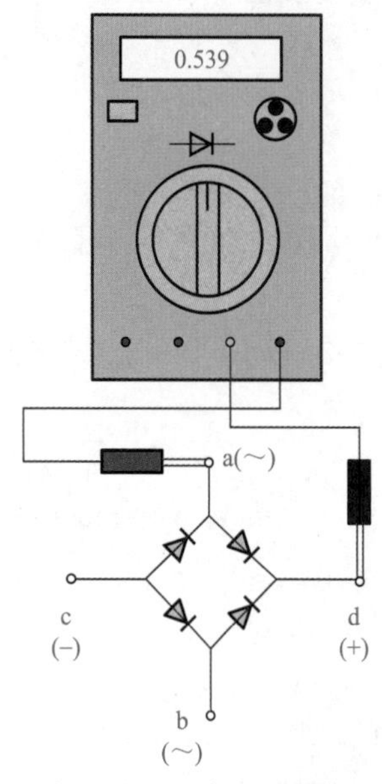

图 8-21　数字式万用表对硅整流桥的检测

五、数字式万用表对硅整流桥的检测

采用数字式万用表，将量程开关拨到二极管挡，按顺序测量 a、b、c、d 脚之间的正向压降和反向压降，测量原理如图 8-21 所示。

FLUKE 87V 型数字式万用表对硅整流桥的实际检测如图 8-22 所示，把测得的数据列入表 8-10。

从表 8-10 中可见，组成硅整流桥的各二极管的正向压降均在 0.530 ～ 0.544V 范围内。若测反向压降时二极管均截止，则表明被测硅整流桥的质量是好的。但是我们从测量结果看到，红表笔接 c（−）脚至黑表笔接 b 脚电压出现“OL”，表明 c-b 之间的这个二极管断路，所以这个硅整流桥是坏的。

也可以采用如下方法：只要在测 a-b 间电压时数字式万用表的显示为溢出符号“OL”，而测得 c-d 间电压大约是 1V，即可证明硅整流桥内部无短路现象。这是因为如果有一个二极管击穿短路，那么测 a-b 间的正、反向电压时，必定有一次数字式万用表的显示为 0.5V 左右。

数字式万用表对硅整流桥进行检测

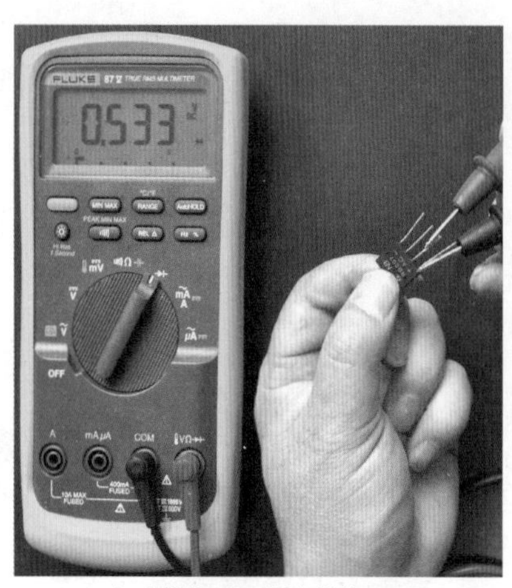

(a) 红表笔接a脚、黑表笔接d(+)脚

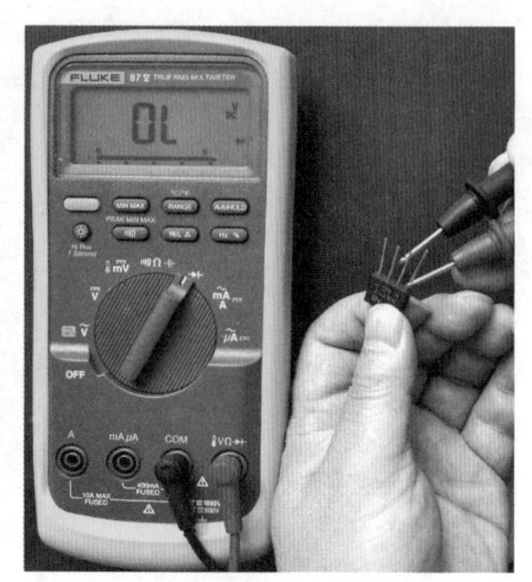

(b) 黑表笔接a脚、红表笔接d(+)脚

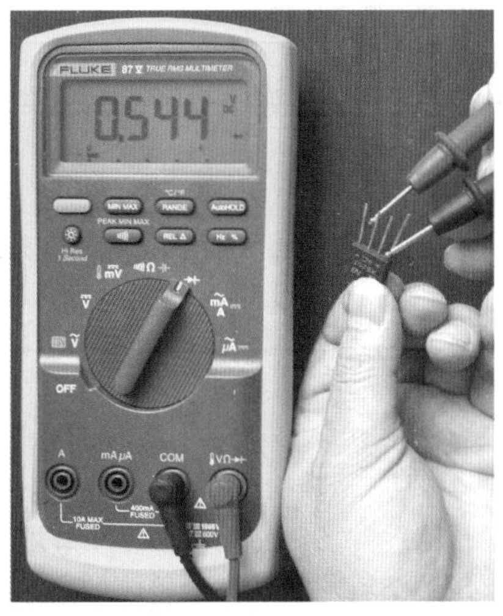

(c) 红表笔接b脚、黑表笔接d(+)脚

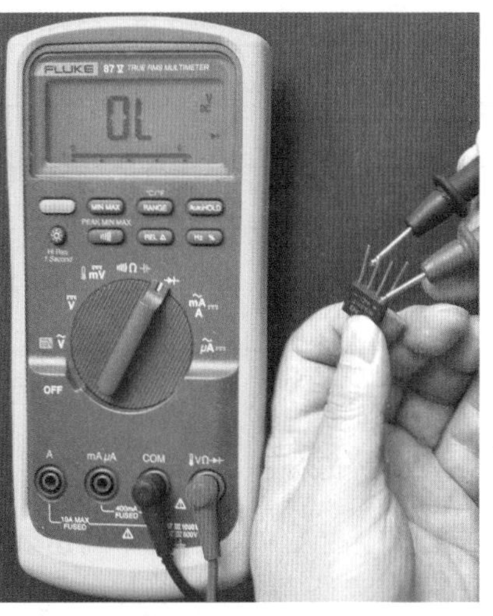

(d) 黑表笔接b脚、红表笔接d(+)脚

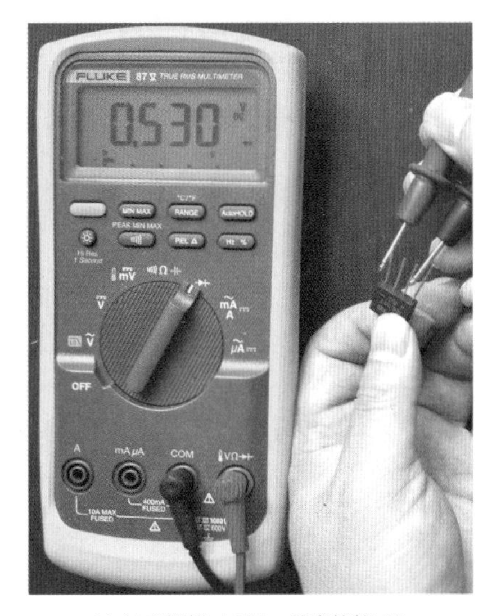

(e) 红表笔接c(−)脚、黑表笔接a脚

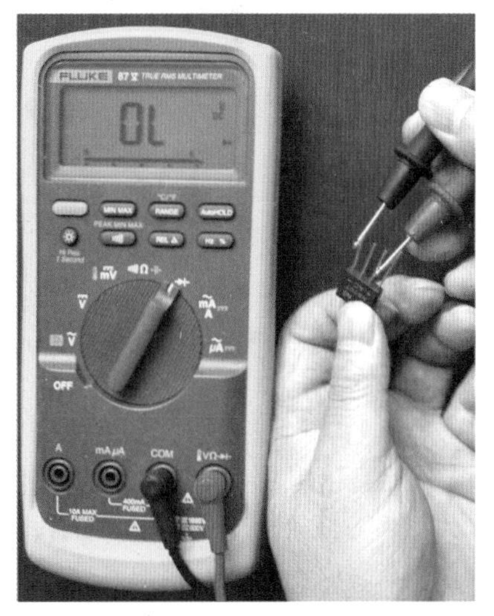

(f) 黑表笔接c(−)脚、红表笔接a脚

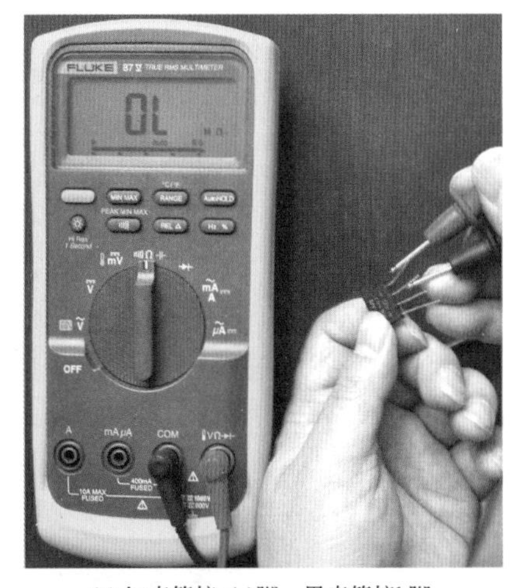

(g) 红表笔接c(−)脚、黑表笔接b脚

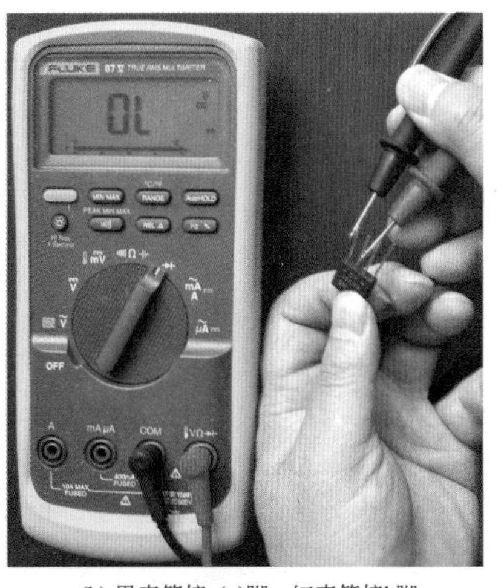

(h) 黑表笔接c(−)脚、红表笔接b脚

图 8-22　FLUKE 87V 型数字式万用表对硅整流桥的实际检测

表 8-10　测试硅整流桥的正、反向压降

测试端	二极管正向压降 /V	二极管反向压降 /V
c-a	0.530	显示溢出符号“OL”
a-d	0.533	
c-b	OL	
b-d	0.544	

六、高压硅堆的检测

在高压整流电路中（如电视机中高达万伏的整流器件），使用一种高压硅堆，如图 8-23 所示。它是把多个硅整流器件的芯片串联起来，再用塑料封装成一个整体的高压整流器件，常用的有 2DL、2CL、2CGL、2DGL、DH 等系列产品。其中 2DGL 系列为高频高压硅堆，适用于电视机中的高额（100kHz 以下）行输出电路进行高压整流为显像管提供直流高压。

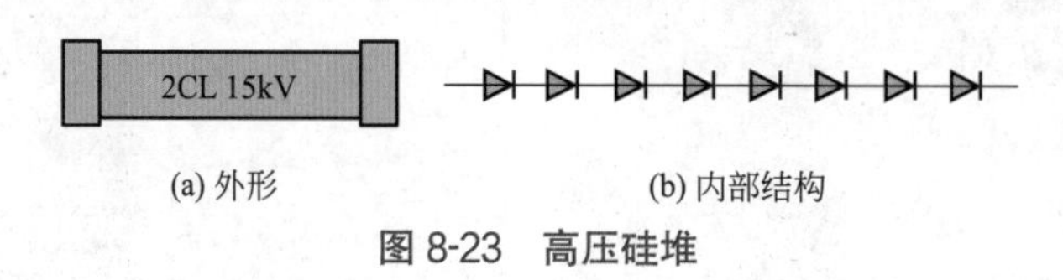

(a) 外形　　(b) 内部结构

图 8-23　高压硅堆

高压硅堆具有体积小、耐压高、损耗低、高频特性好等优点。尽管高压硅堆具有单向导电性，但其内阻很高，即便用 $R\times10$k 挡测正向电阻也为无穷大。因此，按常规方法不能检查其好坏。

利用高压硅堆的整流作用，选择万用表的 DCV 挡可检查其质量好坏，电路如图 8-24 所示。将万用表拨至直流电压 250$\underline{\text{V}}$ 挡或直流电压 500$\underline{\text{V}}$ 挡，与高压硅堆串联后接在 220V 交流电源上。由于硅堆的整流作用，指针的偏转角度反映的是半波整流后的电流平均值。因此，硅堆与直流电压表构成一块半波整流式交流电压表。

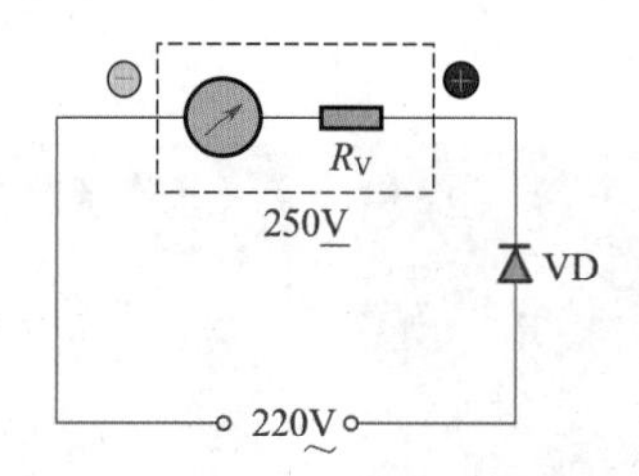

图 8-24　用 DCV 挡检查高压硅堆

当硅堆按照正向接法时，电压表读数在 30V 以上即为合格。按反向接法时，指针应反向偏转。若指针始终不动，可能是硅堆内部开路，使电流不能通过电压表，但频率为 50Hz，指针来不及跟着摆动，所以总指在零位上。区分短路与开路的方法很简单，只需将万用表拨至交流电压 250V（或交流电压 500V）挡时读数为 220V，即证明硅堆短路，这时万用表测出的是交流电源电压。假若读数仍为零，证明硅堆内部已开路。

第九章

万用表检测晶体三极管和单结晶体管

第一节 晶体三极管的基础知识

一、晶体三极管的结构及各电极作用

晶体三极管（简称晶体管）是放大电路的核心元件。晶体管的出现，给电子技术的应用开辟了更宽广的道路。常见的几种晶体管的外形如图 9-1 所示。

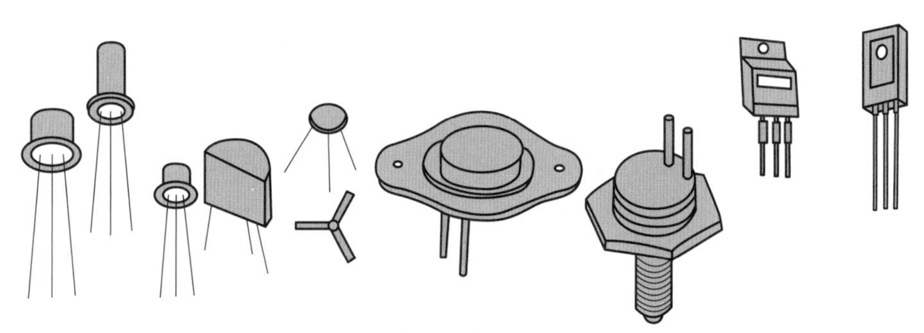

图 9-1　常见晶体三极管的外形

部分常见晶体三极管的实物图如图 9-2 所示。

三极管有 NPN 型和 PNP 型两类，其结构示意图和符号如图 9-3 所示。

三极管有三个电极，即发射极、基极和集电极，分别用字母 E、B 和 C 表示。与发射极相连的一层半导体，称为发射区；与集电极相连的一层半导体，称为集电区；在发射区和集

电区中间的一层半导体，称为基区，它与两侧的发射区和集电区相比要薄得多，而且杂质浓度很低，因而多数载流子很少。

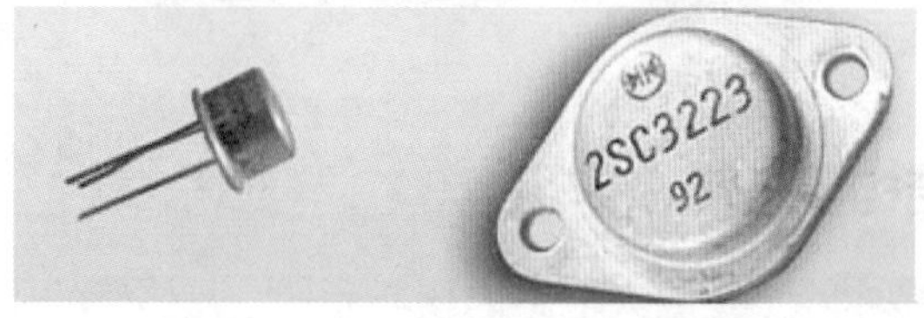

图 9-2　常见晶体三极管的实物图

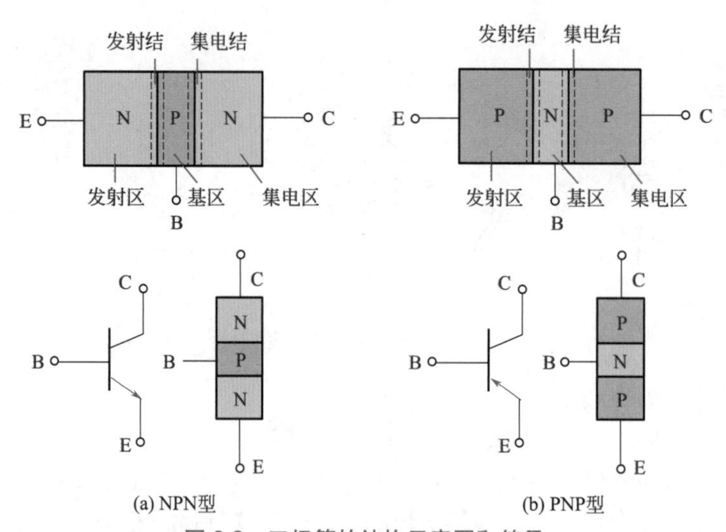

图 9-3　三极管的结构示意图和符号

发射极的功用是发出多数载流子以形成电流。发射极掺入的杂质多，浓度大。

基极起控制多数载流子流动的作用，基极与发射极之间的PN结叫发射结。

集电极的功用是收集发射极发出的多数载流子。其基极与集电极之间PN结的面积大，掺入的杂质比发射极少，这个PN结叫集电结。

在晶体管符号中，发射结所标箭头方向为电流流动方向。

二、晶体三极管的参数

1. 电流放大系数 β

三极管的电流放大系数有静态电流放大系数和动态电流放大系数。

三极管接成共发射极电路，当输入信号为零时，集电极电流 I_C 与基极电流 I_B 的比值，称为静态（直流）电流放大系数，即：

$$\overline{\beta}=\frac{I_C}{I_B}$$

当输入信号不为零时，在保持 U_{CE} 不变的情况下，集电极电流的变化量 ΔI_C 与基极电流的变化量 ΔI_B 的比值，称为动态（交流）电流放大系数，即：

$$\beta=\frac{\Delta I_C}{\Delta I_B}\bigg|U_{CE}=\text{常数}$$

$\overline{\beta}$ 与 β 具有不同的含义，但在输出特性的线性区，两者数值较为接近，一般不作严格区分。常用的小功率三极管，β 值约在30～200之间，大功率管的 β 值较小。β 值太小时，三极管的放大能力差，β 值太大时，三极管的热稳定性能差。通常以100左右为宜。

2. 集电极反向截止电流 I_{CBO}

发射极开路，集电结上加有规定的反向偏置电压，此时的集电极电流称为集电极反向截止电流。

3. 穿透电流 I_{CEO}

当基极开路，集电结处于反向偏置，发射结处于正向偏置的条件下，集电极与发射极之间的反向漏电流称为穿透电流，用 I_{CEO} 表示。I_{CEO} 受温度影响很大，当温度上升时，I_{CEO} 增加得很快。选用三极管时，I_{CEO} 应尽可能小些。

4. 集电极最大允许电流 I_{CM}

集电极电流 I_C 超过一定值时，三极管的 β 值下降。当 β 值下降到正常值的三分之二时所对应的集电极电流，称为集电极最大允许电流 I_{CM}。

5. 集电极最大允许耗散功率 P_{CM}

集电极电流通过集电结时，产生的功率损耗使集电结温度升高，当结温超过一定数值后，将导致三极管性能变坏，甚至烧毁。为使三极管的结温不超过允许值，规定了集电极最大允许耗散功率 P_{CM}。P_{CM} 与 I_C 和 U_{CE} 的关系为：

$$P_{CM}=I_CU_{CE}$$

6. 反向击穿电压 $U_{(BR)CEO}$

基极开路时，集电极与发射极之间的最大允许电压称为反向击穿电压 $U_{(BR)CEO}$。实际值超过此值将会导致三极管的击穿而损坏。

7. 特征频率 f_T

三极管工作频率高到一定程度时，电流放大倍数 β 要下降，β 下降到 1 时的频率为特征频率 f_T。

三极管还有其他参数，使用时，可根据需要查阅器件手册。

三、国外三极管的命名

1. 常见的日本、美国和欧洲生产的三极管命名

常见的日本、美国和欧洲生产的三极管型号中各字母或数字的含义如表 9-1 所示。

表 9-1　日本、美国和欧洲三极管型号中字母和数字含义

产地	第一部分	第二部分	第三部分	第四部分	第五部分
日本	2	S	A：PNP 高频 B：PNP 低频 C：NPN 高频 D：NPN 低频	两位以上数字表示登记序号	用 A、B、C 表示对原型号的改进
美国	2	N	多位数字表示登记序号		
欧洲	A：锗材料 D：硅材料	C：低频小功率 D：低频大功率 F：高频小功率 L：高频大功率 S：小功率开关管 U：大功率开关管	三位数字表示登记序号	β 参数分挡标志	

2. 韩国三星产的三极管命名

9011 ～ 9018 这类晶体三极管现在市场上售量较大，价格便宜，性能较好。9011 ～ 9018 主要是韩国三星电子公司的产品，它以四位数字表示型号，特性如表 9-2 所示。

表 9-2　韩国三星电子公司三极管型号、特性

型号	极性	功率 /mW	f_T/MHz	用途
9011	NPN	400	150	高放
9012	PNP	625	150	功放
9013	NPN	625	140	功放
9014	NPN	450	80	低放
9015	PNP	450	80	低放
9016	NPN	400	500	超高频
9018	NPN	400	500	超高频
8050	NPN	1000	100	功放
8550	PNP	1000	100	功放

四、选用三极管的原则

选用三极管是一个很复杂的问题，它要根据电路的特点、三极管在电路中的作用、工作环境与周围元器件的关系等多种因素进行选取，是一个综合设计问题，一般只有有经验的工程师才能很好地解决这个问题。

作为初学者，对电路工作原理不是非常精通的情况下，选取三极管可抓主要矛盾。

① 在高频放大电路、高频振荡电路中主要考虑频率参数。原则上讲，高频管可以代换低频管，但是高频管的功率一般都比较小，动态范围窄。在代换时不仅要考虑频率，还要考虑功率。设计电路选管时，对高频放大、中频放大、振荡器等电路，宜选用极间电容较小的三极管，应使管子的 f_T 为工作频率的 3 ～ 10 倍。如制作无线话筒就应选工作频率大于 500MHz 的三极管（如 9018 等）。

② 对 β 值（h_{FE}）的考虑。一般常希望 β 值选大一点，但也并不是越大越好。β 值太大，容易引起自激振荡（自生干扰信号），此外一般 β 值高的管子工作都不稳定，受温度影响大。通常，β 值选在 40 ～ 100 之间，对整个机器的电路而言，还应该从各级的配合来选择 β 值。例如，在音频放大电路中，如果前级用 β 值较高的管子，那么后级就可以用 β 值较低的管子。反之，若前极 β 值低，那么后级则用 β 值高的。对称电路，如末级乙类推挽功率放大电路及双稳态、无稳态等开关电路，需要选用 2 个三极管的 β 值和 I_{CEO} 值尽可能相同的，否则就会出现信号失真。

③ 如选择彩电的行输出管就主要考虑反向耐压及功率参数等。此时的 $U_{(BR)CEO}$ 应大于电源电压。

④ 如制作低频放大器主要考虑噪声和输出功率等参数。此时的穿透电流 I_{CEO} 越小，对温度的稳定性越好。硅管的稳定性比锗管为好。但硅管的饱和压降较锗管为大，在设计时应根据电路酌情考虑。

⑤ 应根据负载大小和电路工作时间长短考虑选用三极管的耗散功率。一般来讲要留有一定的余量。

五、三极管使用注意事项

在维修电子设备时，若遇到晶体管损坏，需要用同样规格、相同型号的三极管进行更换，或采用相近性能参数的三极管进行代用。在更换或代用晶体管时，应注意以下各项。

1. 选择三极管时的注意事项

① 在确认电子设备中三极管损坏后，应选择与原来型号相同、规格相同（β 值相近）的三极管更换。

② 更换完毕，要检测电压、电流是否正常，静态工作点是否在正常值，管子有无过热现象等。

2. 代用三极管必须遵守的原则

若找不到相同型号三极管进行更换时，可用性能相近的三极管代用，但必须遵守以下原则：

① 极限参数高的三极管可以代替极限低的三极管，如 P_{CM} 大的三极管可以代替 P_{CM} 小的三极管。

② 性能好的三极管可以代替性能差的三极管，如 I_{CEO} 小的三极管可以代替 I_{CEO} 大的三

极管。

③ 高频管和开关管可以代替普通低频三极管（其参数应能满足要求）。

④ 复合管可以代替单管。复合管通常是用两个三极管复合而成的，可完成单管所实现的功能。但采用复合管代替单管时，一般都要重新调整直流偏置，选择合适的静态工作点。

第二节 晶体三极管的检测

一、万用表对三极管的三个电极的确定

对于小功率三极管来说，有金属外壳封装和塑料外壳封装两种。

金属外壳封装的如果管壳上带有定位销，那么将管底朝上，从定位销起，按顺时针方向，三根电极依次为E、B、C；如果管壳上无定位销，且三根电极在半圆内，可以将有三根电极的半圆置于上方，按顺时针方向，三根电极依次为E、B、C，如图9-4所示。

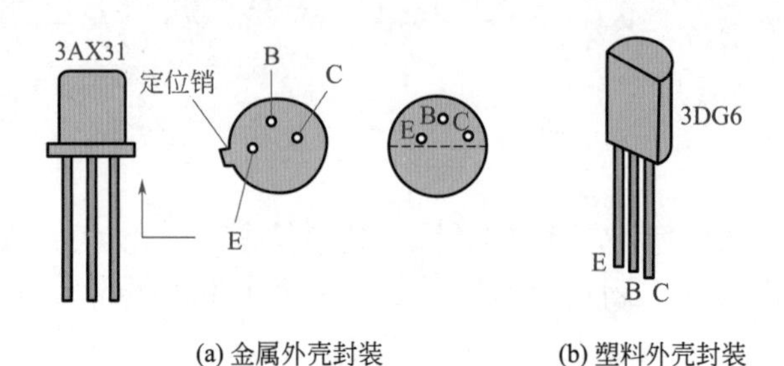

(a) 金属外壳封装　(b) 塑料外壳封装

图9-4　半导体三极管电极的识别

塑料外壳封装的，面对平面，三根电极置于下方，从左到右，三根电极依次为E、B、C，如图9-4（b）所示。

对于大功率三极管，外形一般分为F型和G型两种，如图9-5所示。F型管，从外形上只能看到两根电极。我们将管底朝上，两根电极置于左侧，则上为E，下为B，底座为C。G型管的三个电极一般在管壳的顶部，将管底朝下，三根电极置于左方，从最下电极起，顺时针方向，依次为E、B、C。

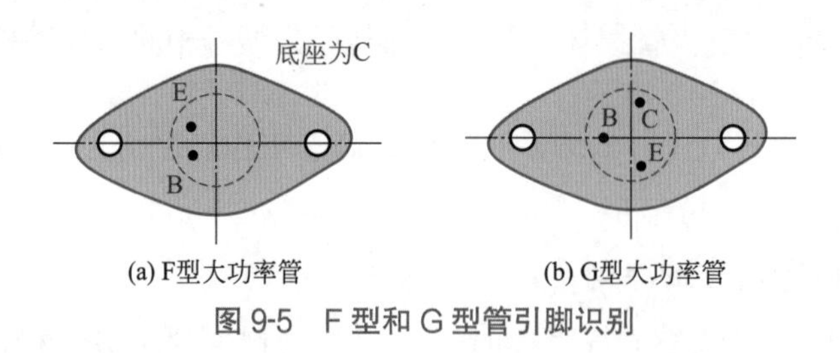

(a) F型大功率管　(b) G型大功率管

图9-5　F型和G型管引脚识别

三极管的引脚必须正确确认，否则，接入电路不但不能正常工作，还可能烧坏管子。

二、数字式万用表对三极管类型的检测

三极管类型有NPN型和PNP型，三极管的类型检测使用二极管测量挡。检测时，将挡

位选择开关置于二极管测量挡，然后红、黑表笔分别接三极管任意两个引脚，同时观察每次测量时显示屏显示的数据，以某次出现显示 0.7V 左右内的数字为准，红表笔接的引脚为 P，黑表笔接的引脚为 N。

实际测量过程一：首先将挡位选择开关拨至二极管测量挡。其次将红表笔接三极管中间的引脚，黑表笔接三极管下边的引脚，观察显示屏显示的数据为 0.699V。该检测过程如图 9-6（a）所示。

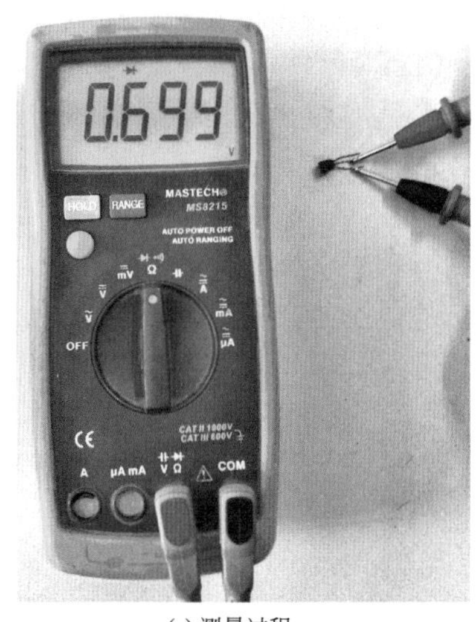

数字式万用表判别三极管类型

(a) 测量过程一　　(b) 测量过程二

图 9-6　三极管类型的检测

实际测量过程二：红表笔不动，将黑表笔接三极管上边的引脚，观察显示屏显示的数据为 0.698V，则现在黑表笔接的引脚为 N，该三极管为 NPN 型三极管，红表笔接的为基极。该检测过程如图 9-6（b）所示。如果显示屏显示溢出符号“1”，则现在黑表笔接的引脚为 P，被测三极管为 PNP 型三极管，黑表笔第一次接的引脚为基极。

三、万用表对晶体三极管热稳定性的检测

如图 9-7 所示，将万用表的量程开关拨至 $R\times1$k 挡，红表笔接 c 极，黑表笔接 e 极，用手捏住晶体三极管的管壳，给其加热，观看万用表指针会逐渐移动。如果万用表指针移动很快，偏转的角度也很大，则表明被测晶体三极管的热稳定性很差。使用它必然工作不稳定、噪声大。应选用使万用表指针移动慢、偏转角度小的晶体三极管，这种晶体三极管的热稳定性较好。

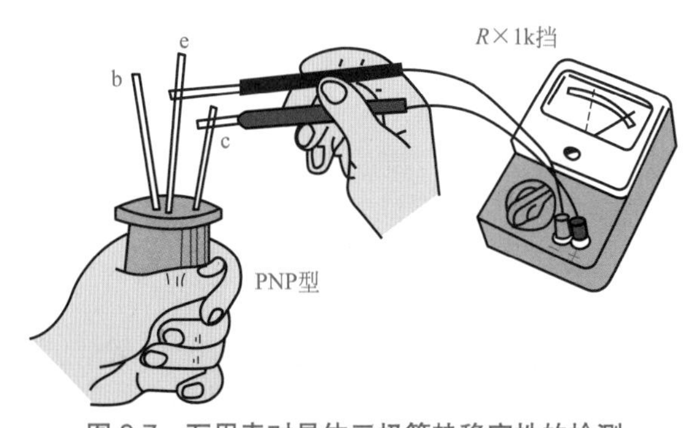

图 9-7　万用表对晶体三极管热稳定性的检测

四、万用表对晶体三极管的三个电极以及管子好坏的判断

功率在 1W 以下的，一般称为中、小功率晶体三极管。目前中、小功率三极管品种较多，各国三极管型号命名方法不同，有的型号正处在新旧交替之中。为了清楚地了解其性能好坏，使用前应进行必要的测量。

通常在知道三极管的型号后，可以从手册中查到引脚的排列情况。若不知型号，又无法辨认三个引脚时（如国外有些塑封管与国内排列就不一样），可用万用表的电阻挡来判别其引脚（电阻挡用 $R\times100$ 挡或 $R\times1\text{k}$ 挡）。

（1）判断基极

无论 PNP 型管还是 NPN 型管，内部都有两个 PN 结，即集电结和发射结。根据 PN 结的单向导电性是很容易把基极判别出来的。

对于 PNP 型晶体管，可以把晶体三极管看成两个二极管。将正表笔 (红色) 接某一引脚、负表笔 (黑色) 分别接另外两引脚，测量两个阻值。如测得的阻值均较小，1kΩ 左右时，红表笔所接引脚即为 PNP 型晶体管基极。若两阻值一小或都大，可将红表笔另接一脚再试，直到两个阻值均较小为止，如图 9-8 所示。

NPN 型晶体管的测量方法同上。以黑表笔为准，红表笔分别接另两个引脚，测得的阻值小，且为 5kΩ 左右，则黑表笔所接引脚即为 NPN 型三极管基极，如图 9-9 所示。

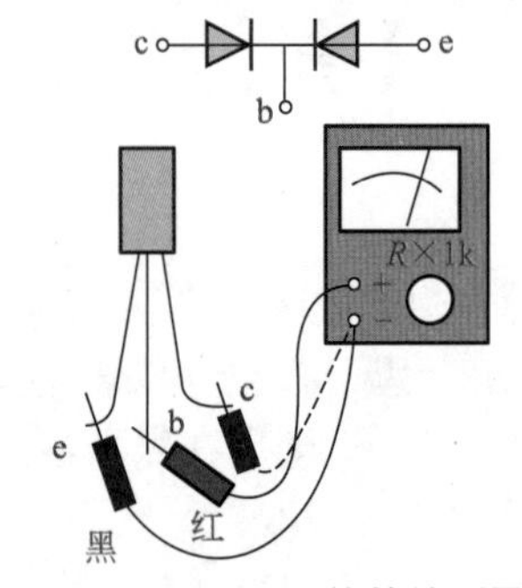

图 9-8　PNP 型晶体管的测量

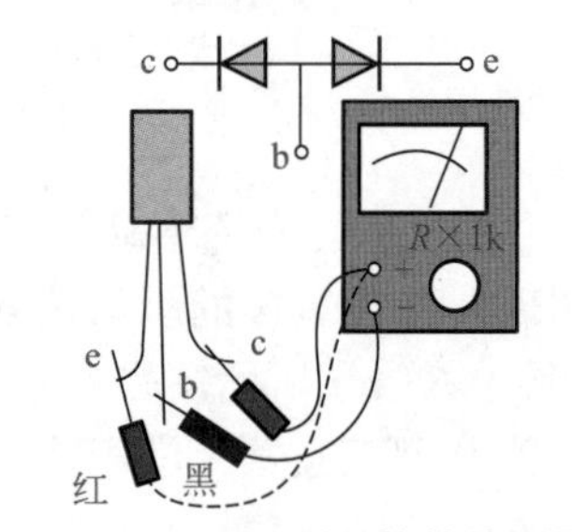

图 9-9　NPN 型晶体管的测量

（2）判断集电极

利用晶体管正向电流放大系数比反向电流放大系数大的原理可确定集电极。用手将万用表两表笔分别接基极以外两电极，用嘴含住基极，利用人体电阻实现偏置，测读万用表指示值。再将两表笔对调同样测读，比较两次读数，对 PNP 管，偏转角大的一次中红表笔所接的为集电极；对 NPN 管，偏转角大的一次中黑表笔所接的即为集电极，如图 9-10 所示。

（3）高频管和低频管的判别

低频管的反向电流放大系数比正向电流放大系数小得不是很多，而高频管则小得很多。因此在测反向电流放大系数时，若万用表能看出偏转即为低频管，高频管基本上不偏，见图 9-11。

（4）穿透电流 I_{CEO}

集电极 - 发射极反向电阻的阻值越大，说明 I_{CEO} 越小。一般硅管比锗管阻值大；高频管比低频管阻值大；小功率的比大功率的阻值大。低频小功率管约在几十千欧以上。

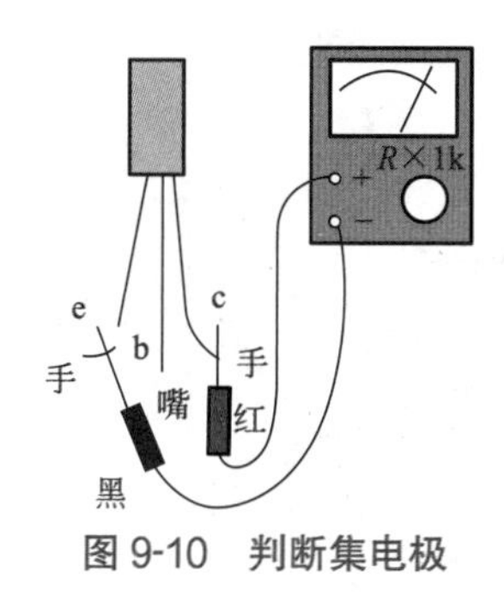

图 9-10　判断集电极

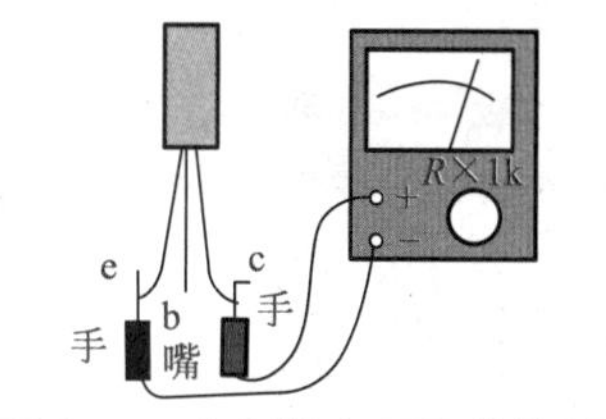

图 9-11　高频管和低频管的判别

图 9-12 是测 PNP 管的 I_{CEO} 的操作图，测 NPN 管子时表笔应对调。

（5）共发射极电流放大系数 β 大小判断

如果在上面方法中在三极管基极和集电极间接上 100kΩ 电阻，测反向电阻时，指针将发生偏转。偏转角越大，说明 β 越大，如图 9-13 所示。测 NPN 管子时表笔应对调。

（6）判断晶体管稳定性能

在测 I_{CEO} 的同时，用手捏住管子外壳，由于受人体温度的影响，反向电阻将会开始减少，如果指针偏转速度很快，或有很大的摆动，都说明晶体管稳定性差，如图 9-14 所示。测 NPN 管子时，表笔应对调。

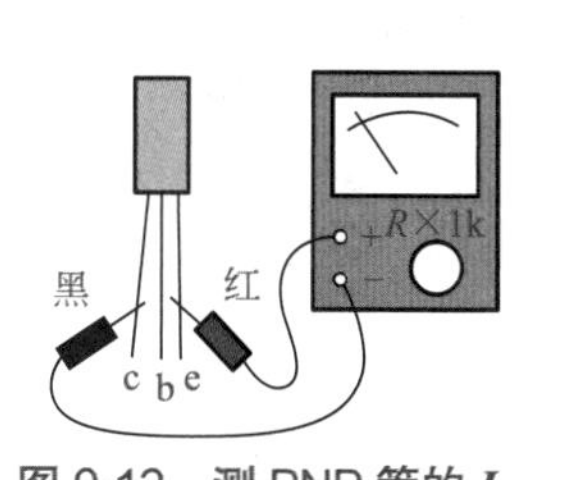

图 9-12　测 PNP 管的 I_{CEO}

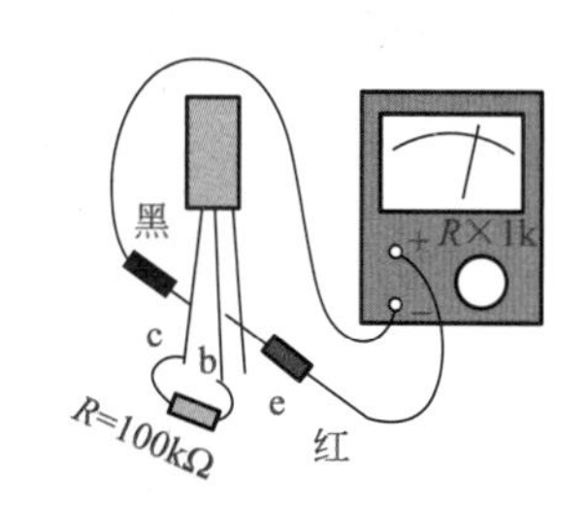

图 9-13　测共发射极电流放大系数

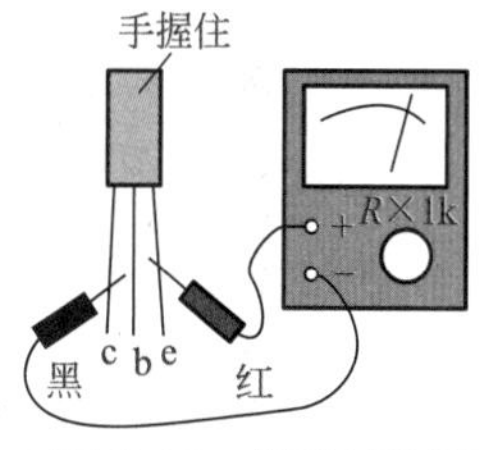

图 9-14　判断晶体管稳定性能

五、数字式万用表对三极管好坏的检测

三极管好坏检测主要有以下几步。

检测三极管集电结和发射结（为两个 PN 结）是否正常。三极管中任何一个 PN 结损坏，就不能使用，所以三极管检测先要检测两个 PN 结是否正常。

检测时，挡位选择开关置于二极管测量挡，分别检测三极管的两个 PN 结，每个 PN 结正、反各测一次，如果正常，正向检测每个 PN 结（红表笔接 P、黑表笔接 N）时，显示屏显示 0.7V 左右内的数字，反向检测每个 PN 结时，显示屏显示溢出符号“1”或“OL”。

实际测量 NPN 型三极管的两个 PN 结，如图 9-15 所示。图 9-15（a）为检测三极管集电结正、反情况的示意图。图 9-15（b）为检测三极管发射结正、反情况的示意图。由图中检测显示可以看出，此三极管是好的。

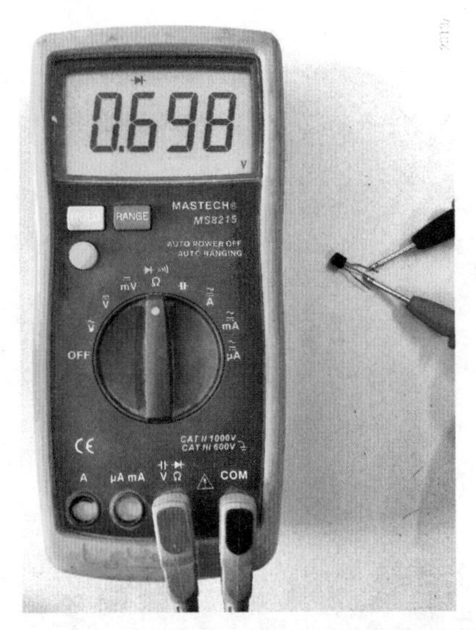

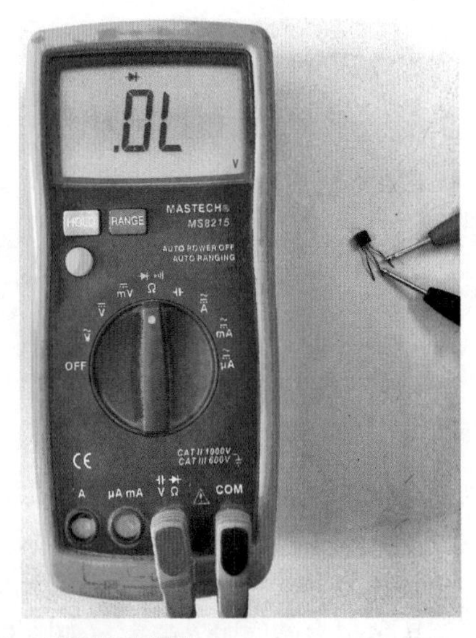

(a) 检测三极管集电结正、反情况的示意图

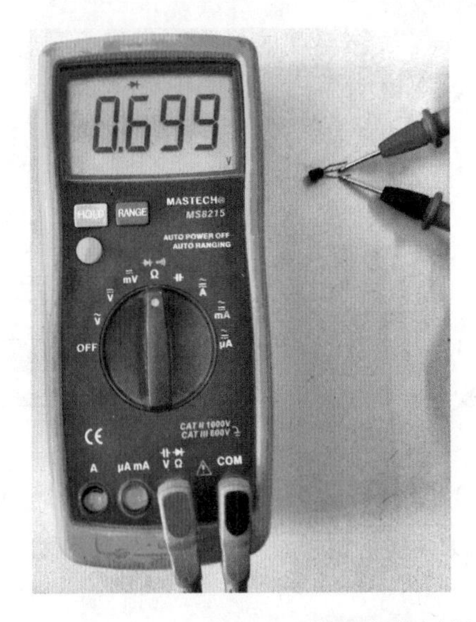

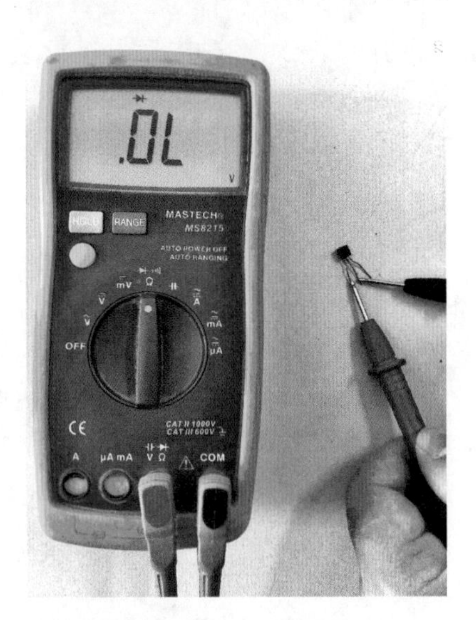

(b) 检测三极管发射结正、反情况的示意图

图 9-15　检测三极管两个 PN 结正、反情况的示意图

六、万用表对晶体三极管电流放大系数 β 的测试

晶体三极管具有放大性能，这是由它的内部结构决定的。由晶体三极管组成的放大电路有多种，但用得最多的是共发射极放大电路，所以此处介绍此种电路的电流放大系数 β 值（俗称放大倍数）的测试，方法如图 9-16 所示。

仍以测试 PNP 型晶体三极管为例。将万用表的量程开关拨至 $R\times1\text{k}$ 挡，红表笔接集电极 C，黑表笔接发射极 E，测出阻值，如图 9-16（a）所示。再按图 9-16（b）所示那样，在 C 与基极 B 之间接入一个阻值为 100kΩ 的电阻，这时万用表指示的阻值变小，阻值在 10kΩ 左右。我们希望此时阻值越小越好，阻值越小则表明被测晶体三极管的 β 值越大，即放大能力越强。

对于 NPN 型晶体三极管 β 值的判断，只需将两表笔交换测试即可。

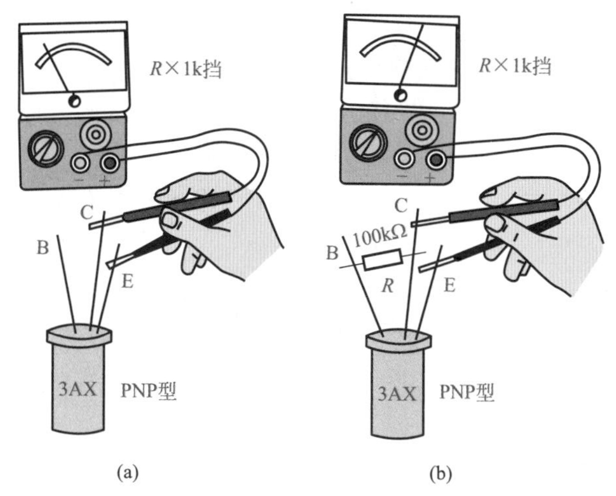

图 9-16　万用表对晶体三极管电流放大系数 β 的测试

七、数字式万用表晶体管直流放大倍数的测量

数字式万用表测量晶体管直流放大倍数时，不用接表笔，转动测量选择开关至“h_{FE}”挡位，将被测晶体管插入晶体管插孔，LCD 显示屏即可显示出被测晶体管的直流放大倍数。

将 NPN 型三极管插入对应的 E、B、C 三个插孔，如图 9-17 所示。图 9-17（a）是用 DT9205 型数字式万用表测量晶体管直流放大倍数的示意图，图 9-17（b）是 DT9205 型数字式万用表挡位选择示意图。

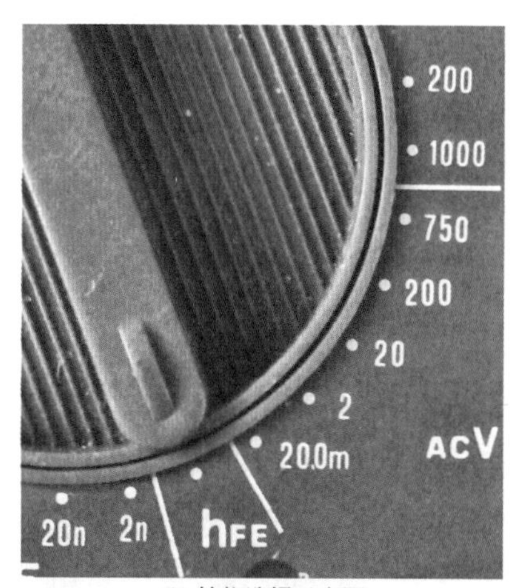

(a) 晶体管直流放大倍数　　(b) 挡位选择示意图

图 9-17　用 DT9205 型数字式万用表测量晶体管直流放大倍数

数字式万用表测量三极管的 HFE

数字式万用表测试晶体管 HFE 的热敏性

八、指针式万用表对达林顿晶体管的检测

因为在达林顿管的 E-B 极间包含多个发射结，所以必须选择万用表 $R\times10k$ 挡进行检测。该挡可提供较高的测试电压。检测内容包括：识别电极，区分 NPN、PNP 型，检查放大能力。下面通过一个实例来阐述检测方法。

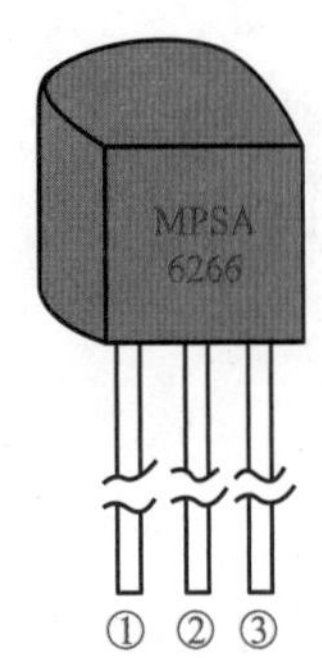

图 9-18 MPSA6266 型达林顿管外形

被测管为美国摩托罗拉公司生产的 MPSA6266 型达林顿管，它属于中功率、低噪声达林顿管，外形如图 9-18 所示。主要电参数为 $h_{FE}=5000\sim200000$，P_{CM}=600mW，噪声系数 N_F<2dB，采用塑料封装。

为便于叙述，现给 3 个引脚分别编上序号①、②、③，参见图 9-18。选择 500 型万用表的 $R\times10k$ 挡，该挡的电压比例系数 $K'=0.18$V/ 格，测量负载电压的计算公式为 $U=0.18n'$（V）；电流比例系数 K=1.8μA/ 格，测量负载电流的公式为 I=1.8n（μA）。全部测量数据整理成表 9-3。表中带括号的量为测试结论。

表 9-3 达林顿管的测量数据

红表笔接的引脚	黑表笔接的引脚	电 阻 值	n' / 格	n/ 格	计算结果
②	①	10 kΩ	4.5	—	0.81V（U_{EB}）
①	②	∞	—	—	—
②	③	5 kΩ	2.3	—	0.41V（U_{CB}）
③	②	∞	—	—	—
①	③	240 kΩ	—	—	—
③	①	910 kΩ	—	5	9μA（I_{CEO}）

分析表 9-3 可以判定②为基极，并且被测管属于 PNP 型。下面进一步识别 E、C 电极，同时检查管子的放大能力。首先将黑表笔接①，红表笔接③，并且用两手分别捏住①、③两脚，电阻值为 450 kΩ；当用舌尖舔基极时（这相当于在 B-C、B-E 之间分别接上几百千欧的上、下偏置电阻，使管子进入放大区），可观察到表针向右侧做大幅度偏转，指到 35 kΩ 处。然后交换两支表笔的位置，再用舌尖舔基极时发现表针不动。由此判定①为发射极，③为集电极，并且此管的放大能力很强。这个管子的穿透电流 $I_{CEO}=9$μA 。

不宜用 $R\times1k$ 挡检查达林顿管的放大能力。因该挡电池电压仅 1.5V，很难使管子进入放大区。此外，在测量时不得用手摸住管壳。

九、数字式万用表对达林顿晶体管的检测

数字式万用表检测达林顿晶体管

达林顿管的 B、C 间仅有一个 PN 结，所以 B、C 极间应为单向导电性，而 BE 结上有两个 PN 结、因此可以通过这些特性很快确认引脚功能。

参见图 9-19，首先假设 TIP127 的一个引脚为基极，随后将万用表置于二极管挡，用黑表笔接在假设的基极上，再用红表笔分别接另外两个引脚。若显示屏显示数值分别为 0.887、0.632，说明假设的引脚就是基极，并且数值小时红表笔接的引脚为集电极，数值大时红表

笔所接的引脚为发射极，同时还可以确认该管为 PNP 型达林顿管。如果将红表笔接在假设的 TIP127 的基极上，而黑表笔分别接另外两个引脚，则测量的结果均为“OL”不通，说明此管是好的。

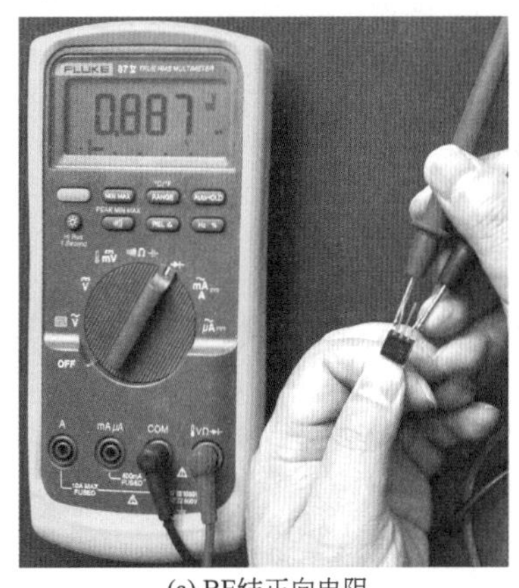

(a) BE结正向电阻

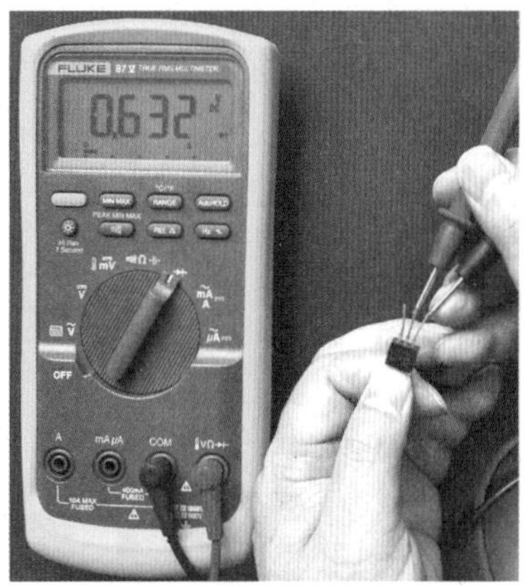

(b) BC结正向电阻

图 9-19　达林顿管管型及引脚的判别

十、晶体三极管的在线不加电测试

在电子电器的修理中，因晶体三极管不便焊下，或者是为了抢时间，有丰富经验的师傅往往直接在印制电路板上进行测试，俗称在线测试。不加电对晶体三极管的在线测试方法如图 9-20 所示。

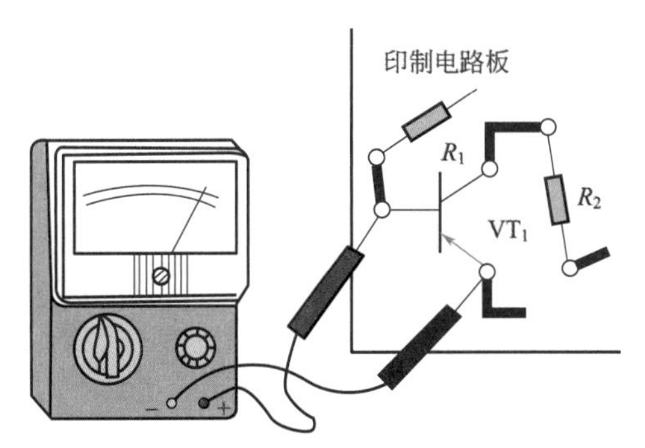

图 9-20　万用表对晶体三极管的在线不加电测试

因为晶体三极管的偏置电阻和负载电阻一般有数十千欧姆或数千欧姆，很少有几十欧姆的，所以为了减小外电路对测试结果的影响，使用万用表时其量程开关一般应拨至 $R\times10$ 或 $R\times1$ 挡。一般的印制电路板上对晶体三极管已标明，所以只要按符号测出其各结的正反向电阻值即可进行判断。

以 PNP 型锗管为例。测得其发射结正向电阻值在 300Ω 左右，反向电阻值在数百千欧以上，说明该管发射结是好的；再测集电结正反向电阻值，如果与测试发射结的结果相近，说明该管集电结良好，并且可判定此晶体三极管的性能是良好的，可以继续使用。如果测得的正反向电阻值较大或很小，则可能存在问题：阻值较大可能是 PN 结开路，阻值很小则可能是 PN 结击穿。碰到这种情况应将被测晶体三极管从印制电路板上焊下来进行测试。

测试 NPN 型晶体三极管的方法与测试 PNP 型晶体三极管的方法相似，只是应交换表笔，测得的正反向电阻值略大而已。

十一、晶体三极管的在线加电测试

在家电维修中，因元件密集不便将印制电路板上的晶体三极管焊下，为了排除故障，有时不得不带电测试，俗称在线加电测试。方法如图 9-21 所示。

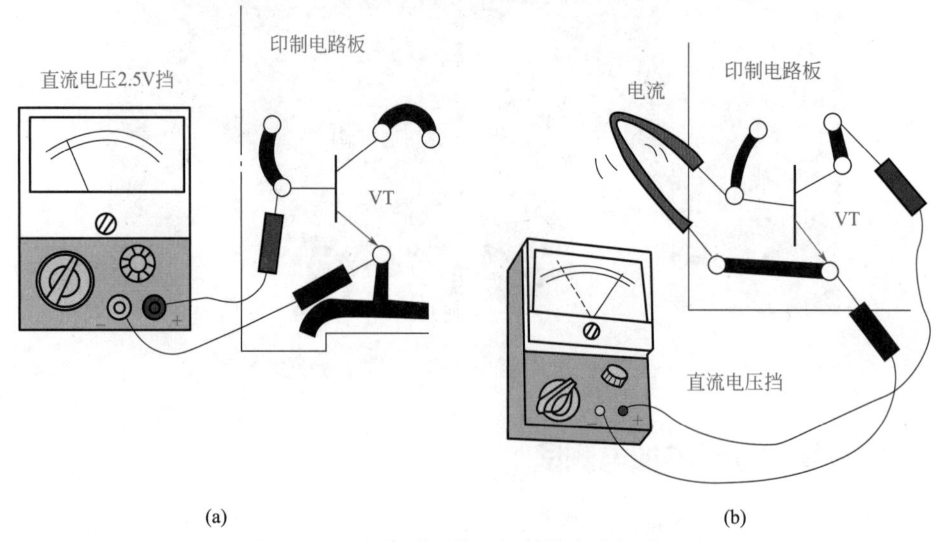

图 9-21 万用表对晶体三极管的在线加电测试

以 NPN 型晶体三极管为例。在确知偏置电路正常时需要测试：

① 发射结的正向电压 U_{BE}：将万用表的量程开关拨至直流电压 2.5V 挡，如果测得 U_{BE}=0.7V 左右，则表明被测晶体三极管是好的，若是偏离太多（过高或过低），则被测晶体三极管就有一定问题，如图 9-21（a）所示。

② 晶体三极管在线放大能力：将万用表的量程开关仍拨在直流电压挡（具体挡位根据被测晶体三极管集电极电压的高低确定），红表笔接在集电极焊点上，黑表笔接在发射极焊点上，用电线瞬间将基极与发射极（或地）短路一下，若万用表指针摆动较大，即表明被测晶体三极管有放大能力，而且是指针摆幅越大放大能力越强。若万用表的指针摆幅很小，被测晶体三极管则可能有问题，应焊下用新管代换。

注意

该方法不宜测试在高电压下工作的晶体三极管；检测前还必须对晶体三极管周围的元器件进行了解，确知引脚，不得有误；检测时不要将表笔碰触到其他元器件，以免造成短路故障。

十二、万用表对 2SA、2SB 等晶体管型号的区分

市场上常见的用日本型号命名的晶体管有 2SA、2SB、2SC、2SD：从极性上看，2SA、2SB 是 PNP 型管，2SC 和 2SD 是 NPN 型管，从用途上看，2SA 和 2SC 是高频管，2SB 和 2SD 是低频管。不管哪个系列，晶体管的号码都从 11 开始，现在号码最多的是 2SC 系列，已经超过 3000，并且仍在增加，2SC 系列就相当国产的 3DG 型三极管，如 2SC1815 型管

在市场上销量特别大，但要注意它的引脚排列不是e、b、c，大部分都是e、c、b。另外，2SC1815后边的字母表示h_{FE}（电流放大倍数）的大小。

O表示70～140倍，Y表示120～240倍，GR表示200～400倍，BL表示350～700倍。例如：2SC1815-Y就表示电流放大倍数为120～240倍的NPN型高频管。

第三节 单结晶体管的检测

单结晶体管又叫双基极二极管，这是由于它有一个PN结和三个电极（一个发射极和两个基极）。其电路图形符号及外形见图9-22，代号为V。

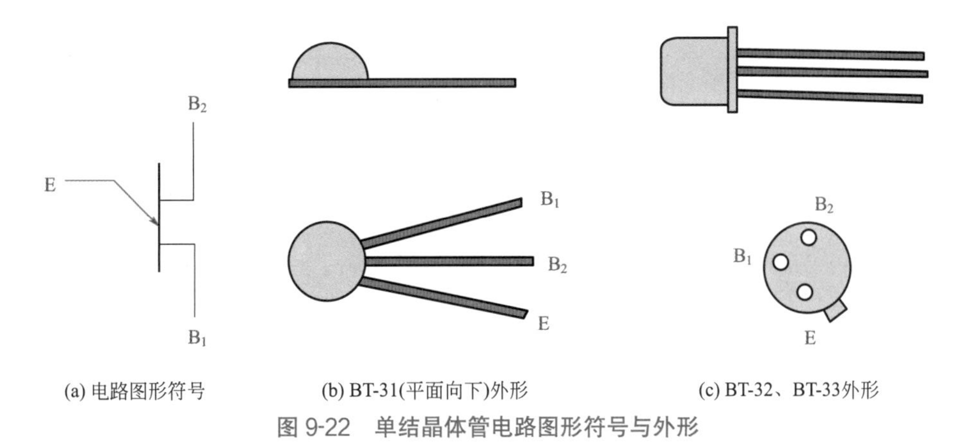

(a) 电路图形符号　　(b) BT-31(平面向下)外形　　(c) BT-32、BT-33外形

图9-22　单结晶体管电路图形符号与外形

单结晶体管是在一块高电阻率的N型硅片两端，制作两个欧姆接触电极（接触电阻非常小，为纯电阻接触电极），分别叫作第一基极B_1和第二基极B_2，硅片的另一侧靠近第二基极B_2处，制作了一个PN结，在P型半导体上引出的电极叫作发射极E。B_1和B_2之间的N型区域可以等效为一个纯电阻R_{BB}，称为基区电阻。R_{BB}又可以看作是由两个电阻串联组成的，其中R_{B1}为基极B_1与发射极E之间的电阻；R_{B2}为基极B_2与发射极E之间的电阻。在正常工作时，R_{B1}的阻值是随发射极电流I_E而变化的，好像是一个可变电阻。

单结晶体管的实物图如图9-23所示。

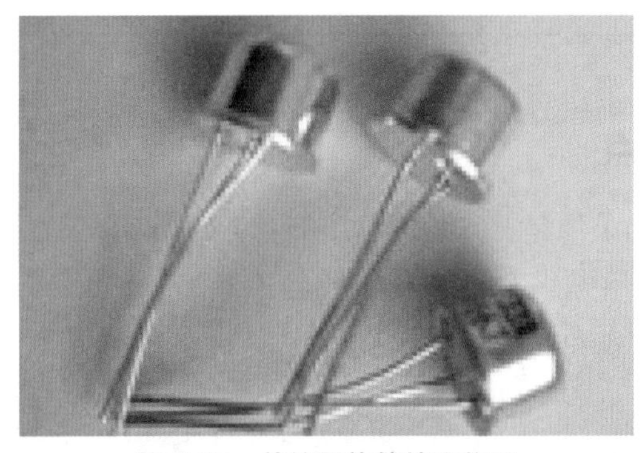
图9-23　单结晶体管的实物图

一、单结晶体管的主要参数

单结晶体管的型号有多种，常见的有BT31、BT32、BT33型，其参数见表9-4。

表9-4 部分单结晶体管参数表

型号	参数名称	分压比	基极间电阻/kΩ	发射极与第一基极反向电压/V	反向电流/μA	饱和压降/V	峰值电流/μA	调制电流/mA	耗散功率/mW
	测试条件	U_{BB}=20V	U_{BB}=20V I_E=0	I_{EO}=1μA	U_{EBO}=60V	U_{BB}=20V I_E=500A	U_{BB}=20V	U_{BB}=15V I_E=50mA	
BT31A	参数值	0-3～0.55	3～6	≥60	≤1	≤5	≤2	9～30	<300
BT31B		0.3～0.55	5～10	≥60	≤1	≤5	≤2	9～30	<300
BT31C		0.45～0.75	3～6	≥60	≤1	≤5	≤2	9～30	<300
BT31D		0.45～0.75	5～10	≥60	≤1	≤5	≤2	9～30	<300
BT31E		0.65～0.85	3～6	≥60	≤1	≤5	≤2	9～30	<300
BT31F		0.65～0.85	5～10	≥60	≤1	≤5	≤2	9～30	<300
BT32A		0.3～0.55	3～6	≥60	≤1	≤4.5	≤2	9～35	300
BT32B		0.3～0.55	5～10	≥60	≤1	≤4.5	≤2	9～35	300
BT32C		0.45～0.75	3～6	≥60	≤1	≤4.5	≤2	9～35	300
BT32D		0.45～0.75	5～10	≥60	≤1	≤4.5	≤2	9～35	300
BT32E		0.65～0.85	3～6	≥60	≤1	≤4.5	≤2	9～35	300
BT32F		0.65～0.85	5～10	≥60	≤1	≤4.5	≤2	9～35	300
BT33A		0.3～0.55	3～6	≥60	≤1	4.5	≤2	9～40	500
BT33B		0.3～0.55	5～10	≥60	≤1	≤5	≤2	9～40	500
BT33C		0.45～0.75	3～6	≥60	≤1	≤5	≤2	9～40	500
BT33D		0.45～0.77	5～10	≥60	≤1	≤5	≤2	9～40	500
BT33E		0.65～0.85	3～6	≥60	≤1	≤5	≤2	9～40	500
BT33F		0.65～0. 85	5～10	≥60	≤1	≤5	≤2	9～40	500

二、单结晶体管的特点

① 单结晶体管导通的条件是，发射极电压 U_E 等于峰点电压 U_P；导通后，使单结晶体管恢复截止的条件是，发射极电压 U_E 小于谷点电压 U_V。

② 单结晶体管的峰点电压 U_P 与外加电压 U_{BB} 和管子的分压比 η 有关。外加电压相同而分压比不同的管子或对同一管子外加电压 U_{BB} 不同时，峰点电压 U_P 都不相同。

③ 不同单结晶体管的谷点电压 U_V 和谷点电流 I_V 不相同，而同一单结晶体管外加电压 U_{BB} 不同时，U_V、I_V 也不相同。一般 U_V 在2～5V之间。

三、万用表对单结晶体管发射极的判断

单结晶体管是具有 1 个 PN 结（单结）的半导体器件，因它有 3 个电极，即 1 个发射极和 2 个基极，所以人们习惯上把它归类于晶体三极管。它属于电流控制型负阻器件，其外形、电路图形符号及判断发射极 E 的方法如图 9-24 所示。其文字符号可用 VJT 表示。

图 9-24（a）所示为常见的单结晶体管的外形及引脚。图 9-24（b）所示为它的电路图形符号，发射极的箭头倾斜指向 B_1，两个基极引线 B_1、B_2 相对于基极成直角，以示两条引出线同基极是欧姆接触。B_1、B_2 之间呈出纯电阻性，即 $R_{BB}=R_{B1}+R_{B2}$。其等效电路如图 9-24（c）所示。R_{B1} 为第 1 基极 B_1 与发射极之间的电阻，其值随发射极电流 I_E 变化。R_{B2} 为第 2 基极 B_2 与发射极之间的电阻，与 I_E 无关。

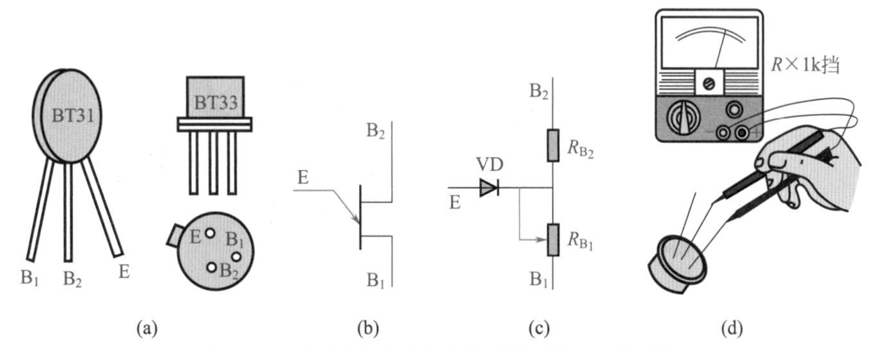

图 9-24　万用表对单结晶体管发射极 E 的判断

图 9-24（d）为发射极 E 的判断方法。将万用表的量程开关拨至 $R\times1k$ 挡，测量单结晶体管任意两个引脚之间的阻值。正反向电阻值相等的两个引脚是基极 B_1、B_2，那么剩下的引脚必定是发射极 E。

四、万用表对单结晶体管两个基极的判断

如图 9-25 所示，将万用表的量程开关拨至 $R\times1k$ 挡，黑表笔接发射极，红表笔分别去接触两个基极，测得正向电阻值略小时的那个引脚为第 2 基极 B_2，另一引脚则是第 1 基极 B_1。

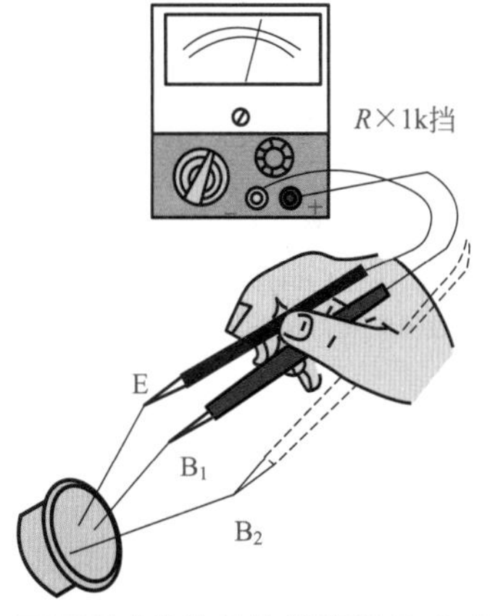

图 9-25　万用表对单结晶体管基极 B_1 和 B_2 的判断

注意

上述方法测出的基极不一定适合所有的单结晶体管。如在安装中发现工作不理想，只需将原来判定的两个基极交换一下即可。

五、万用表对单结晶体管的检测

通过用万用表测试单结晶体管的极间电阻阻值，即可粗略判断它的好坏，方法如图 9-26 所示。

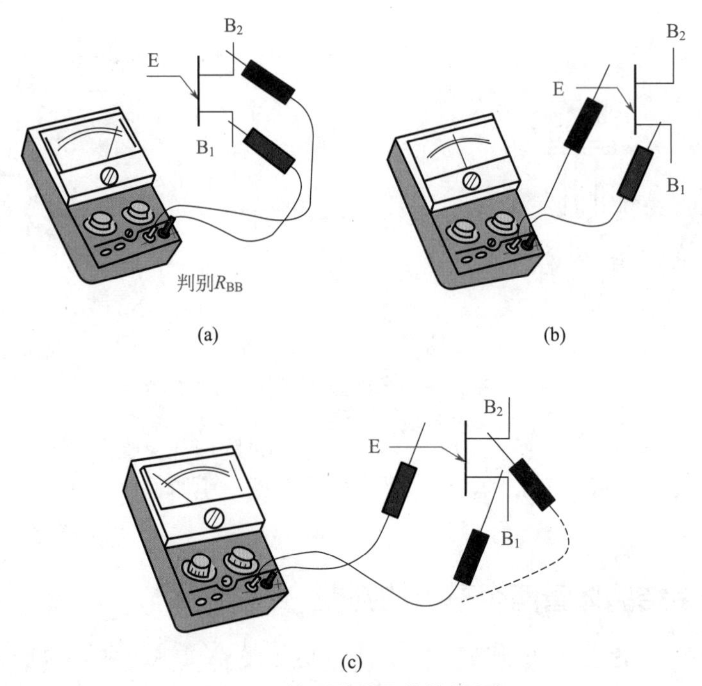

图 9-26 检测单结晶体管的好坏

① 由两基极的极间电阻 R_{BB} 的阻值判断单结晶体管的好坏：当万用表的量程开关拨至 $R\times1k$ 挡时，红黑表笔分别接 B_1、B_2，如果测得正反向电阻值在 2 ～ 15kΩ 之间，则表明被测单结晶体管是好的。如果测得的阻值很小是短路击穿；阻值很大则是开路损坏，均不可用，如图 9-26（a）所示。

② 由发射极和两基极间的正向电阻值判断单结晶体管的好坏：将万用表的量程开关拨至 $R\times1k$ 挡，黑表笔接发射极，红表笔分别接 B_1 和 B_2，万用表指针指在表头刻度中间附近则表明被测单结晶体管是好的；如果测得的阻值为零或无穷大则证明其已损坏，如图 9-26（b）所示。

③ 由发射极和两基极间的反向电阻值判断单结晶体管的好坏：将万用表的量程开关拨至 $R\times1k$ 挡，红表笔接发射极，黑表笔接 B_1 之后再接 B_2，若万用表指针接近“∞”处，表明被测单结晶体管是好的；若测得的阻值很小，则证明其已击穿不可使用，如图 9-26（c）所示。

六、万用表对单结晶体管分压比的检测

单结晶体管分压比 η 可用图 9-27 所示电路进行测量。图中直流电源 G 用 10V，二极管 VD 用 2CP 型等硅二极管，万用表置于直流电压 10V 挡。则可根据万用表测得电压的值 U 及电源电压 G，按下式求出 η：

$$\eta=U/G$$

这里 G=10V，若测得电压 U = 7V，则：

$$\eta=7\text{V}/10\text{V}=0.7$$

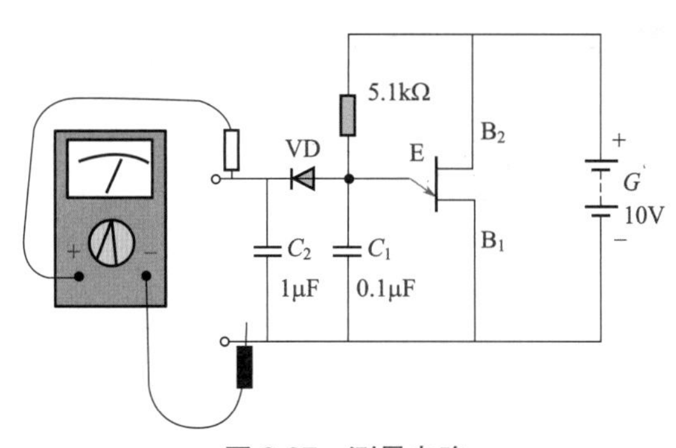

图 9-27　测量电路

第十章

万用表检测场效应晶体管与晶闸管

第一节 场效应晶体管的检测

场效应晶体管简称场效应管。其特性和真空五极管相似，是一种电压控制元件，具有输入阻抗高、噪声低、动态范围大、抗干扰、抗辐射能力强等特点，是较理想的电压放大元件和开关元件。

场效应晶体管是由一个反向偏置的 PN 结组成的半导体器件，所以又称为单极晶体管，它是利用电压所产生的电场强弱来控制导电沟道的宽窄（即电流的大小），实现放大作用的。它按结构的不同，可分为结型场效应管（JFET）和绝缘栅型场效应管（MOSFET）。结型和绝缘栅型场效应管的实物图如图 10-1 所示。

(a) 结型场效应管

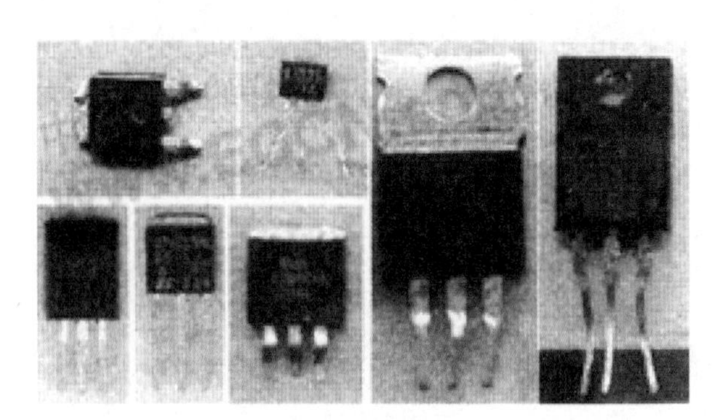

(b) 绝缘栅型场效应管

图 10-1　结型和绝缘栅型场效应管的实物图

一、结型场效应管及绝缘栅型场效应管

N 沟道结型和绝缘栅型场效应管的结构见图 10-2。它们都有 N 型和 P 型两种导电沟道，分别以耗尽型和增强型两种极性相反的方式工作。当栅压为零时有较大漏极电流的工作方式，称为耗尽型；当栅压为零时，漏极电压也为零，必须再加一定的栅压后才能产生漏极电流的工作方式，称为增强型。

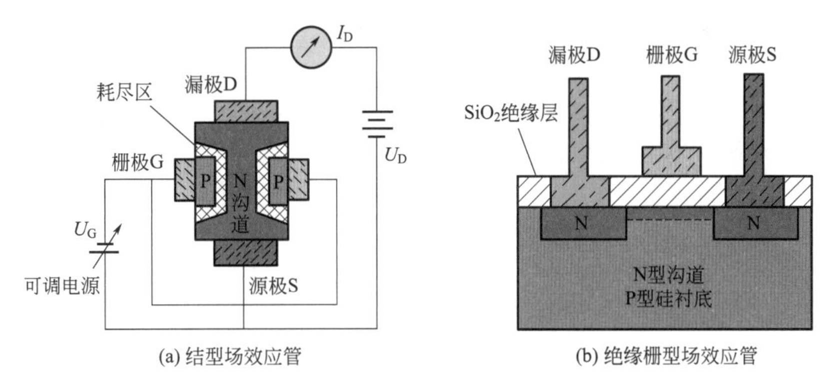

(a) 结型场效应管 (b) 绝缘栅型场效应管

图 10-2 N 沟道结型和绝缘栅型场效应管的结构

1. 结型场效应管

N 沟道结型场效应管结构见图 10-2（a），其本体是一块 N 型材料，叫 N 沟道，引出两个电极，分别叫源极 S 和漏极 D。本体两边各附一小片 P 型材料，引出电极称作栅极 G，在沟道和栅极形成两个 PN 结。当栅极开路时，沟道相当于一个电阻，其阻值随管子型号不同而异，一般为数百欧到数千欧。若按图 10-2（a）将漏极接电源正极，源极接负极，就有漏极电流 I_D 流过 N 沟道，且随 D-S 极间电压 U_{DS} 的增加而增大。当在栅极接上一个可变电压 U_G 时，PN 结加上了反向偏压，形成了空间电荷区。空间电荷区内载流子很少，因而也叫耗尽区，其性能类似绝缘体，反向偏压（即 U_{GS} 越大，耗尽区越宽）迫使 N 沟道变窄，沟道电阻加大，于是 I_D 减小。I_D 流经沟道是要产生压降的，这使得沿沟道各点与栅极的偏压不一样。当负栅压 U_{GS} 继续增加时，耗尽区就会愈来愈厚，甚至使两边耗尽区在 N 沟道中间相合，这样导电的 N 沟道消失，I_D=0，场效应管截止。这种现象称作“夹断”，这时所加的栅 - 源极间的电压叫作夹断电压 U_P。

2. 绝缘栅型场效应管

绝缘栅型场效应管的结构见图 10-2（b）。它与结型场效应管的不同之处，在于它的栅极从二氧化硅上引出，栅极是与源极、漏极绝缘的。绝缘栅型场效应管也因此而得名。

绝缘栅（MOS）型场效应管有耗尽型和增强型之分。当 U_{GS}=0 时，源漏之间就存在导电沟道的，称作耗尽型场效应管；如果必须在 $|U_{GS}|>0$ 的情况下才存在导电沟道的，则称为增强型场效应管。因此绝缘栅型场效应管有 N 沟道耗尽型、N 沟道增强型、P 沟道耗尽型、P 沟道增强型 4 种不同的类型。N 沟道 MOS 场效应管和 P 沟道 MOS 场效管的主要差别就是它们正常所需要偏压的正负极性正好相反，它们的输出电流方向也正好相反。增强型 MOS 场效应管只有加上一定栅压时，管子才导通，这个栅压叫阈值电压 U_T。

绝缘栅型场效应管因为栅极是绝缘的，所以输入电阻极高，一般在 $10^{12}\Omega$ 以上，比结型场效应管要高几个数量级。由于栅极绝缘，栅 - 漏极反向电流极小，栅漏结相当于一个具有

非常大的电阻的电容器，所以若是电烙铁外壳没接地去焊接它，或人手碰一下它的引脚，就能使栅漏结被感应充电，其充电电压足以大于击穿电压，使管子烧毁。

二、结型场效应管的电路图形符号

图 10-3 为各种结型场效应管的电路符号。沟道的表示方法与普通三极管的基极相似，漏极、源极从沟道上、下对称引出，表示两极可以互换。这种结型场效应管只有在接入电路时才能区分源极、漏极。一般电路中，漏极 D 画在沟道顶部、源极 S 画在沟道底部。箭头表示栅极，同普通三极管一样，箭头指向表示从 P 型指向 N 型材料。所以，图 10-3（a）中箭头指向沟道，即为 N 型沟道结型场效应管，这类管子有 3DJ1-3DJ9 系列；图 10-3（b）中箭头背离沟道，即为 P 型沟道结型场效应管。

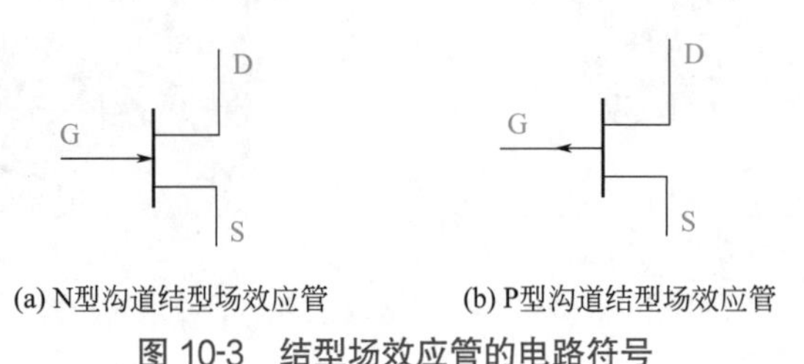

(a) N型沟道结型场效应管　　(b) P型沟道结型场效应管

图 10-3　结型场效应管的电路符号

三、绝缘栅型场效应管四种管型的特性

场效应晶体管是一种单极型半导体器件，其基本功能是用栅、源极间电压控制漏极电流，具有输入电阻高、噪声低、热稳定性好、耗电省等优点。绝缘栅型场效应管（简称为 MOS 管）的四种管型及特性如表 10-1 所示。

表 10-1　绝缘栅型场效应管（简称为 MOS 管）的四种管型及特性

结构	极性	工作方式	工作电压		符号	转移特性	输出特性
			U_{GS}	U_{DS}			
N沟道	电子导电	增强型	+	+	D G S	I_D O $U_{GS(th)}$ U_{GS}	I_D U_{GS}=5V 4V 3V O U_{DS}
		耗尽型	+ 或 −	+	D G S	I_D $U_{GS(off)}$ O U_{GS}	I_D +2V U_{GS}=0V −2V O U_{DS}

续表

结构	极性	工作方式	工作电压		符号	转移特性	输出特性
			U_{GS}	U_{DS}			
P沟道	空穴导电	增强型	−	−	G D S	I_D；$U_{GS(th)}$；O；U_{GS}	I_D；U_{GS}=−5V；−4V；−3V；O；$-U_{DS}$
		耗尽型	+或−	−	G D S	I_D；O；$U_{GS(off)}$；U_{GS}	I_D；−2V；U_{GS}=0V；+2V；O；$-U_{DS}$

四、结型场效应管的引脚识别

国产场效应管主要封装形式见图 10-4，其中图 10-4（a）、（b）、（e）为圆形金属壳封装，图 10-4（c）、（d）所示的管壳为扁平型塑料壳封装。引脚排列及管型见图注。国产 N 沟道结型场效应管典型产品有 3DJ2、3DJ4、3DJ6、3DJ7，P 沟道管有 CS1 ～ CS4。日制 2SJ 系列为 P 沟道管，2SK 系列是 N 沟道管。美制 2N5460-5465 属 P 沟道管，2N5452 ～ 5454、2N5457 ～ 2N5459、2N4220 ～ 2N4222 均属 N 沟道管。

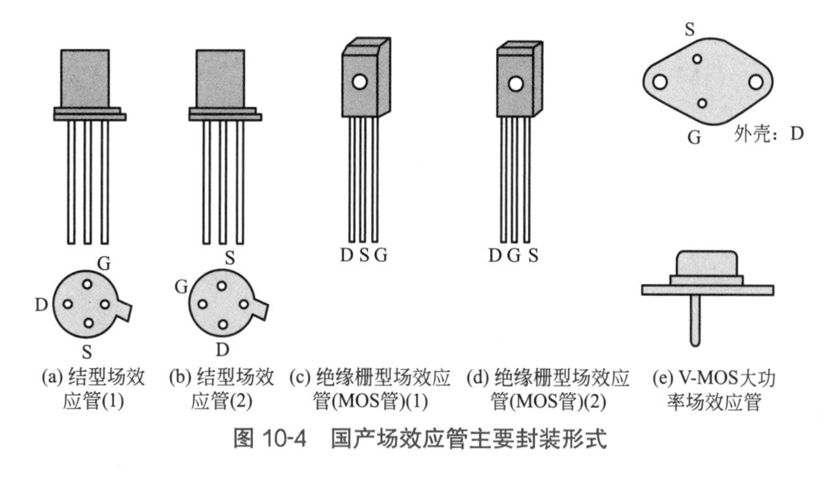

图 10-4　国产场效应管主要封装形式

场效应管的栅极相当于三极管的基极，源极和漏极分别对应于三极管的发射极和集电极。

对于结型场效应管的电极，可用万用表来判别。方法是将万用表拨到 $R\times1k$ 挡，首先用黑表笔碰触管子的一脚，然后用红表笔依次碰触另外两个脚。若两次测出的阻值都很大，说明均是反向电阻，属于 N 沟道场效应管，黑表笔接的就是栅极；若两次测出的阻抗都很小，说明均是正向电阻，属于 P 沟道场效管，黑表笔接的也是栅极。由于制造工艺，源极和漏极是对称的，可以互换使用，并不影响电路正常工作，所以不必加以区分。源极与漏极间的电阻值约为几千欧。

❖ **实例:** 选择500型万用表$R\times100$挡判定3DJ6G结型场效应管的电极。为叙述方便，现从管壳突起处开始，沿顺时针方向分别给三个引脚编上序号①、②、③，测量数据见表10-2。由表可见，当黑表笔接③时两次测出的都是正向电阻，由此判定③为栅极，且两个PN结的正向压降都是0.675V。其余两脚分别是源极和漏极，二者对栅极的结构完全对称，源-漏极间电阻是2.02kΩ。结型场效应管的源极与漏极可以互换使用，一般不必再区分了。对3DJ6G而言，①脚是源极，②脚是漏极。

表10-2 测量数据

红表笔接的引脚	黑表笔接的引脚	电阻值/Ω	n'/格	正向导通电压U_F/V	说明
①	③	840	22.5	0.675	$U_F=0.03n'$(V)
②	③	840	22.5	0.675	
①	②	2.02kΩ	—	—	
②	①	2.02kΩ	—	—	

注：③-①和③-②的电阻值均为无穷大。

五、万用表对结型场效应管放大能力的检测

结型场效应管用得比较多的是N沟道的3DJ型管，其引脚排列见图10-5（a）。测试这类场效应管放大性能，可按图10-5（b）搭接一个电路，把万用表拨在5V左右直流电压挡，红、黑表笔分别接漏极D和源极S。当调整电位器RP使阻值增加时（图中为滑动接点向上滑），万用表指示电压值应增大；减小RP阻值（图中RP滑动接点向下滑），万用表指示电压值应减小。在调节RP的过程中，万用表指示的电压值变化越大，说明管子的放大能力越强。如果在调节RP的过程中，万用表电压指示无变化，说明管子放大能力很小或已经丧失放大能力。

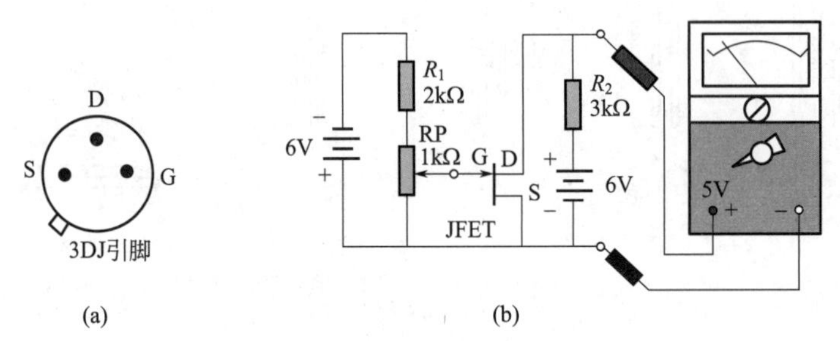

图10-5 3DJ的引脚和测试放大能力的电路

六、绝缘栅型场效应管的引脚识别

国产N沟道绝缘栅型场效应管的典型产品有3D01、3D02、3D04（以上均为单栅管），4D01（双栅管）。

绝缘栅型场效应应（MOS）管比较“娇气”，因此出厂时各引脚都绞合在一起或者装在金属箔内，使G极与S极呈等电位，防止积累静电荷。

绝缘栅型场效应晶体管不宜在业余条件下进行检测，因为绝缘栅型场效应晶体管的输入阻抗极高，SiO_2 绝缘层又很薄，容易因产生感应电压而将管子击穿损坏。而绝缘栅型场效应晶体管在出厂时，电极已短路，标记清楚，并附有说明书，一般不必检测。通常没有标记的旧管，基本已损坏，故不能再用。

若确实要测量时，需格外小心并采取相应的防静电感应措施。测量前应把人体对地短路后，才能触摸引脚。

将万用表拨至 $R\times100$ 挡，首先确定栅极。若某脚与其他脚的电阻都是无穷大，证明此脚就是栅极 G。交换表笔重复测量，S-D 之间的电阻应为几百欧至几千欧。其中阻值较小的那一次，红表笔接的是 D 极，黑表笔接的是 S 极。有的 MOS 场效应管（例如日本生产的 3SK 系列），S 极与管壳连通，据此很容易确定 S 极。

值得注意的是：用万用表去判定绝缘栅场效应管时，因为这种管子输入电阻高，栅源间的极间电容很小，测量时只要有少量的电荷，就足以将管子击穿。

七、VMOS 功率场效应管的引脚识别

VMOS 功率场效应管是一种高效功率开关器件。VMOS 功率场效应管结构图如图 10-6 所示。国内典型产品有 VN401、VN672、VMPT2。国外产品有美国 IR 公司生产的 IRFPC50、IRFPG50 等型号。

对于内部未设保护二极管的 VMOS 功率场效应管，也可用万用表来判别引脚。

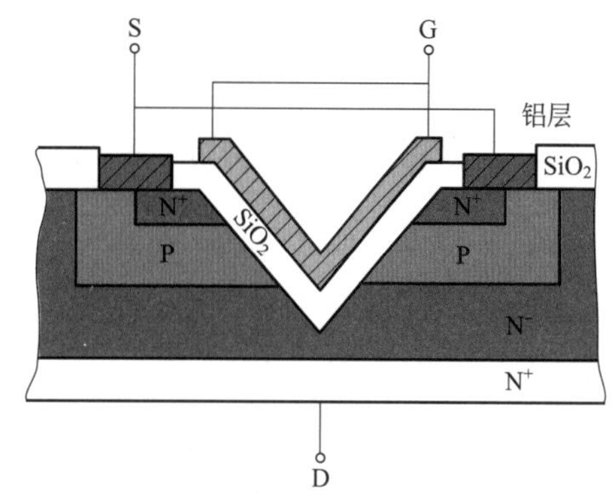

图 10-6　VMOS 功率场效应管结构图

1. 判定栅极 G

将万用表拨在 $R\times1k$ 挡，在测试栅极与源极，或栅极与漏极之间的电阻时，不论万用表表笔极性如何，阻值均为无限大（即不导通），由此可确定出栅极。

2. 识别源极 S、漏极 D

VMOS 管的漏极 D 接 N 区，源极 S 接 P 区，因此当万用表红表笔接源极，黑表笔接漏极时，PN 结反向截止，阻值较大；反之黑表笔接源极，红表笔接漏极，PN 结正向导通，阻值较小，由此则可确认出 S、D 极。

3. 检查跨导

VMOS 功率场效应管的跨导大小也可以用万用表来判断。万用表拨在 $R\times1k$ 挡。将红表笔接源极、黑表笔接漏极，栅极开路，这时表针不稳定。当用手接触栅极时，会发现表针摆动幅度有明显的变化，变化越大，说明管子的跨导值越高。

必须注意：VMOS 管也分 N 沟道管与 P 沟道管，但大多数产品属 N 沟道管。对于 P 沟道管，测量时应交换表笔位置。

八、场效应管的主要参数

① 饱和漏电流 I_{DSS}　它表征该器件能承受最大电流的能力。

② 夹断电压 U_P　当栅源之间的反向电压 U_{GS} 增加到一定值后，不管漏源电压 U_{DS} 的大

小都有漏电流 I_D=0，这时加在栅源之间的反向电压值叫作管子的夹断电压。

③ 阈值电压 U_T　指器件流过一定量的漏极电流时的最小栅源电压。

④ 跨导 g_m　跨导是一个重要参数。跨导标志着栅源电压 U_{GS} 控制漏电流 I_D 的本领，常用符号“g_m”来代表，也有用“最小 g_{FS}”来表示的。跨导的具体定义是：当 U_{DS} 为一定时，跨导等于 U_{GS} 的微小变化除相应的 I_D 的变化。可用下式表达：

$$g_m = \frac{\Delta I_D}{\Delta U_{GS}}\bigg|U_{DS} = \text{常数}$$

跨导的单位为“西门子”，用 S 表示。跨导在开关电路中不被重视。

⑤ 漏源击穿电压 BU_{DSS}　它表征器件的耐压极限。选择时应根据电路的要求而定，不是愈高愈好。

⑥ BU_{GSS}　栅源耐压。

九、场效应管在使用中的注意事项

① 检测时，为了防止场效应管栅极感应击穿，要求一切测试仪器、工作台、电烙铁、线路本身都必须有良好的接地。

② 引脚在焊接时，烙铁外壳必须预先做良好的接地。先焊源极；在连入电路之前，管子全部引线端保持互相短接状态，焊接完后才把短接材料去掉；为了安全起见，可将管子的三个电极暂时短路，待焊好才拆除。

③ 从元器件架上取下管子时，应以适当的方式确保人体接地，如采用接地环等；当然，如果能采用先进的气热型电烙铁，焊接场效应管是比较方便的，并且确保安全；在未关断电源时，绝对不可以把管子插入电路或从电路中拔出。测试时，也要先插好管子，再接通电源，测试完毕应先断电后拔下管子。

④ 用图示仪观察管子的输出特性时，可在栅极回路中串入一个 5 ～ 10kΩ 的电阻，以避免出现自激振荡。

⑤ 万用表测量时，尽量避免用万用表笔首先接触栅极。测量时最好远离交流电源线路。

⑥ 为了安全使用场效应管，在线路的设计中不能超过管子的耗散功率，最大漏源电压和电流等参数的极限值。

⑦ 各类型场效应管在使用时，都要严格按要求的偏置接入电路中。如结型场效应管栅源漏之间是 PN 结，N 沟道管栅极不能加正偏压，P 沟道管栅极不能加负偏压，等等。

⑧ MOS 场效应管由于输入阻抗极高，所以在运输、储藏中必须将引出脚短路，要用金属屏蔽包装，以防止外来感应电势将栅极击穿。尤其要注意，不能将 MOS 场效应管放入塑料盒子内，保存时最好放在金属盒内，同时也要注意管子的防潮。

⑨ 在安装场效应管时，注意安装的位置要尽量避免靠近发热元件；为了防止管子振动，有必要将管壳体紧固起来；引脚引线在弯曲时，应在大于根部尺寸 5mm 处进行，以防止弯断引脚和引起漏气等。

对于功率型场效应管，要有良好的散热条件。因为功率型场效应管在高负荷条件下运用，必须设计足够的散热器，确保壳体温度不超过额定值，使器件长期稳定可靠地工作。

十、绝缘门极双极晶体管 IGBT 的非在路测量

绝缘门极双极晶体管（Isolated Gate Bipolar Transistor），简称 IGBT，是 20 世纪 80 年

代出现的新型复合器件。它将 MOSFET 和 GTR 的优点集于一身，既具有输入阻抗高、速度快、热稳定性好和驱动电路简单的特点，又具有通态电压低、耐压高和承受电流大等优点，因此发展很快，备受青睐。在电动机控制、中频和开关电源以及要求快速、低损耗的领域，IGBT 有取代功率 MOSFET 和 GTR 的趋势。

IGBT 的开通和关断是由门极电压来控制的。门极施以正电压时，MOSFET 内形成沟道，并为 PNP 晶体管提供基极电流，从而使 IGBT 导通。在门极上施以负电压时，MOSFET 内的沟道消失，PNP 晶体管的基极电流被切断，IGBT 即为关断。

图 10-7 为绝缘门极双极晶体管 IGBT 的 IXGH25N100 电路符号和外形。

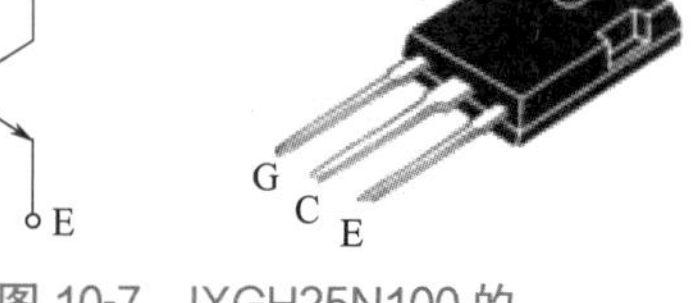

图 10-7　IXGH25N100 的电路图形符号和外形

IGBT 的非在路检测用数字式万用表的“二极管”挡来测量 PN 结正向压降进行判断。对于数字式万用表，正常情况下，IGBT 管的 C-E 极间正向压降约为 0.5V，表笔连接除图 10-8 所示外，其他连接检测的读数均为无穷大。如果测得 IGBT 管三个引脚间电阻均很小，则说明该管已击穿损坏；若测得 IGBT 管三个引脚间电阻均为无穷大，说明该管已开路损坏。实际工作中 IGBT 管多为击穿损坏。

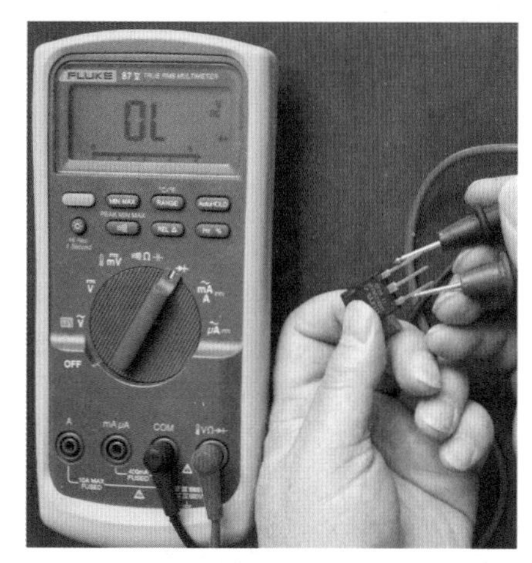

(a) 红表笔接G极、黑表笔接E极

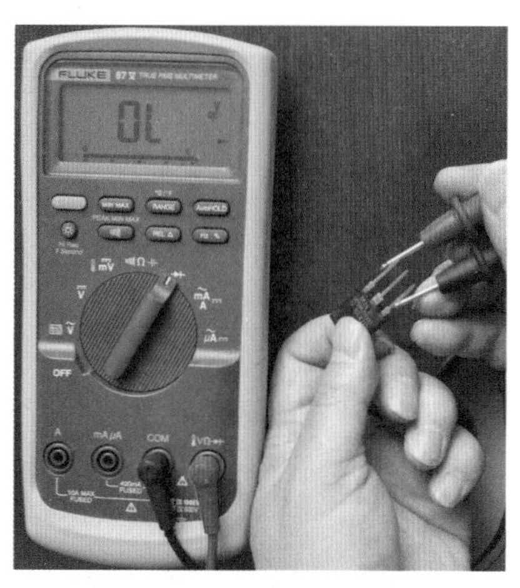

(b) 红表笔接E极、黑表笔接G极

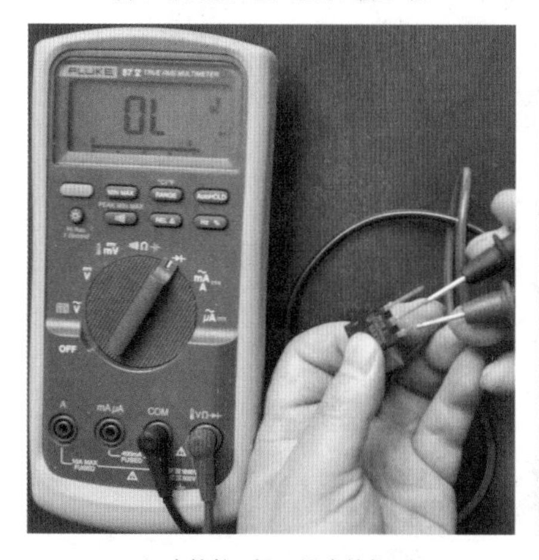

(c) 红表笔接G极、黑表笔接C极

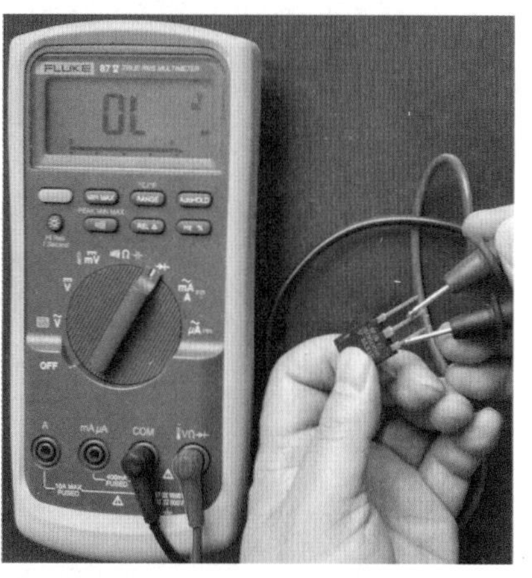

(d) 红表笔接C极、黑表笔接G极

图 10-8

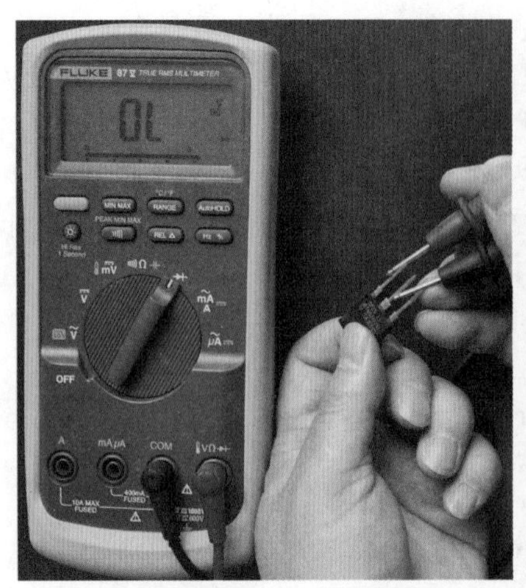

(e) 红表笔接E极、黑表笔接C极

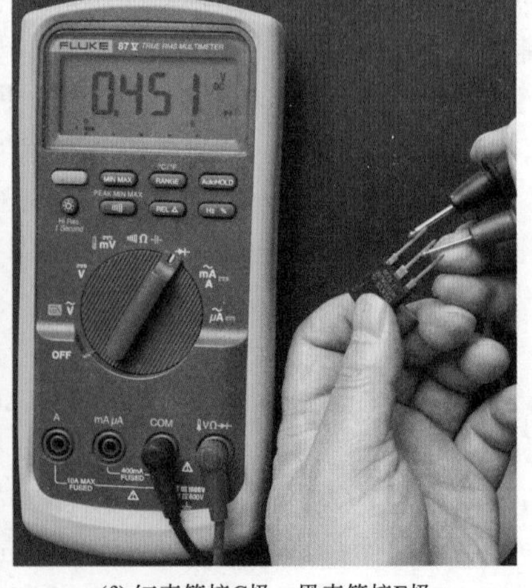

(f) 红表笔接C极、黑表笔接E极

图 10-8　IGBT 的非在路测量

第二节 晶闸管的检测

一、晶闸管的功用及其结构

晶闸管是晶体闸流管的简称。它是一种可控的大功率半导体器件，具有体积小、重量轻、耐压高、容量大、效率高、使用维护简单、控制灵敏等特点，目前被广泛地用于整流、逆变、调压、开关四个方面。它的缺点是过载能力差、抗干扰能力差、控制电路比较复杂。

晶闸管的种类很多，有普通型、双向型、可关断型和快速型等，这里主要介绍使用最为广泛的普通型晶闸管。部分晶闸管的实物如图 10-9 所示。

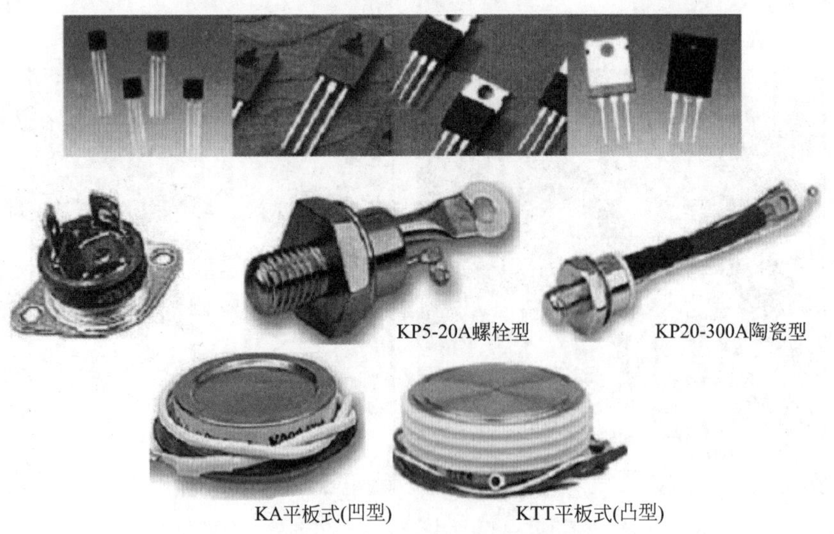

图 10-9　部分晶闸管的实物图

部分晶闸管的外形如图 10-10 所示。

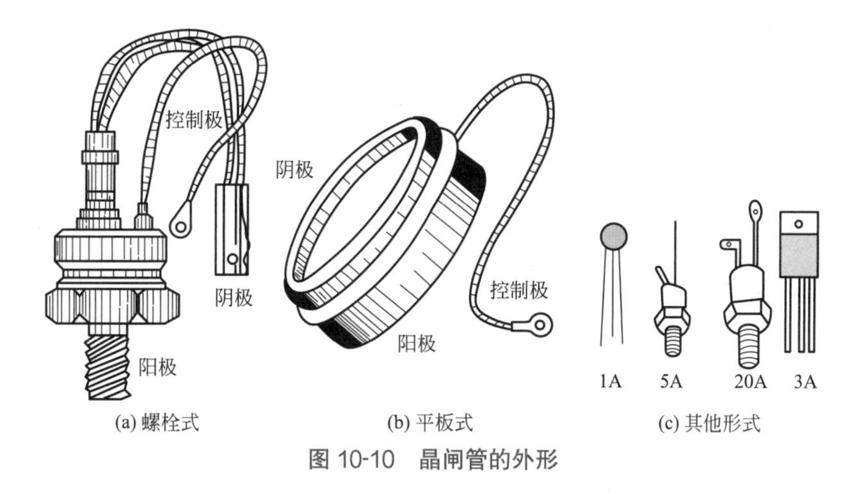

图 10-10　晶闸管的外形

晶闸管有三个电极：阳极 A、阴极 K 和控制极 G。螺栓式晶闸管有螺栓的一端是阳极，使用时可用它固定在散热器上；另一端有两根引线，其中较粗的一根是阴极，较细的一根是控制极。平板式晶闸管的中间金属环的引出线是控制极，离控制极较远的端面是阳极，离控制极近的端面是阴极，使用时可把晶闸管夹在两个散热器中间，散热效果较好。

晶闸管的内部结构如图 10-11 所示。它是由 P 型和 N 型半导体四层交替叠合而成，具有三个 PN 结，由端面 N 层半导体引出阴极 K，由中间 P 层半导体引出控制极 G，由端面 P 层半导体引出阳极 A。图 10-12 是晶闸管的电路图形符号。

图 10-11　晶闸管的内部结构

图 10-12　晶闸管的电路图形符号

二、晶闸管的特点

① 晶闸管只有导通和截止两种状态，属于开关器件，而且一旦触发导通后，具有自锁功能。

② 晶闸管能承受的反向电压较高，能导通的电流较大，导通后管压降较低，因此适用于大功率变流装置。

③ 晶闸管工作频率较低，为千赫兹级，快速晶闸管也在 100kHz 以下，故不适合用于高频。

④ 晶闸管的类型还在发展。如可关断晶闸管能在正向导通时在控制极加反相脉冲将其关断，使控制更为灵活；又如光控晶闸管，利用光电效应来控制导通，在电路方面完全隔离，适用于高压输电系统等。

⑤ 晶闸管最主要的用途是在交流或直流供电系统中，作为控制电流导通或关断的器件。

三、晶闸管的主要参数

1. 正向重复峰值电压 U_{FRM}

在控制极开路和正向阻断的条件下，允许重复加在晶闸管两端的正向峰值电压，称为正向重复峰值电压 U_{FRM}。通常规定此电压为正向转折电压 U_{BO} 的 80%。

2. 反向重复峰值电压 U_{RRM}

在控制极开路时，允许重复加在晶闸管上的反向峰值电压，称为反向重复峰值电压。通常规定此电压为反向转折电压的 80%。

U_{FRM} 和 U_{RRM} 在数值上一般接近，统称为晶闸管的重复峰值电压。通常把其中较小的那个数值作为该型号器件的额定电压，用 U_N 表示。

3. 额定正向平均电流 I_F

在规定的标准散热条件和环境温度（40℃）下，晶闸管处于全导通时允许连续通过的工频正弦半波电流的平均值。

由于晶闸管的过载能力小，在选用晶闸管时，其额定正向平均电流 I_F 应为正常工作平均电流的 1.5 ～ 2 倍。

4. 维持电流 I_H

在室温下，控制极断开后，维持晶闸管继续导通所必需的最小电流称为维持电流 I_H。当正向电流小于维持电流时，晶闸管就自行关断。I_H 的值一般为几十毫安至一百多毫安。

目前我国生产的晶闸管的型号及其含义如下：

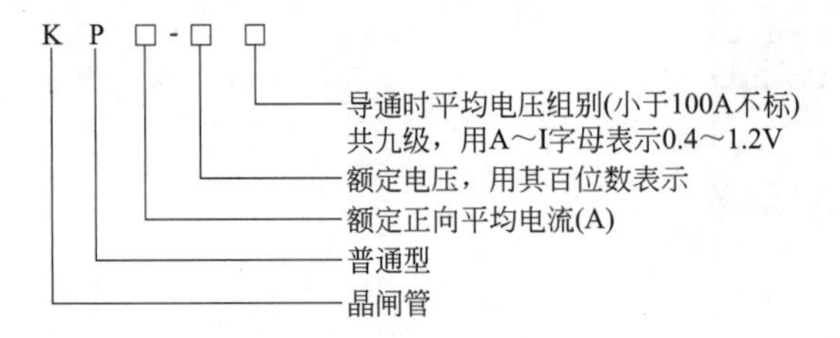

例如 KP300-10F 型晶闸管是普通型晶闸管，额定电流为 300A，额定电压为 1000V，通态平均电压降为 0.9V。

四、万用表对晶闸管的电极和好坏的检测

1. 判定晶闸管的电极

小功率晶闸管的电极从外形上可以判别，一般阳极为外壳，阴极的引线要比控制极引线粗而长。如果是其他形式的封装，不知电极引线时可以用万用表的电阻挡进行检测。方法是将万用表置于 R×1k 挡（或 R×100 挡），将晶闸管其中一端假定为控制极，与黑表笔相接。然后用红表笔分别接另外两端，若一次阻值较小（正向导通），另一次阻值较大（反向截止），说明黑表笔接的是控制极。在阻值较小的那次测量中，接红表笔的一端是阴极，阻值较大的那次，接红表笔的是阳极。若两次测出的阻值均很大，说明黑表笔接的不是控制极，可重新

设定一端为控制极，这样就可以很快判别出晶闸管的三个电极。

万用表检测单向晶闸管

2. 晶闸管好坏的简单判别

晶闸管好坏的简易判断方法见表 10-3。

表 10-3　晶闸管的简易判断

1.G-K　PN 结正向特性	2.G-K　PN 结反向特性
正向电阻应在几千欧，当为零时说明 PN 结击穿，过大时极间有断路	反向电阻应为∞，当为零或很小时，说明 PN 结有击穿
3.G-A 阻值	4.A-K 阻值
应为∞，阻值小内部有击穿或短路	正反向测量时均应为∞，否则内部有击穿或短路

五、晶闸管的选用

晶闸管有多种类型，在家用电器维修和电子电路设计中，应根据应用电路的具体要求选用晶闸管。

晶闸管的主要参数有：正向重复峰值电压、反向重复峰值电压、额定正向平均电流、维持电流、正向压降、控制极触发电流、触发电压等参数。普通晶闸管可用于交直流电压控制、可控整流、交流调压、逆变电源、开关电源保护电路等。

选用双向晶闸管的参数时，要注意浪涌电流这个参数。双向晶闸管的过载能力、额定通态电流值都比普通型晶闸管低，选用时要特别注意。双向晶闸管被广泛用于温度控制及交流开关、交流调压、交流电动机线性调速、舞台灯具线性调光及固态继电器、固态接触器等电路中。

当用在以直流电源接通和断开来控制功率的直流削波电路中时，由于要求的判断时间短，需选用高频晶闸管，并且兼顾耐压程度和关断时间。高频晶闸管的高频特性好，可以通过比较大的高频电流，耐压性能好，关断时间比一般快速晶闸管的关断时间短。选用高频晶闸管时，要注意高温下和室温下的耐压量值。

门极关断晶闸管具有普通晶闸管的耐压高、大电流、抗浪涌电流能力强等特点，又不需复杂的强制电路。门极关断晶闸管可用于交流电动机变频调速、斩波器、逆变电源及各种电子开关电路等。

BTG 晶闸管可用于锯齿波发生器、长时间延时器、过电压保护器及大功率晶体管触发电路等。逆导晶闸管可用于电磁灶、电子镇流器、超声波电路、超导磁能储存系统及开关电源等电路。光控晶闸管可用于光电耦合器、光探测器、光报警器、光计数器、光电逻辑电路及自动生产线的运行监控电路。

六、双向晶闸管的主要技术参数及触发控制方式

1. 双向晶闸管的触发控制方式

根据工作电压和触发电压极性的不同，双向晶闸管有四种可能的触发控制方式：

第一种，T_1 的电位高于 T_2，控制极的电位高于 T_2 的电位。

第二种，T_1 的电位高于 T_2，控制极的电位低于 T_2 的电位。

第三种，T_1 的电位低于 T_2，控制极的电位高于 T_2 的电位。

第四种，T_1 的电位低于 T_2，控制极的电位低于 T_2 的电位。

实际上，一般的厂家只保证器件前三种触发控制方式的可靠性。在这三种触发控制方式中，以第三种触发方式最可靠。此外，双向晶闸管所需要的触发功率一般都较大，这些在使用时也是应该注意的。

2. 双向晶闸管的型号含义

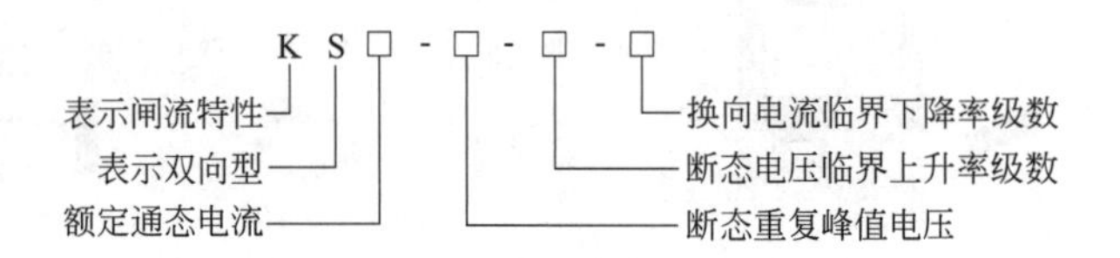

七、万用表对双向晶闸管的检测

用万用表检测双向晶闸管的好坏时，将万用表置于 $R\times1$ 挡，用两表笔测量 G、T_1 极间的正、反向电阻，应均较小，测量其他各极时应不通，如图 10-13 所示。

还可通过检查双向晶闸管的导通特性，进一步确定晶闸管的好坏。如图 10-14 所示，将万用表置于 $R\times1$ 挡，用黑表笔接 T_1 端，红表笔接 T_2 端，表针应指向“∞”处，然后用红表笔将 T_2、G 极瞬间短接一下（红表笔一直保持与 T_2 极接触），这时表针应立即偏转并保持在十几欧。若短接后表针不偏转或偏转后又立即回到“∞”处，则说明管子已损坏。

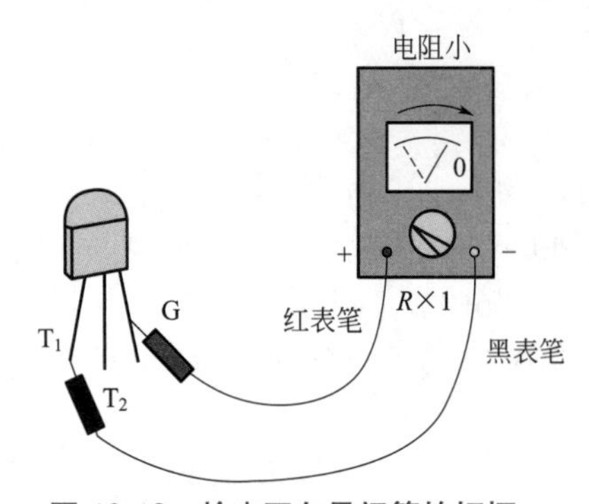

图 10-13　检查双向晶闸管的好坏

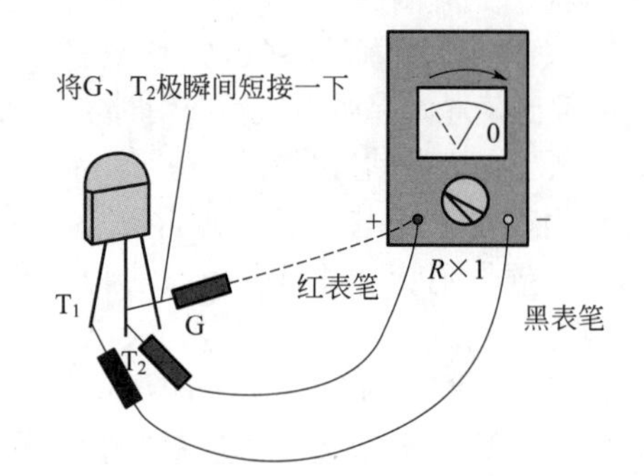

图 10-14　检查双向晶闸管的导通特性

八、数字式万用表对双向晶闸管的检测

用数字式万用表检测双向晶闸管的好坏时，将万用表置于电阻挡，用两表笔测量 G、T_1

极间的正、反向电阻，应均较小，测量其他各极时应不通。

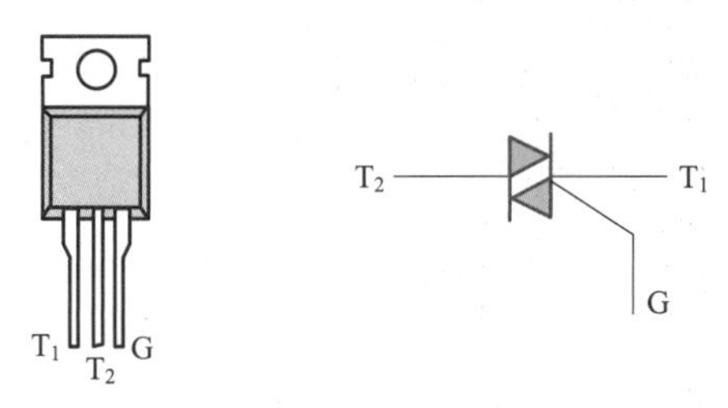

图 10-15　BT136-600 型双向晶闸管引脚与符号

BT136-600 型双向晶闸管字符面对自己引脚朝下，从左到右依次是 T_1、T_2、G，如图 10-15 所示。通过交换红、黑表笔，正反依次测量 6 次，只有 T_1-G 相互之间为 100 ～ 200Ω 就可以判断是好的，如图 10-16 所示。

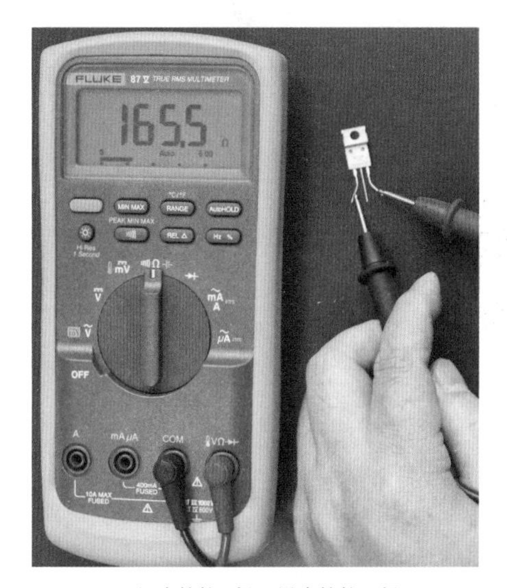

(a) 红表笔接G极、黑表笔接T_1极

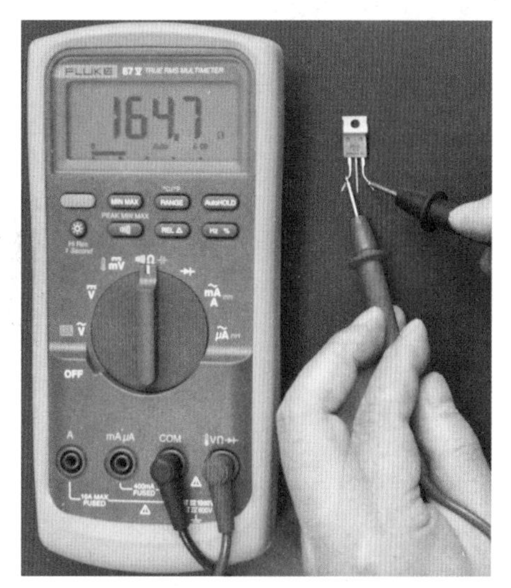

(b) 红表笔接T_1极、黑表笔接G极

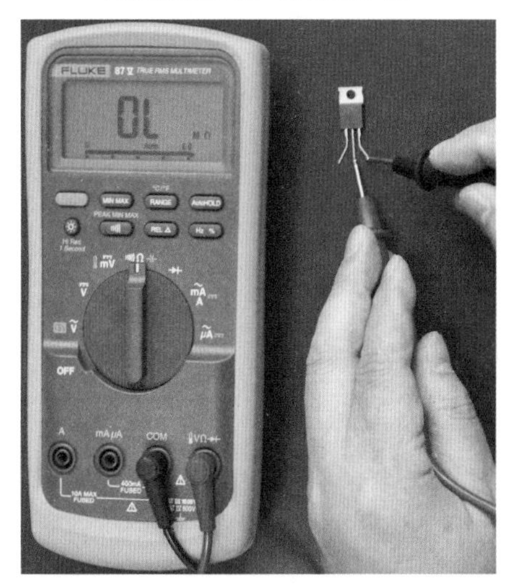

(c) 红表笔接T_2极、黑表笔接G极

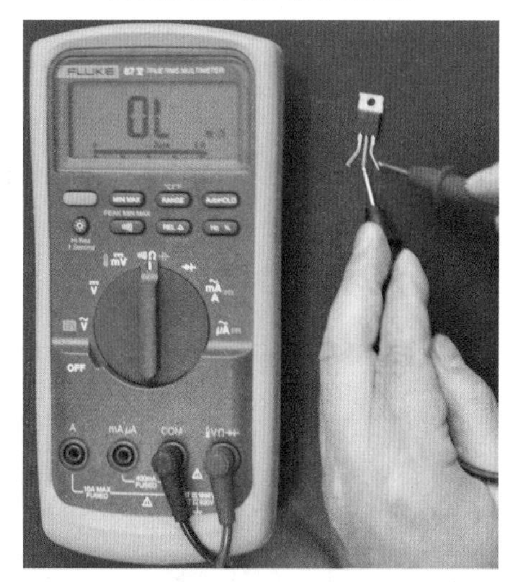

(d) 红表笔接G极、黑表笔接T_2极

图 10-16

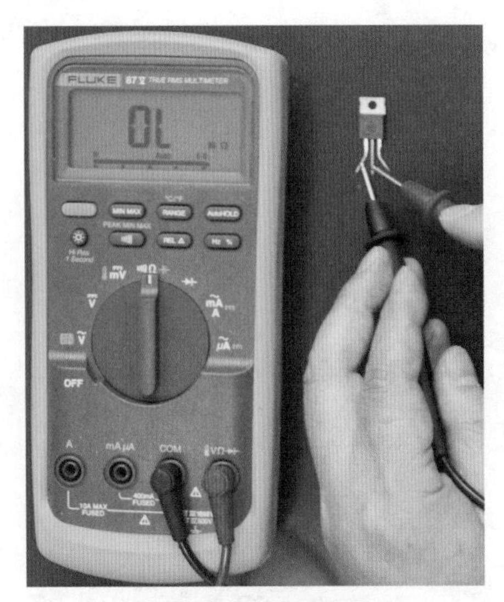

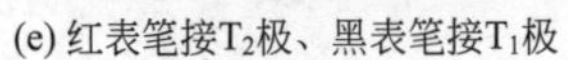
(e) 红表笔接T_2极、黑表笔接T_1极

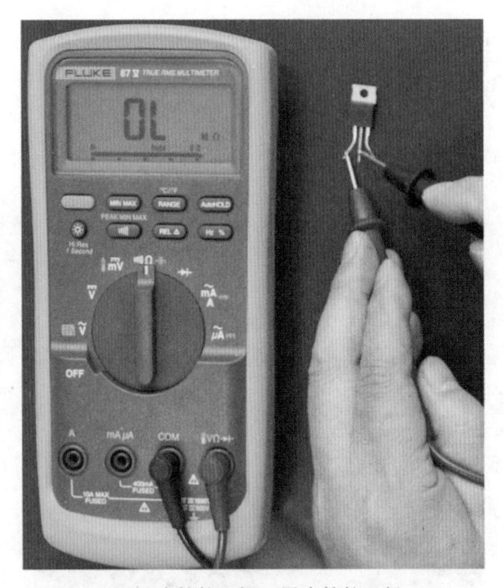

(f) 红表笔接T_1极、黑表笔接T_2极

图 10-16　BT136-600 型双向晶闸管的测量

数字式万用表
检测双向
晶闸管

第十一章 万用表检测半导体集成电路

集成电路这个名词大家并不陌生，在家用电器、电子设备的印刷电路板上安装着各色的长方块。这些带很多引脚（有的上面印着 IC 两个字母）的长方形块或圆形的器件，就是集成电路。

集成电路的英文缩写为 IC。它是在一块极小的硅单晶片上，利用半导体工艺制作上许多晶体二极管、三极管、电阻器、电容器等，并连成能完成特定功能的电子电路（有的就为单片整机功能），然后封装在一个便于安装的外壳中，构成了集成电路。

部分集成电路的实物图如图 11-1 所示。

图 11-1　部分集成电路的实物图

集成电路以体积小、耗电少、寿命长、可靠性高、功能全等特性，远优于晶体管等分立元件，在电视机、录像机、组合音响、电子仪表以及计算机等电子设备中得到广泛应用。

第一节 集成电路的基础知识

一、半导体集成电路的型号命名

集成电路现行国标（GB 3430）规定，器件的型号由五部分组成，各部分符号及意义见表 11-1。

表 11-1 器件型号的组成

第零部分		第一部分		第二部分	第三部分		第四部分	
用字母表示器件符合国家标准		用字母表示器件的类型		用阿拉伯数字和字母表示器件系列品种	用字母表示器件的工作温度范围		用字母表示器件的封装	
符号	意义	符号	意义		符号	意义	符号	意义
C	中国	T	TTL 电路	TIL 分为：	C	-0 ～ 70℃	F	多层陶瓷扁平封装
	制造	H	HTL 电路	54/74×××	G	−25 ～ 70℃	B	塑料扁平封装
		E	ECL 电路	54/74H×××	L	−25 ～ 85℃	H	黑瓷扁平封装
		C	CMOS	54/74L×××	E	−40 ～ 85℃	D	多层陶瓷双列直插封装
		M	存储器	54/74S×××	R	−55 ～ 85℃	J	黑瓷双列直插封装
		μ	微型机电器	54/74LS×××	M	−55 ～ 125℃	P	塑料双列直插封装
		F	线性放大器	54/74AS×××	⋮		S	塑料单列直插封装
		W	稳压器	54/74ALS×××			T	塑料封装
		D	音响、电视电路	54/74F ×××			K	金属圆壳封装
		B	非线性电路	CMOS 为：			C	金属菱形封装
		J	接口电路	4000 系列			E	陶瓷芯片载体封装
		AD	A/D 转换器	54/74HC×××			G	塑料芯片载体封装
		DA	D/A 转换器	54/74HCT×××			⋮	网格针栅阵列封装
		SC	通信专用电路	⋮			SOIC	小引线封装
		SS	敏感电路				PCC	塑料芯片载体封装
		SW	钟表电路				LCC	陶瓷芯片载体封装
		SJ	机电仪电路					
		SF	复印机电路					
		⋮						

二、国外数字集成电路型号命名

54/74 系列集成电路是国外最流行的通用器件。74 系列为民用品，而 54 系列为军用品，两者之间的差别在于工作温度范围，74 系列器件的工作温度范围为 0 ～ 70℃，54 系列器件的工作温度范围为 −55 ～ 120℃。54/74 系列器件在国内使用也非常普遍，目前我国生产的 TTL 器件也直接按国外系列型号来命名。

54/74系列集成电路型号的组成可分为三部分，即前缀、字头和阿拉伯数字。

前缀部分表示生产该产品的公司。表11-2是国外生产TTL集成电路的部分主要公司及其产品的前缀。

表11-2 国外生产TTL集成电路型号前缀

国别	公司名称	代号	型号前缀
美国	德克萨斯公司	TEXAS	SN
美国	摩托罗拉公司	MOTOROLA	MC
美国	国家半导体公司	NATIONAL	DM
日本	日立公司	HITACHI	HD

字头表示器件所属的系列以及按速度、功耗等特性的分类。74系列的TTL集成器件分为五大类，如表11-3所示。54系列的分类情况相同。

表11-3 74系列的TTL集成器件分类表

种类	字头	举例
标准TTL	74	7400，74194
高速TTL	74H	74H00，74H194
低功耗TTL	74L	74L00，74L194
肖特基TTL	74S	74S00，74S194
低功耗肖特基TTL	74LS	74LS00，74LS194

字头后面的阿拉伯数字表示器件的品种代号，它反映了器件的逻辑名称、逻辑功能和输出端排列次序。例如SN74LS00为德克萨斯公司出品的74系列低功耗肖特基TTL型2输入四与非门。

三、集成电路的结构形式

集成电路是在同一块半导体材料上，利用各种不同的加工方法，同时制作出许多极其微小的电阻、电容及晶体管等电路元器件，并将它们相互连接起来，使之具有特定的电路功能。

半导体集成电路的封装形式有晶体管式的圆管壳封装、扁平封装和双列直插式封装及软封装等几种，如图11-2所示。

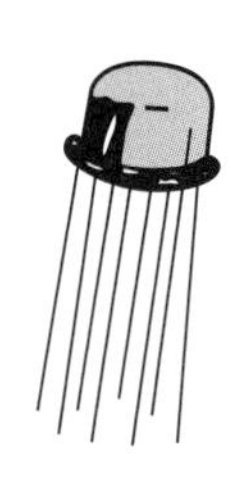

(a) 晶体管式的圆形封装

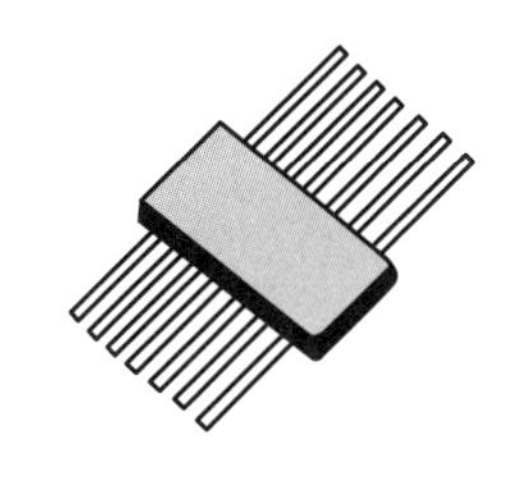

(b) 扁平封装

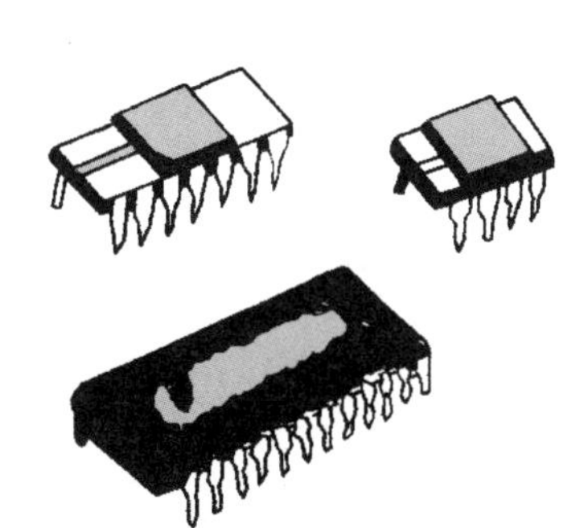

(c) 双列直插式封装

图11-2 集成电路封装形式

在晶体管式的圆管壳封装中，半导体芯片被封装在晶体管壳内，有 8 ～ 14 条引线，以适应整个电路中各种电源、输入、输出及接其他外接元件引线连接的需要。

扁平封装中，芯片被封装在扁平的长方形外壳中，引线从外壳的两边或四边引出。引线数目较多，可达 60 条以上。在电路外壳上打印有电路的型号、厂标及引脚顺序标记。

双列直插式封装是当前集成电路中最广泛采用的封装形式。它与扁平封装式比较，具有封装牢固、可自动化生产、成本低且可采用管座插接在印制电路板上的优点。双列直插式电路有 8 线、14 线、16 线、18 线、20 线、24 线、28 线和 40 线等数种。引线的数目根据电路芯片引出端功能而定。

第二节 集成电路的使用

一、识别集成电路的引脚

使用集成电路前，必须认真查对识别集成电路的引脚，确认电源、地、输入、输出、控制等端的引脚号，以免因错接而损坏器件。引脚排列的一般规律为：

圆形集成电路：识别时，面向引脚正视，从定位销顺时针方向依次为 1、2、3、4…如表 11-4 所示。圆形多用于模拟集成电路。

扁平和双列直插式集成电路：识别时，将文字符号标记正放（一般集成电路上有一圆点或有一缺口，将缺口或圆点置于左方），由顶部俯视，从左下脚起，按逆时针方向数，依次为 1，2，3，4…如表 11-4 所示。扁平式多用于数字集成电路，双列直插式广泛应用于模拟和数字集成电路。

表 11-4 正确识别集成电路引线脚

集成电路结构形式	引脚标记形式	引线脚识别方法
圆形结构	引脚排列序 管键 引脚 7 2 8 1；金属外壳 1 2 3 4 5 6 7 8	圆形结构的集成电路形似晶体管，体积较大，外壳用金属封装，引脚有 3、5、8、10 多种。识别时将管底对准自己，从管键开始顺时针方向读引脚序号
扁平平插式结构	1413 色标 1 2	这类结构的集成电路通常以色点作为引脚的参考标记。识别时，从外壳顶端看，将色点置于正面左方位置，靠近色点的引脚即为第 1 脚，然后按逆时针方向读出第 2、3…各脚
扁平直插式结构（塑料封装）	凹槽标记 色标 1 2	塑料封装的扁平直插式集成电路通常以凹槽作为引脚的参考标记。识别时，从外壳顶端看，将凹槽置于正面左方位置，靠近凹槽左下方第一个脚为第 1 脚，然后按逆时针方向读第 2、3…各脚

续表

集成电路结构形式	引脚标记形式	、引线脚识别方法
扁平直插式结构（陶瓷封装）	14 13 引脚 1 2 金属封片标记	这种结构的集成电路通常以凹槽或金属封片作为引脚参考标记。识别方法同上
扁平单列直插式结构	倒角 AN××× 1 7	这种结构的集成电路，通常以倒角或凹槽作为引脚参考标记。识别时将引脚向下置标记于左方，则可从左向右读出各脚。有的集成电路没有任何标记，此时应将印有型号的一面正向对着自己，按上法读出脚号

二、识别 TTL 集成电路的电源和接地端

国产 TTL 与非门电源与接地端的安排有两种：一种是按俯视图上排最左的脚为电源端，下排最右的脚为接地端，如图 11-3（a）所示，新产品多采用这种方式；另一种则是上排中间一脚为电源端，下排中间一脚为接地端，如图 11-3（b）所示，老产品多采用这种方式。

若拿到 TTL 与非门集成块后，对于上述两种方式属于哪一种不明确的话，可通过测极间电阻加以鉴别。正常集成块，在地端接红表笔，黑表笔接其他引脚时，接电源端时的阻值明显小于输入端和输出端的阻值。

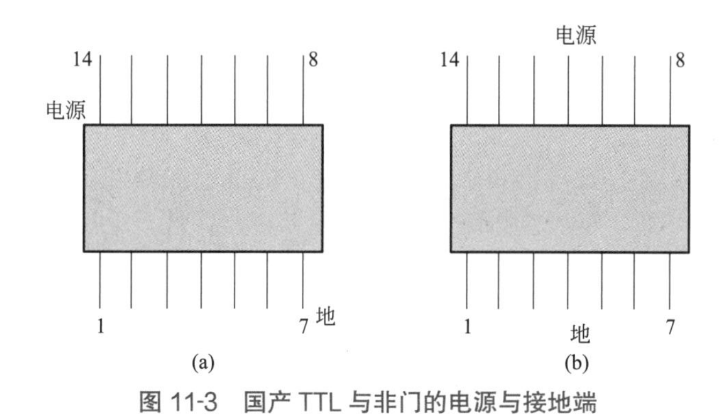

图 11-3　国产 TTL 与非门的电源与接地端

三、识别 TTL 集成电路的输入、输出端

在已经知道了集成块的电源端和接地端之后，可用如图 11-4 所示测试电路进一步识别集成块的输入端与输出端。

将万用表的红表笔依次与各引脚相连，并观察万用表的电压读数，若电压读数在 1V 以上，则此时与红表笔相连的引脚为输入端；若读数为 0.2 ～ 0.4V，则此时与红表笔相连的引脚为输出端；而读数为零的引脚是空脚。

同一个“与非”门的输入、输出端的识别。在已识别输入、输出端之后，可识别同一个“与非”门的输入、输出端，测试电路如图 11-5 所示。

红表笔接在任一输出端，用一导线，依次将输入端对地短接（相当于输入为低电平），

并观察万用表电压读数变化，所有使读数由低（0.2 ～ 0.4V）变为高（大于 2.7V）的输入端，便是同一个“与非”门的输入端。可以用同样方法识别同一集成块上另几个“与非”门的输入、输出端。

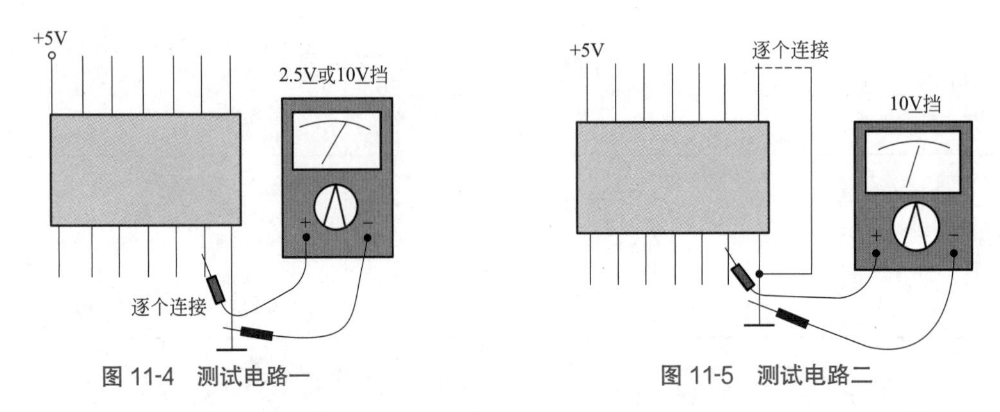

图 11-4　测试电路一　　　图 11-5　测试电路二

对于在测量中电压无任何变化的引脚或对任何一个输出端的电压变化都没有影响的输入端，可认为是空脚或内部引线断路。这样的引脚在使用中可将其剪去。

四、正确选用集成电路

怎样正确合理选用集成电路，对初学者来说是一个至关重要的问题。正确选用，须从以下几点进行考虑。

① 根据电路设计要求，正确选用集成电路。在业余制作条件下，凡能用分立元件的，不必采用集成电路，因为集成电路价格高。确定使用集成电路，主要从三个方面考虑，即速度、抗干扰能力和价格。

集成电路中表示开关速度的参数是“平均传输延迟时间 t_{pd}”和“最高工作频率 f_m”。t_{pd} 是指脉冲信号通过门电路后上升沿时延和下降沿时延的平均值。f_m 表示电路可以工作的上限频率。

在数控装置中，对器件速度的要求一般并不高，而抗干扰能力却是较突出的问题。因为生产现场往往有各种干扰，如电动机的启动及电焊机、点焊机工作时产生的干扰信号。干扰信号使数字电路发生误动作，使设备造成故障，因此必须采用抗干扰能力较强的 HTL 型集成电路。

② 选择集成电路器件，应尽量采用同一系列的，还要考虑到备件的来源，否则对制作和维修会带来不便。建议读者采用国产集成电路，因为不仅不怕缺货，而且国产元件也不亚于外国的，对业余制作电子装置的性能要求完全可以满足。

③ 集成电路电参数的优劣与其稳定性没有直接关系。电参数好的，可靠性不一定高，电参数差的，可靠性不一定低。因此，不一定要求使用高挡产品，从节约观点出发，电参数稍差的产品经过筛选，照样可以用得很好。较简单的方法是将器件放在高温（120 ～ 200℃）和低温（-40 ～ 60℃）的箱内，各存放八到十几个小时，再在温度为 40 ～ 60℃、相对湿度为 95%～ 98%的温湿箱内存放十几个小时，然后测试它们的参数，剔除不合格的器件，这样可使集成块内的隐患及早暴露，及时剔除，从而保证了电子装置工作的稳定可靠。

④ 对青少年业余电子爱好者来说，要养成节约的好习惯，对有毛病的器件也应充分利用。例如，有四个输入端的与非门，如坏了一个输入端，还可当三输入端与非门使用。甚至坏了只剩下一个输入端时，还可当作一个非门使用。

⑤ 对剩余不用的输入端，一般有悬空、并联和接高电位三种处理方法，见图 11-6。

与非门的输入端悬空时，从逻辑功能上讲，相当于接高电位，TTL电路用万用表实测，悬空端电位正常时大于1.5V，如果低于1V，则说明这个输入端已经损坏，不能使用。因此，悬空不会影响其他输入端的逻辑功能。但输入端悬空，对外来干扰十分敏感。把不用的输入端和使用的输入端并联，由于各个发射结并联，使得输入电容值提高，抗干扰能力下降。把不用的输入端通过电阻接高电位，这个方法对抗干扰有利，但对电源电压的稳定性要求较高。

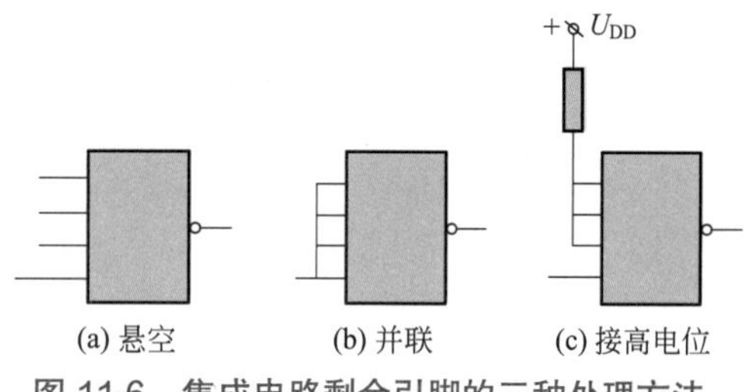

图 11-6　集成电路剩余引脚的三种处理方法

⑥ 集成电路焊接时，应使用不超过40W的电烙铁，并应把电烙铁的外壳做良好的接地，且焊接时间不宜过长。所用焊剂宜采用松香酒精溶液，不能使用有腐蚀性的焊剂。需要更换集成电路时，必须关机切断电源。

第三节
集成电路的检测

一、万用表对TTL集成电路直流参数的检测

1. 测量开门电压 U_{ON}

在输出端接额定负载（通常规定带8个同类型与非门负载）时，使输出电压为低电平的最小输入电压，称为开门电压 U_{ON}，一般 $U_{ON} \leqslant 1.8V$。

U_{ON} 测量电路如图11-7所示。

测量时，万用表置于直流电压2.5V或10V挡，将各输入端依次接1.8V电压，观察输出电压是否低于0.35V，若低于0.35V，说明是合格的，否则就不能使用。

2. 测量输出低电平 U_{OL}

在输出端接有额定负载（通常规定带8个同类型与非门负载）时，电路处于饱和状态的输出电平，称为输出低电平 U_{OL}，一般要求 $U_{OL} \leqslant 0.35V$。

测量 U_{OL} 的电路及其具体方法均与测量 U_{ON} 相同。若测得 $U_{OL} \leqslant 0.35V$，即为合格品，否则就不能使用。

3. 测量输出高电平 U_{OH}

当电路处于截止状态时的输出电平，称为输出高电平 U_{OH}，一般要求 $U_{OH} \geqslant 2.7V$。

测量 U_{OH} 的电路如图11-8所示，万用表置于直流电压10V挡，各输入端依次接0.8V电压，这时观察输出电压，即为输出高电平 U_{OH}，若 $U_{OH} \geqslant 2.7V$ 就是合格品。U_{OH} 低于2.7V的相应输入端应剪掉。

4. 关门电压 U_{OFF}

把输出电压下降到输出高电平 U_{OH} 的90%时的输入电压，称为关门电压 U_{OFF}，一般 $U_{OFF} \geqslant 0.8V$。

U_{OFF} 测量电路及测量方法与 U_{OH} 相同。当输入端依次接 0.8V 电压时，凡是输出电压大于 2.7V 的，即为合格品，否则就不能使用。

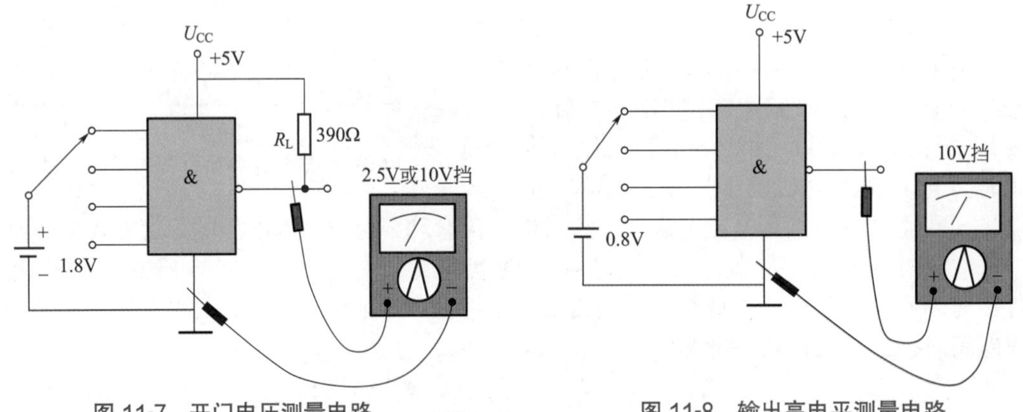

图 11-7　开门电压测量电路　　　　图 11-8　输出高电平测量电路

二、万用表对 TTL 集成电路好坏的检测

TTL 是英文 Transistor-Transistor Logic 三个英文字的首字母，称为晶体管 - 晶体管逻辑。

集成电路的检测要比分立元件困难，但只要按下述方法检测，还是能很快查出故障原因的。

① 首先要熟悉集成电路的内部结构原理。然后采用由后向前逐级检查的方法，分析其故障产生的原因。表 11-5 列出了用万用表检查 TTL 集成电路的数据，供测量时参考。表中数据是用 500 型万用表 $R\times1\text{k}$ 挡测量的，它是用万用表判别 TTL 集成电路好坏的一种实用方法。

表 11-5　用万用表测 TTL 集成电路的数据

<table>
<tr><th>测量项目</th><th>正常值</th><th>不正常值</th><th>万用表接法</th><th>备注</th></tr>
<tr><td>输入输出各端对电源地端</td><td>5kΩ</td><td><1kΩ 或 >12kΩ</td><td rowspan="2">黑表笔接地端，红表笔接其他各端</td><td rowspan="4">用 500 型万用表 R×1k 挡。用其他万用表会略有出入</td></tr>
<tr><td>正电源端对电源地端</td><td>3kΩ</td><td>≈0 或 ≈ ∞</td></tr>
<tr><td>输入输出各端对电源地端</td><td>>40kΩ</td><td><1kΩ</td><td rowspan="2">红表笔接地端，黑表笔接其他各端</td></tr>
<tr><td>正电源端对电源地端</td><td>3kΩ</td><td>≈0 或 ≈ ∞</td></tr>
</table>

② 电压测量判断法。对有可疑的集成电路，测量其引脚电压，将测量的结果与已知道或经验数据进行比较，进而判断出故障范围。

③ 信号检查法。利用示波器及信号源，检查电路各级的输入和输出信号。对于数字集成电路，主要是通过信号来查清它们的逻辑关系。对集成运算放大器来说，需要弄清其放大特性。可疑级一般发生在正常与不正常信号电压的两测试点之间的那一级。

④ 对有可疑的集成电路，判断是否存在故障的最快办法是，采用同型号的、完好的集成电路做替代试验。

三、万用表对集成电路直流电阻的在线检测

集成电路在使用时，有一个接地引脚与印制电路板上的“地”线是连通的。由于集成电

路内部元器件之间的连接都采用直接耦合，因此，集成电路的其他引脚与接地脚之间都存在着确定的直流电阻。用万用表欧姆挡可直接在线路板上测量集成电路各引脚和外围元件的正、反向直流电阻值。

这种确定的直流电阻被称为该脚内部等效直流电阻。当拿到一块新的集成电路时，可通过用万用表测量各引脚的内部等效直流电阻来判断其好坏，若各引脚的内部等效电阻与标准值相符，则说明这块集成电路是正常的；反之，若与标准值相差过大，则说明集成电路内部损坏。

因为集成电路内部有三极管与二极管等非线性元件，所以在测量中仅测得一个阻值还不能判断其好坏，必须互换表笔再测一次，以获得正、反向两个阻值。只有当内部等效直流电阻正、反向阻值都符合标准，才能断定该集成电路完好。在电路中测得的集成电路某引脚与接地脚之间的直流电阻（在路电阻），实际是内阻与外部电阻并联后的总直流等效电阻。

有时在线电压和在线电阻偏离标准值，并不一定是集成电路损坏，而是有关外围元件损坏，使外部电阻不正常，从而造成在线电压和在线电阻的异常。这时可以通过测量集成电路内部直流等效电阻来判定集成电路是否损坏。在线检测集成电路内部直流等效电阻时可不把集成电路从电路上焊下来，只需将电压或在路电阻异常的脚与电路断开，再测量该脚与接地脚之间的内部等效直流电阻正、反向电阻值便可判断其好坏。

必须注意：测量直流电阻前要先断开电源，以免测试时损坏万用表。

四、万用表对集成电路电压的在线检测

在实际工作中，通常采用在路测量，在路测量是一种用万用表检测集成电路各引脚对地交、直流电压的检测方法。

1. 检测直流电压

这是一种在通电情况下，用万用表直流电压挡对直流供电电压、外围元件的工作电压进行测量，检测集成电路各引脚对地直流电压值，并与正常值相比较，进而压缩故障范围，找出损坏元件的测量法。检测时，首先测量集成电路各引脚电压，若电压与标准值不符，可断开引脚连线测接线端电压，以判断电压变化是外围元件引起的，还是集成电路内部引起的。也可以用万用表欧姆挡，直接在电路板上测量集成电路各引脚和外围元件的正、反向直流电阻，并与正常数据相比较，来发现和确定故障。

2. 检测交流电压

对于一些工作频率比较低的集成电路，为了掌握其交流信号的变化情况，可用带有 dB 插孔的万用表对集成电路的交流工作电压进行近似测量。检测时万用表置于交流电压挡，正表笔插入“dB”插孔。若无“dB”插孔，可在正表笔串接一个 0.1 ～ 0.5μF 隔直电容器。

对数字式万用表检测交流电压时要把万用表挡位扳到交流挡，然后检测引脚对电路“地”的交流电压。如果电压异常，则可断开引脚连线测接线端电压，以判断电压变化是由外围元件引起的，还是由集成电路内部引起的。

五、集成电路损坏后的更换

通过检测、判断，若确是集成电路损坏或怀疑它损坏时，需要把集成电路从印制电路板上拆下。通常用专用的吸锡器拆卸较为方便。如果没有专用器具，则可按表 11-6 所列方法

进行拆卸，然后换上新的集成电路。

表 11-6　拆卸集成电路的方法

序号	方法	示意图
1	使用特殊烙铁头，使烙铁头同时接触各引线焊点，这样可同时对各焊点加热，然后可以轻轻地拔下集成电路块	(a) 圆形烙铁头　(b) 直列式烙铁头
2	使用内热式解焊器将熔化的焊锡吸入收集筒内，这样可以多次把焊点上的锡吸净，集成电路就很容易取下来了	橡皮球 焊料收集筒 电烙铁 IC
3	一边用烙铁熔化集成电路脚上的焊点，一边用空心针头套在脚上旋转，可使各脚和印制板脱开	空心针头 电路板 烙铁 IC
4	用一段被松香酒精溶液浸过的金属编织线置于集成电路的焊点上，然后用不带污垢和锡滴的烙铁熔化焊点，锡会被编织线沾去	烙铁 编织线

第四节　集成运算放大器的检测

集成运算放大器是一种高增益的直接耦合放大器，其内部包含数百个晶体管、电阻、电容，但体积只有一个小功率晶体管那么大，功耗也仅有几毫瓦至几百毫瓦，但功能很多。它通常由输入级、中间放大级和输出级三个基本部分构成。运算放大器除具有 +、- 输入端和输出端外，还有 +、- 电源供电端，外接补偿电路端，调零端，相位补偿端，公共接地端及其他附加端等。它的放大倍数取决于外接反馈电阻，这给使用带来很大方便。其种类有通用型运算放大器，比如 μA709、5G922、FC1、FC31、F005、4E320、8FC2、SG006、BG305 等；通用Ⅲ型有 F748、F108、XFC81、F008、4E322 等；低功耗放大器（μPC253、7XC4、5G26、F3078 等）；低噪声运算放大器（如 F5037、XFC88）；高速运算放大器（如国产型号有 F715、F722、4E321、F318，国外的有 μA207）；高压运算放大器（国产的有 F1536、BG315、F143）；还有电流型、单电源、跨导型、静电型、程控型运算放大器等。

一、集成运算放大器的特点与组成

1. 集成运算放大器的特点

自 20 世纪 60 年代初第一个集成运算放大器问世以来，运算放大器（简称运放）在信号运算、信号处理、信号测量及波形产生等方面获得了广泛应用。集成运算放大器的一些特点与其制造工艺是紧密相关的，主要有以下几点。

① 在集成电路工艺中难于制造电感元件；制造容量大于 200pF 的电容也比较困难，而且性能很不稳定，所以集成电路中要尽量避免使用电容器。而运算放大器各级之间都采用直接耦合，基本上不采用电容元件，因此适合于集成化的要求。

② 运放的输入级都采用差动放大电路，它要求两管的性能相同。而集成电路中的各个晶体管是通过同一工艺过程制作在同一硅片上的，容易获得特性相近的差动对管。又由于管子在同一硅片上，温度性能基本保持一致，因此，容易制成温度漂移很小的运算放大器。

③ 在集成电路中，比较合适的阻值大致为 100Ω ～ 30kΩ。制作高阻值的电阻成本高，占用面积大，且阻值偏差大（10%～ 20%）。因此，在集成运算放大器中往往用晶体管恒流源代替电阻。必须用直流高阻值电阻时，也常采用外接方式。

④ 集成电路中的二极管都采用晶体管构成，把发射极、基极、集电极三者适当组配使用。

2. 集成运算放大器的组成

集成运算放大器的电路常可分为输入级、中间级、输出级和偏置电路四个基本组成部分，如图 11-9 所示。

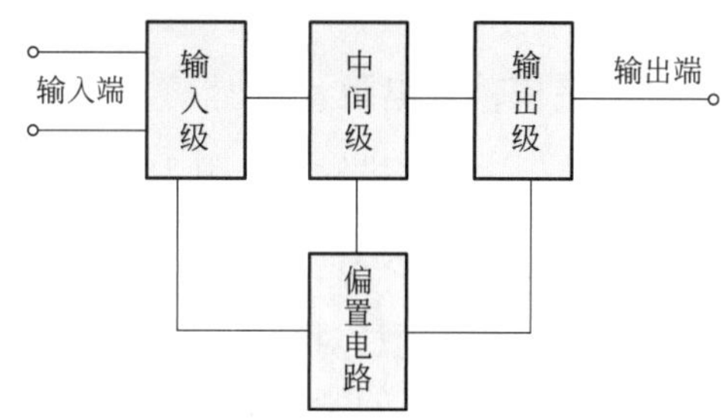

图 11-9　运算放大器的方框图

输入级是提高运算放大器质量的关键部分，要求其输入电阻高，能减小零点漂移和抑制干扰信号。输入级都采用差动放大电路。

中间级主要进行电压放大，要求它的电压放大倍数高，一般由共发射极放大电路构成。

输出级与负载相接，要求其输出电阻低，带负载能力强，能输出足够大的电压和电流，一般由互补对称电路或射极输出器构成。

偏置电路的作用是为上述各级电路提供稳定和合适的偏置电流，决定各级的静态工作点，一般由各种恒流源电路构成。

二、集成运算放大器的主要参数

为合理选择、正确使用集成运算放大器，必须了解其主要参数的意义。

1. 开环差模电压放大倍数 A_{do}

A_{do} 是指集成运放的输出端与输入端之间无外接回路时的差模电压放大倍数，也称开环电压增益。通常用分贝（dB）表示，即：

$$A_{do}(\text{dB}) = 20\lg\frac{u_o}{u_i}(\text{dB})$$

常用的集成运放，A_{do} 一般为 80 ～ 140dB。

2. 最大输出电压 U_{omax}

U_{omax} 是指集成运放在额定电源电压和额定负载下，不出现明显非线性失真的最大输出电压峰值。它与集成运放的电源电压有关。

3. 最大输出电流 I_{omax}

I_{omax} 是指集成运放在额定电源电压下达到最大输出电压时所能输出的最大电流。通用型集成运放 I_{omax} 一般为几毫安至几十毫安。

4. 输入失调电压 U_{io}

为使集成运放输出电压为零而在输入端所加的补偿电压称为输入失调电压，它反映了输入级差分电路的不对称程度，一般为几毫伏。U_{io} 越小越好。

5. 输入失调电流 I_{io}

I_{io} 是指输出电压为零时，流入集成运放两输入端静态基极电流之差。I_{io} 越小越好。

6. 共模抑制比 K_{CMR}

K_{CMR} 主要取决于输入级差分电路的共模抑制比，通常用分贝表示。一般为 80dB 以上，理想运放的 K_{CMR} 为∞。

7. 差模输入电阻 r_{id}

集成运放的差模输入电阻为 $10^5 \sim 10^{11}\Omega$，当输入级采用场效应管时，可达 $10^{11}\Omega$ 以上。

8. 转换速率 S_R

S_R 反映集成运放对高速变化输入信号的响应情况，只有输入信号的变化速率小于 S_R 时，输出才能跟上输入的变化。否则，输出波形会产生失真。

9. 输入偏置电流 I_{iB}

I_{iB} 是指集成运放两输入端静态电流的平均值，其值越小越好。

集成运放还有其他参数。使用时可查阅有关手册。

三、选用运放时应注意的事项

集成运放按其技术指标可分为通用型、高速型、高阻型、低功耗型、大功率型、高精度型等，按其内部电路可分为双极型和单极型，按每一集成片中运放的数目可分为单运放、双运放和四运放。

若没有特殊的要求，应尽量选用通用型，既可降低设备费用，又易保证货源。当一个系统中有多个运放时，应选多运放的型号，例如，CF324 和 CF14573 都是将四个运放封装在一起的集成电路。

当工作环境常有冲击电压和电流出现时，或在实验调试阶段，应尽量选用带有过压、过流、过热保护的型号，以避免由于意外事故造成器件损坏。

不要盲目追求指标先进。尽善尽美的运放是不存在的。例如，低功耗的运放，其转换速率必然低；场效应管做输入级的运放，其输入电阻虽然高，但失调电压也较大。

要注意在系统中各单元之间的电压配合问题。例如，若运放的输出接数字电路，则应按后者的输入逻辑电平选择供电电压及能适应供电电压的运放型号，否则它们之间应加电平转换电路。

手册中给出的性能指标是在某一特定条件下测出的，若使用条件与所规定的不一致，则将影响指标的正确性。例如，当共模输入电压较高时，失调电压和失调电流的指标将显著恶化。若补偿电容器容量比规定的大时，将要影响运放的频宽和转换速率。

四、万用表对集成运算放大器的电极和好坏的判断

集成运算放大器（以下简称为集成运放）已被广泛应用于收录机、电视机及精密测量、自动控制领域中。

1. 电极识别

集成运放的引出脚较多，有 8 脚、10 脚、12 脚等多种，常见的外形，有圆筒形封装［如图 11-10（a）所示］、双列直插式封装［如图 11-10（b）所示］。圆筒形封装的集成运放，引脚的识别方法，是将引脚朝上，从其结构特征（突键）起按顺时针方向，依次为 1、2、3…。对于双列直插式封装的集成运放引脚的识别方法，是将结构特征（凹口、突键、色标等）按图 11-10（b）位于俯视图左侧，由左下角起按逆时针方向，依次为 1、2、3…。

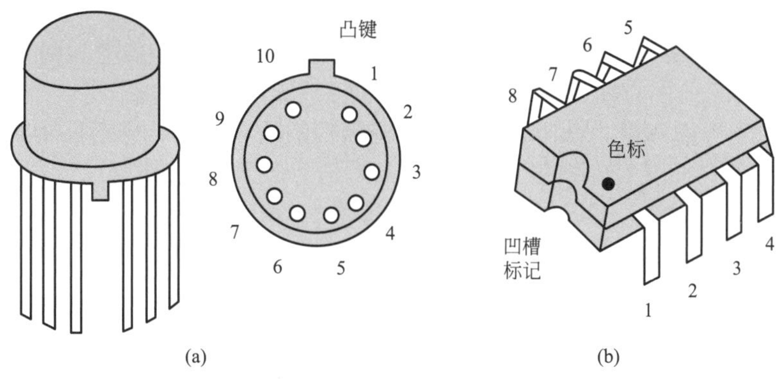

图 11-10　常见集成运放的外形

应注意：不同型号的集成运放，各引脚的功能是不一样的，使用时要根据产品说明书，查明各引脚的具体功能。

2. 用万用表测极间电阻鉴别好坏

可用万用表的电阻挡测量集成运放各引脚间的电阻值来判断它的好坏。其方法是用万用表测出完好的常用的几种型号集成运放引脚之间的阻值（黑表笔接负电源引脚，红表笔依次接其余各引脚，然后两表笔交换），并将测出阻值记录下来，作为测试同型号集成运放的标准。当使用中怀疑某集成运放可能损坏时，可通过测量其引脚间阻值与先前测得的阻值加以比较即可较快地判断是否已损坏。

用万用表测集成运放引脚间电阻时应注意，量程应选 $R\times1$k 或 $R\times100$ 挡，不宜用 $R\times1$ 挡，以免测试电流太大损坏集成电路。

五、万用表对集成运算放大器参数的简易测试

用图 11-11 所示电路可以粗测集成运放的动态范围、静态功耗、失调电压、开环电压放

大倍数、消振电容等参数。

测试电路接成深度负反馈，因此它的闭环电压放大倍数为：

$$A_F=U_o/U_i=(R_F+R_3)/R_3$$
$$=(510k\Omega+5.1\ k\Omega)/5.1k\Omega\approx100$$

且有：

$$U_i=U_1R_2/(R_1+R_2)$$
$$\approx U_1\times5.1k\Omega/(510k\Omega+5.1\ k\Omega)=\frac{1}{100}U_1$$

① 最大输出幅度 U_{P-P} 的测量。万用表置于直流电压适合的挡位上，慢慢地调整电位器 RP，使其从一个极端位置移动到另一个极端位置，从万用表可读出输出电压的正最大值及负最大值，这就是它的最大输出幅度 U_{P-P}。

若调节 RP 时，只在某一个方向上有输出（即只有正的或负的输出），或者只有某一固定值，说明集成运放是坏的。

② 消振电容的测定。调节电位器 RP 使滑臂处于中间位置，万用表置于交流电压挡适合的挡位，接在集成运放的输出端，此时万用表表针摆动幅度较大，然后接上容量为 50 ～ 70pF 的电容 C（单电容补偿），这时表针摆动幅度减小。最后再调整 C 的容量，直到指针不摆动或摆动最小。这时的电容量即是最佳补偿值。

③ 输入失调电压 U_{io} 的测量。万用表置于直流电压挡适合的挡位上。调节 RP 使 U_o=0，再把万用表接在 RP 的中心抽头与地之间，测出 U_1，则 $U_{io}=U_1/100$。

④ 静态功耗 P_c 的测量。万用表置于直流电流挡的适合挡位，分别串接在图 11-11 所示电路中的“×”处，测得 I_+、I_- 的电流值，则：

$$P_c=U_+I_++U_-I_-$$

⑤ 开环电压放大倍数的估测。万用表置于直流电压挡，并将它接在电路中的 A、B 之间，调节 RP，若万用表示值始终为零或某一固定值，说明开环放大倍数较大。若在调节 RP 时，电表示值有明显的缓慢变化，说明开环电压放大倍数不够大。

⑥ 输入偏置电流 I_{iB} 的测量。测试电路如图 11-12 所示。将万用表置于直流电流 μA 挡，接在图中所示位置，万用表的读数是两个基极电流之和，因此电表电流示值的二分之一即为输入偏置电流 I_{iB}。

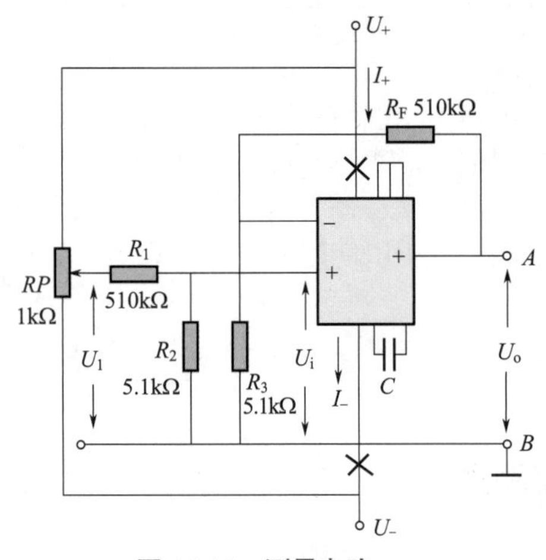

图 11-11　测量电路

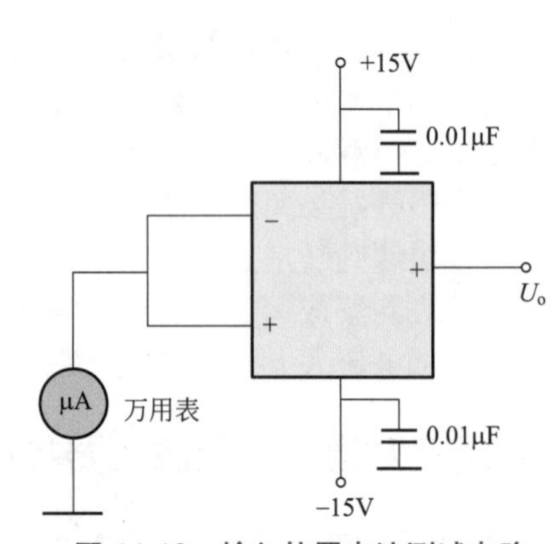

图 11-12　输入偏置电流测试电路

第五节

三端集成稳压器的检测

一、78XX 系列三端集成稳压器与 79XX 系列三端集成稳压器

1. 78XX 系列三端集成稳压器

自制各种电子装置都离不开直流稳压电源。用分立元件组装的稳压电源，调试、维修比较麻烦，且体积较大。随着电子电路集成化的发展，出现了集成稳压器。目前常见的三端集成稳压器有三端固定输出正稳压器 78×× 系列和负稳压器 79×× 系列。图 11-13 为三端集成稳压器的外形图。

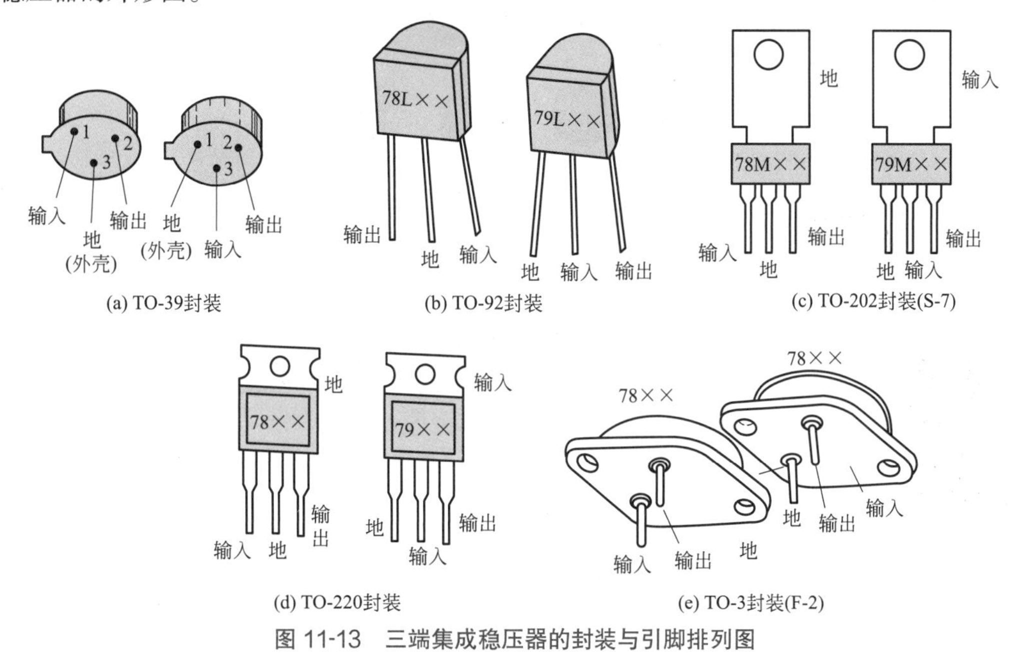

(a) TO-39封装　(b) TO-92封装　(c) TO-202封装(S-7)

(d) TO-220封装　(e) TO-3封装(F-2)

图 11-13　三端集成稳压器的封装与引脚排列图

78×× 系列三端集成稳压器是用途甚广的一种稳压器。所谓“三端”是指电压输入端、电压输出端和公共接地端。“输出正”是指输出正电压。国内各生产厂家均将此系列稳压器命名为“78×× 系列”，如 7805、7812 等，其中 78 后面的数字即为该稳压器输出的正电压数值，以伏为单位。例如 7805、7812 即表示分别输出 +5V、+12V 的稳压器。有时发现 78×× 之前还有 CW 等字母，这代表着某生产厂的产品代号。厂家不同，字母各异，这与输出正电压数值无关。

78×× 系列稳压器按输出电压分，共有八种，即 7805、7806、7809、7810、7812、7815、7818、7824。按其最大输出电流又可分为 78L××、78M×× 和 78×× 三个系列。其中 78L×× 系列最大输出电流为 100mA，78M×× 系列最大输出电流为 50mA，78×× 系列最大输出电流为 1.5A。

图 11-13 中 78L×× 系列有两种封装形式：一种是金属壳的 TO-39 封装，一种是塑料 TO-92 封装。前者温度特性比后者好。最大功耗为 700mW，加散热片时最大功耗可达 1.4W；后者最大功耗为 700mW，使用时无须加散热片。78L×× 系列中，一般以塑封的使用较多。

78M×× 系列有两种封装形式：一种是 TO-202 塑封，另一种是 TO-220 塑封。不加散热片时最大功耗为 1W，加散热片时，最大功耗可达 7.5W。78×× 系列也有两种封装形式：一种是金属壳的TO-3封装，一种是塑料壳TO-220封装。不加散热片时，前者最大功耗可达2.5W，后者可达 2W；加装散热片后，最大功耗可达 15W。塑料封装以其安装固定容易、价格便宜等优点，得到了广泛应用。

几种 78×× 系列集成稳压器的实物图如图 11-14 所示。

图 11-14　几种 78×× 系列集成稳压器的实物图

图 11-15 为 78×× 系列集成稳压器的框图。

万用表检测三端式集成稳压器

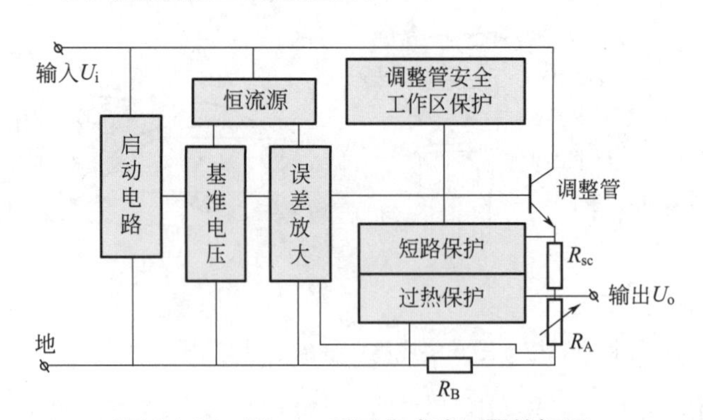

图 11-15　78×× 系列集成稳压器的框图

2. 79XX 系列三端集成稳压器

三端固定输出负稳压器 79×× 系列除输出电压为负电压、引脚排列不同外，其命名方法、外形均与 78×× 系列相同。

二、万用表对三端集成稳压器的检测

检测三端稳压器的方法有两种：①测电压法，用万用表直流电压挡测量输出电压是否与标称值一致（允许有 ±5%的偏差）；②测电阻法，用电阻挡测量各引脚间的电阻值并与正常值作比较，以判断其好坏。

利用 500 型万用表的 R×1k 挡分别测量 7805、7806、7812、7815、7824 正压稳压器以及 7905 负压稳压器的电阻值，见表 11-7，可供参考。

表 11-7　测量三端稳压器的电阻值

三端稳压器	黑表笔位置	红表笔位置	正常电阻值 /kΩ	不正常电阻值
78××系列（7805、7806、7812、7815、7824）	U_i	GND	15 ～ 45	0 或∞
	U_o	GND	4 ～ 12	
	GND	U_i	4 ～ 6	
	GND	U_o	4 ～ 7	
	U_i	U_o	30 ～ 50	
	U_o	U_i	4.5 ～ 5.0	
7905	$-U_i$	GND	4.5	0 或∞
	$-U_o$	GND	3	
	GND	$-U_i$	15.5	
	GND	$-U_o$	3	
	$-U_i$	$-U_o$	4.5	
	$-U_o$	$-U_i$	20	

三、万用表对三端可调式集成稳压器的检测

检测三端可调式集成稳压器的方法也有两种。一种方法是参照图 11-16 进行通电试验，用万用表测量输出直流电压的调节范围。另一种方法是测量各引脚的电阻值，判断其好坏。用 500 型万用表 $R\times1$k 挡分别测量 LM317（1.5A）、LM350（3A）、LM338（5A）各引脚间的电阻值，见表 11-8，可供参考。

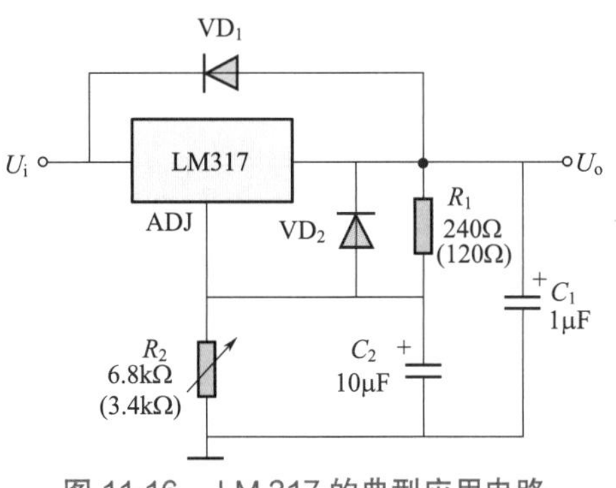

图 11-16　LM 317 的典型应用电路

万用表检测三端可调式集成稳压器

表 11-8　LM317、LM350、LM338 各引脚的电阻值

表笔位置		正常电阻值 /kΩ			不正常电阻值
黑表笔	红表笔	LM317	LM350	LM338	
U_i	ADJ	150	75 ～ 100	140	0 或∞
U_o	ADJ	28	26 ～ 28	29 ～ 30	
ADJ	U_i	24	7 ～ 30	28	
ADJ	U_o	500	几十至几百①	约 1MΩ	
U_i	U_o	7	7.5	7.2	
U_o	U_i	4	3.5 ～ 4.5	4	

①个别管子可接近于无穷大。

第十二章 万用表检测显示器件

第一节 液晶显示器的检测

一、常用的显示器件

目前国内外生产的显示器件种类繁多，性能各异。主要有两大类：主动发光型（例如阴极射线管、辉光数码管、荧光数码管、LED 数码管、等离子体显示器、光导纤维显示器），被动发光型（例如液晶显示器、磁翻板显示器、电泳显示器）。前者本身发光，后者不发光，只能反射、透射或投射光线。适用于数字仪器仪表的显示器件主要有 LED 数码管、液晶（LCD）显示器、CMOS-LED 组合器件。

大屏幕智能显示屏是由计算机控制，将光、电、声融为一体，能显示各种信息的大型显示装置。适配大屏幕智能显示屏的新型显示器件有 LED 点阵显示器、LCD 点阵显示器、显像管（CRT）、磁翻板显示器。

二、液晶显示屏

液晶是一种有机化合物，它是一种介于固态和液态之间的一种晶状物质，它具有液体的流动性，同时也具有某些类似固态晶体的各向异性的特征。在外加电场的作用下，由于液晶分子排列的变化而引起液晶光学性质改变，这种现象称为液晶的光电效应。液晶显示器就是利用液晶的光电效应而制成的一种显示器件。

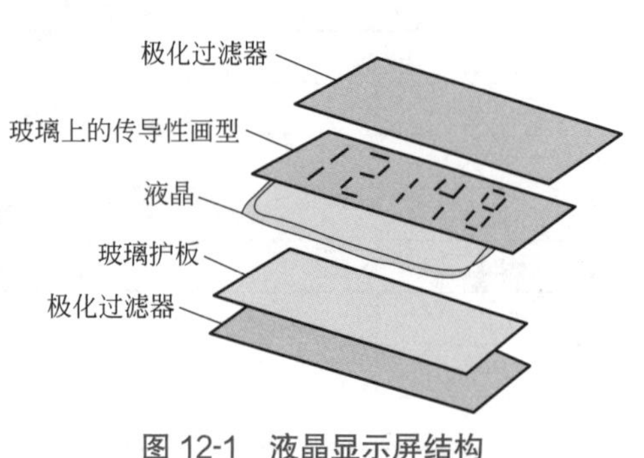

图 12-1　液晶显示屏结构

液晶显示屏如图 12-1 所示。它不是发光器件，只是依靠良好的环境光或其他形式光源来工作。它的结构包括极化过滤器，后面用显微镜下喷镀金属薄层完全罩住的玻璃护板、液晶、金属化的 7 段数字，或者在另一个玻璃盘上的字母数字显示符号；最后是另一个极化过滤器。整个显示器是密封的，通过印制电路板上的插座进行电气连接。在透射系统中，光经过显示屏。而在反射系统中，有一个反射器把光反射回来通过它前面的盘面。当用交流电或方波脉冲激励选用段时，这些段下面的液晶转动或扭转 90°，改变光的穿过状态，光被这个扭转的动作遮住，就显出黑色或透明的所需要的符号。

三、LCD 液晶显示器

LCD 液晶显示器是目前发展速度较快、应用较广的一种显示器件。液晶是介于固体和液体之间的一种有机化合物。一般情况，它和液体一样可以流动，但它在不同方向上的光学特性不同，类似于晶体性质，故称此类物质为“液晶”。用作数字显示，主要采用所谓场效应扭曲向列型液晶。利用液晶的电光效应制作成的显示器就是液晶显示器。

液晶显示器（LCD）属于被动型显示器件，是利用液晶的电光效应、通过交流电场控制环境光在显示部位的反射（或透射）来显示的。它本身不发光，不能在光线黑暗的环境下显示。

液晶是一种具有电光效应的物质，它在一定的温度范围内，既具有晶体特有的双折射性，又具有液体的流动性。

液晶主要可分为热致液晶和溶致液晶两大类。液晶显示器使用的是热致液晶。它在电场的作用下，分子排列发生了变化，其光学特性也随之发生变化。

几种液晶显示器的外形如图 12-2 所示。

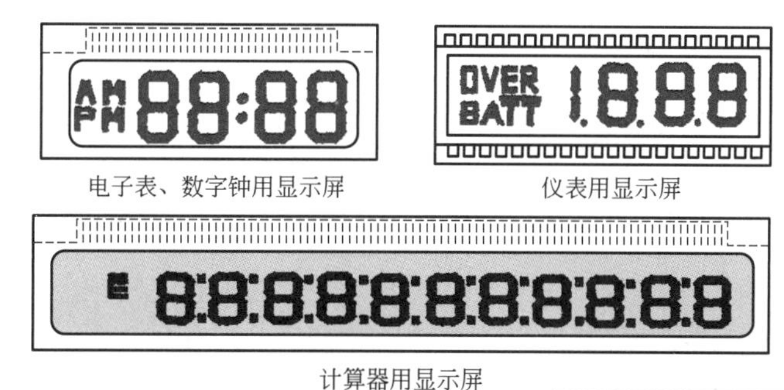

电子表、数字钟用显示屏　　仪表用显示屏

计算器用显示屏

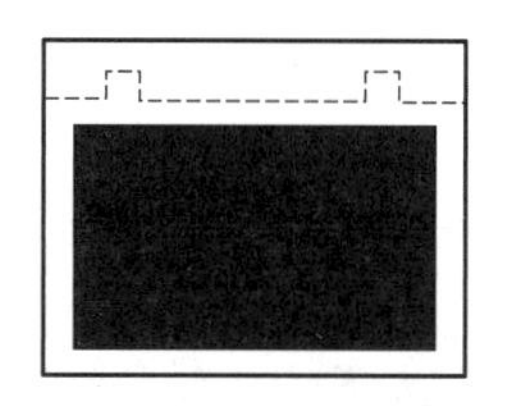
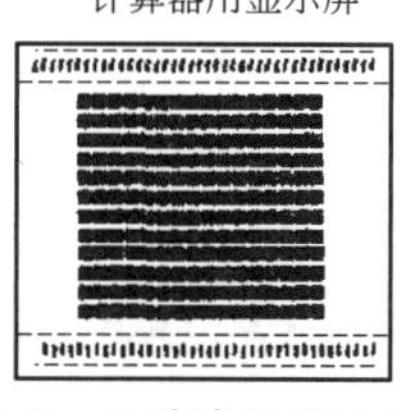

图 12-2　几种液晶显示器的外形

液晶显示器具有如下特点。

① 工作电压低（2 ～ 6V），微功耗（1μW/cm^2 以下），能与 CMOS 电路匹配。

② 显示柔和，字迹清晰；不怕强光冲刷，光照越强对比度越大，显示效果越好。

③ 体积小，重量轻，多为平板型。

④ 设计、生产工艺简单。器件尺寸可做得很大，也可做得很小；显示内容在同一显示面内可以做得多，也可以少，且可以显示数字和符号。

⑤ 具有高可靠性；长寿命，廉价。

液晶显示器一个最突出的特点就是其本身不发光，它是用电来控制对环境照明的光在显示部位的反射（或透射）方法而实现显示的。因此，在所有的显示器件中，它的功耗最小。与低功耗的CMOS电路匹配时，最适于用作各种便携的袖珍型仪器仪表、微型计算机等。

四、液晶显示器的分类

液晶显示器的分类见表12-1。

表12-1 液晶显示器的分类

分类	说明
按转换机理分	液晶显示器按转换机理可分为扭曲向列（TN）型、动态散射（DS）型、宾主（GH）型、超扭曲（STN）型、电控双折射（ECB）型、双频型、相变（PC）型和存储型等
按驱动方式分	液晶显示器按驱动方式可分为静态驱动式和动态驱动式
按用途分	液晶显示器按用途的不同可分为时钟用、手表用、计算器用、仪器仪表用、微型彩电用、电脑显示器用、影碟机用、点阵显示器用等
按结构分	液晶显示器按结构可分为反射型、透射型和投影型等多种
按连接方式分	按液晶显示器与驱动电路之间的连接方式可分为导电橡胶式连接和插针式连接

五、万用表对液晶显示器的检测

应用广泛的三位半静态显示液晶屏的引脚如图12-3所示。一般引脚均按此排列。背极（也称公共极）一般为最边缘最后一个引脚，而且较宽，通常液晶显示器上有1～4个背极引脚。

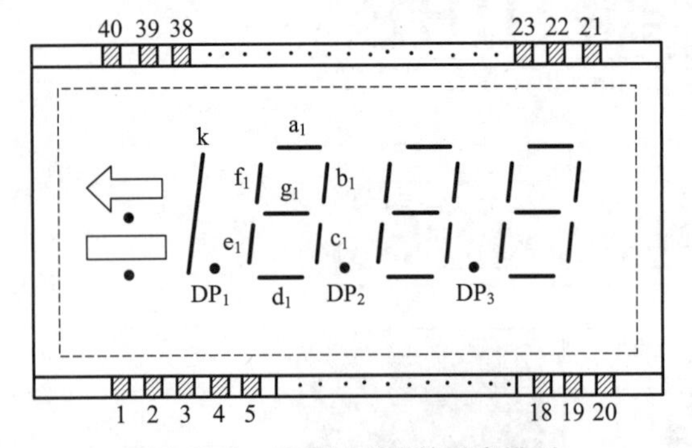

图12-3 液晶显示器的引脚排列

平时我们主要检测液晶显示器有无断笔或连笔现象，并检测它的清晰程度。

1. 用万用表 $R\times10$k 挡检测

将任一表笔固定在液晶显示屏的背极上，用另一表笔依次接触其他各引脚，当表笔接触到某一笔段引脚时，该笔段就应显示出来。如果能看到清晰、无毛边的各笔段，说明该显示器质量良好。如果发现某笔段不显示，有缺笔现象；或发现某些笔段连在一起了，有连笔现象，说明此显示器质量不佳。检测中会遇到某引脚和背极间电阻为零的情况，则此引脚也是背极。

检测中应注意的事项如下。

① 上面检测中，有时在测某笔段时，会出现邻近笔段也显示出来，这是感应显示，不是故障。此时，用手摸一摸邻近笔段与公共极，就可以消除感应显示。

② 液晶显示器不宜长时间在直流电压下工作，所以用万用表的 $R\times10$k 挡检测时，时间不要过长。

③ 由于万用表的 $R\times10$k 挡内部有9～15V的电池，而液晶显示器的阈值为1.5V，为了避免损坏显示屏，最好将表笔上串联一个40～60kΩ的电阻器。

④ 在检测时，用表笔接触显示器引脚时，用力不要太大，用力太大容易划伤引脚膜造成液晶显示器接触不良。

⑤ 当液晶显示器出现断笔故障时，多为断笔引脚侧面引线开路所致，可以用削尖的 6B 铅笔，在引线根部划几下，用石墨将其连接，仍可继续使用。

2. 加电检测法

此法用 3V 直流电源，可用 1.5V 电池串联，将正极接在显示器公共极上，用电池负极依次接触显示器其他各引脚，与某引脚相关的笔段就会显示出来。这种方法实质和用万用表的 $R\times10k$ 挡检测一样，只是用外接电源。

加电检测法也可以用交流电。取一段长度约为 1m 的绝缘软线，用左手手指接触液晶显示屏的公共电极，右手拿软导线，让软线靠近 220V 交流电源线，这样软线上就可以感应出 50Hz、零点几伏至几伏的交流电压，用导线一端的金属部分依次去接触显示器其他各引脚，正常的液晶显示器，各个引脚应能依次显示出相应笔段的笔画来。

六、数字式万用表对液晶显示器的检测

液晶是一种有机化合物，又称液态晶体。液晶数字显示器是一种被动式显示器，它本身不发光而只是调制环境光，常用 LCD 作为其电路文字符号。它采用低电压（3 ～ 6V），功耗甚微，适宜与 CMOS 电路直接相配，可用于各种自动化检测设备数字显示，尤其适用于数字式万用表。

利用数字式万用表可以迅速检查液晶显示器的好坏，方法如图 12-4 所示。卸开数字式万用表（如 DT-830 型）的后盖，在其内部的 7106A/D 转换器集成电路的第 21 脚（BP）的

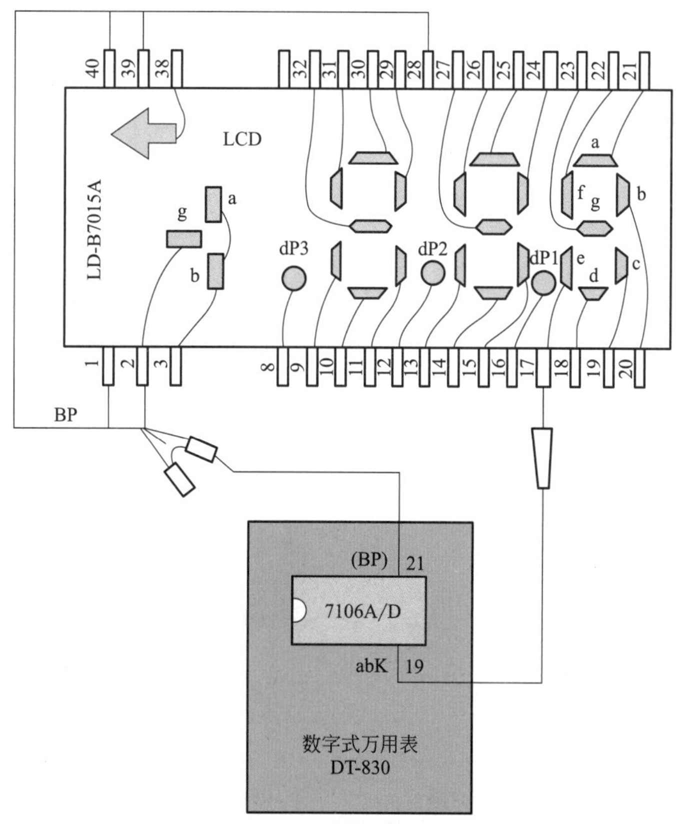

图 12-4　数字式万用表检测液晶显示器

插座上插入一根单股导线，在另一端接入一个线夹，再把线夹与 LCD 背电极 BP 夹牢。再用另一根单股导线插入 7106A/D 集成电路的第 19 脚（abK ），其另一端接一支表笔，与 LCD 的某一个笔画电极相接触。然后打开数字式万用表的电源开关，将量程开关拨至任意一个电阻挡（例如 $R\times2k$ 挡），数字式万用表的两表笔不接触，此时从其 abK 端与（BP）端分别输出 50Hz 方波电压。当表笔依次碰触液晶显示器各笔画 a、b、c、d、e、f、g 的电极时，正常时应都能发光；如某笔画不显示，说明该笔画已损坏；若是发光暗淡，则表明被测液晶显示器已接近于失效。

第二节 发光二极管的检测

发光二极管通常是用砷化镓、磷化镓等制成的一种新型器件。它具有工作电压低、耗电少、响应速度快、抗冲击、耐振动、性能好以及轻而小的特点，被广泛应用于单个显示电路或作成七段矩阵式显示器。而在数字电路实验中，常用作逻辑显示器。

发光二极管是一种能发光的二极管，和普通二极管一样，它也是由一个 PN 结组成的，并具有单向导电性能。当给发光二极管加上正向电压后，PN 结的空间电荷势垒降低，载流子的扩散运动大于漂移运动，致使 P 区的空穴注入 N 区，N 区的电子注入 P 区，双方注入的电子和空穴相遇后就会产生复合。电子和空穴复合时，就会释放出能量，对于发光二极管来说，复合时释放的能量大部分以发光的形式出现。发光二极管的电路符号和部分国产发光二极管的外形如图 12-5 所示。

发光二极管的种类很多，从发光颜色来分，有发红光的磷砷化镓、砷铝镓、磷化镓发光二极管，发黄光的碳化硅发光二极管，发绿光的磷化镓、砷化镓发光二极管以及发蓝光和发紫光的发光二极管。此外，还有红外发光二极管和变色发光二极管等。

发光二极管引脚的识别：一般来讲，引线较长的为正极，较短的为负极。对金属壳封装的那种，靠近凸块的那条引线为正极，另一条引线为负极。但是也有发光二极管没有上述特征可辨，尤其是从旧设备上拆下来的，或因引脚剪短，或因管帽凸块碰掉，这时可以用万用表检测。方法是：将万用表的挡位开关拨在 $R\times10k$ 挡，如果发光二极管是好的，表针指示值为 50 ～ 80kΩ，则正表笔接的是发光二极管的负极，负表笔接的是正极；如果万用表读数大于 400kΩ，则正表笔接的引脚为正极，负表笔接的为负极。

图 12-6 所示为变色发光管外形及电路图形符号。

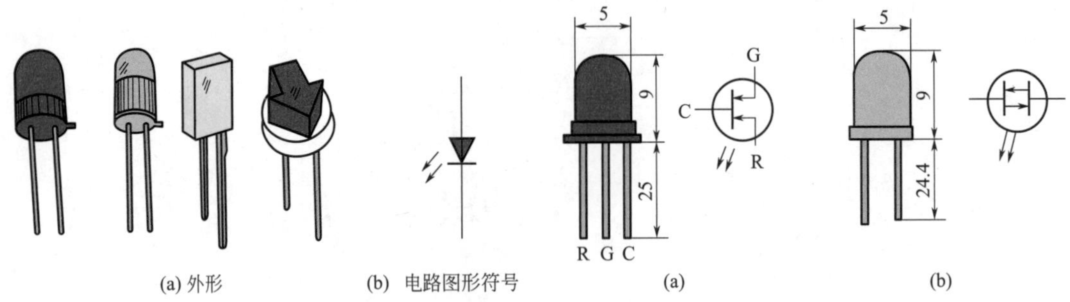

(a) 外形 (b) 电路图形符号

图 12-5 部分国产发光二极管外形及其电路图形符号

(a) (b)

图 12-6 变色发光管外形及电路图形符号

几种常见的发光二极管实物图如图 12-7 所示。

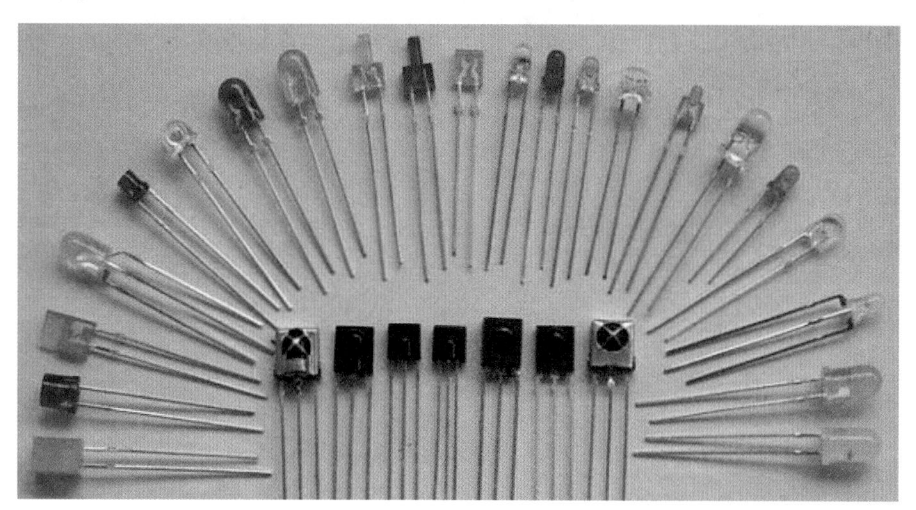

图 12-7　几种常见的发光二极管实物图

一、发光二极管的主要参数

发光二极管的主要参数如下。

（1）最大工作电流

指发光二极管长期正常工作时，所允许通过的最大电流。比如，BT-208 型红色发光二极管的最大工作电流为 30mA。FG133003 型黄色发光二极管最大正向电流为 50mA。

（2）正向电压

指通过规定的正向电流时，发光二极管两端产生的正向电压。比如，BT311-X 型发光二极管的正向电压为 1.9V，BT-208 型红色发光二极管的正向电压小于或等于 2.5V。

（3）反向电流

它指发光二极管两端加上规定的反向电压时，管内的反向电流。比如，BT-105N 型绿色发光二极管的反向电流为 10μA。

（4）发光强度

表示发光二极管亮度大小的参数，其值为通过规定的电流时，在管芯垂直方向上单位面积所通过的光通量，单位是 mcd。比如，BT-108 型绿色发光二极管的发光强度为 0.5mcd。

（5）发光波长

指发光二极管在一定工作条件下，所发出光的峰值（为发光强度最大一点）对应的波长，也称峰值波长（λ）。由发光波长可知发光二极管的发光颜色。比如发光波长 λ_P 为 700nm 的发光二极管发光颜色为红色；λ_P 为 620nm 的管发橙色光。

二、使用发光二极管时应注意的问题

① 正确弯折引脚，如图 12-8 所示。弯折引脚应在焊到印制板上之前进行，不能在焊到印制板后再进行。

② 焊接要求：焊接点应尽量远离引脚根部，最小焊接距离为 8mm，防止温度过高，造成内部断路。

③ 防止过电流：一般发光二极管的工作电流 I_F 在 1mA 时启辉，随着 I_F 的增加，亮度不断增大，当 I_F> 5mA 时亮度不再显著增加。单色发光二极管的极限工作电流 I_F 一般在 20 ～

30mA 范围内，超过此值将会烧坏，所以发光二极管的工作电流应在 5 ～ 20mA 范围内，一般选有 5mA 左右较为合适。

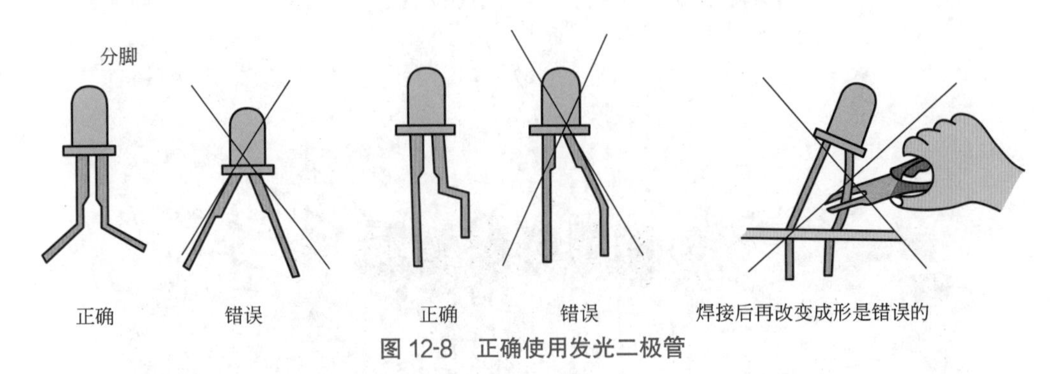

图 12-8 正确使用发光二极管

三、万用表对发光二极管的检测

1. 正、负极的检测

用万用表的 $R\times1k$ 挡测发光二极管的正、反向电阻值。一般正向电阻值小于 50 ～ 80kΩ，反向电阻值应大于 400kΩ。若正、反方向电阻值均为零，说明其内部已短路。若正、反方向电阻值均为无穷大，说明其内部已断路。测量值小的一次，万用表黑表笔接的是二极管的正极。目前使用的发光二极管，全部采用透明材料封装，管子引线一长一短，长的是正极，短的是负极。

2. 发光二极管发光的检测

将万用表置于 $R\times10k$ 挡，由于万用表内有 9V 电池，可以启动发光二极管，但由于电流很小，二极管只能发出微弱的光。若用双表法，发光二极管会发出较明亮的彩色光。方法如图 12-9 所示。使用双表法时，两块万用表的型号要相同。例如，用两块 MF-30 型万用表，拨到 $R\times10$ 挡，因为万用表的内阻为 250Ω，串联后总电阻为 500Ω，二极管上通过的电流很小，约为 3mA，管子发光很弱。如果万用表用两块 500 型的，置于 $R\times10$ 挡，因一块万用表的内阻为 100Ω，则通过二极管的电流达 7.5mA，二极管发出很亮的光。

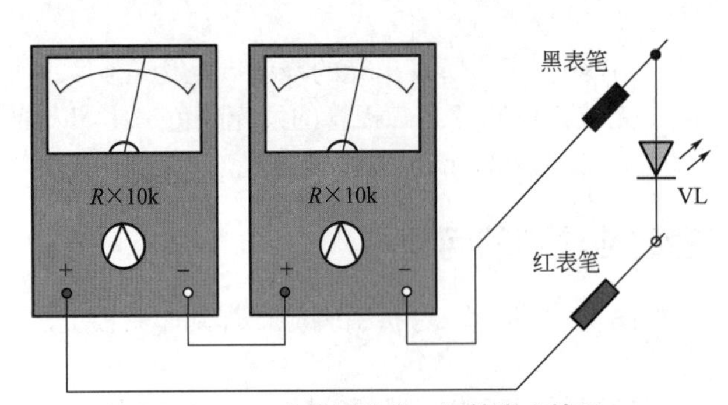

图 12-9 双表法测发光二极管发光情况

实际测量中，一般不太注意万用表的内阻，可以将两块表都先拨到 $R\times10$ 挡，如果二极管发光很弱，再将两块表都拨到 $R\times1$ 挡。

3. 用数字式万用表测量发光二极管

首先，将数字式万用表置于“二极管”挡，把红表笔接发光二极管的正极，黑表笔接负极，此时不仅显示屏显示 1.655V 左右的数值，而且发光管可以发出较弱的光，此时，调换表笔后发光管不能发光，万用表的显示屏显示的数值为“OL”，即反向截止阻值变为无穷大，说明被测的发光管是正常的，如图 12-10 所示。若阻值异常或发光管不能发光，则说明该发光二极管已损坏。

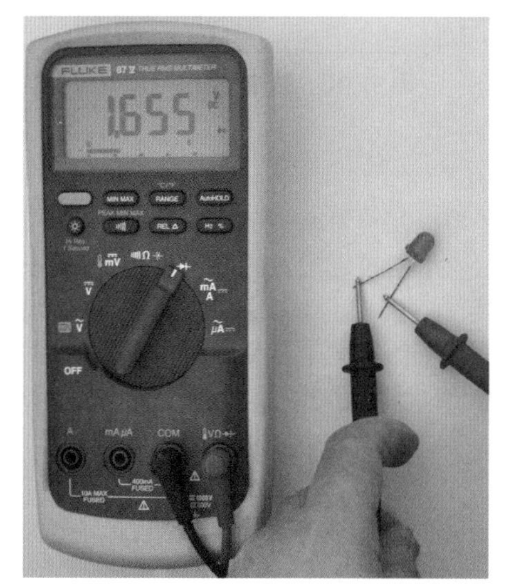

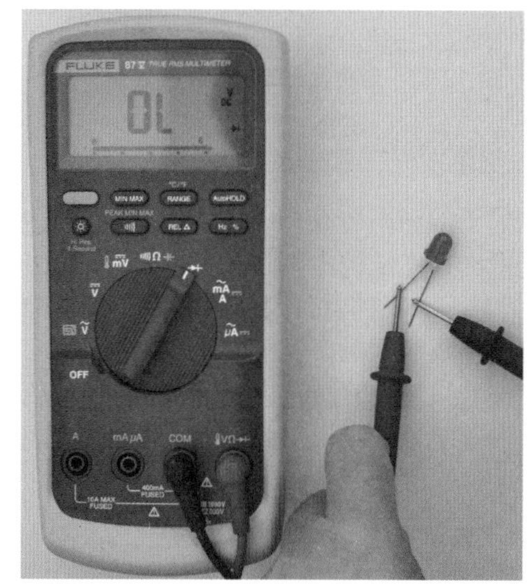

图 12-10　数字式万用表测量发光二极管

数字式万用表测量发光二极管

四、万用表对变色发光二极管的检测

1. 变色发光二极管的结构

变色发光二极管实际上是在一个管壳内装了两个发光二极管的管芯，一个是红色的，一个是绿色的，两管的负极连在一起，其代表符号如图 12-11（a）所示；其引脚结构如图 12-11（b）所示。

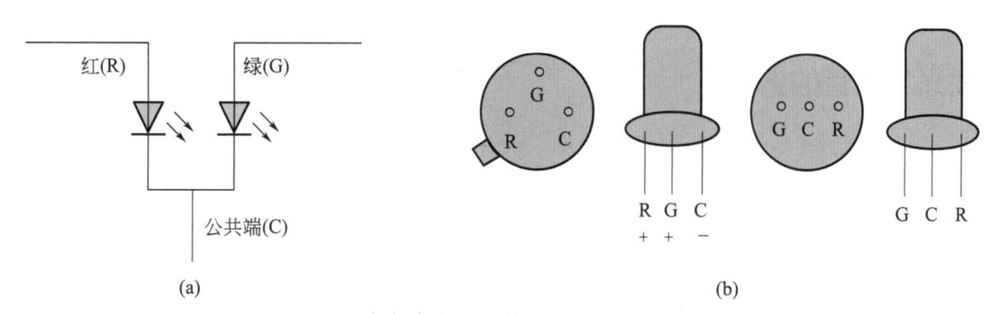

图 12-11　变色发光二极管的代表符号和引脚结构

当红管正极和公共端上加上 2V 以上的电压（应串上限流电阻）时，变色发光管发红光；当绿管正极和公共端加上 2V 以上的电压（应串上限流电阻）时发绿光；两管同时加上上述电压时则发橙光，如图 12-12 所示。红管和绿管的额定工作电流为 10mA，如某一管的电流大而另一管的电流小，就会发出和上述三种颜色（红、绿、橙）不同的颜色，这就是变色发光管名称的由来。变色发光管还可以如图 12-13 所示那样用脉冲驱动，如果脉冲源由单片机输出口提供，在程序控制下，变色发光管可以发出多种多样的颜色来。

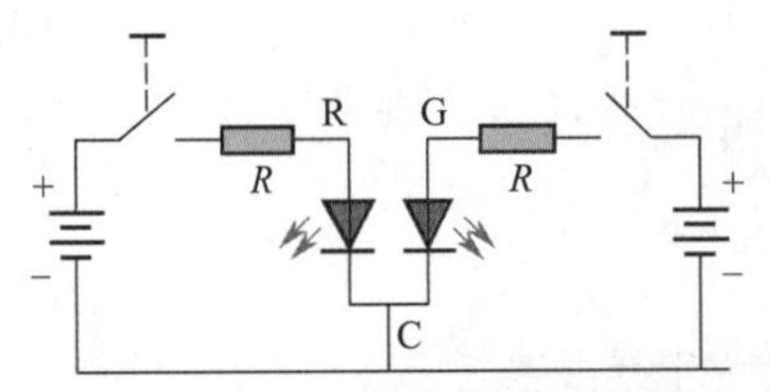

图 12-12　变色发光二极管发橙色光

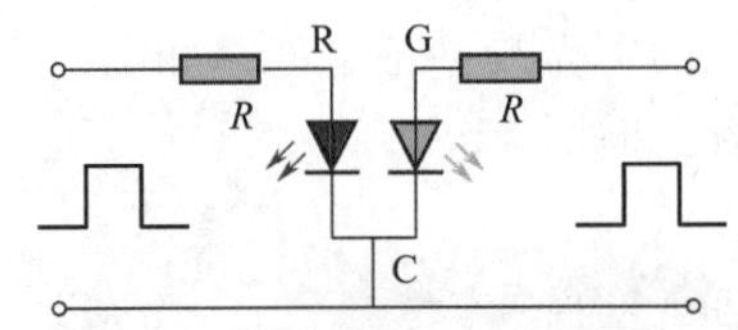

图 12-13　脉冲驱动变色发光管

2. 变色发光二极管的检测

从管子的结构可以看出，变色二极管是由两个单色二极管组成的，它们共用一个负极引线。管子的正、负极检测同单色发光二极管一样，这里不再重复。检测它的发光情况，可用图 12-14 所示电路进行。将万用表置于 $R\times10\text{k}$ 挡，把黑表笔串接一个 1.5V 干电池，红表笔接 C，黑表笔接 R，管子应发出红光。将红表笔接 C，黑表笔接 G，管子应发出绿光。将红表笔接 C，黑表笔同时接 R 和 G，管子应发出复色的黄光。在测试过程中，若发现某次测量时二极管不发光，说明此发光二极管已损坏。

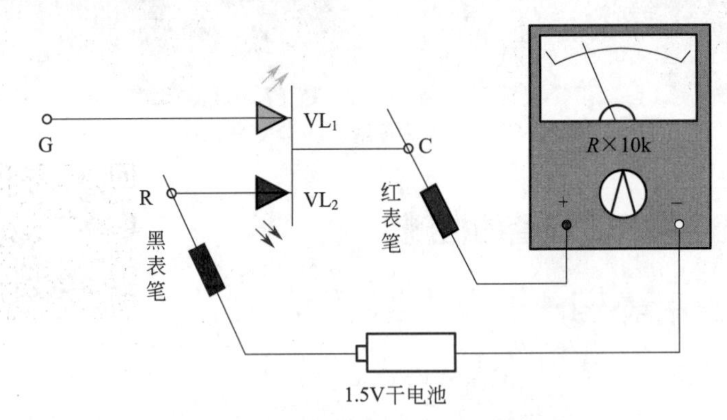

图 12-14　检测变色发光二极管的电路

若采用双表法做此检测，就可不串入电池，方法与上述过程相同。

五、发光二极管的选用

① 发光二极管和普通二极管一样是由一个 PN 结组成的，它具有单向导电的特性。发光二极管有砷化镓（GaAs）、磷化镓（GaP）和磷砷化镓（GaAsP）发光二极管，因它们耗电低，可直接用集成电路或双极型电路推动发光，可选用作为家用电器和其他电子设备的通断指示或数值显示。

② 它具有体积小、工作电压低、亮度高、寿命长、视角大的特点。

③ 选用发光二极管时，可根据要求选择发光二极管的颜色，通常电源指示灯可选择红色。根据安装位置，选择管子形状和尺寸。

④ 更换发光二极管时，焊接时间不宜过长，温度不宜过高，以免损坏发光二极管。其工作电压不论是交流还是直流均可。

第三节

LED 数码管的检测

一、LED 数码管及分类

1. LED 数码管

LED 数码管是数字式显示装置的重要部件，可显示红、橙、黄、绿等颜色。它具有体积小、功耗低、寿命长、响应速度快、显示清晰、易于与集成电路匹配等优点。它适用于数字化仪表及各种终端设备中作数字显示器件。

LED 数码管是由多个条状半导体发光二极管按照一定的连接方式组合构成的，也称半导体数码管。将 7 个发光二极管按照共阳极（正极）或共阴极（负极）的方式连接制成条状，组成 8 字，再把发光二极管另一极作笔段电极，就构成了 LED 数码管。利用发光二极管将电信号转换成光信号的电特性，来显示数字或符号。只要按规定使某些笔段上的发光二极管发光，即可显示从 0 ～ 9 的一系列数字。

常见 LED 数码管分为共阳极与共阴极两种，外形如图 12-15（a）所示，内部结构如图 12-15（b）、（c）所示。a ～ g 代表 7 个笔段的驱动端，也称笔段电极，DP 是小数点。第三脚与第八脚内部连通，⊕代表公共阳极，⊖代表公共阴极。常用的产品中共阴极式居多数。

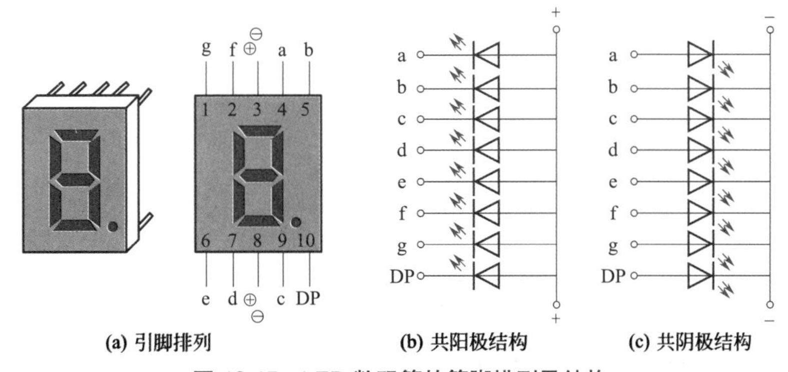

(a) 引脚排列　(b) 共阳极结构　(c) 共阴极结构

图 12-15　LED 数码管的管脚排列及结构

共阳极 LED 数码管，是将 8 个发光二极管的阳极（正极）短接后作为公共阳极。当笔段电极接驱动低电平时，公共阳极接高电平时，相应笔段（二极管）会发光。共阴极 LED 数码管与之相反，是将发光二极管的阴极（负极）短接后连接在一起作为公共阴极与电源负极相连。当笔段电极加驱动高电平时，负极端接低电平时，相应笔段（二极管）会发光。发光二极管在正向导通之前，正向电流近似为零，笔段不发光。当电压超过发光二极管的开启电压时，电流急剧增大，笔段才会发光。因此 LED 数码管属于电流控制器件，LED 工作时，工作电流一般选为 10mA/ 段左右，保证亮度适中，对发光二极管来说也安全。

LED 数码管的发光颜色有红、橙、黄、绿等。其外形尺寸规格均代表字形高度[以英寸（in）为单位，1in=25.4mm]，分 0.3in、0.5in、0.8in、1.0in、1.2in、1.5in、2.5in、3.0in、5.0in、

8.0in 共 10 种规格。LED 数码管一般由数字集成电路驱动，有时还配上晶体管，才能正常显示。图 12-16 是共阴极 LED 数码管的典型驱动电路。驱动方式分静态驱动、动态扫描两种，后者功耗较低。按照显示位数来划分，有一位、双位、三位等多种。此外还有专门显示各种符号的 LED 符号管。若按亮度区分，则有普通亮度、高亮度两种。

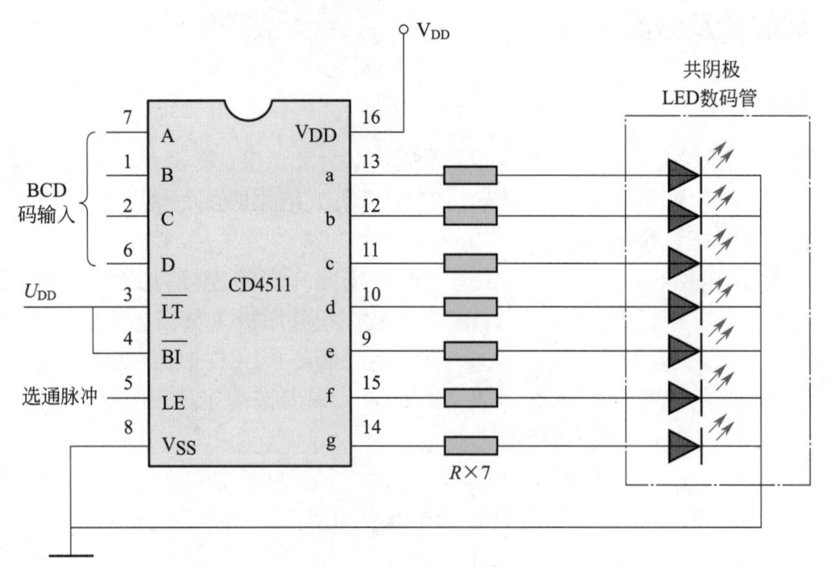

图 12-16　共阴极 LED 数码管的典型驱动电路

2. LED 数码管的分类

（1）按封装尺寸分

封装尺寸的大小一般分为大、中、小型 3 种。通常中、小型的采用双列直插式，大型的采用印刷板插入式。

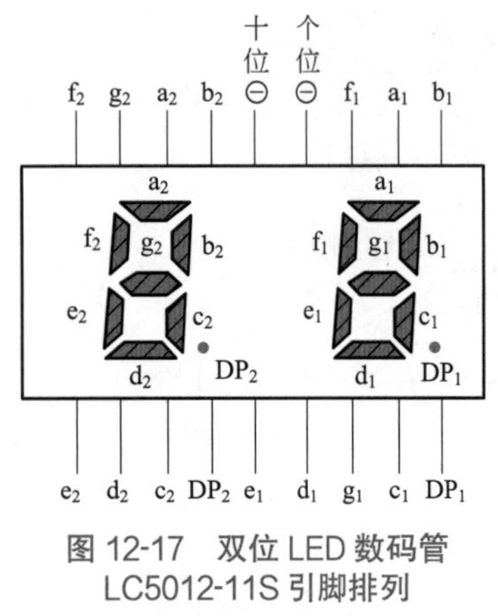

图 12-17　双位 LED 数码管 LC5012-11S 引脚排列

（2）按显示位数分

根据管位的不同数量一般可分为单管位、双管位、四管位以及多管位。双管位是将两只数码管封装成一体，其特点是结构紧凑、成本较低（与两只单管位数码管相比）。国外典型产品有 LC5012-11S（双管位、红色、共阴极）LED 数码管，引脚排列如图 12-17 所示。

为简化外部引线数量和降低数码管功耗，多位 LED 数码管一般采用动态扫描显示方式。其特点是将各位同一笔段的电极短接后作为一个引出端，并且各位数码管按一定顺序轮流发光显示，如 LTC-612S 型四管位共阳极 LED 数码管。只要位扫描频率足够高，各位数码好像都在显示而且看不到闪烁现象。

（3）按发光强度分

按发光强度通常分为普通发光强度和高发光强度数码管两种。普通数码管的发光强度 $I_V \geqslant 0.3$mcd，而高发光强度数码管的发光强度 $I_V \geqslant 5$mcd，而且后者工作电流小于前者，约 1mA 电流即可发光。高发光强度 LED 数码管典型产品有 LED102 等。

（4）按字形结构分

按字形结构通常分为数码管和符号管两种。符号管与通用数码管区别在于它可以显示符号。其中，“+”符号管可以显示 + 号和 − 号。±1 符号管能显示 +1 或 −1。米字管可以显示 +、−、×、÷ 符号之外，还可以显示 A ～ Z 共 26 个英文字母，常用作单位符号显示。

（5）按发光颜色分

LED 数码管按发光颜色可分为红色、橙色、黄色和绿色等多种。发光颜色与发光二极管的半导体材料及其所掺杂质有关。

部分常用的 LED 数码管实物图如图 12-18 所示。

图 12-18　部分常用的 LED 数码管实物图

二、LED 数码管的选用

LED 数码管广泛应用于数字仪器仪表计算机显示、电子钟及各种大屏幕汉字、图形显示等领域。

选用 LED 数码管时，应根据具体要求来选择合适的型号规格。外形尺寸、发光颜色、发光亮度、额定功率、工作电流、工作电压及极性等均应符合应用电路的要求。

选用 LED 数码管的共阳型或共阴型时，应与其译码驱动电路相匹配。一般用 LED 数码管型号后面的末位数字或型号前面的两位字母来表示数码管的极性。由于不同厂家生产的 LED 数码管极性的标注方法不完全相同，在选用时应特别注意。

三、指针式万用表对 LED 数码管的检测

对于标识不清的 LED 数码管，可以通过用指针式万用表 $R\times10$k 挡测量来确定其极性。当采用 $R\times1$k 挡以下时，因 LED 数码管的正向工作电压一般为 1.5 ～ 2.5V，需外接一节 1.5V 干电池进行升压。

测量时，将黑表笔串接 1 节 1.5V 干电池，将电池的负极接万用表“−”端，正极接黑表笔后，接数码管任一引脚不动，用红表笔依次连接其余各引脚。若同一位数码管上的几个笔段均发光，则说明被测数码管为共阳极结构，则黑表笔接的是该数码管的公共阳极。

如果测量时各位数码管都不亮，则应对调两表笔，即将红表笔串接 1 节 1.5V 干电池，这时电池的负极接红表笔，正极接万用表的“+”端后，接数码管任一引脚不动，用黑表笔去依次连接其余各引脚。若测量时同一位数码管上各笔段均发光，则说明被测数码管为共阴极结构，则红表笔接的是该数码管的公共阴极。

下面通过一个实例加以介绍。

❖ **实例：** 被测管为进口 0.3in LED 数码管，外形尺寸为 11mm×7mm×4mm，字形尺寸为 7.6mm×4.5mm，发光颜色为绿色。它采用 DIP-10 封装，但管壳上无任何标记。

（1）判定结构形式

如图 12-19 所示，首先将 500 型万用表拨于 R×10 挡，在红表笔插孔上串联一节 1.5V 电池，然后把黑表笔接 1 脚，红表笔依次碰触其余各脚。发现仅当红表笔碰触 9 脚时数码管上的 a 段发光，其他情况下 a 段均不发光。由此判定被测管为共阴极结构，9 脚即公共阴极，而 1 脚为 a 段的引出端。

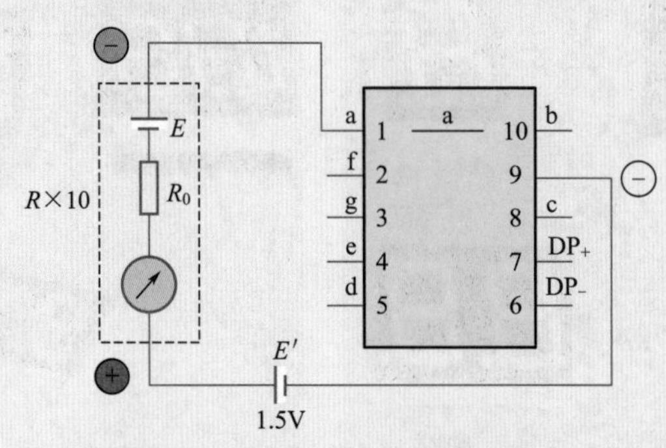

图 12-19　判定 LED 数码管的结构形式

（2）识别引脚

将红表笔固定接 9 脚，黑表笔依次接 2 ～ 5、8、10 脚时，数码管的 f、g、e、d、c、b 段可分别发光。由此能逐一确定各笔段所对应的引脚。唯独在黑表笔分别接 6、7 脚时小数点 DP 都不亮。这说明 DP 是独立的，与公共阴极无任何联系。再把黑表笔接 7 脚、红表笔接 6 脚时小数点发光，证明 7 脚为小数点正极，记作 DP_+，6 脚为小数点负极，记作 DP_-。最终判定的被测数码管各引脚符号已标明在图 12-19 上，其引脚排列顺序不同于大多数引脚排列。

检测 LED 数码管的注意事项见表 12-2。

表 12-2　检测 LED 数码管的注意事项

序号	注意事项
1	在判定结构形式时，若黑表笔固定接某脚，红表笔碰触其他任一脚都不亮，说明被测管属共阳式，应交换表笔位置后重测
2	LED 数码管的小数点是完全独立的，这给设计电路也带来方便，使用更灵活。若将 DP_- 与⊖短接，则用高电平驱动 DP_+ 时小数点发光。反之，将 DP_+ 接⊕，在用低电平驱动 DP_- 时小数点才发光

四、数字式万用表对 LED 数码管的检测

LED 数码管正常发光时，每段工作电流为 5 ～ 10mA，每段极限工作电流为 20mA，全部笔画点亮时的电流为 35 ～ 70mA，正向电压 U_F < 2V。LED 数码管的发光颜色大多为红色，也有绿色、橙色的。

测量方法一：图 12-20 所示为利用数字式万用表的 h_{FE} 插口检查 LED 数码管的方法示意

图。将数字式万用表的选择开关拨到 NPN 挡，这时其 C 孔带正电，E 孔带负电。例如检查共阴极 LED 数码管，从数字式万用表的 E 孔插进一根单股导线，与 LED 数码管的⊖极相接；再从 C 孔引出一根导线，依次接触 LED 数码管的各笔画引脚，便可分别显示出所对应的数码笔画。如图 12-20 所示，将 1、4、5、6、7 脚短接后，再与 C 孔的引出线接通，则能显示"2"字；把 a ～ g 全部接正电源，就可显示出全部笔画，构成一个数字"8"。若是发光暗淡，则说明 LED 数码管已经老化，发光效率低；如果显示的笔画残缺不齐，则表明器件局部损坏。

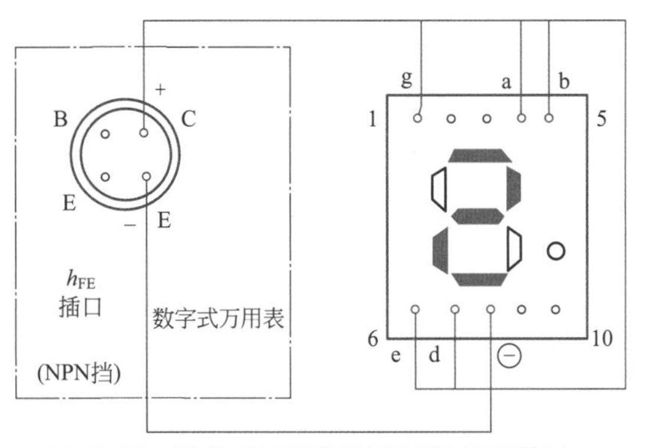

数字式万用表检测 LED 数码管

图 12-20　数字式万用表检测 LED 数码管法一

测量方法二：将数字式万用表置于"二极管"挡，如图 12-21 所示。把红表笔接在发光二极管正极一端，黑表笔接在负极的一端，若万用表的显示屏显示 1.8V 左右的数值，并且数码管相应的笔段发光，图 12-21（a）中 b 段发光，图 12-21（b）中 g 段发光，说明被测数码管笔段内的发光二极管正常，依次测量 LED 数码管的各笔段引脚。否则，说明该笔段内的发光二极管已损坏。

(a) b段发光

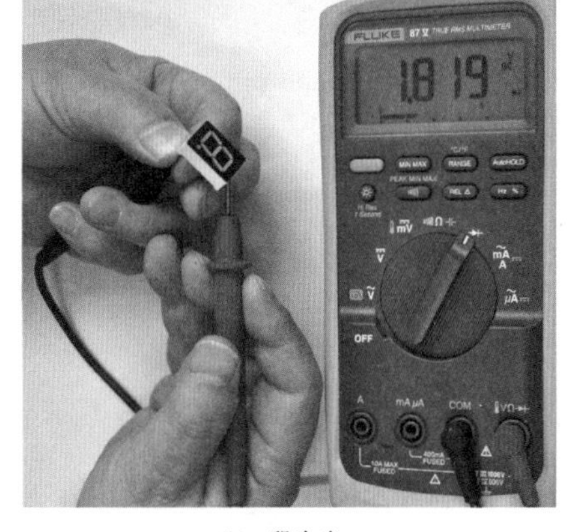

(b) g段发光

图 12-21　数字式万用表检测 LED 数码管法二

值得一提的是，不允许用电池去直接检查 LED 数码管的发光情况，这是因为在没有限流措施下，极易造成 LED 数码管损坏。

五、用电池测定 LED 数码管各引脚所对应的笔画

数码管每一段实际上就是一个发光二极管，共阳极就是将 8 段发光二极管的 8 个正极连

在一起，共阴极就是 8 段发光二极管的负极连在一起。每段在数码管上的位置（用 a、b、c···表示）如图 12-22 所示（共阳极和共阴极是一样的）。要知道每个引脚所对应笔画段（a、b、c···），可用两节电池（串联成 3V）和一个电阻分别去点亮每段发光二极管，即可迅速得知现有的数码管引脚与笔画的关系，参见图 12-23。

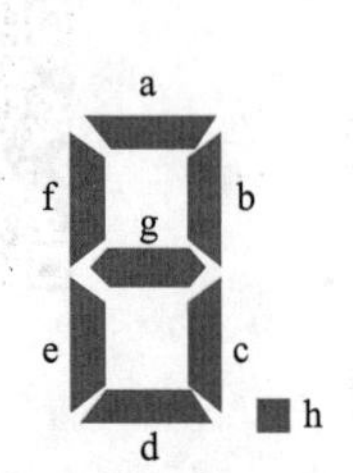

图 12-22　数码管各段标志字母

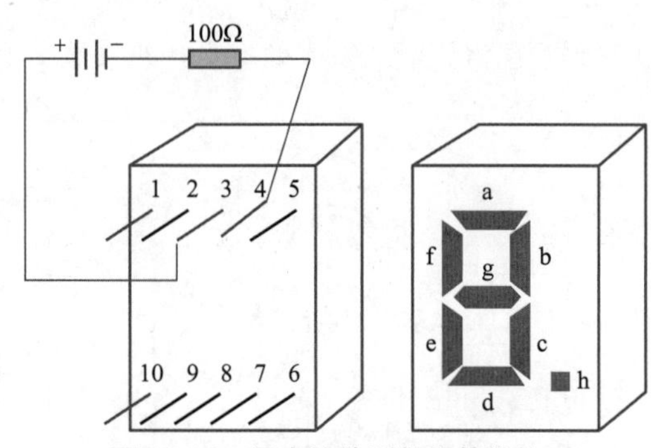

图 12-23　用电池检测数码管结构

第十三章
万用表检测继电器与开关

第一节 继电器的检测

一、继电器的电路图形符号及分类

1. 继电器的电路图形符号

继电器的电路图形符号如图 13-1 所示。

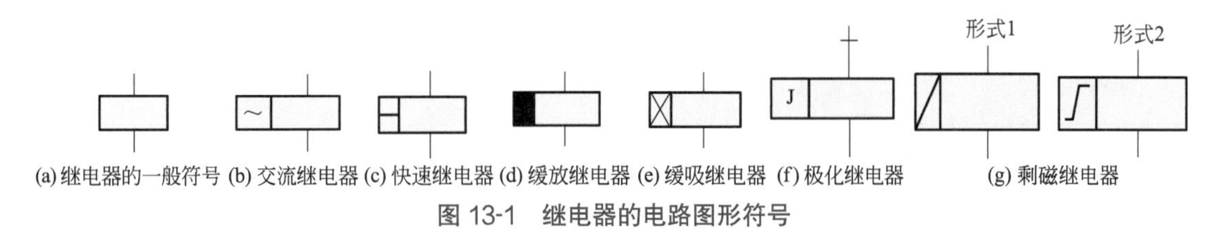

图 13-1 继电器的电路图形符号

继电器在电路中用字母 K 或 KR、KM 等表示。

2. 继电器的命名

继电器的型号由主称代号、外形符号、短画线、序号和特征符号五部分组成。

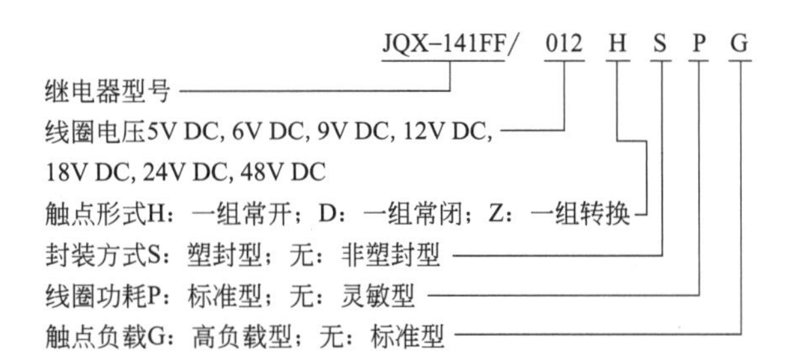

3. 继电器的分类

继电器根据触点负荷的形态和机能等方面，可以分为无特殊机能的通用继电器、动作速度特别快的快速继电器、具有延时释放机能的延时继电器、极小的驱动电流就能动作的高灵敏继电器、在吸合或释放时仅需加上电流脉冲而动作状态的保持不需要电流的自保继电器等。此外，还可按触点负荷、形状特征、防护特征和有无触点来分类。

（1）按触点负荷分类

可以分为小、中、大功率型继电器，具体见表 13-1。

表 13-1　按触点负荷分类

小功率继电器	中功率继电器	大功率继电器
JR 型，触点负荷	JZ 型，触点负荷	JQ 型，触点负荷
直流纯电阻时，功率为 5 ～ 50W；交流负荷为 15 ～ 120V·A	纯电阻时，功率为 50 ～ 150W；交流负荷为 120 ～ 500V·A	功率大于 150W；交流负荷大于 500V·A

（2）按形状特征分类

可分为微型继电器（代号 W，最长边尺寸不大于 10mm）、超小型继电器（代号 C，最长边不大于 25mm）和小型继电器（代号 X，最长边尺寸不大于 50mm）。

（3）按防护特征分类

可分为封闭式继电器（代号 F）和密封式继电器（代号 M）。用罩壳将线圈和触点等加以防护的继电器叫封闭式继电器；用焊接或其他方法将线圈和触点等封闭在一个不漏气的罩壳内，与周围介质相隔离的继电器叫密封式继电器。

国产继电器的分类及型号命名法见表 13-2。

表 13-2　国产继电器分类及型号命名法

类型	名称	型号命名	特点
电磁继电器（EMR）	直流电磁继电器	JW、JR、JZ、JQ	控制电流为直流
	交流电磁继电器	JL	控制电流为交流
固态继电器（SSR）	直流固态继电器	JG（DC）	全固态器件，控制直流
	交流固态继电器	JG（AC）	全固态器件，控制交流
热继电器	温度继电器	JU	受温度控制
	电热式继电器	JE	受热量控制
舌 簧 管	干簧管	GAG	干式触点
	湿簧管	GAS	湿式触点
舌簧继电器	干簧继电器	JAG	采用干簧管
	湿簧继电器	JAS	采用湿簧管
极化继电器	极化继电器	JH	由极化磁场与电流方向控制
时间继电器	电磁时间继电器	JSC	通过减缓磁场变化实现延时
	电子时间继电器	JSB	由电子元器件构成延时电路

（4）按有无触点分类

根据有无触点来划分，还有无触点、有触点两大类。型号中的字母 J 均代表继电器。

二、电磁继电器

电磁继电器是在自动控制电路中起控制与隔离作用的执行部件，它是利用电磁原理使触点闭合或断开来控制相关电路。实际上，它是一种可以用低电压、小电流来控制大电流、高电压的自动开关。迄今为止，继电器已有 160 年的发展历史，目前它正在自动控制、遥控、监控及模糊控制等领域发挥着重要作用。继电器其电路代号为“K”，一般由四部分组成：固定磁路部分（包括轭铁和铁芯）、可动磁路部分（衔铁）、绕在铁芯上的线圈和簧片系统（包括簧片、触点等）。图 13-2 所示为 JZX-2F 小型中功率继电器结构。

继电器的轭铁、铁芯和衔铁通常都是用磁导率高、矫顽力小的软磁材料制成（如电工软铁）的。线圈是用漆包线绕在线圈骨架上，连同骨架一起套在铁芯上。线圈的端头引出来，以便接到控制继电器动作的电路中去。触点一般是用纯银制成的半球形体，铆接或点焊在簧片上。簧片一般是由弹性较好的磷铜或镍铜制成的长薄片，可以由两片簧片构成平时断开、动作时闭合的“动合”组（称作常开触点）；也可构成平时闭合，动作时断开的“动断”组（称为常闭触点）；还可以由三片簧片构成的“转换”组（称为转换触点）。每个继电器都可以安装一组或多组簧片，簧片用安装部件固定在轭铁上，其尾端引出，以便连接到由继电器控制的电路中去。

电磁继电器的实物图如图 13-3 所示。

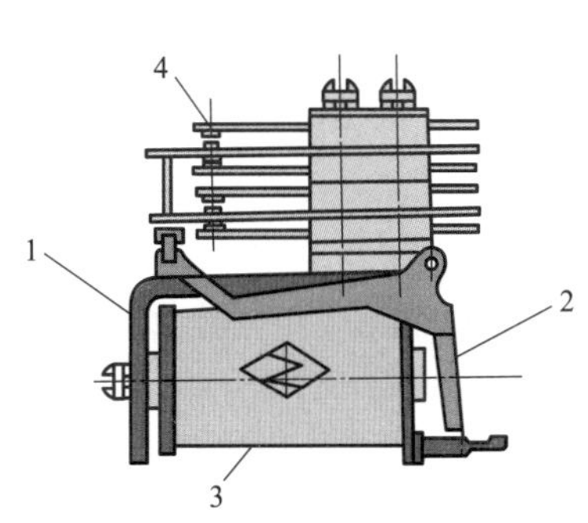

图 13-2　JZX-2F 小型中功率继电器结构

1—固定磁路部分；2—可动磁路部分；3—线圈；　4—簧片系统

图 13-3　电磁继电器的实物图

1. 电磁继电器的图形符号

电磁继电器的触点图形新旧符号对照如表 13-3 所示。在电路图中，触点组的画法是以线圈不通电时的原始状态画出的。

表 13-3　电磁继电器触点的常用图形新旧符号对照

新符号（GB 4728）		旧符号（GB 312）	
名称	图形符号	名称	图形符号
延时闭合 的动合触点		延时闭合 的动合触点	

续表

新符号（GB 4728）		旧符号（GB 312）	
名称	图形符号	名称	图形符号
延时断开的动合触点		延时断开的动合触点	
延时闭合的动断触点		延时闭合的动断触点	
延时断开的动断触点		延时断开的动断触点	
速度继电器动合触点		速度继电器动合触点	
速度继电器动断触点		速度继电器动断触点	

2. 正确选用电磁继电器

继电器的种类很多，用途各异，不同的继电器其特性参数各不同，因此选用时必须了解清楚继电器的特性参数后再使用，否则将使继电器的可靠性得不到保证，进而使被控制电路失去控制。选用电磁继电器时，应根据电路的要求从以下几个方面来考虑。

（1）选择额定工作电压与额定工作电流

选用电磁继电器时，首先应选择继电器线圈额定电压是交流还是直流。对于电磁继电器线圈的额定电压值、额定电流值在使用时要给予满足，也就是说根据驱动电压与电流的大小来选择继电器的线圈额定值。如果驱动电压、电流小于继电器的额定电压、电流值，则不能保证继电器的正常工作。如大于额定电压值、电流值，就可能使继电器的线圈烧毁。

继电器的额定工作电压一般应小于或等于其控制电路的工作电压。

用晶体管或集成电路驱动的直流电磁继电器，其线圈额定工作电流（一般为吸合电流的2倍）应在驱动电路的输出电流范围之内。

（2）选择触点类型及触点负荷

可根据继电器所需控制的电路数目来决定继电器的触点组的数目。因为同型号的继电器一般有多种触点的形式，通常有常开式或常闭式触点、单组触点、双组触点、多组触点等，选用时应根据应用电路的特点选择合适的触点类型。

触点负荷主要指触点所能承受的电压、电流的数值。如果电路中的电压、电流超过触点所能承受的电压、电流，在触点断开时会产生火花，这会缩短触点的寿命，甚至烧毁触点。所选继电器的触点负荷应高于其触点所控制电路的最高电压和最大电流，否则会烧毁继电器触点。

（3）选择合适的体积

因为继电器的体积与继电器触点负荷的大小有关，选用何种型号的继电器，应根据实际电路的要求而定。如果在制作的装置中有足够的安装位置，供给继电器线圈的功率又较大，对继电器的重量又没有特殊要求时，则可选用一般的小型继电器。若供给继电器动作的功率较小，且设备又是便携式的，则可选用超小型或微型继电器。

（4）线圈规格

线圈规格的选择与继电器的吸合电流（或吸合电压）、释放电流和工作电流的数值有关。一般给予继电器的工作电流比吸合电流大，即为 1.5 ～ 1.8 倍，但又必须小于继电器线圈的额定电流，因为线圈有一定的电阻，有电流流过线圈时，会使继电器发热，温度上升，所以电流又不能太大。继电器线圈电阻与动作电压（或电流）的关系是成正比的。

3. 万用表对电磁继电器的检测

电磁继电器（EMR）简称继电器。它是由控制电流通过线圈所产生的电磁吸力驱动磁路中的可动部分而实现触点开、闭或功能转换的。灵敏继电器是其中常见的一类，它灵敏度高、驱动电流小、耗电省、体积小、控制能力强，因此被广泛用于磁控、光控、温控等领域。灵敏继电器又分微型继电器、超小型继电器和小型继电器三种，它们的最长边尺寸依次为 l < 10mm、25mm > l >10mm、50mm > l > 25mm。典型产品有 JRW、JRC、JRX、JQX 等系列，额定直流电压分 3V、6V、9V、12V、15V、18V、24V、27V、36V、48V 等规格。

❖ **实例：** 用 MF-30 型万用表测量一只 JQX-4 型强功率小型灵敏继电器。

（1）测量直流电阻

JQX-4 型的直流电阻 R_J = 450Ω±10%，用 R×10 挡测得 R_J=460Ω，符合要求。

（2）测量吸合电流及吸合电压

JQX-4 型的吸合电流 $I_X \leqslant$ 20mA。测量时使用 24V 直流电源，万用表拨至直流电流 50mA 挡，电路如图 13-4 所示。调节电位器 RP 可以改变电路中电流的大小。R 是保护电阻。逐步减小 RP 的电阻值，当继电器从释放状态刚刚转入吸合状态时的电流值，就是吸合电流。实测吸合电流 I_X=17mA。

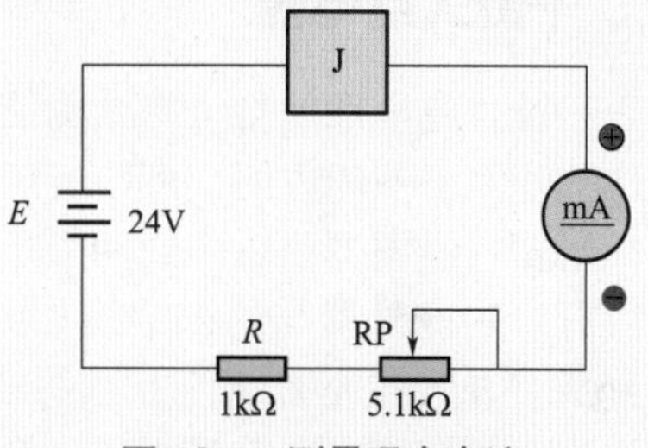

图 13-4 测量吸合电流

测量吸合电压的方法有两种，一种是在继电器线圈两端并上直流电压表测量，另一种是按公式 $U_X=I_XR_J$ 进行计算。这里选择第一种方法，用 MF-30 型直流电压 25V 挡实测为 7.8V。若按下列公式计算：

$$U_X=I_XR_J=17\times10^{-3}\times460=7.82\ (\text{V})$$

可见两种方法的结果相同。

（3）测量释放电压 U_{SH} 和释放电流 I_{SH}

电路与图 13-4 基本相同。区别只是电位器阻值需从小往大调，并增加一块直流电压表。当继电器从吸合状态刚刚转入释放状态时的电压即为释放电压，所对应的电流为释放电流。实测 U_{SH} =2.3V，I_{SH} = 5mA。

万用表检测电磁继电器吸合与释放电压和电流

（4）确定额定电压与额定电流

依公式
$$U_{JN}=1.5I_X R_J=1.5U_X$$
$$I_{JN}=1.5I_X$$

将前面测出的 U_X = 7.8V 和 I_X = 17mA 分别代入上述两式得到 U_{JN} =11.7V，取整数为 12V，（JQX-4 型的额定电压就规定为 12V）；同时求得 I_{JN}= 25.5mA。

继电器的绝缘电阻需用兆欧表测量，测试时间为 1min。继电器的吸合时间或释放时间可用数字频率计的周期挡测量；也可用长余辉示波器来观察，示波器应具有外触发以及时标功能。

万用表检测继电器线圈通断

4. 万用表对继电器线圈通断的检测

（1）目测法

目测法就是先从外观上检查，一要看继电器引脚有无断线、开路、生锈；二要看线圈有无松动、发霉、烧焦等现象；三要看常开、常闭触点是否正常。带有铁芯的继电器还要看它的铁芯有无松动和破损。如有上述现象，继电器的质量就存在问题，需用万用表测量。

（2）用万用表对继电器通电线圈进行通断的检测

用万用表检测继电器通电线圈的方法是：万用表选用 $R\times1$ 挡，两支表笔接继电器通电线圈的两个引出脚，所测电阻值由继电器通电线圈的匝数和线径决定。匝数多、线径细的线圈电阻值就大一些，反之相反。若测得的阻值为无穷大，则说明继电器通电线圈已经开路；若测得的阻值等于零，则说明继电器通电线圈已经短路。另外，测量时要注意继电器通电线圈局部短路、断路的问题，线圈局部短路时阻值比正常值小一些。

5. 万用表对继电器常开、常闭触点的检测

用万用表检测继电器常开、常闭触点的方法是：万用表选用 $R\times10\text{k}$ 挡，万用表的两支表笔先测量常开触点，若测得的电阻值为无穷大，则说明常开触点正常；如果测量的阻值不是无穷大，则说明常开触点没有断开，已损坏。再将万用表欧姆挡调到 $R\times1$ 挡，测量常闭触点，若测得的电阻值为零，则说明常闭触点正常。如果测量的阻值不是零，则说明常闭触点没有闭合，接触不良或已损坏。

三、干簧式继电器

干簧式继电器的特点是结构简单、动作灵活、寿命长（可正常动作 10^6 ～ 10^7 次）、成本低、动作速度快、使用方便，可广泛用于控制电路、接近开关中。

干簧式继电器由一个或两个干簧管和励磁线圈组成，用干簧管作转换，完成电路的接通与断开。它的外形与内部结构如图 13-5 所示。干簧管的簧片由既导磁又导电的铁镍合金材料制成。并装在充有惰性气体的玻璃管中。导磁簧片的端部重叠并留有 1 ～ 2mm 的间隙，其重叠部位就构成干簧管的开关触点。

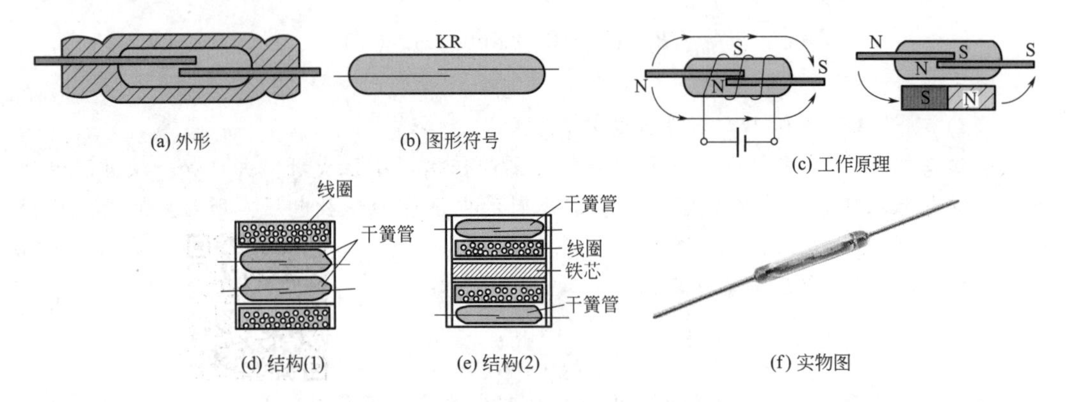

(a) 外形　(b) 图形符号　(c) 工作原理
(d) 结构(1)　(e) 结构(2)　(f) 实物图

图 13-5　干簧式继电器的外形与内部结构

如果将永久磁铁放到干簧管旁边或把干簧管外面绕上线圈并通以电流，两个簧片就迅速被磁化，沿磁力线方向被磁化成 N 极和 S 极。根据异性磁极相吸的道理，只要磁力超过簧片本身的弹力，两个簧片就迅速吸合，构成通路。干簧管的吸合时间很短，一般小于 0.15ms。

如果将永久磁铁拿开，或切断线圈的电流；两簧片磁化现象消失，簧片靠自身的弹力，脱离接触回到原位，触点分开，电路被断开。

干簧式继电器的线圈可以绕在干簧管的外面，如图 13-5（d）所示，也可以放在干簧管的旁边，如图 13-5（e）所示。国产 JAG 系列干簧管分常开式和转换式两种。其型号有 JAG-2-1、JAG2-2、JAG-2-3、JAG-2-4、JAG-4-1、JAG-4-2、JAG-5-2 等。

1. 正确选用干簧式继电器

（1）选择干簧式继电器的触点形式

干簧式继电器的触点有：常开型，只有 1 组常开触点；常闭型，只有 1 组常闭触点；转换型，常开触点和常闭触点各 1 组。转换触点的结构如图 13-6 所示，其簧片 2 与簧片 3 用既导磁又导电的材料组成，簧片 1 是用不导磁的材料制成的，常态下，簧片 1 与簧片 3 是闭合状态，当线圈通电后，簧片 2 与簧片 3 闭合，簧片 1 与簧片 3 断开。选用时应根据实际电路的具体要求选择合适的触点形式。

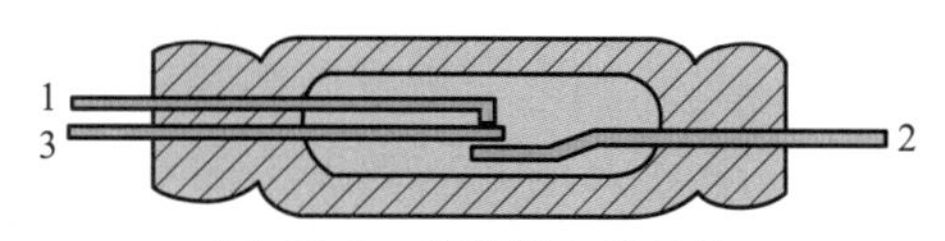

图 13-6　转换触点的结构

（2）选择干簧管触点的电压形式与电流容量

选用时可根据实际电路的控制电源选择干簧管触点端电压，确定是选交流电压还是直流电压，以及电压数值。选择的触点电流是指触点闭合时允许通过触点的最大电流。

2. 万用表对干簧管的检测

利用万用表的泄漏磁场，可以检查干簧管的好坏。万用表采用磁电式表头，极掌与软铁空隙处的磁感应强度 B 可达几百毫特斯拉（mT）。该磁场未加屏蔽，因此有泄漏现象，在万用表上泄漏磁场的磁感应强度为几至几十毫特。利用 CT3A 型交直流特斯拉计的探头测量一块 MF-30 型万用表表面横向磁场的分布情况，如图 13-7 所示。另外在 B=15.3mT 处，距表面高度依次增加到 1cm、2cm、3cm 时，测得 B 值分别降至 7.5mT、3.0mT、1.0mT。万用表的泄漏磁场基本属于横向磁场。表面处 B 的方向与磁力线方向平行。图 13-7 对其他型号万用表也有参考价值。

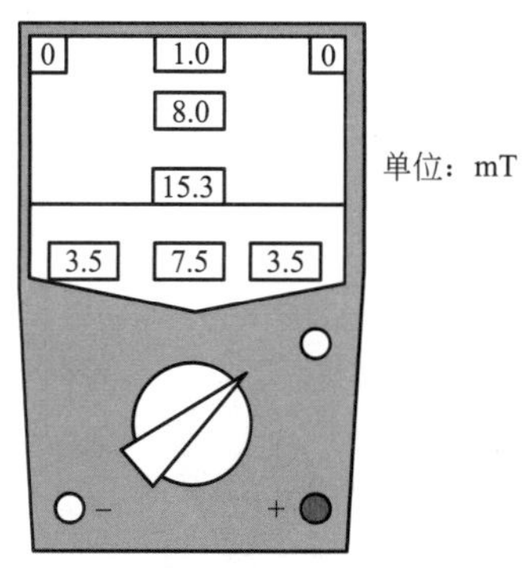

图 13-7　MF-30 型万用表横向泄漏磁场的分布

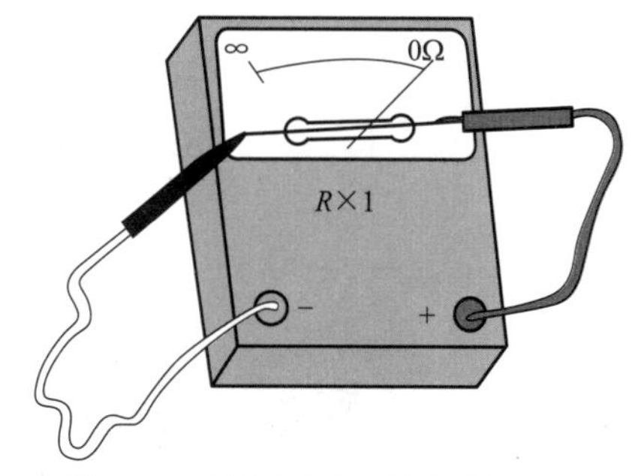

图 13-8　检测干簧管的方法

借助于万用表检测干簧管，既简便又实用。一方面万用表的泄漏磁场使干簧管吸合，另一方面用 $R\times1$ 挡可测量其通断。两支表笔分别接干簧管的两个电极。当干簧管远离万用表时簧片断开，电阻为无穷大；将干簧管移至表盘上，电阻值迅速变成零欧，说明簧片已吸合，如图 13-8 所示。试验表明，B=1.0 ～ 2.0mT 的磁场已经能使干簧管吸合。假如干簧管靠近磁场后不能够吸合，原因就是簧片移位，接点间隙过大。一旦吸合之后，再把干簧管远离磁场，簧片仍不能断开，是由于簧片弹性减弱而造成的。

万用表表面的径向磁场很弱，如果把干簧管竖直放置，簧片就无法吸合。

3. 干簧式继电器的检测

① 将万用表置 R×1 挡，两表笔分别接干簧式继电器的两端，如将干簧式继电器靠近永久磁铁时，万用表指示阻值应为 0Ω；当干簧式继电器远离永久磁铁后，万用表阻值指示变为无穷大，这说明干簧继电器工作正常，其触点能在磁场的作用下正常接通与断开。若将干簧式继电器靠近永久磁铁，而其触点不能闭合，则说明该干簧式继电器已损坏，应更换新的继电器。

② 按照干簧继电器的线圈额定电压通电，将万用表置于 R×1 挡，万用表的两表笔分别接继电器的两触点引出脚（H 型），若万用表的指示值为 0Ω，表明继电器良好；若万用表没有指示或有一定的阻值，表明继电器有故障。当线圈没有通电时，其阻值应为∞。

四、固态继电器

固态继电器（Solid State Relay，SSR）是由集成电路和分立元件构成的全固体化、无触点式继电器，因其功能与电磁继电器相似而得名。固态继电器因为没有机械触点以及其他机械部件，因此它具有驱动功率小、噪声低、可靠性好、开关速度快、工作频率高、体积小、重量轻、寿命长等优点。又因该种继电器的输入与输出间采用光电耦合器，因此又具有良好的抗干扰性能。尤为可贵的是，SSR 耐振动、耐潮湿、耐腐蚀，因而能在环境恶劣、易燃易爆场合下工作。

几种常见的固态继电器实物图如图 13-9 所示。

图 13-9　几种常见的固态继电器实物图

固态继电器的种类很多，按负载电源分类，有直流固态继电器（DC-SSR）、交流固态继电器（AC-SSR）两种。直流固态继电器的典型产品外形、符号及内部电路如图 13-10 所示。它属于五端器件，以功率晶体管为开关器件，用来控制直流负载电源的通断。内部包括四部分：输入电路，隔离电路（光电耦合器），开关电路（含功率晶体管），保护电路（续流二极管）。

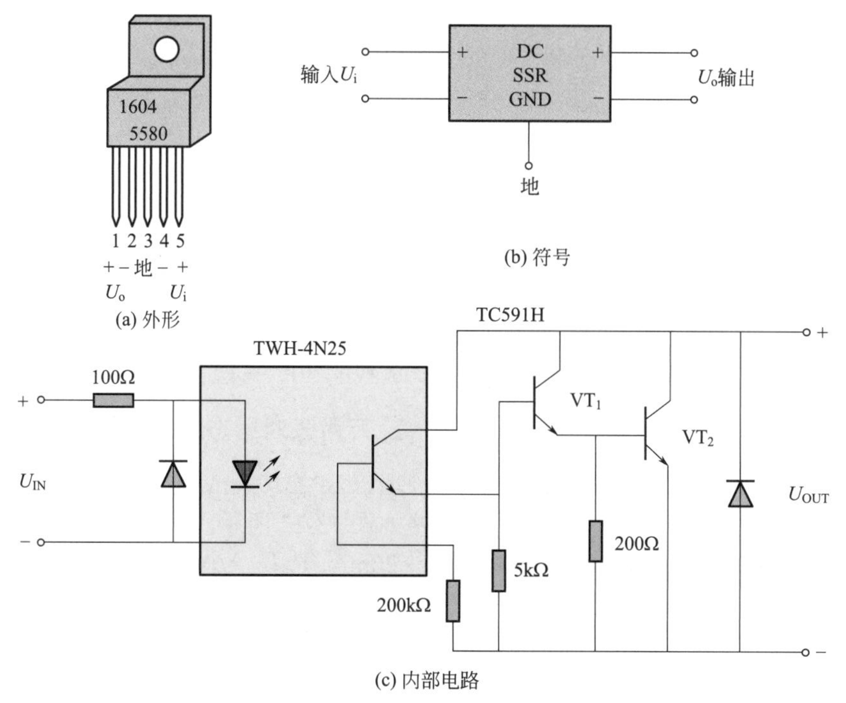

图 13-10　直流固态继电器

交流固态继电器典型产品的外形、符号及内部电路如图 13-11 所示。它是四端器件，以双向晶闸管作开关器件，控制交流负载电源的通断。保护电路采用 *RC* 吸收网络。交流固态继电器增加了控制触发器。对于过零触发型还应有过零电压检测器，仅当交流负载电源电压经过零点［即 $u(t)=0$］时，负载电源才被接通。

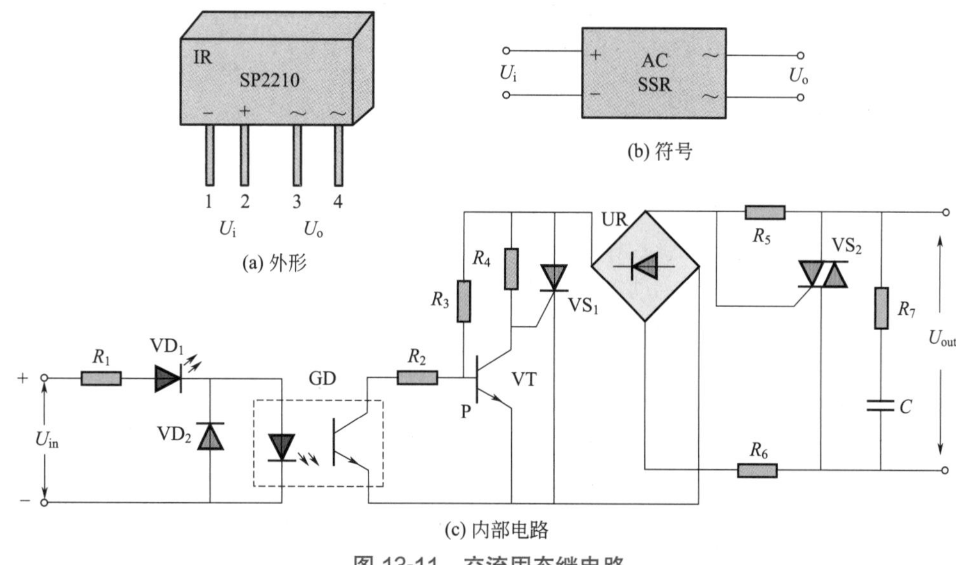

图 13-11　交流固态继电路

1. 正确选用固态继电器

（1）选用固态继电器的类型

选用固态继电器时，应根据受控电路的电源类型、电源电压和电源电流来确定固态继电器的电源类型和固态继电器的负载能力。当受控电路的电源为交流电源时，就应选用交流固态继电器，当受控电路的电源为直流电源时，就应选用直流固态继电器。

固态继电器的负载能力应根据受控电路的电压和电流来决定，一般情况下，继电器的输出功率应大于受控电路功率的1倍以上。

（2）选择固态继电器的带负载能力

继电器的额定负载是指纯阻性负载，因而选用时应根据受控电路的电源电压和电流来选择固态继电器的输出电压和输出电流，予以不同的处理。如负载为电动机电路时触点负载应按高于负载的20%选取；如负载为白炽灯泡时，触点负载应按高于负载的15%选取；如负载为纯感性电路或纯容性电路时，触点负载应按高于负载的30%选取。

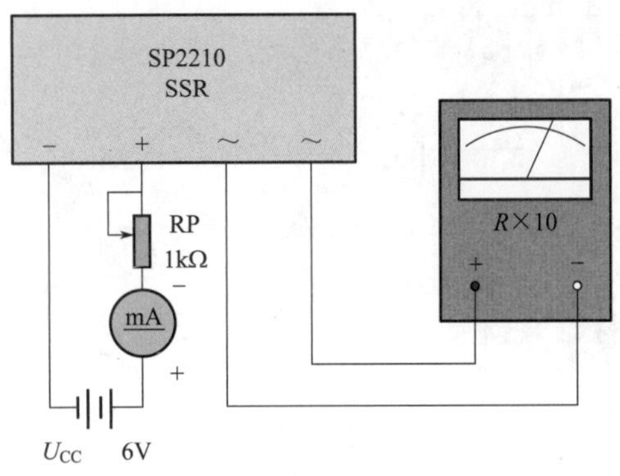

图 13-12　检测交流固态继电器的电路

2. 万用表对固态继电器的检测

现以SP2210型交流固态继电器为例，测试电路如图13-12所示。该器件的额定输入电流为10～20mA，选U_{CC}=6V，RP为输入限流可调电阻，将一块万用表拨至直流电流50mA挡测输入电流，用另一块万用表的R×10挡测输出端电阻。调节RP使I_1=20mA，测得电阻值为95Ω，说明内部相当于继电器吸合。再断开U_{CC}，用R×1k挡测输出端电阻为无穷大（相当于继电器释放）。

对于直流固态继电器，需采用直流负载电源。

检测固态继电器时也可以不接负载及负载电源，直接用万用表R×1挡测量输出端电阻。当SSR导通时电阻应为十几欧至几十欧，关断时电阻为无穷大。

五、温度继电器

1. 温度继电器简介

温度继电器一般采用双金属片作感温与控温元件。双金属片是由两种温度膨胀系数不同的薄金属片构成的。当达到额定动作温度时，薄金属片就受热变形，产生弯曲，将触点接通或断开，达到自动控温目的。国产小型化密封式温度继电器有JRM、JRK7-2系列等，触点分常闭、常开两种类型。温度继电器的实物图如图13-13所示。

JRM系列温度继电器的外形如图13-14（a）所示，其中JRM-A型的外形尺寸仅为5.5mm×4mm×18mm。触点容量为DC 28V，1A、1.5A、2A、3A。动作温度为20～75℃（分若干挡），允许误差±3℃。环境温度为−10～+60℃ 。初始动作温度与恢复温度之差小于2℃ 。JRM系列产品可广泛用于各种直流低压电器（例如直流电动工具）中。它采用接触感温方式进行固定温度控制，具有灵敏度高、稳定性好、恢复温度与初始动作温度接近、结构简单、安装方便等优点。

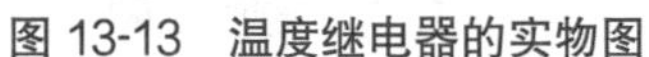
图 13-13　温度继电器的实物图

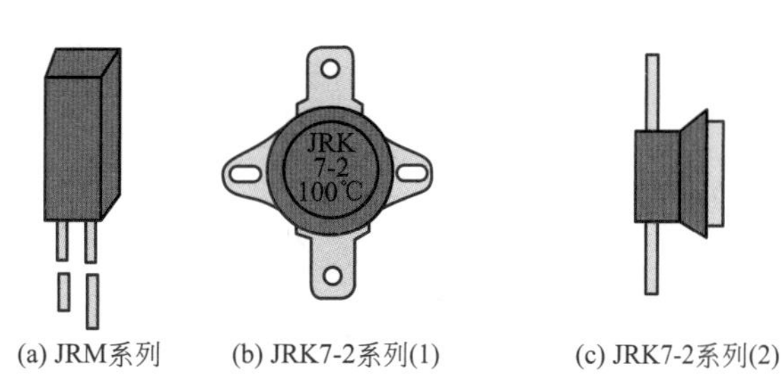

图 13-14　小型化密封温度继电器

JRK7-2 系列温度继电器能直接控制各种交流家用电器的温度，因此也叫温度控制器，简称温控器。产品外形如图 13-14（b）、（c）所示，双金属片固定在圆塑料壳内，再经过塑料盖、散热片接金属帽，最大外形尺寸为 35mm×38mm×13.5mm。其触点容量为 AC220V、5A，寿命达 1 万次以上。动作温度分 50℃、60℃、…、150℃多种规格，允许误差 ±5℃。它采用直接感温式，重复性好，绝缘性好（金属帽不带电），成本低廉，便于安装，适用于家用空调器、电热水器、电烤箱、烘干设备中，作温度控制及过热保护用。

2. 万用表对温度继电器的检测

现以 JRK7-2（60℃）温控器为例，介绍其检测方法。该器件的触点为常闭式。在室温下用万用表 R×1 挡测量两个触点之间的电阻应为零欧。为检查其控温特性，可用打火机烘烤金属帽约 5s，继电器即动作，触点断开时伴有喀啦声。此时用 R×10k 挡测量电阻为无穷大。然后关掉打火机，大约经过 1min 时间双金属片自行恢复成冷态，触点又闭合并再次发出喀啦声。证明其动作正常。

为了测出动作温度值，也可将标准水银温度计与温控器的金属帽部分浸入 60 ～ 65℃热水中（触点不得浸水！），观察动作过程并记下动作温度值。

在温控器动作、触点断开时，用 ZC25-3 型兆欧表实测关断电阻大于 1000MΩ。

六、极化继电器

1. 极化继电器的简介

极化继电器也称为记忆继电器，其通断状态随输入信号的极性而转换。它与普通电磁继电器的重要区别在于，内部存在两个磁场，除了由输入信号通过线圈所产生的磁场之外，还增加了由永久磁钢（或极化线圈）形成的极化磁场，触点的通断状态则由这两个磁场的综合作用所决定。因此，极化继电器具有以下三个特点：第一，它能够反映输入信号的极性；第二，具有记忆能力，一旦衔铁的动作状态改变，无论线圈中有无工作电流，该状态都将继续保持下去，直至下次通电时改变信号的极性；第三，灵敏度高（动作功率仅 0.01 ～ 10mW），动作时间短（几毫秒以下），动作速度快（>300Hz），工作性能稳定。极化继电器适用于电信设备、逆变电源等领域。

极化继电器典型产品有 SP 系列、JH 系列等。图 13-15 所示为 SP-300 型 5V 极化继电器的外形。它采用 DIP-16 插脚，外形尺寸为 28mm×26mm×10mm。

JHC-2F 型极化继电器的实物图如图 13-16 所示。

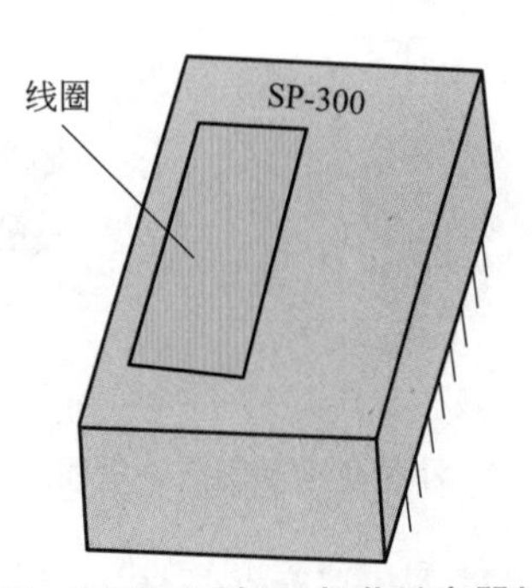

图 13-15　SP-300 型 5V 极化继电器的外形

图 13-16　JHC-2F 型极化继电器的实物图

2. 万用表对极化继电器的检测

首先用万用表 $R\times10$ 挡测量各引脚之间的通断情况，从中找出工作线圈的位置，同时测出线圈电阻值为 318Ω，其余引脚均开路。再给线圈加上 +5V 信号，用 $R\times1$ 挡测出各组闭合触点所对应的引脚。然后断开信号，检查闭合触点的状态应能保持。最后改变输入信号的极性，原来闭合的触点应全部断开。根据检测结果绘出 SP-300 型极化继电器的内部电路如图 13-17 所示。试验证明被测极化继电器质量良好。

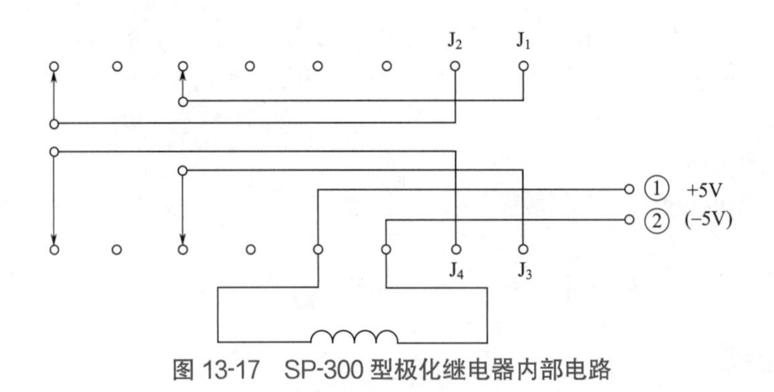

图 13-17　SP-300 型极化继电器内部电路

第二节
开关的检测

开关在电子装置中是不可缺少的元件之一，常用于换接电路。开关有多种，如钮子开关、波段开关、按钮开关、微动开关、船形开关等等。每种开关又有很多类，例如波段开关，按所用材料来分，有瓷质、纸胶板、玻璃丝板等；从形式上分有椭圆形、半密封、拨动式；在结构上又有不同位数、刀数、层数等。

在电路中，开关用字母“S”或“SA”“SB”表示（不包括电力电路中用的开关）。在有些电路图中用“K”表示，是旧标准表示法。

常用开关的结构如图 13-18 所示。

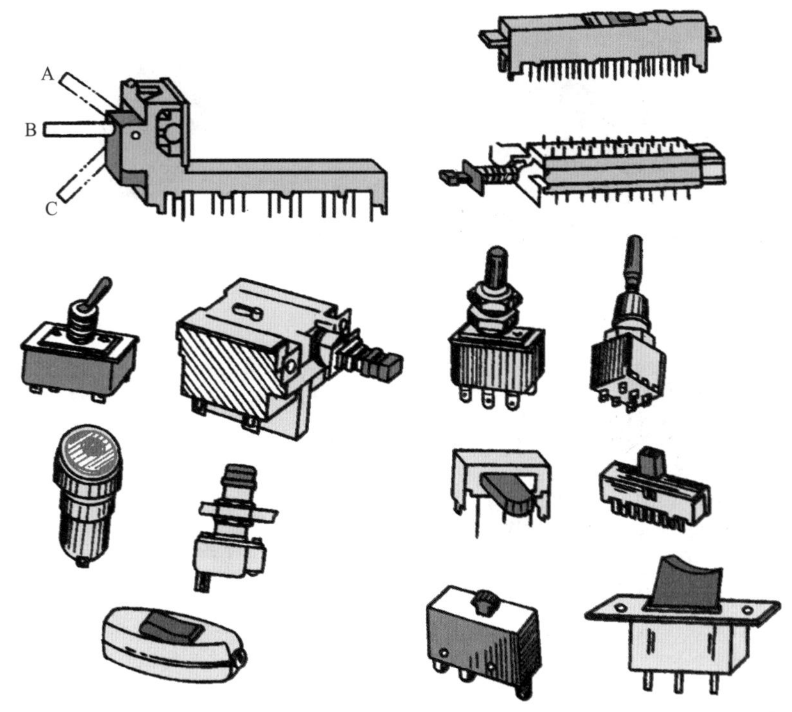

图 13-18　常用开关的结构

一、常用开关的电路图形符号

几种常用开关的实物图如图 13-19 所示。

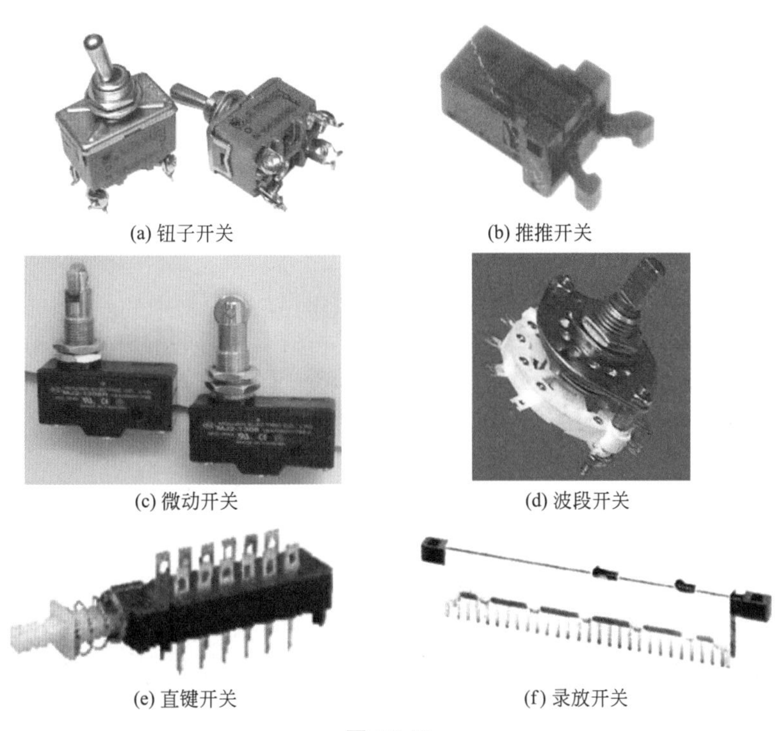

(a) 钮子开关　(b) 推推开关　(c) 微动开关　(d) 波段开关　(e) 直键开关　(f) 录放开关

图 13-19

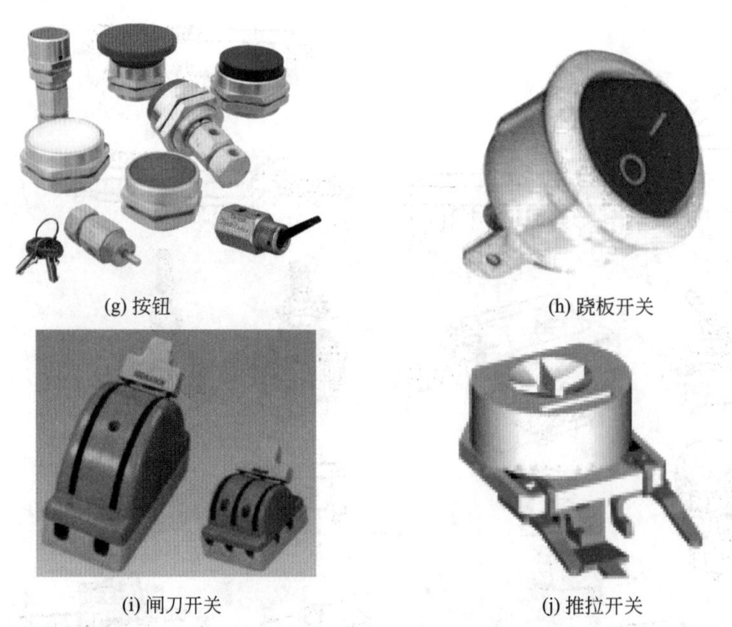

(g) 按钮　(h) 跷板开关　(i) 闸刀开关　(j) 推拉开关

图 13-19　几种常用开关的实物图

常用开关电路图形符号见图 13-20。

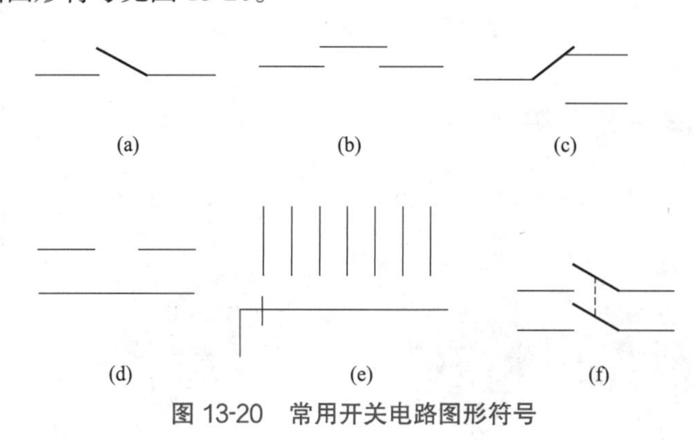

(a)　(b)　(c)　(d)　(e)　(f)

图 13-20　常用开关电路图形符号

1. 单刀单掷

符号有两种，如图 13-20（a）、（b）所示。图 13-20（a）中的斜线和图 13-20（b）中上面部分的一条短横线均表示“刀”。“刀”就是开关中可以活动的用于通断电的金属部分，它是通过开关把（或叫“扳把”）来操作的，它与开关把是绝缘的。在图 13-20（a）中，“刀”左边的横线，和图 13-20（b）中“刀”下边的两条横线，表示开关的静触点，它们均固定在开关壳体上，引出引线，供连接电路用，通常把引线叫“焊片”。

2. 单刀双掷

符号见图 13-20（c）、（d）。它是用一把“刀”轮换接通两条电路。

3. 单刀多位开关

它是指一把“刀”按顺序轮换接通多条电路的开关，如图 13-20（e）所示。用一把“刀”接通七条电路的开关，简称单刀七位开关，这种开关可向左拨动，也可向右拨动。

4. 双刀单掷开关

如图 13-20（f）所示，它是两把“刀”同时动作，当扳动开关把时，两“刀”分别与其相应的静触点接通。

值得一提的是，开关的“刀”和“掷”在人们的习惯中常用“某数乘以某数”表示，如双刀单掷开关，则记作“开关 1×2”，双刀双掷开关记作“开关 2×2”；在开关之前写出开关型号及其名称，在“刀”“掷”之后写出电流或电压，如 KNX 型钮子开关 2×2-1A220V，这样就将开关的型号及其规格表示无遗了。

5. 波段开关

图 13-21 所示是波段开关实物和电路符号示意图，图中所示是一个三刀四掷式开关，共有 S_{1-1}、S_{1-2} 和 S_{1-3} 三组开关，每组开关中的刀片触点相同，而且均能够转换四个工作位置，所以称为三刀四掷式开关。在这种开关中，由一个开关操纵柄控制各组开关的同步转换。

(a) 波段开关实物图

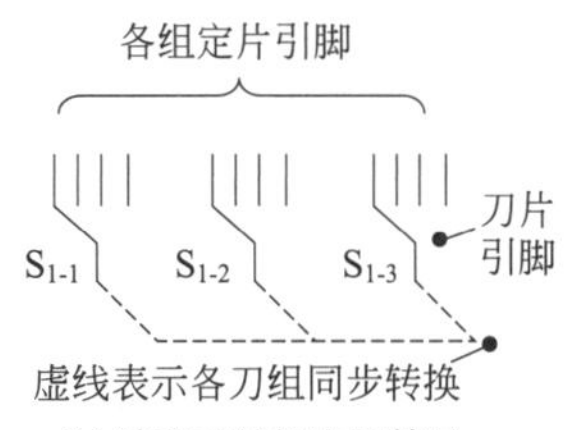

(b) 波段开关新电路符号

图 13-21　波段开关实物与电路符号示意图

整机电路中，为了表示某一个开关有许多组。采用 S_{1-1}、S_{1-2} 和 S_{1-3}…的表示方式，其中 S_1 表示一种功能开关（这里是波段开关），如 S_{1-1} 是开关 S_1 中的第一组开关，S_{1-3} 是 S_1 中的第三组开关。

图 13-22 所示是波段开关的旧电路符号，这是一个三刀三掷式开关，旧电路符号中用 K 表示开关，K_{1-1}、K_{1-2} 和 K_{1-3} 是 K_1 中的三组开关。

K1-1　K1-2　K1-3

图 13-22　波段开关旧电路符号

在波段开关电路符号中，通常用虚线表示各组开关之间同步联动转换的关系。

6. 拨码开关

图 13-23 所示是拨码开关实物图和内部等效电路。常见的拨码开关有 3 位、5 位、8 位和 12 位等，图 13-23（b）所示是其内部等效电路，开关的左上角（或右上角）通常有“ON”标识，表明当开关拨向上部时为接通“ON”状态，向下则为断开“OFF”状态。

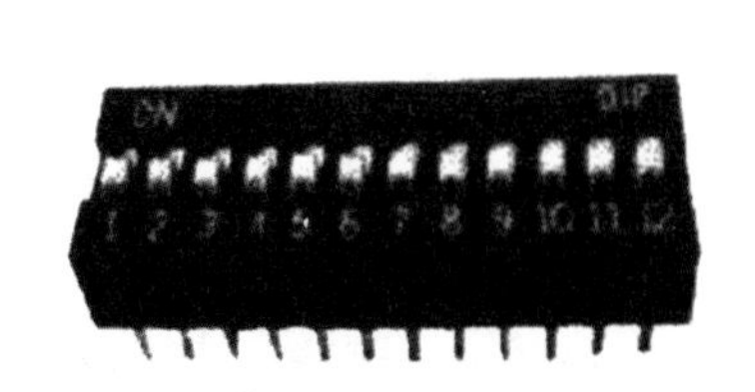

(a) 拨码开关实物图

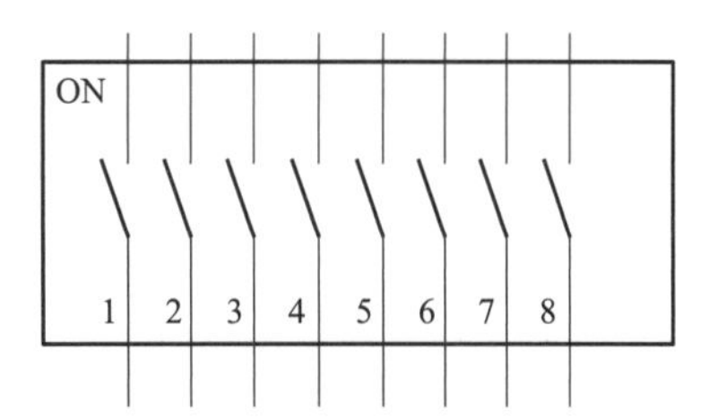

(b) 拨码开关内部等效电路

图 13-23　拨码开关实物图及内部等效电路

开关两排引出焊片的距离与标准双列直插式集成电路相同，可以很方便地插在集成电路插座上。这类开关的主要作用是作为跳线来使用，即电路的通断通过开关的拨动来加以控制或设定。

7. 导电橡胶开关

导电橡胶是一种特殊的导电材料，主要用在电视机的遥控器和电子计算器中作按键开关。每个按键就是一小块导电橡胶，再用绝缘性能好的橡胶把它们连成一体。导电橡胶的特点是各个方向的导电性能基本相同。

8. 薄膜按键开关

薄膜按键开关又称薄膜开关、平面开关或轻触开关，它是近年来流行的一种集装饰与功能为一体的新型开关。与传统的机械开关相比，它具有结构简单、外形美观、密闭性好、性能稳定、寿命长等优点，被广泛使用于用单片机进行控制的电子设备中。薄膜开关分为软性薄膜开关和硬性薄膜开关两种类型。

薄膜按键开关采用 16 键标准键盘，为矩阵排列方式，有 8 根引出线，分成行线和列线。

二、常用开关的主要参数

常见开关参数见表 13-4。

表 13-4　电磁继电器触点的常用图形符号

主要参数	说明
额定电压	额定电压是指开关在正常工作时所允许的安全电压。若加在开关两端的电压大于此值，便会造成两个触点之间打火击穿
额定电流	当开关接通时所允许通过的最大安全工作电流。当电流超过此值时，开关的触点就会因电流太大而烧毁
绝缘电阻	绝缘电阻是指开关的导体部分（金属构件）与绝缘部分的电阻值。绝缘电阻值应在 100MΩ 以上
接触电阻	接触电阻是指开关在导通状态下，每对触点之间的电阻值。一般要求接触电阻值在 0.1 ～ 0.5Ω 以下，此值越小越好
耐压	耐压是指开关对导体及地之间所能承受的最低电压值
寿命	寿命是指开关在正常工作条件下，能操作的次数。一般要求为 5000 ～ 35000 次

三、开关的正确选用与检测

1. 开关的正确选用

开关的正确选用见表 13-5。

表 13-5　开关的正确选用

序号	正确选用
1	根据电路的用途，选择不同类型的开关
2	根据电路数和每个电路的状态选择，来确定开关的刀数和掷数

续表

序号	正确选用
3	根据开关安装位置，选择外形尺寸、安装尺寸及安装方式
4	根据电路的工作电压与通过的电流等选择合适的开关，在选用时，其额定电压、额定电流都要留有余量，一般为 1 ～ 2 倍即可
5	在维修中要更换开关，又没有原型号可换时，则需考虑引脚的多少、安装位置的大小、引脚之间的间距大小等问题

2. 开关的检测

开关的检测见表 13-6。

表 13-6　开关的检测

检测内容	检测说明
检测观察开关的手柄	直观检测观察开关的手柄是否能活动自如，或有松动现象，能否转换到位。观察引脚是否有折断、紧固螺钉有否松动等现象
测量触点间的接触电阻	测量方法是用万用表的 $R\times1$ 挡，一支表笔接其开关的刀触点引脚，另一支表笔接其他触点引脚，让开关处于接通状态，所测阻值应在 0.1 ～ 0.5Ω 以下，如大于此值，表明触点之间有接触不良的故障
测量开关的断开电阻	测量方法是用万用表的 $R\times10$k 挡，一支表笔接开关的刀触点引脚，另一支表笔接其他触点的引脚，让开关处于断开状态，此时所测的电阻值应大于几百千欧姆。如小于几百千欧姆时，表明开关触点之间有漏电现象
测量各触点间电阻	用万用表的 $R\times10$k 挡测量各组独立触点间的电阻值，应为∞，各触点与外壳之间的电阻值也应为∞。若测出一定的阻值表明有漏电现象
导电橡胶开关的检测	用万用表 $R\times10$ 挡在导电橡胶的任意两点间测量时均应该呈现导通状态，如测得的阻值很大或为无穷大，则说明该导电橡胶已经失效
薄膜按键开关的检测	检测时，将万用表置于 $R\times10$ 挡，两支表笔分别接一个行线和一个列线，当用手指按下该行线和列线的交点键时，测得的电阻值应为零。当松开手指时，测得的电阻值应为无穷大。再将万用表置于 $R\times10$k 挡，不按薄膜开关上的任何键，保持全部按键均处于抬起状态。先把一支表笔接在任意一根线上，用另一支表笔依次去接触其他的线，循环检测，可测量各个引线之间的绝缘情况。在整个检测过程中，万用表的指针都应停在无穷大位置上不动。如果发现某对引出线之间的电阻不是无穷大，则说明该对引出线之间有漏电性故障
开关的故障	开关的故障率比较高，其主要故障是接触不良、不能接通、触点间有漏电、工作状态无法转换等。其中接触不良的故障较为多见，表现为时通时断，且造成的原因有多种。其中有触点氧化、触点打火而损坏、触点表面脏污等。此类故障可通过无水酒精清洗触点的方法得以解决

万用表检测开关

第十四章 万用表检测其他器件

第一节 石英晶体振荡器的检测

石英晶体振荡器又称石英晶体谐振器，简称石英晶振或者晶振。石英晶体振荡器是一种用于稳定频率和选择频率的电子元件，是具有高精度、高稳定度和非常高 Q 值的振荡器，被广泛应用在彩电、计算机、手机、手表、电台、录像机、影碟机、遥控器等各类振荡电路中，在通信系统中用于频率发生器，为数据处理设备产生时钟信号，并为特定系统提供基准信号。

一、石英晶体振荡器的结构和型号

1. 石英晶体振荡器的结构

石英晶体振荡器一般用金属外壳封装，也有用玻璃壳、陶瓷或塑料封装的。石英晶体振荡器的实物如图 14-1 所示。

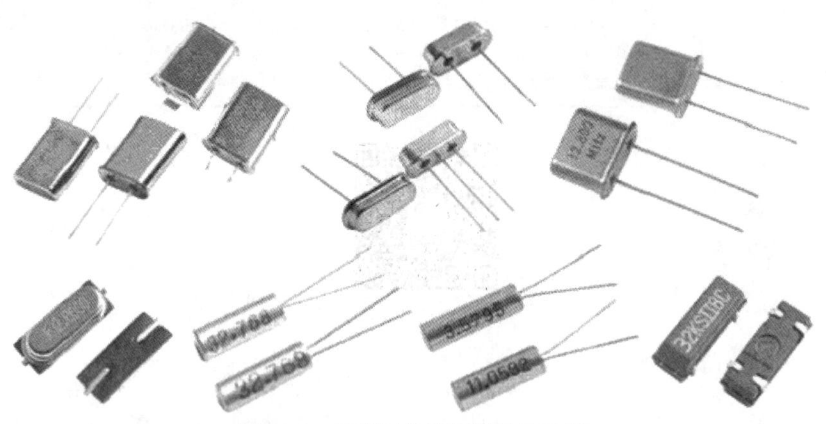

图 14-1　石英晶体谐振器的实物图

石英晶体振荡器按频率稳定度分，有普通型和高精度型。只要频率和体积符合要求，其中很多晶振元件是可以互换使用的。各种常见晶振元件外形如图 14-2 所示。

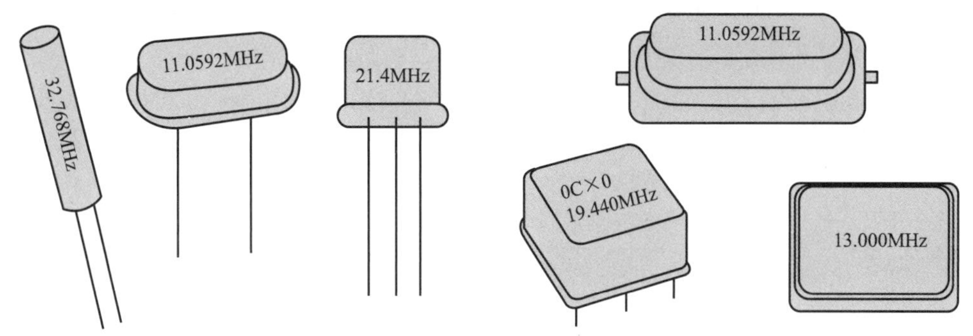

图 14-2 常见晶振元件外形

石英晶体谐振器的主要原料是石英单晶，即水晶。它是一种具有压电效应的晶体，是石英晶体谐振器的主要原料。石英晶体谐振器由石英振子、支架、电极和外壳等构成。石英振子是把石英晶体按一定取向切割成片，再引出电极而制成的，电极由焊线或夹簧支架引出。精密度较高的谐振器一般用玻壳做外壳，通用石英晶体谐振器常用金属做外壳，金属外壳封装的石英晶体振荡器结构如图 14-3 所示。

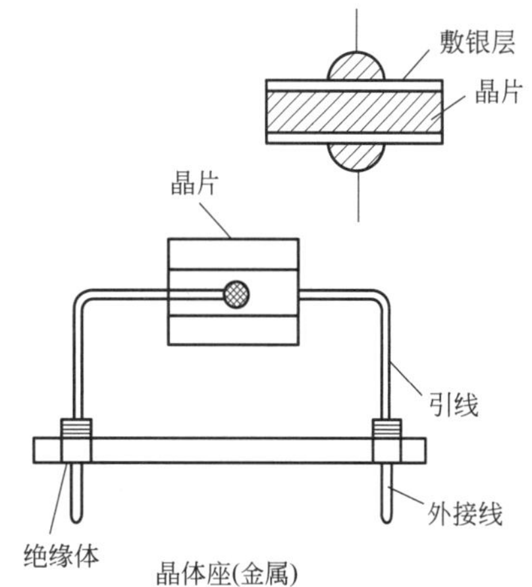

图 14-3 金属外壳封装的石英晶体振荡器结构

2. 石英晶体振荡器的型号

它由三部分组成：第一部分由汉语拼音字母表示外壳材料，第二部分用一字母表示石英片的切割方式，第三部分用阿拉伯数字区分谐振器的主要参数、性能及外形尺寸。各部分字母符号的意义见表 14-1。例如：JF6.000 则表示该石英谐振器为金属外壳、FT 切割方式，谐振频率为 6MHz。

表 14-1 各部分字母及阿拉伯数字的意义

第一部分	第二部分	第三部分
S：塑料壳 B：玻璃壳 J：金属壳	A：AT 切割方式	阿拉伯数字表示谐振器的主要参数、性能及外形尺寸（注意：此部分实际应用中，一般无法知道晶体的主要电特性，需查产品手册或相关资料）
	B：BT 切割方式	
	C：CT 切割方式	
	D：DT 切割方式	
	E：ET 切割方式	
	F：FT 切割方式	
	G：GT 切割方式	
	H：HT 切割方式	
	M：MT 切割方式	
	N：NT 切割方式	
	U：交叉弯曲振动型切割	
	X：X 切割方式（伸缩振动）	
	Y：Y 切割方式	

二、石英晶体振荡器的检测

1. 用万用表检测石英晶体振荡器

一个质量完好的晶振，外观应很整洁、无裂纹、引脚牢固可靠，其电阻值应为∞。检测石英晶体时将万用表置于 $R\times10k$ 挡，两表笔分别与晶体两电极相碰，同时观察表头指示。若指针在最大处不动，则说明晶体片良好；若指针在最大处有轻微摆动，则表明晶体片存在漏电或接触不良现象；此时，可使用一个试电笔并将其刀头插入市电插座的火线孔内，用手指捏住晶振的任一引脚，将另一引脚触碰试电笔顶端的金属部分。若试电笔氖泡发红，一般说明晶振是好的；若氖泡不亮，则说明晶振是坏的。若指针严重偏转或为零，则说明晶体片已被击穿损坏。

在更换晶振时，通常都要用相同型号的新品，后缀字母尽量也要一致，否则很可能无法正常工作。不过对于一些要求不高的电路，可以用频率相近的晶振代换。

常见的晶振大多是两个引脚，由于在集成电路振荡端子外围电路中总是用一个晶振（或其他谐振元件）和两个电容组成回路，故为便于简化电路及工艺，有些厂家就生产了三脚晶振。其 3 个引脚中的中间一脚通常是电容公共端（两个电容连接端），另两脚为晶振端。这种复合件可用一个普通两脚同频率的晶振和两个 100 ～ 220pF 的瓷片电容按常规连接后予以代换。

2. 石英晶体振荡器的电路测量

测试石英晶体时，把晶体的两个引脚插入 XS_1 和 XS_2 两个插口中，如图 14-4 所示。按下开关 S，如果晶体是好的，则由三极管 V_1、电容 C_1 与 C_2 等元件构成的振荡电路产生振荡，振荡信号经 C_3 耦合至 VD_2 检波，检波后的直流信号电压使 V_2 导通，于是接在 V_2 集电极回路中的 LED 发光，指示被测晶体是好的。如果 LED 不亮，则说明被测石英晶体是坏的。此测试器可测试频率较宽的石英谐振器，但最佳测试频率是几百千赫到几十兆赫。

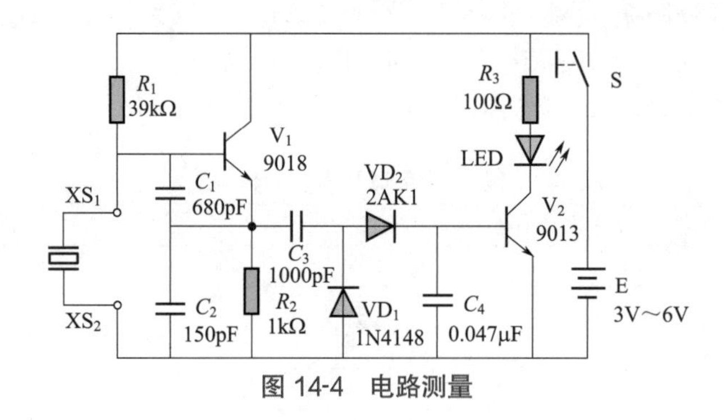

图 14-4　电路测量

第二节 陶瓷谐振元器件的检测

陶瓷谐振元器件是由压电陶瓷制成的谐振组件。陶瓷组件与晶振一样，也是利用压电效应工作的组件。目前的陶瓷谐振元器件大多采用锆钛酸铅陶瓷材料做成薄片，再在两面涂上银层，焊上引线或夹上电极板，用塑料或者金属封装而成。

陶瓷谐振元器件的基本结构、工作原理、特性、等效电路及应用范围与晶振相似。但其性能不及晶振。在要求不高的场合下，陶瓷谐振元器件可代替晶振。陶瓷谐振元器件价格低廉，所以近年来的应用非常广泛。

陶瓷谐振元器件按功能和用途分类，可分成陶瓷滤波器、陶瓷谐振器和陶瓷陷波器等；按引出端子数分，有两端组件、三端组件、四端组件和多端组件等。

国产陶瓷谐振元器件型号由 5 部分组成。第一部分表示组件的功能，如 L 表示滤波器，X 表示陷波器，J 表示鉴频器，Z 表示谐振器。第二部分用字母 T 表示材料为压电陶瓷。第三部分用字母 W 和下标数字表示外形尺寸，也有部分型号仅用 W 或 B 表示，无下标数字。第四部分用数字和字母 M 或 k 表示标称频率，如 700k 表示标称频率为 700kHz，10.7M 表示标称频率为 10.7MHz。第五部分用字母表示产品类别或系列，如 LTW6.5M 是中心频率为 6.5MHz 的陶瓷滤波器。

一、万用表对陶瓷滤波器的测量

滤波器就是指过滤电磁信号的装置，接收器接收到的信号是杂乱无章的电磁波，可通过滤波器筛选出需要的电磁波信号。滤波器主要应用于移动电话、无线电话、卫星通信和 GPS 全球定位系统等。

1. 陶瓷滤波器简介

陶瓷滤波器是所有用陶瓷振子组成的选频网络的总称。陶瓷滤波器主要利用陶瓷材料压电效应实现电信号 → 机械振动 → 电信号的转化，从而取代部分电子电路中的 LC 滤波电路，使电路工作更加稳定。陶瓷滤波器具有噪声电平低、信噪比高、体积小、无须调整、工作稳定、价格便宜的优点，并使装配调试工作更加简单化。目前，陶瓷滤波器已在电器设备中获得广泛的应用。陶瓷滤波器的实物图如图 14-5 所示。

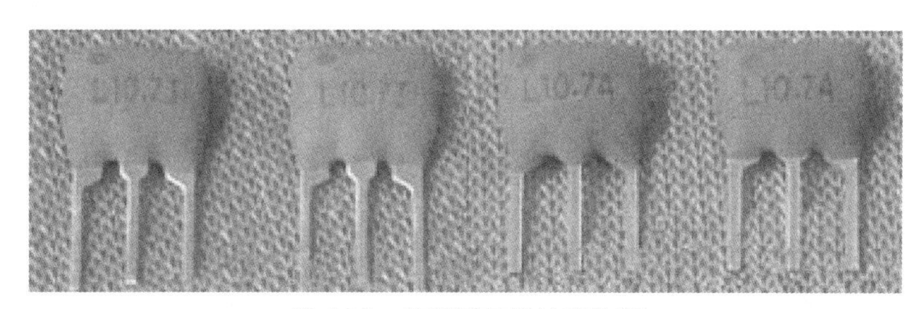

图 14-5　陶瓷滤波器的实物图

由于陶瓷滤波器机械振动对频率响应很灵敏，故其品质因数 Q 值很高，幅频和相频特性都非常理想。陶瓷滤波器有两端和三端两种，其电路符号和等效电路如图 14-6 所示。

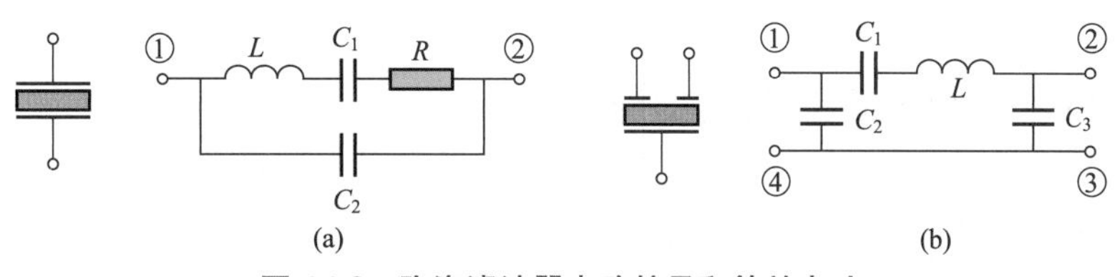

图 14-6　陶瓷滤波器电路符号和等效电路

2. 用万用表测量陶瓷滤波器

当陶瓷滤波器出现故障时，可将其焊下，在原电路其1、3脚位置并接一个几十皮法的瓷片电容，若此时故障消失，则说明该陶瓷滤波器已损坏。也可通过测量陶瓷滤波器各引脚之间的电阻值或电容量来判断其是否损坏。

（1）万用表直接测量

若测出有一定阻值或阻值接近0,则说明该陶瓷滤波器已漏电或短路损坏。需要说明的是,测得正、反向电阻均为∞,则不能完全确定该陶瓷滤波器完好,在业余条件下可用代换法试验。

（2）采用达林顿管测量

具体办法是将万用表置 R×10k 挡，参照图 14-7，用两个三极管（如 3DG6、3DG201A）接成达林顿管后再接到万用表上。

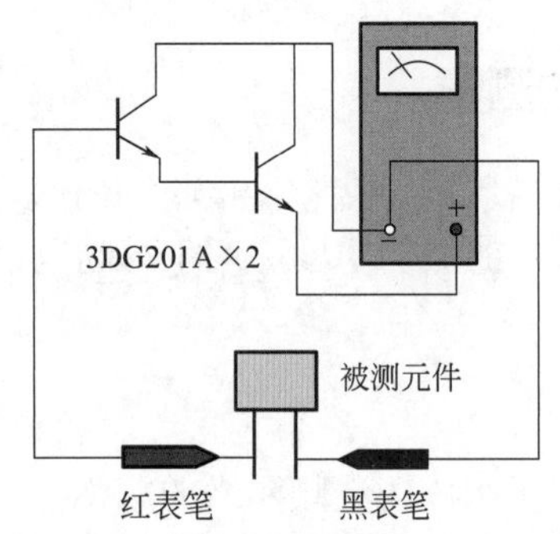

图 14-7　达林顿管测量陶瓷滤波器

测量时，将两表笔分别接到待测陶瓷滤波器的两个引脚上，如果万用表指针向右微微摆动一下，又回到无穷大，说明被测滤波器是好的；如果表指针一动也不动，说明被测元件内部断线，已损坏；如果测出滤波器两个引脚间的电阻很小，说明该元件内部短路，已损坏。操作时应注意，每次测量前，应将陶瓷滤波器的两个引脚短路，以便将其内部的电荷放掉；达林顿管放大系数高，测量时手不能碰被测元件的两个引脚，以免影响测量结果。

（3）陶瓷滤波器的修理

陶瓷滤波器损坏后，应使用原型号陶瓷滤波器或与原型号陶瓷滤波器的谐振频率相同的陶瓷滤波器代用。

有时也可将两端陶瓷陷波器与三端陶瓷陷波器互换。电路如图 14-8 所示，在一般电路中效果无大影响。

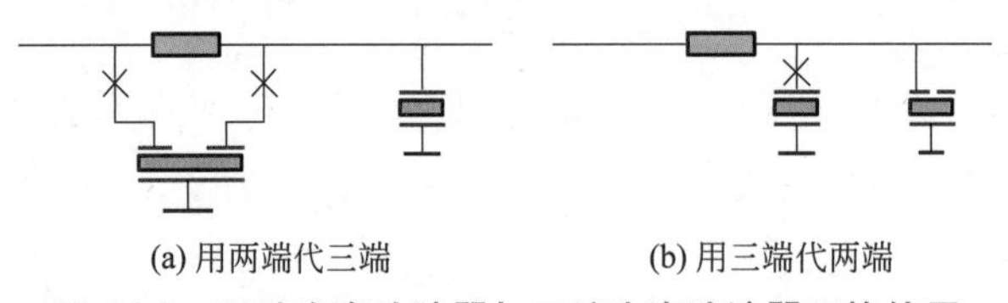

图 14-8　两端陶瓷陷波器与三端陶瓷陷波器互换使用

二、万用表对声表面波滤波器的检测

1. 声表面波滤波器

声表面波滤波器可用于各种通信及视听设备的射频和中频滤波电路中。

声表面波滤波器被广泛应用在各种无线通信系统、电视机、录放影机及全球卫星定位系统接收器上，主要用于把杂波信号滤掉，比传统的 *LC* 滤波器安装更简单、体积更小。

声表面波滤波器的主要作用原理是利用压电材料的压电特性，利用输入与输出换能器（Transducer）将电波的输入信号转换成机械能，经过处理后，再把机械能转换成电信号，以达到过滤不必要的信号及杂波信号，提升接收信号品质的目标。

声表面波就是在压电陶瓷基片材料表面产生并传播，且其振幅随深入的深度增加而迅速减少的弹性波。

声表面波滤波器是利用石英、铌酸锂、钛酸钡晶体具有压电效应的性质做成的。压电效应是当晶体受到机械作用时，将产生与压力成正比的电场的现象。具有压电效应的晶体，在受到电信号的作用时，也会因产生弹性形变而发出机械波（声波），这样即可把电信号转为声信号。由于这种声波只在晶体表面传播，故称为声表面波。声表面波滤波器的英文缩写为SAWF。声表面波滤波器具有体积小、重量轻、性能可靠、不需要复杂调整的特点，是有线电视系统中实现邻频传输的关键器件。贴片式 SMD 声表面波滤波器实物图如图 14-9 所示。

图 14-9　贴片式 SMD 声表面波滤波器

2. 用万用表测量声表面波滤波器

检测声表面波滤波器时将万用表置于 $R\times 1\text{k}$ 或 $R\times 10\text{k}$ 挡，测量声表面波滤波器的输入端、输出端两个电极以及输入、输出脚对屏蔽脚之间的电阻值，正常情况下应为无穷大。若表针在数千欧或数百千欧之间摆动，则表明声表面波滤波器有漏电现象；若表针指示很小或为零，则表明声表面波滤波器已被击穿短路，不能再使用。

第三节　霍尔元件的检测

霍尔元件是一种磁电元件。它是利用霍尔效应制作的一种传感器，如在录像机的磁鼓无刷电动机中就显示了它具有高可靠性、寿命长、噪声低、不产生火花干扰、转速均匀稳定、体积小等优点。

一、霍尔元件的性能特点

所谓霍尔效应是指当半导体薄片上通过电流，并且电流方向与外界磁场方向垂直时，在垂直于电流和磁场方向上产生霍尔电动势的现象。霍尔元件的外形、电路图形符号和工作原理如图 14-10 所示。由原理图可知，在半导体薄片两端通以控制电流 I，并在薄片的垂直方向加以磁感应强度为 B 的磁场，则在垂直于电流 I 和垂直于磁场 B 的方向上产生电动势

U_H，这个电动势称为霍尔电势。这一现象称为霍尔效应。该半导体薄片称为霍尔元件。

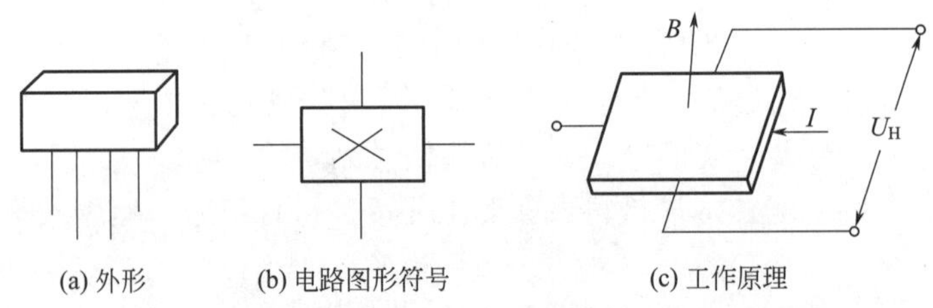

图 14-10　霍尔元件的外形、电路图形符号及工作原理

霍尔元件被广泛应用于位移测量、磁场测量、接近开关及限位开关等电路之中。

二、霍尔元件的检测方法

1. 测输入电阻和输出电阻

测量方法如图 14-11 所示。为了测量的准确，对于 HZ 系列万用表要用 $R\times10$ 挡，对于 HT 系列万用表要用 $R\times1$ 挡。测量结果要和该霍尔元件的参数相符，若测出的值为无穷大，则此霍尔元件已开路，若测出的值为零，则此霍尔元件已内部短路。

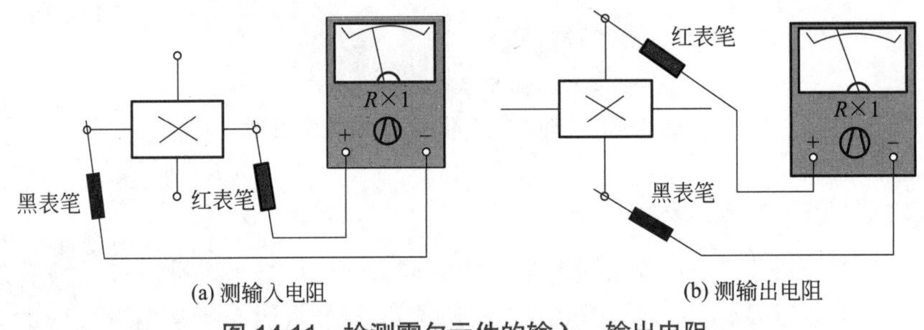

图 14-11　检测霍尔元件的输入、输出电阻

2. 灵敏度的检测

检测方法如图 14-12 所示。将万用表 1 置于 $R\times1$ 挡（或 $R\times10$ 挡，视控制电流大小而定），给霍尔元件一个控制电流，将万用表 2 置于直流电压 2.5V 挡，测霍尔元件的输出电压 U_H。用一块永久磁铁垂直方向靠近霍尔元件的表面，此时万用表 2 的指针应当向右偏转。万用表 2 的指针向右偏转幅度越大，表明此霍尔元件的灵敏度 K_H 越高。连接电路时，要注意霍尔元件的输入和输出端，如果万用表 2 的指针向左偏转，则要将永久磁铁的 N、S 极调换一下。

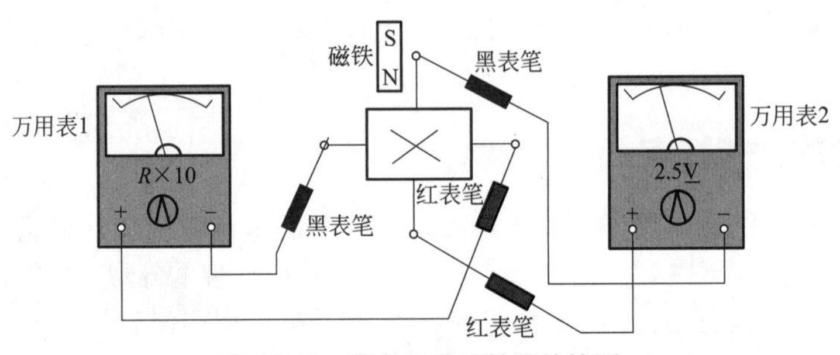

图 14-12　霍尔元件灵敏度的检测

第四节 光电耦合器的检测

光电耦合器是以光为媒介，用来传输电信号的器件。光电耦合器又称光电隔离器，是发光二极管和光敏元件组合起来的四端器件。其输入端通常用发光二极管实现电光转换；输出端为光敏元件（光敏电阻、光电二极管、光电三极管、光电池等）实现光电转换，二者面对面地装在同一管壳内。

光电耦合器有管式、双列直插式和光导纤维式等多种封装，其种类达几十种。光电耦合器的分类及内部电路如图 14-13 所示，列出了 8 种典型产品的型号。

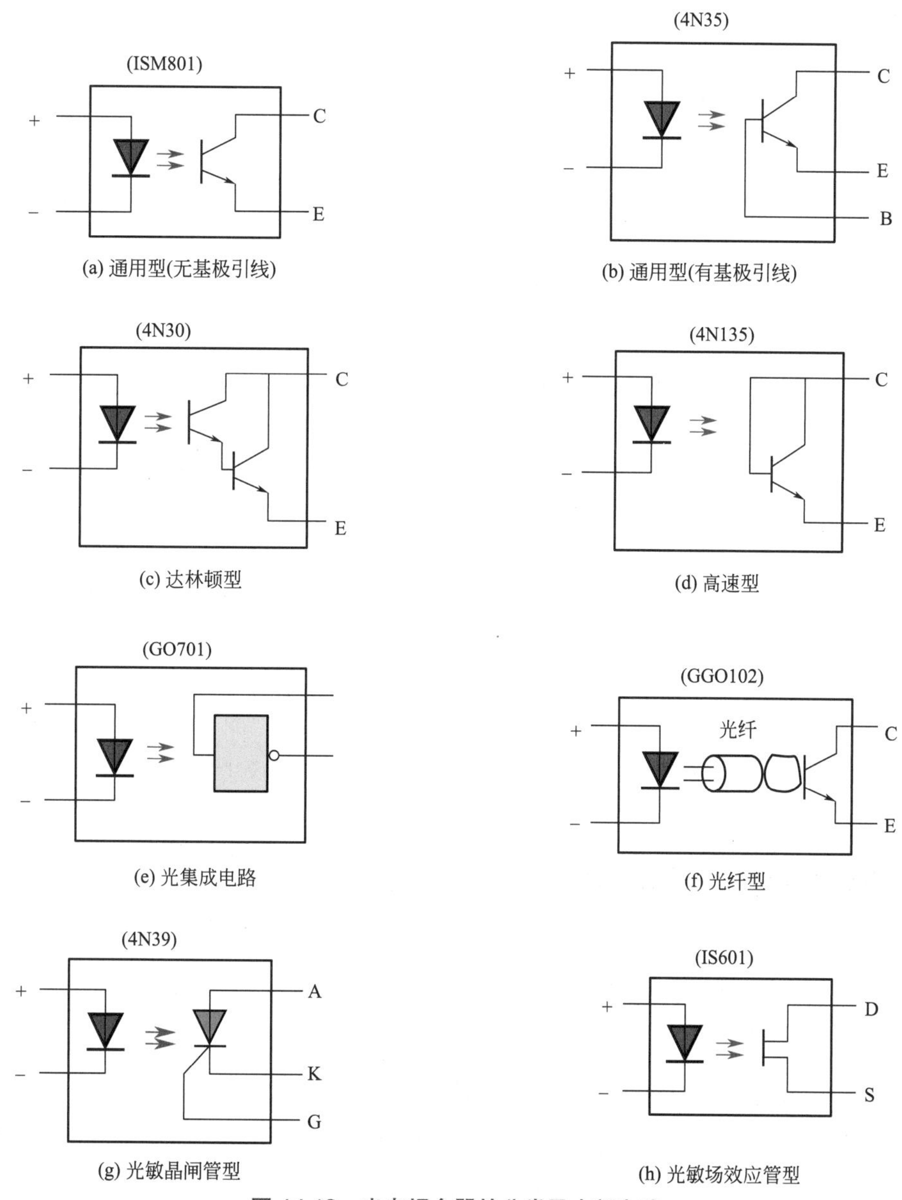

图 14-13 光电耦合器的分类及内部电路

一、光电耦合器的特点及主要参数

1. 光电耦合器的特点

① 光电耦合器的输入端和输出端之间是绝缘的，绝缘电阻根据封装形式有差异，一般都大于 $10^{10}\Omega$，耐压超过 1kV，有的品种可高达 10kV。

② 因为光传输的单向性，信号只能从发光源单向传送到光敏元件，而不会反馈，所以输出信号不会影响输入端。

③ 发光源通常是砷化镓红外发光二极管，它是一种低阻抗电流驱动性元件，而噪声是一种高内阻微电流的电压信号，元件共模抑制比大，所以可以抑制干扰，消除噪声。

④ 容易和逻辑电路配合。当使用几种不同类型的逻辑元件组成系统时，用光电耦合器可以很好地解决互相连接时的电位转换和隔离问题。

⑤ 响应速度快，时间常数约几微秒甚至可达几纳秒。

⑥ 无触点，寿命长，体积小，耐冲击。

2. 光电耦合器的主要参数

表 14-2 列出了 3 种典型产品的主要参数。光电耦合器的主要优点是单向传输信号、输入端与输出端实现电气隔离、抗干扰能力强、使用寿命长、传输效率高，可广泛用于电平转换、信号隔离、级间耦合、开关电路、脉冲放大、固态继电器、仪器仪表、通信设备和微型计算机接口电路中。

表 14-2　光电耦合器典型产品的主要参数

型号	电流传输比 CTR /%	绝缘电压 U_{DC} /V	绝缘电阻 R/Ω	最大正向电流 I_{FM}/mA	反向击穿电压 $U_{(BR)CEO}$ /V	饱和压降 U_{CES} /V	暗电流 I_R/μA	最大功率①P_M /mW	封装形式
4N35	>100	3550	—	60	30	0.3	50	—	GIP-6
4N30	>100	1550	10^{11}	60	30	1.0	100	100	GIP-6
G0111	≥ 60	1000	10^{11}	60	≥ 30	≤ 0.4	≤ 10	>5	GIP-6

①指发射管与接收管的最大功耗之和。

二、万用表对光电耦合器的检测

利用万用表检测光电耦合器分为以下几个步骤。

① 用 $R\times100$（或 $R\times1k$）挡测量发射管的正、反向电阻，检查单向导电性。

② 分别测量接收管的集电结与发射结的正、反向电阻，均应单向导电，然后测量穿透电流 I_{CEO} 应等于零。

③ 用 $R\times10k$ 挡检查发射管与接收管的绝缘电阻应为无穷大。有条件者最好选兆欧表实测绝缘电阻值，但兆欧表的额定电压不得超过光电耦合器的绝缘电压 U_{DC} 值，测量时间不超过一分钟。

❖ **举例说明：** 测量一个 4N35 型光电耦合器，其外形及内部电路如图 14-14 所示。它属于通用型光电耦合器，采用双列直插式 6 脚封装，靠近黑圆点处为第 1 脚，第 3 脚为空脚（NC）。

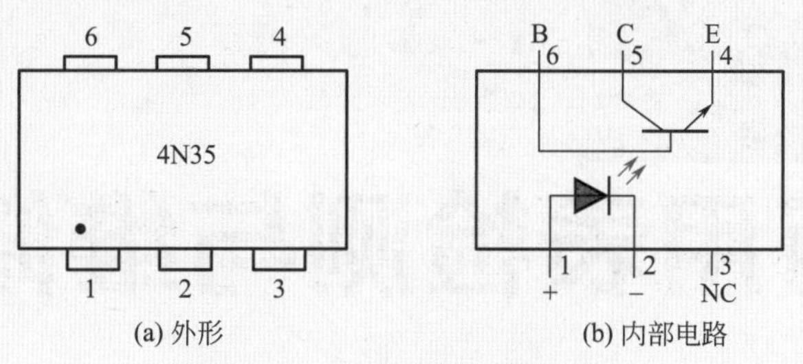

图 14-14　4N35 型光电耦合器

1. 检测发射管

选择 500 型万用表的 $R\times100$ 挡，按照图 14-15 所示电路测量发射管正向电阻为 1.92kΩ，对应于 n' =33 格，因此 $U_F= 0.03n'=0.03\times33 = 0.99$（V）。交换表笔后再测反向电阻为无穷大。

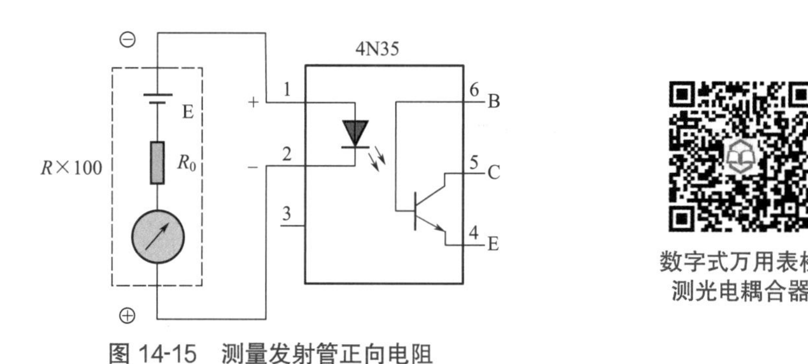

图 14-15　测量发射管正向电阻

2. 检测接收管

将黑表笔接 B 极，红表笔依次接 C 极、E 极，电阻值分别为 820Ω（n' = 22.5 格），850Ω（n_2' = 23 格）。由此计算出 $U_{BC}=0.03n'$ = 0.675V，$U_{BE}=0.03n_2'$=0.69V，证明接收管为硅管。另测 C-E 极间电阻为无穷大，说明 I_{CEO} = 0。

将 4N35 型光电耦合器插在面包板上，测得 R_B =100kΩ，实测 h_{FE}=305，证明接收管的放大能力比较强。

3. 测量绝缘电阻

首先用 $R\times10$k 挡测量 1-6、2-4 脚之间的绝缘电阻均为无穷大。然后用 ZC11-5 型兆欧表（额定电压 2500V）测得绝缘电阻大于 10000MΩ（即 10^{10}Ω），证明被测 4N35 型光电耦合器质量良好。

达林顿型光电耦合器中的接收管 h_{FE} 值可达几千。例如实测 4N30 型光电耦合器，h_{FE}=2250。根据这一点可区分通用型与达标顿型光电耦合器。

第十五章 万用表检测与维修家电

第一节 万用表检修电磁炉

一、简单维修电磁炉电路板

电磁炉的 IGBT（Insulated Gate Bipolar Transistor，绝缘栅双极型晶体管）相当于开关电源的开关管。在开通的时候，流过 IGBT 的电流呈上升趋势，如果保持 IGBT 一直导通，那么流过 IGBT 的电流将成为 310V 左右的持续的直流，而线圈盘的内阻只有 0.6Ω 左右，那么流经 IGBT 的电流可以达到 517A。而一般电磁炉用的 IGBT 的最大电流约为 25A，也就是说，当电流还没有达到 25A 之前就要关断 IGBT，否则 IGBT 就被击穿，而关断 IGBT 是依靠过电流保护电路来控制的，一般保护电路失灵或损坏，IGBT 就有可能被击穿。

同时，当 IGBT 关断的时候，线圈盘由于外界电流突然降为零会产生很高的反压，因线圈盘相当于电感，所以，线圈盘中仍有电流，这时的电流只能对谐振电容反向充电。同时这个反压加在 IGBT 的 C、E 极之间，一般在 1000V 以上，如果在锅具和炉灶面的距离发生变化时，这个反压还会更高，一般电磁炉的反压设计为 1060V，当反压达到 1060V 以上时，电路要进入过电压保护状态。但如果过压保护失灵或损坏，反压超过 1060V，IGBT 同样被击穿。

电路板的电流熔丝或 IGBT 烧坏，不能马上更换零件，必须确认下列其他零件是在正常状态后才能进行更换，否则，IGBT 和熔丝又会烧坏。具体步骤如下：

① 目视电流熔丝是否烧断。

② 检测 IGBT 是否击穿：用万用表二极管挡测量 IGBT 的 E、C、G 三极间是否击穿。

a. E 极与 G 极、C 极与 G 极，正反测试均不导通（正常）。

b. 万用表红笔接 E 极，黑笔接 C 极，有 0.4V 左右的电压降（而 GT40T101 三个极全不通）。

③ 测量互感器是否断脚，正常状态如下：用万用表电阻挡测量互感器次级电阻约 80Ω，

初级为 0Ω。

④ 整流桥是否正常（用万用表二极管挡测试）：

a. 万用表红笔接“-”，黑笔接“+”，有 0.9V 左右的电压降，调反无显示。

b. 万用表红笔接“-”，黑笔分别接两个输入端，均有 0.5V 左右的电压降，调反无显示。

c. 万用表黑笔接“+”，红笔分别接两个输入端，均有 0.5V 左右的电压降，调反无显示。

⑤ 检查电源输入电路的电容，是否受热损坏。

⑥ 检测电路板上的芯片是否击穿。

⑦ IGBT 处热敏开关绝缘保护是否损坏。

二、电磁炉常见故障及维修

电磁炉常见故障有上电不开机；风机不转；上电开机不加热；蜂鸣器不响；检不到锅，有报警声；功率调不上去；面板按键无反应或者显示不全；上电蜂鸣器长鸣、操作没反应等。

下面以 MC-PSD/C/D/E 型号的电磁炉（图 15-1）为例，分析电路故障维修过程，故障代码见表 15-1。

表 15-1　MC-PSD/C/D/E 型号的电磁炉的故障代码

代码	故障	代码	故障
E01	断路（主传感器异常）	E05	短路（散热片传感器）
E02	短路（主传感器异常）	E06	高温（散热片传感器）
E03	高温（主传感器异常）	E07	低电压保护
E04	断路（散热片传感器）	E08	高电压保护

1. 数码管显示 E01、E02、E03 故障代码

故障分析：

出现该故障是表示锅具温度检测电路中的热敏电阻出现断路、短路或阻值不变，因此可将故障范围定位在锅具温度检测电路及单片机 U_{202} 上。

检测步骤：

① 断开整机电源，将热敏电阻从电路板上的端子（CN_{204}）拔下来，用万用表的 200MΩ 电阻挡测量热敏电阻两端的电阻值（常温下电阻值为 100kΩ），因为该热敏电阻是采用负温度系数材料，所以它的阻值会随着温度的升高或者降低而减小或者增大。如所测得电阻值为无穷大、为零或在常温下与 100kΩ 相差较大，说明热敏电阻内部发生断路、短路现象或热敏电阻的感温性能改变，更换新的同型号规格的热敏电阻即可排除故障。如所测得的热敏电阻完好，则故障出在锅具检温电路和单片机（U_{202}）上。

② 上电检测单片机 U_{202} 第 15 脚的电压。如常温下有 0.3V 左右的电压值，数码管仍显示此故障代码，则说明故障出在单片机（U_{202}）上，更换同型号规格的单片机即可排除故障。如所测电压值为 0V 或 5V 或与 0.3V 差别较大，则说明故障出在锅具检温电路上。

③ 上电检测线插 CN_{204} 第 2、3 脚的电压。如没有 5V，则要检查线插 CN_{204} 第 2、3 脚到 5V 电源上的线路是是否出现开路现象，查出开路处即可排除故障。如有 5V 电源，则要检查 R_{213}、R_{240}、C_{213} 有无损坏，更换损坏元件即可排除故障。

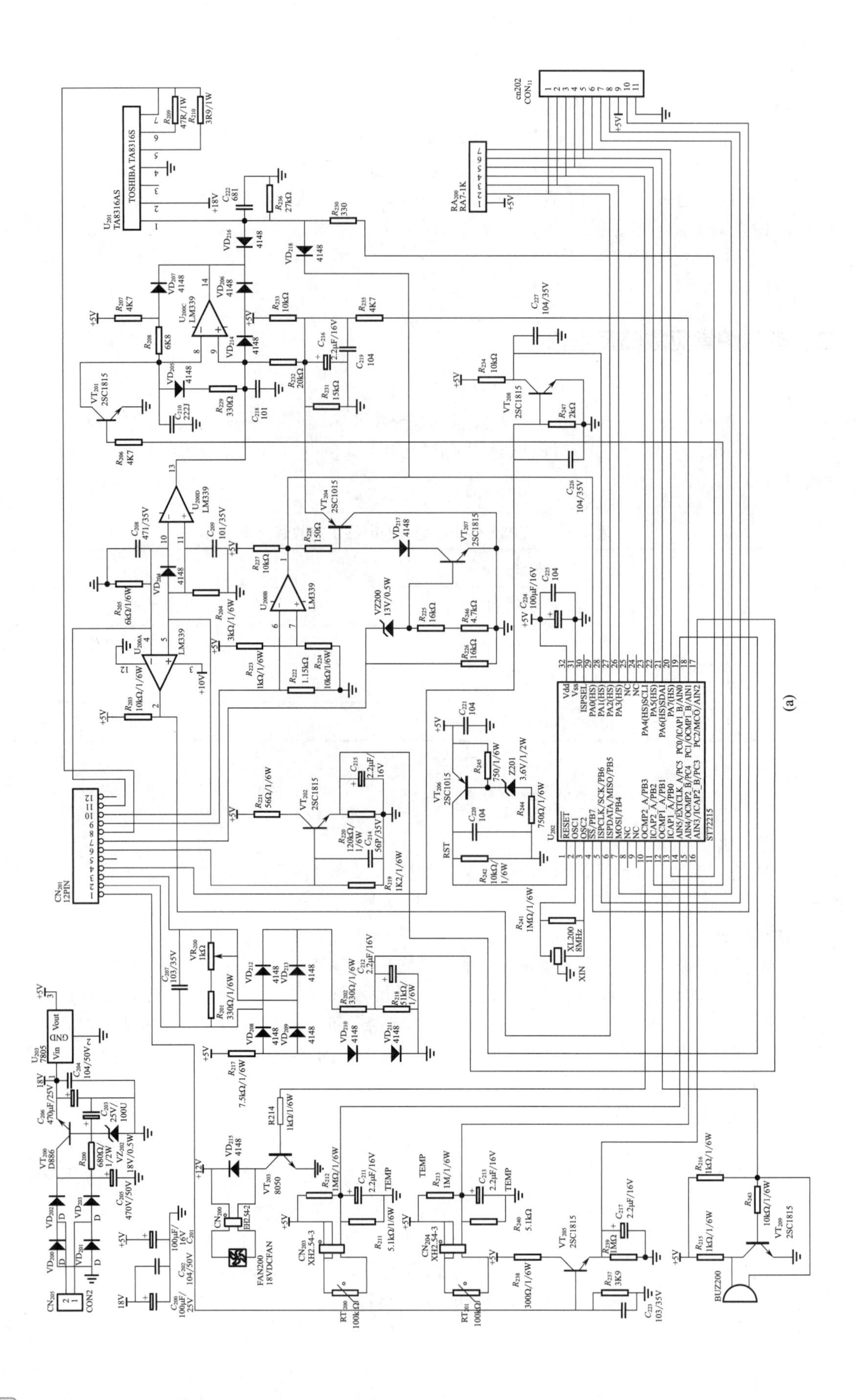

TA8316AS
TOSHIBA TA8316S
LM339
ST72215
CN201 12PIN
RA200 RA7-1K
cn202 CON11
U203 7805
Vin GND Vout
XL200 8MHz
BUZ200
FAN200 18VDCFAN
CN205 CON2

(a)

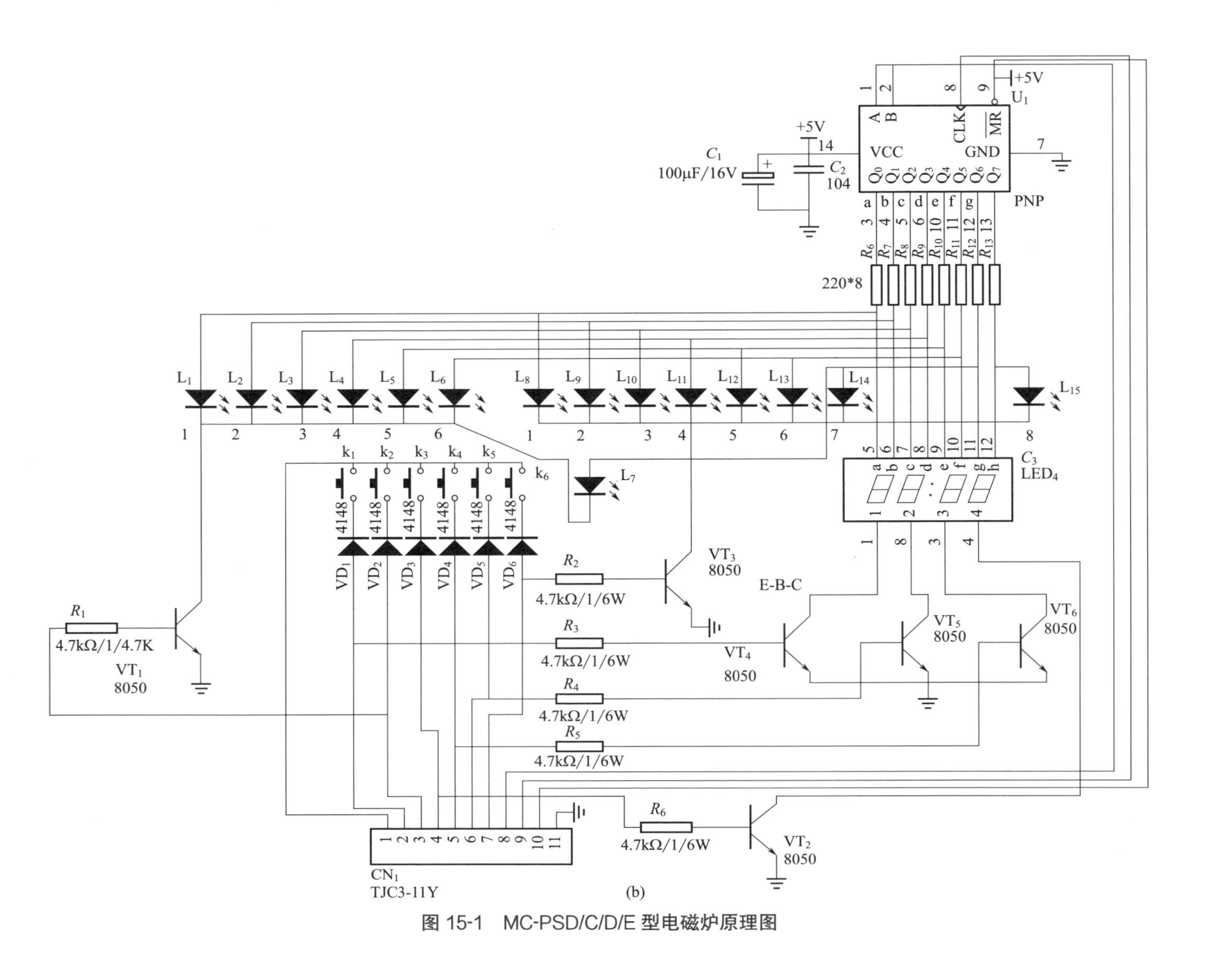

(b)

图 15-1　MC-PSD/C/D/E 型电磁炉原理图

2. 数码管显示 E04、E05、E06 故障代码

故障分析:

出现该故障是表示 IGBT 温度检测电路中的热敏电阻出现断路、短路或阻值不变，因此可将故障范围定位在 IGBT 温度检测电路及单片机 U_{202} 上。

检测步骤:

① 断开整机电源，将热敏电阻从电路板上的端子（CN_{203}）拔下来，检测热敏电阻的好坏，如已经损坏，更换；如完好，则故障出在 IGBT 温度检测电路和单片机（U_{202}）上。

② 上电检测单片机 U_{202} 第 14 脚的电压。如常温下有 0.56V 左右的电压值，数码管仍显示此故障代码，则说明故障出在单片机（U_{202}）上，更换同型号规格的单片机即可排除故障。如所测电压值为 0V 或 5V 或与 0.56V 差别较大，则说明故障出在 IGBT 温度检测电路上。

③ 上电检测线插 CN_{203} 第 1 脚的电压。如没有 5V，则要检查线插 CN_{204} 第 1 脚到 5V 电源上的线路是否出现开路现象，查出开路处即可排除故障。如有 5V 电源，则要检查 R_{212}、R_{211}、C_{211} 有无损坏，更换损坏元件即可排除故障。

3. 数码管显示 E07、E08 故障代码

故障分析:

出现该故障是表示电源高低压保护电路出现故障，我们可将故障范围定位在电源高低压保护电路及单片机 U_{202} 上。

检测步骤:

① 首先用万用表测量交流电源输入端是否有 220V 的交流电。如果该电压低于 200V 或者高于 240V 时，电磁炉的高低压保护就会动作，此时的故障与电磁炉本身无关。待供电电压恢复正常之后即可消除该故障。

② 如果测量的交流电压是正常的，则说明电磁炉内部的电源高低压保护电路或单片机 U_{202} 出现了故障。

③ 上电检测单片机 U_{202} 的第 16 脚（三极管 VT_{205} 的发射极电压），如为 3.3V 左右，说明单片机 U_{202} 已损坏，更换新的单片机即可排除故障；如不为 3.3V 左右或与 3.3V 有较大的差别，说明故障出在高低压保护电路。

④ 断开电源，检查 R_{237}、R_{238}、R_{239}、C_{221}、C_{217}、VT_{205} 有无损坏，更换新的元件上电试机一切正常，故障排除。

4. 上电不开机

故障分析:

上电不开机一般是由烧保险管、低压电源电路、高压电源电路、复位电路、晶振荡电路出现故障导致的。因此必须要用万用表测量关键点电压才能判断是哪部分电路出现故障，找到相应的故障部分可以按下列情况进行检修。

故障判断:

打开外壳，检查有无烧保险管，如保险已烧请参考下列第一种情况。如没有烧，就接上电源，用万用表测量 U_{203} 三端稳压 7805 的输出脚第 3 脚电压。如无 5V 电压输出，则说明故障出在电源电路。如测得三端稳压 7805 有 5V 输出，可用万用表测量单片机 U_{202} 第 1 脚电压，如测得电压为 0V，则说明故障是由单片机复位电路引起的；如测得电压为 5V，说明

复位电路正常，则故障可能在单片机晶振电路。

检测步骤：

（1）烧保险管

① 由于此故障比较严重，一般带有其他元件损坏一起出现，如IGBT、整流桥堆也一起击穿，换上新的保险管后，不要马上上电试机，否则会再引起烧保险管。

② 用万用表检查IGBT、整流桥堆是否击穿，把损坏元件拆下来，换上同型号的元器件。再用万用表去检查钳位二极管 VS_{301}、R_{31}，测量这两个元器件时必须拆下来才能进行准确的测量，把已损坏的元器件更换。

③ 用万用表电阻挡检查 U_{201}（TA8316AS）各引脚是否存在击穿的现象，一般烧IGBT都会把这个驱动IC击穿。在不接线圈盘的前提下，上电用万用表测 U_{201} 的第7脚是否有0～0.67V的脉冲电压，如果电压正常，接上线圈盘试机正常，故障即可排除。

④ 如果测量到 U_{201} 第7脚的电压大于0.67V，那我们就要到同步电路和驱动电路进行检查。如果这两个电路都没有问题，那我们就要到振荡电路进行检查，先检测 R_{208}、R_{229}、R_{207}、R_{206}、VD_{207}、VD_{206}、VD_{205}、VD_{214}、VD_{216} 是否有损坏，把损坏的元器件更换，故障排除。如果上述元器件正常，在其他方法都用试过的情况下，我们可以尝试更换 IC_2——LM339。

（2）没有5V电源输出

① 上电检测三端稳压块（U_{203}）7805是第1脚电压。如有11V左右的电压输入，而7805无5V的电压输出，在断开5V后级供电电路的情况下则说明7805已损坏，更换新的7805即可排除故障；如无11V电压输入，说明故障出在电源前级电路上。

② 上电检测 VD_{201} 的正极即变压器的次级电压（CN_{201} 第4脚）。如有交流电输出，说明 VD_{201}、C_{222}、C_{228} 有损坏，更换损坏的元件即可排除故障；如 VD_{201} 的正极无交流电输出，再测变压器有无220V交流输入，如有220V交流电输入，说明变压器已损坏，更换新的变压器即可排除故障，如无220V交流电输入，则故障出在高压电源电路上，按高压电源电路故障进行检测。

（3）没有12V电源输出

① 上电检测二极管 VD_{200} 的负极电压。如有26V电压输出，说明故障出稳压电路上，断开电源，用万用表检查 R_{201}、VT_{203}、C_{203}、C_{221}、VS_{201} 有无损坏，更换损坏的元器件即可排除故障；如无26V电压输出，说明故障出在电源的前级电路上。

② 上电检测二极管 VD_{200} 的正极即变压器的次级电压（CN_{201} 的第3脚）。如有交流电输出，说明二极管有损坏，更换新的二极管即可排除故障；如 VD_{200} 的正极无交流电输出，再测变压器有无220V交流输入，如有220V交流电输入，说明变压器已损坏，更换新的变压器即可排除故障，如无220V交流电输入，则故障出在高压电源电路上，按高压电源电路故障进行检测。

（4）没有18V电源输出

① 上电检测二极管 VD_{202} 的负极电压。如有28V电压输出，说明故障出在稳压电路上，断开电源，检查 VT_{202}、R_{200}、C_{205}、C_{206}、C_{207}、C_{202}、VS_{200} 有无损坏，更换新的元器件即可排除故障；如无28V电压输出，说明故障出在电源的前级电路上。

② 上电检测二极管 VD_{202} 的正极即变压器的次级电压（CN_{201} 的第1脚）。如有交流电输出，说明二极管有损坏，更换新的二极管即可排除故障；如 VD_{202} 的正极无交流电输出，再测变压器有无220V交流输入，如有220V交流电输入，说明变压器已损坏，更换新的变压器即

可排除故障，如无 220V 交流电输入，则故障出在高压电源电路上，按高压电源电路故障进行检测。

（5）电源高压电路故障

① 先排除零部件的问题，检测 EMC 防护模块、变压器、滤波电容、保险管以及电源线是否有损坏，把损坏的零部件更换，故障排除。

② 如果以上步骤没有找出问题，那就上电对电路进行检测（注意高压电源），首先检查有没有 220V 的交流电输入，如果没有，请检查市电是否正常。如果有，再检查变压器的初级是否有 220V 交流电压输入，如果有正常电压输入而变压器次级没有电压输出，就表示变压器已损坏，更换同规格的变压器，故障排除。

（6）单片机复位电路故障

① 上电检测单片机的第 1 脚的电压。如为 5V，在其他可能引起上电不开机的故障点正常的情况下，可判断单片机损坏，更换新的单片机即可排除故障；如测得电压为 0V，说明复位电路出现故障。

② 上电检测三极管 VT_{206} 的集电极的电压。如为 0V，说明故障出在 5V 电源到三极管 VT_3 的发射极通路上，找出通路中的开路处并修复即可排除故障。如测得电压为 5V，则说明单片机复位电路中元器件有损坏。

③ 断开电源，用万能表对 R_{242}、R_{244}、R_{245}、C_{220}、C_{221}、VT_{206}、VS_{201} 进行检查，更换新的元器件即可排除故障。

（7）单片机晶振电路故障

① 上电检测单片机的第 2、3 脚的电压。如为 1.03V 和 0.7V 左右，则说明单片机 U_{202} 已损坏，更换新的单片机即可排除故障；如测得电压为 0V、5V 或与正常值差别较大，说明晶振 XL_{200} 或电阻 R_{241} 损坏。

② 断开电源，对晶振 XL_{200} 和电阻 R_{241} 进行检测，更换损坏的元器件即可排除故障。

5. 风机不转

故障分析：

出现该故障时表示风机驱动电路、风机本身或单片机（U_{202}）出现故障，所以我们可将故障范围定位在风机驱动电路、风机本身和单片机（U_{202}）上。

故障判断：

在有条件的情况下，将该风机拆下来，换上一个好的同规格的散热风机，上电开机，如果风机能正常启动运行，则说明是风机本身有问题，更换风机后，故障即可排除。如果风机仍不能正常工作，说明故障出在风机驱动电路或单片机（U_{202}）上。

检测步骤：

① 在有条件的情况下，将该风机拆下来，换上一个好的同规格的散热风机，上电开机，如果风机能正常启动运行，则说明是风机本身有问题，更换风机后，故障即可排除；如果换上新的风机仍不能正常工作，说明故障出在风机驱动电路或单片机（U_{202}）上。

② 上电检测风机工作电源电压（插座 CN_{200} 第 1 脚）。如无 12V 电压，说明故障出在 12V 电源电路或 12V 电源到插座 CN_1 第 1 脚的电源通路上。如无 12V，检测方法按低压电源电路的检测方法或将通路中的开路处修复即可排除故障。如有 12V 电压，则故障出在风机、驱动电路和单片机（IC_1）上。

③ 上电检测单片机 U_{202} 第 10 脚有无 5V 电压输出。如无 5V 电压输出，则说明单片机（U_{202}）已损坏，更换新的同型号规格的单片机。如有 5V 输出，则故障在驱动电路和

风机上。

④ 上电检测插座 CN_{200} 的第 2 脚（三极管 VT_{203} 的发射极）的电压。如接近 0.7V，说明风机本身已开路，更换新的风机即可排除故障；如接近 12V，则故障出在驱动电路上。

⑤ 断开电源，检查 VT_{203}、R_{214} 有无损坏或通路中有无开路，更换损坏的元器件或修复开路处即可排除故障。

6. 面板按键无反应或者显示不全

故障分析：

当面板上的按键无反应或者显示不全时，问题可能出现在显示板和主控板上。

判断故障：

为了尽快查找故障，可以将故障范围分区为主控板和显示板。在有条件的情况下用一块好的显示板替代原显示板，如果此时显示一切正常，则说明故障在显示板。如果还是有上述故障，则故障与显示板无关，是主控板出现故障。

检测步骤：

（1）显示板问题

① 断开电源，检查显示板与主板的连接排线有无问题、检查显示板的按键与面板的按键之间是否空隙过大或者顶死。

② 上电检测显示板上的电源是否正常，如正常可以用万用表的电阻挡仔细地检查显示板上除数码显示管和集成块 U_1 以外的所有元件是否有问题。如果上述都无问题，则问题可能出现在集成块 U_1 和数码显示器上。

（2）主控板问题

如果问题是主控板的话，请检查 RA_{200} 是否有问题。如果上述的 RA_{200} 正常，则只能说明单片机 U_{202} 已损坏，更换单片机即可排除。

另外，在检测电路故障时可以参考表 15-2、表 15-3 的电磁炉测试数据表中的对地电阻和引脚电压来加以判断故障所在，测试环境是在不接线圈盘的情况下进行测量。

表 15-2 PSD-C/D/E 电磁炉 LM339 测试数据表

引出脚	在路电阻		工作电压	引出脚	在路电阻		工作电压
	红笔接地	黑笔接地	工作状态		红笔接地	黑笔接地	工作状态
1	7.10kΩ	6.85kΩ	1.43V	8	15.98kΩ	15.35kΩ	1.06V
2	12.9kΩ	12.68kΩ	4.98V	9	26.6kΩ	24.7kΩ	0.91V
3	0.66MΩ	无穷大	18.32V	10	6.07kΩ	6.12kΩ	2.28V
4	6.07kΩ	6.12kΩ	2.31V	11	4.68kΩ	4.64kΩ	2.83V
5	4.65kΩ	4.64kΩ	2.85V	12	0kΩ	0kΩ	0V
6	1.99kΩ	1.99kΩ	0.30V	13	26.7kΩ	25kΩ	0.91V
7	5.88kΩ	5.86kΩ	4.21V	14	113.7kΩ	0.347MΩ	0.55V

表 15-3 PSD-C/D/E 电磁炉 ST72215 测试数据表

引出脚	在路电阻		工作电压	引出脚	在路电阻		工作电压
	红笔接地	黑笔接地	工作状态		红笔接地	黑笔接地	工作状态
1	9.77kΩ	9.77kΩ	4.98V	17	49.6Ω	无穷大	0.46V
2	无穷大	无穷大	1.03V	18	11.7Ω	11.22kΩ	0.32V
3	无穷大	无穷大	0.63V	19	117.8Ω	118.7kΩ	0.05V
4	12.74MΩ	无穷大	1.63V	20	4.11Ω	4.09kΩ	0.98V
5	11.84MΩ	无穷大	4.96V	21	4.11Ω	4.10kΩ	0.88V
6	12.96kΩ	10.69kΩ	4.97V	22	4.12Ω	4.09kΩ	0.98V
7	11.93MΩ	无穷大	4.13V	23	4.11Ω	4.10kΩ	0.88V
8	无穷大	无穷大	0.19V	24	无穷大	无穷大	0.06V
9	无穷大	无穷大	0.20V	25	无穷大	无穷大	0.14V
10	12.10MΩ	17.16kΩ	4.32V	26	4.11Ω	4.18kΩ	0.94V
11	6.56kΩ	6.56kΩ	0.03V	27	4.11Ω	4.19kΩ	0.96V
12	4.12kΩ	4.02kΩ	0.64 ~ 1.68V	28	12.99Ω	13.17kΩ	4.04V
13	14.82kΩ	13.94kΩ	0.04V	29	12.39Ω	13.15kΩ	4.96V
14	8.89kΩ	8.88kΩ	0.56V	30	0Ω	0kΩ	0V
15	4.80kΩ	4.80kΩ	0.29V	31	0Ω	0kΩ	0V
16	0.95MΩ	0.98MΩ	3.30V	32	3.12Ω	3.19kΩ	4.97V

第二节 万用表检修微波炉

微波炉属于高电压、大电流的家用电器，且存在着微波辐射，一般来说，微波炉出现故障，应立即停止使用并进行修理。微波炉必须有良好的接地装置，使机壳与地线有效相接；断电维修时，必须先对高压电容器做短路放电处理；在微波炉关闭后，高压电容器仍保持充电约 60s，等待 60s 之后，用一把绝缘螺丝刀将靠在底架上的高压电容器的连线（即高压整流器的连接引线）短路，就可放电。为防止高压电击，在开机时一般不要对高压变压器的高压绕组和磁控管的灯丝绕组等高电压、大电流的部位进行检测。如需要检测或更换部件时，一定要断电并对高压电容器做放电处理后再进行。在检修过程中开机箱时，不得将螺钉、导线头等金属物留在炉门缝间或任何孔中，防止微波泄漏。

一、微波炉常用器件的检修

在维修微波炉时，对主要元器件的检测往往是判断故障原因的重要手段，因为微波炉机内不少零部件间都是采用接插件进行连接的，检测时可方便地拔出接插件而单独检查各个零部件，这往往比在通电状态下，既要防备遭受高压和市电的电击，又要避免微波辐射伤人的检查要轻松便利得多。微波炉的许多故障都可在断电情况下用万用表进行检测和判断，所以有必要掌握元器件的结构原理和检测方法。

1. 磁控微波管

（1）磁控微波管的结构与原理

磁控微波管是一种电子管，常称磁控管。磁控管是由阴极（灯丝）、阳极、环形磁钢、耦合环、天线（即微波能量输出器）、散热器和灯丝引出端头等组成的，如图 15-2 所示。磁控管里有一个圆筒形的阴极，灯丝就是阴极；阴极外面包围着一个高电导率的无氧铜制成的阳极，阳极也呈圆筒状，通常用铜材制成，筒中多个翼片将阳极分割成十几个扇形空间，每个扇形空间就是一个阳极谐振腔，其谐振频率即磁控管的工作频率，一般为 2450MHz 左右。在阳极的外壳嵌套了一对环形永久磁钢，磁钢形成的磁场用于控制阳极腔内的微波振荡能量。阳极输出的微波能量通过一根环状金属管（即耦合环）传送到天线，再由天线向炉内发送微波能，对食物进行加热。

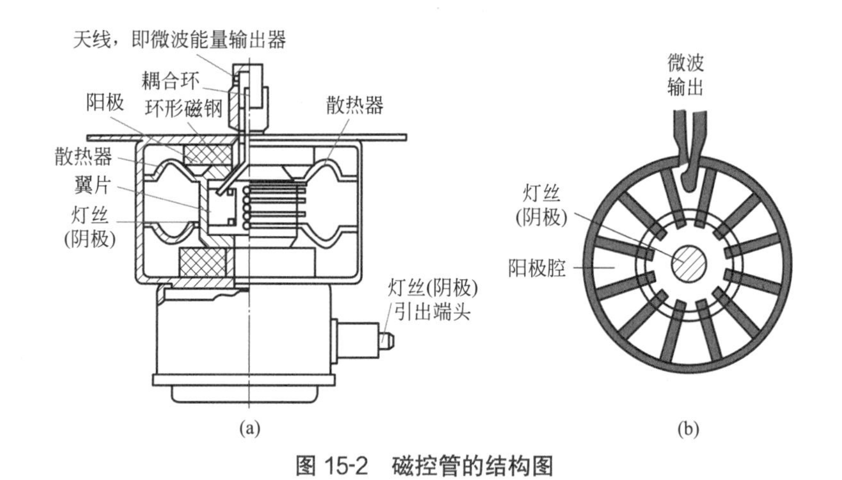

图 15-2　磁控管的结构图

磁控管通电工作时，灯丝被加热，灯丝工作电压一般为交流 3.3V，电流 10A 左右，阳极电压为直流 4000V 左右，这样在阴极与阳极之间产生高压电场。在电场作用下，阴极向阳极发射电子，阳极接收到电子而产生阳极电流。电子在到达每个扇形阳极谐振腔时，按其谐振频率振荡，同时因环形磁钢产生的恒定磁场垂直于高压电场方向，在该磁场作用之下，电子沿着阴极、阳极间的圆周空间做摆轮曲线运动，形成一个积聚能量的旋转电子云，并向阳极不断输送，从而在阳极上获得稳定的每秒振动频率约为 24.5 亿次的微波振荡能量。微波能量的大小主要取决于阳极电压的高低和磁场的强弱，由于环形磁钢的磁场强度恒定，故而微波输出功率主要与阳极电压相关。

（2）磁控管的检修

磁控管本身的问题较少见，除了使用寿命期已过、长期过载工作或少数存在质量缺陷外，比较常见的故障是磁控管输出功率偏低，造成偏低的主要原因为灯丝电阻大，因此检测磁控管的好坏可利用万用表检测灯丝的阻值。用万用表的 $R\times1$ 挡检测，正常时应小于 1Ω（通常为几十毫欧）；再用万用表的 $R\times10$k 挡测灯丝与管壳间电阻，正常为无穷大。如果测出灯丝电阻较大，不要轻易判断磁控管已坏或已衰老。这种情况大多是磁控管灯丝引脚或插座氧化积垢后形成的接触电阻，也有可能是万用表表笔与测量点，或表笔与插座间的接触电阻所致，所以检测时，首先万用表应正常，且测量方法要正确，其次应将磁控管引脚砂光或刮光，去除污垢和氧化物后再测量，如果测量电阻还是大，就可判断磁控管不良或损坏。

2. 高压变压器

高压变压器是微波炉专用的漏磁变压器，主要由铁芯、初级绕组、灯丝绕组和次级高压绕组构成，如图 15-3 所示。在初级绕组和次级绕组之间装有约 5.5mm 厚的硅钢片，使变压器中形成一个具有高磁阻间隙的磁分路。当高压变压器工作时，磁分路中将产生一定量的漏磁通，它控制着变压器的输出电流，使磁控管工作电流保持相对稳定。其稳定原理简述如下。

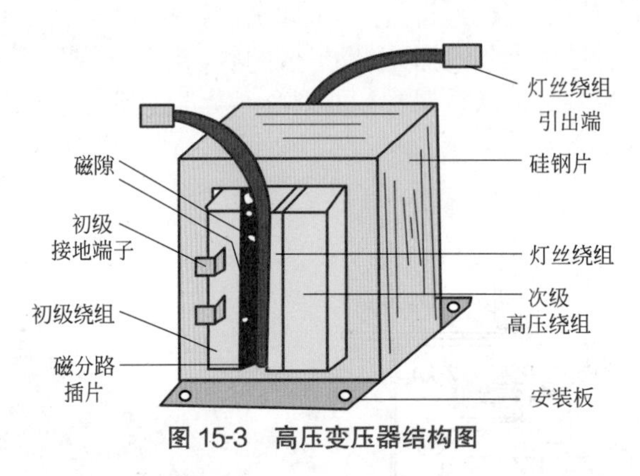

图 15-3 高压变压器结构图

当初级电压高于额定电压时，增加的磁通大部分不与次级绕组交链，而是穿过漏磁铁芯。初级电压越高，穿过漏磁铁芯的磁通就越大，此时次级电压无明显的增加；反之，当初级电压低于额定电压时，次级电压也无明显的减小。这种优良的电压适应性可为磁控管提供稳定的 2000V 阳极电压和 3.3V 的灯丝电压。

检测高压变压器是否损坏，一般常用来检测初级绕组和次级绕组是否短路或断路。可用万用表测电阻值或测电压值来判断。

电阻法：拔掉高压变压器的连接线，用万用表的电阻挡测量初级绕组和次级绕组的阻值。正常情况下，初级绕组的阻值约为 2.2Ω，次级绕组的阻值约为 130Ω。若阻值为 0Ω，则绕组短路。此外还需判断初、次级绕组和灯丝对地的电阻值，正常应为无穷大。

电压法：断开高压变压器和磁控管的连接，启动微波炉的开关，用万用表的交流电压挡测量高压变压器的进线端是否有 220V 的交流电，若有，用万用表的两个表笔分别接触变压器的铁芯和次级绕组的高压插片，检查是否有 2000V 的高压电；若有再检测用万用表的交流电压挡检测灯丝的电压值是否为 3.3V，若不是需更换高压变压器。

3. 高压二极管

测量二极管的好坏，可用万用表的电阻挡，断开电路单独测量。因为万用表的红表笔连接表内电池负极，所以用红表笔接二极管负极，黑表笔接二极管正极，才能导通（指针转向低欧姆）。普通二极管，正向导通 4kΩ，反向电阻几兆欧以上，越大越好。微波炉的高压二极管工作在 4000V 电路里，高压二极管内部由几个二极管串联而成，内阻较高，正向电阻 100kΩ 左右，反向电阻无穷大。

若用表内电池电压为 1.5V 的普通万用表测其正向电阻，测出阻值可能很大，表针大多不动，这就无法判断其好坏，所以要用内电池大于 6V，最好 9 ～ 15V 的万用表的 $R\times10$k 挡测量，测量的正向电阻正常为 20 ～ 300kΩ，反向电阻则为无穷大。如用兆欧表测量，正向电阻正常小于 2kΩ，反向电阻为无穷大。如没有上述仪表，也可用普通万用表的 $R\times1$k 挡测量，但需在一支表笔上串接 6 ～ 9V 电池后再行测量，串接电池时将红表笔接电池正极，电池负极则作为原红表笔用于测量。串接后两测量端不可短路或去测已知内阻不正常（过小）的高压二极管或其他元件，以免表针打过头而受损；为保险起见，也可以根据万用表实际情况，串联一个合适的限流电阻后再使用。测量阻值判断标准可参照用同样方法所测的正常高压二极管的数值。也可根据经验判断更方便，而且大都可靠，首先检测出反向电阻为无穷大，正向电阻表针偏转一定角度，就表明二极管基本是好的。对于有些微波炉中采用的非对称保护二极管，可用 10k 挡测量，其正常的正反向电阻都应为无穷大。

4. 高压电容

微波炉高压电容器的额定工作电压通常为 1800 ～ 2200V，电容量为 0.8 ～ 1.2μF，并且电容器的内部都并接着一个 9 ～ 12MΩ 的高阻电阻，其作用是在关机后自动泄放电容器上的电荷。同时高压电容可以提高微波炉电路效率，因为漏磁变压器工作时存在滞后的漏感电流，效率较低，有了高压电容后，其超前的电容电流会对滞后漏感电流起到补偿作用，所以能使电路的功率因素得以提高、效率上升。

检修高压电容时不能在线测量，要拔了接插线，如果事先通过电，还要先将电容两极短路放电。测量时，用万用表的两表笔分别接高压电容两极，选用万用表 $R\times10$k 挡位，如果电容量正常的话，电容由于充电表针应摆动一定角度后，逐渐回到 9 ～ 12MΩ。如果导通或电阻非常小，表明电容击穿或漏电，如果表针不摆动，而显示 9 ～ 12MΩ，说明电容已开路并损坏。另外测量电容两端与外壳间电阻应为无穷大，否则表明电容与外壳绝缘不良。

5. 风扇电机和转盘电机

微波炉中使用的电机有风扇电机、功率调节器电机、定时器电机和转盘电机。在电脑控制式微波炉中，定时器和功率调节器可通过控制系统的微处理器完成，所以只有风扇电机和转盘电机。普通微波炉中的风扇电机大都采用单相罩极电机，功率为 20 ～ 30W，阻值为 600 ～ 800Ω，其作用是对磁控管及高压变压器、炉腔等进行通风散热。转盘电机用于带动炉腔中的转盘旋转，使食物加热均匀。转盘电机通常由永磁同步电机和减速齿轮组构成，转速为 5 ～ 8r/min，功率为 3 ～ 5W，转盘电机电阻为 10 ～ 20kΩ。有些较早期产品的电阻小于 10kΩ，通常为 4 ～ 8kΩ。

转盘电机和风扇电机的绕组故障大多为端头脱焊或漆包线霉断等，通常检测和修复并不难，如果是绕组内部开路或短路，则需拆卸绕组重新绕制或更换电机。转盘电机的绕组内阻随产品型号等不同而差异可能较大，如果根据所测阻值难以判断，则可通电试验，只要齿轮组及转子没被卡，通常电机都会转动；如果转速正常且转动 5min 电机外壳不发烫，一般就没问题。如果电机不转，说明齿轮或转子有问题，少数也可能是绕组接触不良，对此就须拆开电机进行检修了。

6. 机械定时器和功率调节器

机电控制式微波炉的定时器和功率调节（控制）器都是慢速电机驱动工作的，通常为节约成本，定时器和功率调节器共用一个电机组成联合装置，简称定时功调器。实际工作时，当设定好功率值后，功率调节器的触点在电机旋转时，时通时断，便周期性地不断接通和断开磁控管的电源，使磁控管有规律地间歇工作，即工作时间和休止时间有一定的比例关系，改变这个比例，就使磁控管在微波炉整个加热时间段中的工作时间得以相应改变，并按一定周期不断循环这个过程，直至微波炉工作结束。

定时功调器主要是测量电机绕组是否断路或电阻很大，正常时，电机线圈电阻参考值大多为：开启式为 15 ～ 25kΩ，封闭式为 5 ～ 10kΩ。测量电机两端有阻值，顺时针拧一下时间旋钮，定时开关触点导通。

二、微波炉常见故障检修

检测微波炉故障一般首先“看、听”，在获得大量感性认识的基础上进行综合分析，以判断故障产生的原因。“看”就是用眼睛查看炉门、腔体有无变形，门钩是否断裂等。查看炉门内侧和炉腔四壁有无烧伤的痕迹，若有，可能微波炉的高压部分元器件有损坏。拆开微波炉外罩，可看看开关接线是否松动，有无烧蚀、油垢污染造成接触不良等现象。“听”就是听微波炉工作时的声音是否正常，如果“嗡嗡”声音比较大或者有比较大的打火声音均不正常，需要检修。检查控制电路时，为安全起见，尽量避免在通电情况下检查，由于微波炉高压电路部分能产生 4000V 高压电，断电后仍有很高的电压，因此断电后需将高压电容器放电，磁控管从电路中断开，以防微波对人体造成伤害。

微波炉常见故障主要有不启动、不加热、加热缓慢、间歇工作、转盘不转、火力不可调节等多种。

故障一：不启动。故障如表 15-4 所示。

表 15-4　微波炉不启动故障检修

故障现象	故障原因	排除方法
不启动	主、副联锁开关损坏	确定主辅联锁开关或连接的触杆是否损坏或者定位不准确
	低压熔丝熔断	低压熔丝烧断一般是由某元件短路引起的。需进一步检查哪一个元件短路，首先断开高压变压器的次级回路，更换熔丝再检查，用万用表检查，若导通则故障主要在高压部分，逐一检查高压电容器、高压二极管、磁控管等器件；若仍然断开，则检查高压变压器、电机、开关有没有短路
	过热保护器开关损坏	拆开过热保护器，用万用表检测其是否导通，若导通则触点已烧蚀，应用砂纸进行清洁抛光处理
	定时器开关损坏	扭动定时器开关，用万用表检查开关的两触点之间是否能导通
	电源插头或插座接触不良	调整接触或更新
	监控联锁开关断不开	调换监控联锁开关

故障二：微波炉不加热，炉灯能点亮，转盘会转动。

不加热主要是因为微波炉无微波输出，由于炉灯能点亮，转盘会转动，故障范围就在高压变压器及其之后的电路中。实践表明，通常以高压二极管和高压变压器损坏较多见，如表 15-5 所示。

表 15-5 微波炉不加热故障检修

故障现象	故障原因	排除方法
微波炉不加热，但炉灯能点亮，转盘会转动	炉门安全开关损坏	拆开机壳后，用万用表测量功率控制开关的通断，如果断路则需更换功率调节器开关
	高压变压器损坏	用万用表检测三个绕组，初级绕组约 1.45Ω，次级绕组约 112Ω，灯丝绕组小于 1Ω，符合这三个值则高压变压器正常
	磁控管供电电路不工作或接触不良或损坏	检查磁控管 MAG 的引脚和接插件间是否松动或接触不良。如果正常，则利用万用表检测灯丝的阻值，用万用表的 $R\times1$ 挡测，正常时应小于 1Ω（通常为几十毫欧）；再用万用表的 $R\times10k$ 挡测灯丝与管壳间电阻，正常为无穷大
	高压整流元件（整流二极管或电容器）损坏	按照前面介绍的元器件好坏的检测方法，依次检查高压二极管、高压电容器是否正常
	高压熔丝烧坏	用万用表测量熔丝的通断，如果断开，更换熔丝

故障三：微波输出功率不正常。具体如表 15-6 所示。

表 15-6 微波炉输出功率不正常故障检修

故障现象	故障原因	排除方法
加热缓慢	磁控管衰老	微波炉通电情况下，用万用表 2500V 直流电压挡测磁控管灯丝引脚（不论哪个引脚均可）对地电压（目前绝大多数磁控管阴极均为直热式），正常一般为 -2000V 左右。若测得灯丝对地电压正常，则基本可确定是磁控管衰老。若电压明显偏低，则说明高压电容或高压整流二极管有问题
	高压电容失容或漏电	用万用表测电容挡检测高压电容值是否在 0.8 ～ 1.2μF 之间，若高压电容容量明显减小，会使磁控管阳极电压及输出功率明显下降。不过通常较少会遇到这种情况，高压电容的故障大都是击穿或断路
	高压整流二极管正向电阻增大或反向电阻减小	用内电池大于 6V 的万用表测量，如果正向电阻为 100kΩ 左右，反向电阻为无穷大，则正常
	电源为 220V，电源线路接触不良	由于接触不良，电源线路中存在较大的接触电阻，因而微波炉工作时流过的大电流在电线或接头上形成较大压降，使得炉子实际工作电源电压明显不足，从而出现加热慢的现象。微波炉在带载的情况下，用万用表测量电压值是否等于 220V
	转盘电机损坏或者因油污导致电机负载过重	用万用表检测电机电阻是否为 10 ～ 20kΩ，如果为 0Ω 则为短路，如果为无穷大则断路。需更换电机或重新缠绕绕组
工作一段时间自动断电，再过一段时间又自动启动	过热保护器接触不良	热保护器体积很小，且采用密封结构，虽可拆开试修理，但复装却较困难，一般更换同型号同规格新件
	冷却风扇的风道堵塞或电机停转	排除堵塞物或更换电机
微波功率不可调	检查功率调节器不能正常工作	用万用表检测功率调节器的电机线圈电阻，如果开启式电机的阻值为 15 ～ 25kΩ，封闭式电机的阻值为 5 ～ 10kΩ，则正常。若为 0Ω 则短路，微波炉以最高功率运行，若为无穷大，功率调节器不工作

故障四：转盘不转及其他故障。

微波炉转盘不转是指微波炉能工作，只是转盘不转，其结果往往会使食物加热不匀。造成故障的主要原因是转盘电机损坏或失电，如表15-7所示。

表15-7 微波炉转盘不转故障检修

故障现象	故障原因	排除方法
转盘不转	电机电源电压过低	微波炉在带载的情况下，用万用表测量电压值是否等于220V
	电机绕组短路或断路	用万用表检测电机电阻是否为10～20kΩ，如果为0Ω则为短路，如果为无穷大则断路。需更换电机或重新缠绕绕组
	连接电机的电源线已经脱落或接触不良	用万用表检测电机的电源两根线是否接触良好
微波炉能加热，但灯不亮	照明灯损坏	用万用表检测照明灯，如果阻值为无穷大，则损坏
微波炉启动，不加热有嗡嗡声	高压二极管击穿	用内电池大于6V的万用表的$R\times10k$挡测量，测量的正向电阻正常为20～300kΩ；反向电阻则为无穷大，则正常。正反都为无穷大则击穿

三、用万用表检修微波炉实例

[例1] 格兰仕牌750BS型微波炉。

故障现象：启动后无任何显示，整机不工作。

故障检测与处理：打开机盖，发现6A熔丝已熔断发黑，更换后又烧断，说明电源或负载电路存在严重短路故障。万用表测变压器初级绕组、次级高压绕组、灯丝绕组，电阻值分别为2Ω、110Ω、1Ω，均正常。检查相关元件，发现整流管击穿短路，更换相应元器件。

[例2] 格兰仕牌WP-800型微波炉。

故障现象：还未烹好食物，微波炉便自动停机。

故障检测与处理：微波炉内温度过高，热量没有及时散发出去，导致热保护器开关断开。检查确定进、排气管正常，箱内空气导管畅通，拆下用万用表检查风扇电机能否短路或断路，发现风扇电机线圈已短路，需更换冷却风扇。

[例3] 格兰仕牌WP-800型微波炉。

故障现象：能加热食物，往往加热过度，定时器旋钮不能返回零位。

故障检测与处理：引起定时器不能返回原位的因素可能是连线接触不良造成定时器电机不工作、定时器被卡住或定时器电机损坏。用万用表检查连线正常，再调节定时器上的3颗固定螺钉，定时器在任何角度都能旋转自如，但是不能返回零位，可能是定时电机损坏，更换同型号定时器电机。

[例4] 夏普R-5888型微波炉。

故障现象：启动后出现很大的“嗡嗡”声，不能加热食物。

故障检测与处理：有“嗡嗡”声，说明漏感变压器的负载不良，重点检查漏感变压器的次级电路。试断开漏感变压器次级输出引线，试机，“嗡嗡”声明显减少，断电后将高压元件放电，用万用表检测高压电容、高压二极管及磁控管的灯丝与管壳之间的直流电阻仅为500Ω左右。

[例5] 夏普R-3G55型微波炉。

故障现象：启动后炉灯不亮，转盘不转，不能加热。

故障检测与处理：电源电路存在故障，用万用表检查发现电源熔丝烧断，用6.3A熔丝更换后，通电时又烧断，说明电路中存在短路现象。用万用表检查高压电容、高压二极管均正常，但高压电容两端的双向二极管已击穿，更换熔丝和双向二极管。

[例6] 夏普R-3H65型微波炉。

故障现象：烹调食物时，只要按烹调开关，机内熔丝就烧断，换新熔丝后仍然烧断。

故障检测与处理：拆机发现熔丝已烧断，更换熔丝后又烧断，说明电源电路或负载电路存在严重短路现象。故障可能产生在门闩开关电路、监视联锁开关、压敏电阻电路。检查炉子侧旁的门闩开关正常，按下监视开关，万用表测监视电阻为0.8Ω，正常，检查压敏电阻，其电阻为0Ω（正常应为500kΩ），更换同型号新品。

[例7] 夏普R-3H65型微波炉。

故障现象：启动十余秒后停止工作，显示器显示“88：88”字样。

故障检测与处理：该型微波炉在开机十余秒内主要完成检测炉腔内蒸气，此后才能启动工作。从故障现象分析，微波炉并未进入微波加热状态。故障可能为蒸气传感控制电路故障，或传感器上的插头与控制电路板的插座接触不良。维修时先拔插头、插座，故障仍然不能排除。用万用表测蒸气传感器的直流电阻为680kΩ，证明其已损坏，更换同型号新品。

[例8] 松下NN-5750型微波炉。

故障现象：启动后，照明灯亮，转盘电机转动，但不能进行微波加热。

故障检测与处理：重点检查微波产生电路，开机，按“START”键，听到继电器发出“嘀嗒”声，说明控制驱动电路正常工作。断电后将高压部分放电，并将炉门打开，测量高压变压器初、次级绕组，发现初级高压绕组呈开路状态，更换同型号高压变压器。

[例9] LG牌MG-5588SDTW/G型微波炉。

故障现象：通电后显示正常，但无微波输出。

故障检测与处理：显示正常，说明电源低压部分是正常的，故障出在高压部分，可能是高压电容、高压二极管、变压器或磁控管损坏。用万用表测量磁控管栅极，电压2.5V正常，但阳极无高压，可能高压二极管或高压电容不良，断电后拆下检查，发现高压电容损坏。更换同型号高压电容。

[例10] LG牌MG-3599SDT型微波炉。

故障现象：刚启动时工作正常，工作2min后便自动停止工作，过几分钟又自动恢复工作，如此反复。

故障检测与处理：可能为磁控管上的热保护器误动作所致。正常情况下，炉腔温度升高到145℃时热保护器动作，切断磁控管的供电电源；炉腔内温度下降到110℃时，热保护器闭合，微波炉又开始加热工作。由于加热时间不长，炉腔温度不会超过145℃时，估计为热保护器性能不良而产生误动作。

[例11] LG牌MG-4978TW/G型。

故障现象：微波炉加热食物完毕，到规定时间后微波炉不能自动断电。

故障检测与处理：重点检查定时器。检查定时器触点无粘连现象，电机连线正常。用万用表电阻挡测量定时器电机绕组，发现该绕组已断开，应更换同型号步进电机。

[例 12] 美的牌 KD21B-AF 型微波炉。

故障现象： 接通电源后，炉灯亮，但不能烧烤食物。

故障检测与处理： 断电，待烧烤发热器冷却后，测量两端接头电阻，阻值为无穷大（正常应为 45Ω），烧烤发热器烧断，更换烧烤发热器。

第三节 万用表检修电冰箱电气控制电路

一、万用表检测电冰箱故障一般方法

万用表检测电冰箱故障一般常采用“看、听、摸、测”的方法判断电冰箱故障部位。

1. 看

看是用眼睛观察电冰箱的一些表面现象，通过表面现象来判断电冰箱故障的原因故障部位。一看电冰箱的外形是否完好，部件有无损坏。二看制冷系统各管路是否有制冷剂泄漏。若有油渍，说明该处有泄漏现象。三看蒸发器结霜情况知否正常。若蒸发器内结霜不满，表明制冷剂有轻微泄漏；若蒸发器只结露或只结虚霜，有可能是制冷剂加注过量或有泄漏；若蒸发器上的冰霜不能按时融化，说明自动除霜系统可能发生故障；若干燥过滤器表面结霜，说明干燥过滤器出现堵塞；若蒸发器不结霜（风冷式电冰箱除外），可能是毛细管冰堵。四看各连接部位是否松脱、电器接线有无脱落等。五看门灯的工作情况。门灯不亮，有可能是门灯开关触点问题，也有可能是灯丝已断裂，还有可能是电路已断路。

2. 听

听是凭耳朵的感觉来判断电冰箱声响来源、大小、连续和顺畅性。各种声响的可能原因有：压缩机发出“嗡嗡”声，说明电动机未启动；压缩机发出“嗒嗒”声，说明压缩机内高压缓冲管断裂；压缩机发出“当当”声是压缩机内吊簧脱落或断裂的声音。打开电冰箱箱门，如听不到蒸发器内“嘶嘶”的制冷剂流动声或声音时有时无，说明系统内有堵塞或制冷剂发生泄漏。

3. 摸

摸是指用手去触摸电冰箱制冷系统的各部位，根据手所感受到的温度高低来判断电冰箱的故障原因和位置。用手触摸压缩机表面或排气管应有烫手的感觉，为 80 ～ 90℃；用手触摸冷凝器表面，其上部最热、中部较热、下部微热，约 55℃；用手触摸过滤器表面温度，应由微热感，为 35 ～ 40℃，温度过低，则可能是过滤器发生脏堵；用手蘸水触摸蒸发器表面，应有粘手的感觉为正常，否则可能制冷剂过多或过少。

4. 测

测是用万用表检测电冰箱的故障部位。

① 用万用表兆欧挡测量电气系统的绝缘阻值是否达到 2MΩ，如图 15-4 所示。若低于 2MΩ，应对压缩机电动机、温控器、启动继电器线路做进一步检查，看其是否漏电。

② 用万用表电阻挡检查压缩机电动机绕组值是否正常，如图 15-5 所示。图中 MC 为运

行绕组，阻值一般为 10 ～ 20Ω；M 为运行绕组接线头，称为大头；SC 为启动绕组，阻值一般为 20 ～ 40Ω；S 为启动绕组接线点，称为小头。两个绕组的另一端连接在一起，用 C 表示其接头，称公用头。压缩机壳上的三个接线柱可根据它们之间电阻值的不同来判别，即 $R_{MS}>R_{SC}>R_{MC}$，$R_{MS}=R_{SC}+R_{MC}$，其中 R_{SC} 为启动绕组阻值，R_{MC} 为运行绕组阻值，R_{MS} 为该两绕组阻值之和。测试时，用万用表 $R\times1$ 挡分别测量压缩机机壳上的三个接线柱中每两个之间的电阻值，测出电阻最大的两个接线柱，则第三个接线柱就是公用头 C。然后一支表笔与公用头接触，另一支表笔分别与其余两个接线柱接触，阻值大的那个接线柱为启动头 S，阻值小的为运行头 M。

图 15-4　用万用表检查电动机

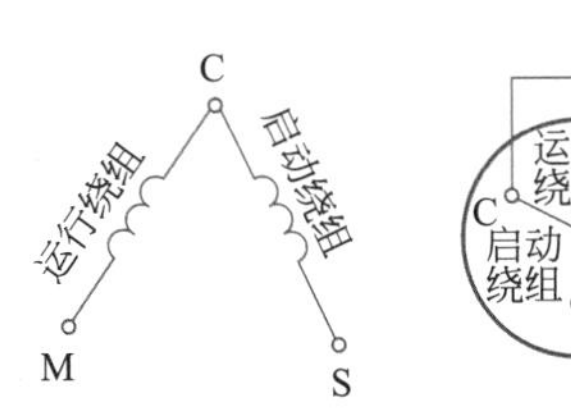

(a) 压缩机电动机绕组

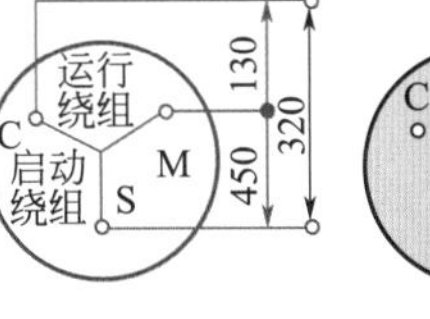

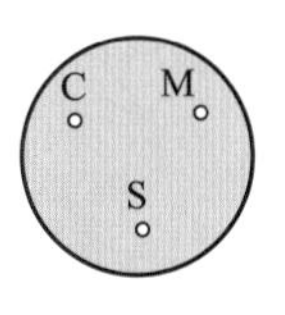

(b) 压缩机电动机绕组接线头

图 15-5　万用表检测电源插头电阻

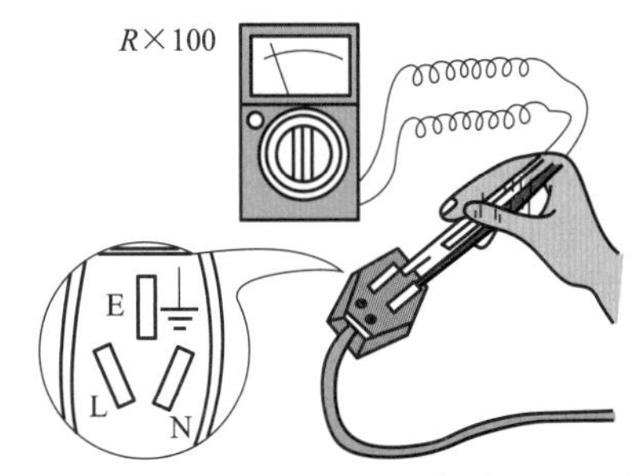

图 15-6　用万用表检测压缩机电动机绕组电阻

③ 在不通电的情况下，将温控器调到某一温度值，用万用表检测电源插头，如图 15-6 所示，分别关上箱门和打开箱门测试插头上火线（L）与零线（N）间的电阻，再测火线（L）或零线（N）与接地线（E）间的电阻，并依据表 15-8 来判断电冰箱各有关电器件是否正常，对可能有故障的部件需做进一步的检测。

表 15-8　电源插头间的电阻值与电器件间的关系

箱门	火线（L）或零线（N）与地线（E）间的电阻			火线（L）与零线（N）间的电阻		
	∞	0	2MΩ 以下	∞	0	10Ω 左右
关闭	正常	导线或电气短路	压缩机或温控器绝缘不良	温控器或热保护器或压缩机绕组断路	压缩机运行绕组短路	正常
打开	正常	灯座短路	灯座绝缘不良	灯座或灯断路	灯座短路	正常

④ 通过测试电冰箱工作时的电流大小来判断电冰箱的故障。电冰箱在正常工作时，其工作电流与铭牌上标称的额定电流应基本相符。因此，当电冰箱压缩机电动机、压缩机或制冷系统出现故障时，其工作电流就会增大或减小，所以，可用检测电冰箱工作电流的办法，判断电冰箱发生的各种故障。可用 3A 交流电流表检测工作电流，用 10A 交流电流表检测启动电流。也可用钳形电流表检测电冰箱工作电流，检测时将电源线的任一根垂直穿过钳形电流表的环形口中间，用 3A 挡检测工作电流，10A 挡检测启动电流。引起电冰箱工作电流过大的故障主要有：制冷系统发生堵塞、制冷剂过量、润滑油不足或润滑油泵系统故障、压缩机抱轴或卡缸、定转子之间的间隙配合不当、压缩机电动机机绕组绝缘强度降低或绕组匝间短路等。引起电冰箱工作电流较小的故障主要有制冷剂不足或泄漏以及压缩机气阀封闭不严、

活塞与气缸间隙过大、高低压腔串通、气缸垫损坏等。根据检测到的电冰箱工作电流，再结合观察电冰箱各管路及其接头，以及各部件表面是否损坏、油迹等；听压缩机内有无异常的响声；用手触摸压缩机外壳、吸排气管、冷凝器等，以判断温度是否正常，这样就可准确地判定出故障的部位。

⑤ 用万用表电阻挡测量起动器、温控器、风扇、电动机、化霜电热丝等电器件的电阻，以判断这些元件正常与否。可用万用表 $R\times1$ 挡检测温控器的工作情况。检测时温控器旋钮或滑键在旋转或拨动过程中应导通，这说明其工作正常；否则表明温控器损坏。用万用表检测除霜加热丝电阻值应在 300Ω 左右为正常。也可用万用表检测除霜定时器工作是否正常，除霜定时器是由时钟电动机和一组触点组成的，检测时可用万用表 $R\times100$ 或 $R\times1k$ 挡测量其微型电动机的绕组阻值，其阻值一般应为 1 ～ 10kΩ。在测量转换开关时，当旋转旋钮在制冷位置时应导通，在除霜位置时应不导通。

5. 电冰箱常见故障检测流程

大多数的电冰箱常见故障的检查、分析和判断可以依据图 15-7 的流程进行。

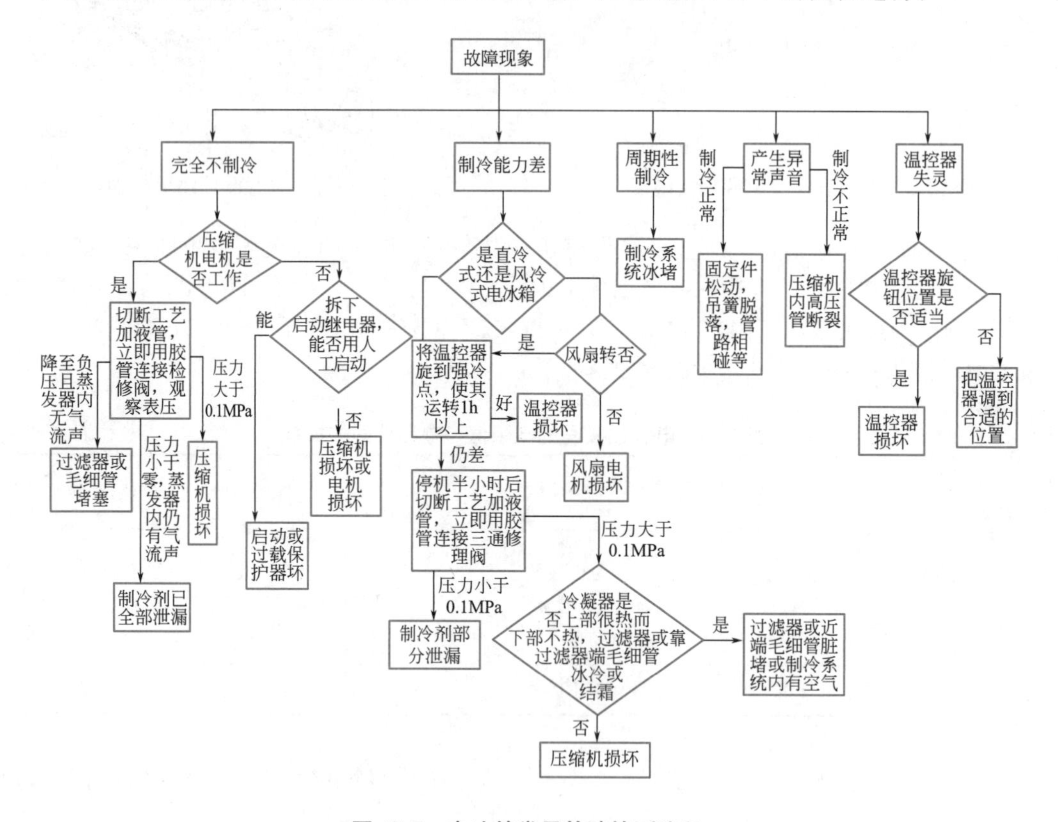

图 15-7　电冰箱常见故障检测流程

二、万用表对电冰箱电气控制电路的检修

按照电冰箱制冷形式的不同，其控制电路大致也有以下几种，普通直冷式电冰箱控制电路、双门无霜电冰箱控制电路、双温双控电冰箱控制电路、电子温控型电冰箱控制电路等。我们首先须认识电冰箱电气系统常用器件在电路中的表示方法，见表 15-9。

表 15-9　电冰箱常用器件符号

图形名称	图形符号（新）	图形名称	图形符号（新）
压缩机		门灯开关	
PTC 起动器（热敏电阻）	θ	风扇、门灯共用开关	
启动继电器		化霜控制器	
加热丝		电容	
电动机	M	接地	
熔断器		接机壳或底板	
照明灯		温度控制器	
电风扇调速电机		热泵电磁阀线圈	
双金属除霜温度控制器		过载保护器	

1. 普通直冷式电冰箱控制电路

普通电冰箱是指只有一个机械温控器，有单门、双门及多门冷藏、冷冻的电冰箱。目前电冰箱压缩机常见的启动方式是采用PTC起动器。图15-8为双门直冷式电冰箱控制电路（PTC起动器）。只是电动机启动方式不同，其他电路工作等同于继电器启动电路。

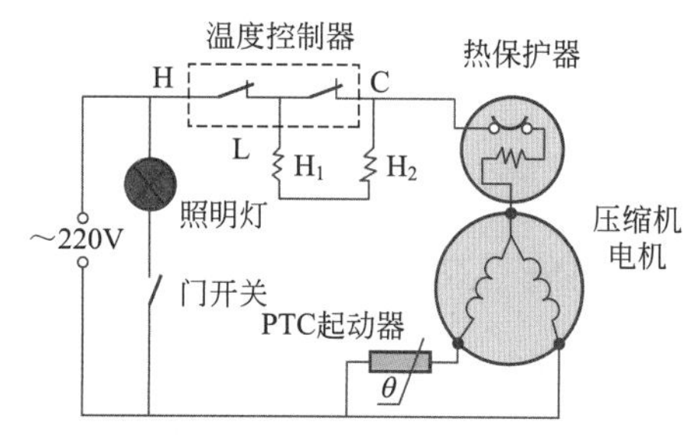

图 15-8　双门直冷式电冰箱控制电路（PTC 起动器启动）

直冷式电冰箱的电流回路主要是照明回路：电源一端、灯、门开关、电源另一端；制冷压缩机控制回路：电源一端、温控器、热保护器、压缩机电动机、电源另一端。图15-8中的温控器为三触点定温复位型温控器，只有在L、C触点断开时（即冷藏室到达所需温度时），H_1、H_2 温控加热器和水槽加热器（总阻值约为4kΩ）开始工作。

2. 双门无霜电冰箱（间冷式）控制电路

双门无霜电冰箱控制电路如图15-9所示，由压缩机控制回路、化霜控制回路、风扇回路、照明回路、化霜定时器回路等组成。

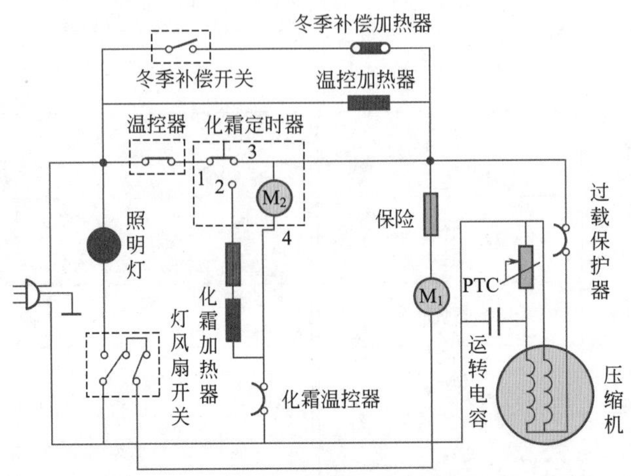

图 15-9 双门无霜电冰箱控制电路

压缩机控制回路：电源插头一端、温控器、化霜定时器触点 1 和 3、过载保护器、压缩机电动机（启动支路由压缩机启动线圈、PTC 起动器和运转电容组成）或压缩机运行线圈、电源插头另一端。

风扇电动机回路：电源插头一端、温控器、化霜定时器的触点 1 和 3、保险、风扇电动机 M_1、风扇开关、电源插头另一端。

化霜定时器回路（制冷时）1：电源插头一端、温控器、化霜定时器触点 1 和 3、化霜定时器电动机 M_2、化霜温控器、电源插头另一端。化霜温控器因固定在冷冻室蒸发器或积液器出口的储液器上，且低温接通、高温断开，所以只有冷冻室制冷至一定程度时，化霜定时器才开始运转计时。

化霜定时器回路（化霜时）2：电源插头的一端、温控器、化霜定时器 1 和 2、超热保险、化霜加热器、化霜定时器电动机、过热保护器、压缩机运行线圈（压缩机不运转）、电源插头另一端。

化霜加热器回路：电源插头的一端、温控器、化霜定时器 1 和 2、超热保险、化霜加热器、化霜温控器、电源插头另一端。

3. 双温双控电冰箱控制电路

双温双控电冰箱，采用双毛细管、双温控器，通过二位三通双向电磁换向阀形成双制冷回路，如图 15-10 所示。

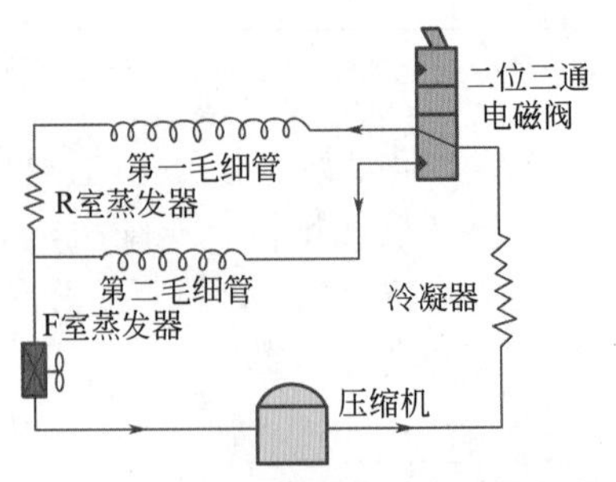

图 15-10 双温双控电冰箱制冷回路

双温双控电冰箱有直冷式、间直冷混合式。与普通直冷式电冰箱相比，双温双控直冷式电冰箱多了一个冷冻室（F）温控器，一个电磁阀控制器。双温双控间直冷混合式，冷藏室为直冷，冷冻室为间冷。电气控制图见图 15-11。

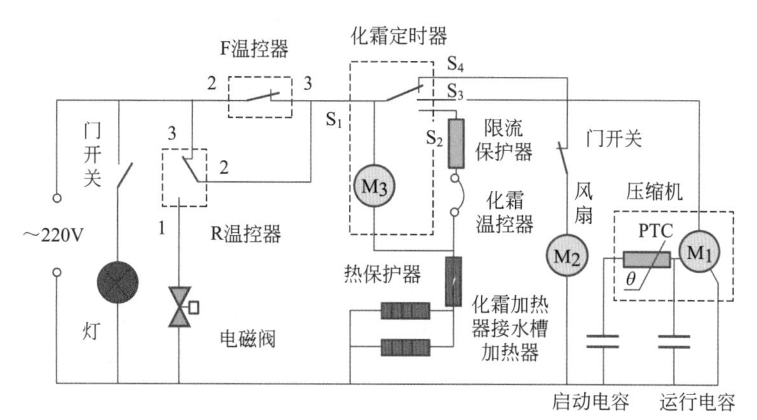

图 15-11　双温双控电冰箱控制电路

主要工作电路如下。

① 压缩机控制回路　电源插头一端、“F”冷藏温控器或“R”冷冻温控器、化霜定时器 S_1 和 S_3、压缩机、运行（启动）电容、电源插头另一端。两个温控器中只有一个动作，而化霜时间继电器没动作是无法切断压缩机通电回路的。

② 温度控制回路　温度控制方式有 4 种：a. 当冷藏室和冷冻室温度都高于设定温度时，“F”温控器触点和“R”温控器的 2、3 触点闭合，电磁阀失电，第一毛细管工作，冷冻室蒸发器与冷藏室蒸发器同时制冷；b. 当冷藏室温度达到设定值时，“R”温控器的 2、3 触点断开，1、3 触点闭合，因“F”温控器的触点仍闭合，电磁阀得电，第二毛细管工作，这样冷藏室蒸发器停止制冷，而冷冻室蒸发器继续制冷；c. 当冷冻室温度也达到设定值时，“F”温控器的常闭触点断开，电磁阀、风扇和压缩机同时断电，电冰箱停止制冷；d. 不管哪一室的温度上升到设定值之上时，这一室的温控器常闭触点闭合，使压缩机能够得电运转。

③ 化霜控制回路　在压缩机通电运转的同时，化霜定时器也通电运行并开始计时，累计开机时间达 25h 时，定时器的 S_1、S_4 和 S_1、S_3 触点断开，而 S_1、S_2 触点闭合，使压缩机和风扇断电，并接通了化霜回路，即电源插头一端、“F”或“R”温控器的常闭触点、化霜时间继电器 S_1 和 S_2、限流保护器、化霜温控器、热保护器、化霜加热器及接水槽加热器、电源插头另一端。这时，化霜定时器的电动机线圈被短路而停止运转。当冷冻室蒸发器被加热到 8℃时，化霜温控器触点断开，停止加热。化霜定时器恢复运行，2min 后 S_1、S_2 触点断开，S_1、S_3 触点闭合，压缩机开始运转。冷冻室蒸发器恢复制冷。当冷冻室降至 −7℃时，化霜温控器触点复位接通。在压缩机运转 7min 后，S_1、S_4 接通，风扇也开始吹风，电冰箱转入正常制冷状态，进入下一个累积计时化霜周期。

④ 照明控制回路　电源插头一端、门开关、灯、电源插头另一端。

4. 电子温控型电冰箱控制电路

电子温控型电冰箱也称为电脑控制式电冰箱，即采用微处理器控制电冰箱的工作。图 15-12 是电脑式电冰箱电控原理图。核心器件是微电脑（又称微处理器或 CPU）。微电脑由电源提供工作电压；由输出接口及输出驱动电流控制压缩机等器件的工作；由检测接口（又称输入接口）监测箱内温度及其他情况，并由显示接口控制显示器显示相应字符；由按键接口检测用户指令。

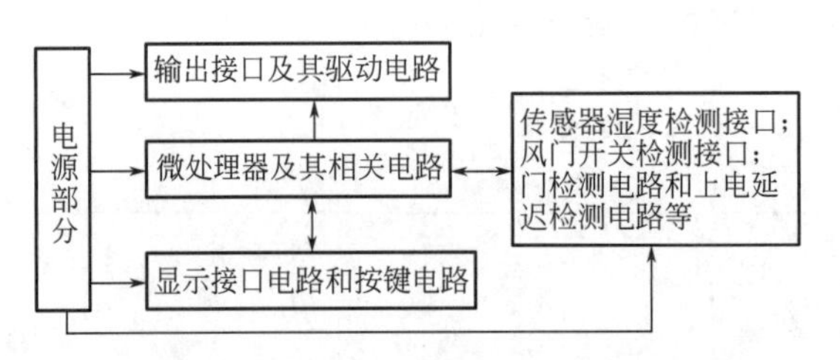

图 15-12 电脑式电冰箱电控原理图

电脑控制式电冰箱具有功能多、操作方便、自动调节和故障诊断等初级功能。控制面板位于电冰箱外。不同的电脑控制式电冰箱，因设计不同，其功能也不尽相同。

5. 变频式电冰箱

变频式电冰箱采用了微电脑控制技术和变频压缩机。变频压缩机通过调节压缩机的转速，改变压缩机的输入、输出功率。

变频电冰箱的原理是：当箱内温度与设定温度相差较大时压缩机高速运转，快速制冷；当箱内温度接近设定温度时，压缩机低速运转，以维持箱内温度。普通电冰箱压缩机启动频繁、噪声大、温度稳定性大、能耗高，而变频式电冰箱因采用变频压缩机，除性能改善外，还具有明显的节能和降噪效果。

变频制冷系统与普通双温双控制冷系统相似，只是增加了一个-7℃蒸发器和三通连接管。电磁阀的工作受控于电脑板，电磁阀失电接通第一毛细管，使制冷剂途经冷藏、冷冻蒸发器，冷藏、冷冻室同时制冷，但-7℃室不制冷；电磁阀得电接通第二毛细管，使制冷剂途经-7℃蒸发器、冷冻蒸发器，-7℃室和冷冻室同时制冷，但冷藏室不制冷。

第四节 万用表检修电冰箱常见故障实例

[例 1] 一台 220L 电冰箱。

故障现象： 通电后压缩机不启动，能听到压缩机发出“嗡嗡”的电磁振动声；约 10s 后听到过载保护继电器动作的“啪”声；过 3 ～ 4min 后又听到蝶形双金属片复位的“啪”声，且有“嗡嗡”的振动声；10s 后又听到“啪”的一声，过载保护继电器又动作，如此循环往复。

故障检测与处理： 通电后过载保护器动作，说明出现了过电流现象，同时也说明电流通过了压缩机的运行绕组回路，即温控器、过载保护器、启动继电器的电流线圈和运行绕组均无问题。

在电源电压正常的情况下，压缩机不启动而压缩机的运行绕组回路又无问题，说明其启动支路没有形成通路，产生不了旋转磁场，因此要重点检查启动继电器的触点接触情况和压缩机的启动绕组。用万用表 $R\times1$ 挡测起动器两插孔间的电阻值（此时起动器插孔在上方，电流线圈在下方），其阻值为无穷大。不拔下万用表表笔而将启动继电器翻转 180℃（即电流线圈在上方，插孔在下方），再次发现电阻值近似为零（为电流线圈的电阻值），说明启动继电器触点接触良好。再测压缩机的公共端（C）与启动绕组端（S）间的电阻值，其值为无穷大，说明压缩机的启动绕组已断路。

由于故障为启动绕组断路，因此只好更换同功率的新压缩机或将压缩机开壳，重新绕制启动绕组。

[例 2] 航天牌 BCD-222 双温双控型。

故障现象：压缩机不停机，冷藏室结冰较厚而不化，但冷冻室正常。

故障检测与处理：电冰箱不停机的原因主要有三个，一是制冷剂泄漏；二是温控器触点粘连；三是门封不严。检查制冷系统正常，门封密闭也较严。将冷冻室温控旋钮至关机位置，压缩机不启动。若关掉冷藏箱温控器，打开冷冻室温控电冰箱又启动，而冷藏箱照样结冰不除，电磁阀始终不动作，检查两个温控器正常，说明故障应在电磁阀，打开电磁阀，用万用表检查电器电路部分元器件是否正常，发现保险管熔断，桥式整流二极管有一个短路。换上熔断器，更换二极管，故障排除。

[例 3] BCD-222 型双门直冷机。

故障现象：通电后压缩机无反应，不启动。

故障检测与处理：通电后箱内灯亮，证明电源供电正常。先打开压缩机接线盒，用万用表 $R\times1\text{k}$ 挡检测蝶形保护器三个引脚间通断情况，正常时任何两脚间都应是通路，可检查结果是断路，发现发热丝熔断。更换新的蝶形保护器，故障排除。

[例 4] 东芝 GR-204E 型。

故障现象：电冰箱启动、停机频繁。

故障检测与处理：该机的电路如图 15-13 所示，产生电冰箱启停频繁的主要原因有温度传感器及其插件失灵、主控板温控逻辑电路出现故障、继电器触点故障等。首先测量温度传感器阻值，正常，并将温度传感器在冷热变化环境中测量电阻，变化明显，说明传感器正常。检测温控电路集成电路 D_{802} 的 1、2 脚的电压有明显的变化，说明 D_{802} 集成块正常，数字电路 D_{801} 逻辑正常。检测继电器 K_{01} 的控制信号，开机信号通过 VT_{811} 的基极经放大推动 K_{01} 动作，用万用表进行测量，判断出该管无击穿现象。

最后检测继电器及其触点，在电冰箱启动的情况下，按下除霜开关，除霜指示灯亮，此时，电冰箱立即停止了运行，由此可知继电器 K_{01} 触点的控制作用是良好的。最后用万用表依次测量后面控制电路板通过接插件连接在前面操作板上的每一根连接线的通路情况。结果发现在六孔插件中有插孔与插针之间均有接触不良的现象。它们分别控制着 VT_{811}、D_{802} 和继电器 K_{01} 等元器件的正常工作状态，从而造成了电冰箱压缩机启停时间上的紊乱。

更换插件或去掉插件直接将控制板引出线焊接在操作板上，故障排除。

[例 5] 一台电控电冰箱。

故障现象：接通电源后，压缩机无反应，不启动。

故障检测与处理：通电后箱内灯亮，证明电源供电正常。取下电冰箱的电路控制板，将控制压缩机电路的继电器两接线端子短接，将电源直接加到压缩机主电路上，压缩机还是不启动，说明故障不在控制电路，而在压缩机主电路上。用万用表检测启动继电器电阻，正常。检测过载保护器，电热丝熔断。检测电动机绕组，总电阻小于启动绕组阻值与运行绕组阻值之和，有短路现象。拆开压缩机，重新绕电动机绕组，或更换新压缩机。更换过载保护器，故障排除。

[例 6] 容声 BCD-207W/H 无霜电冰箱。

故障现象：接通电源后，显示板显示“E2”检修部位冷冻室感温头。

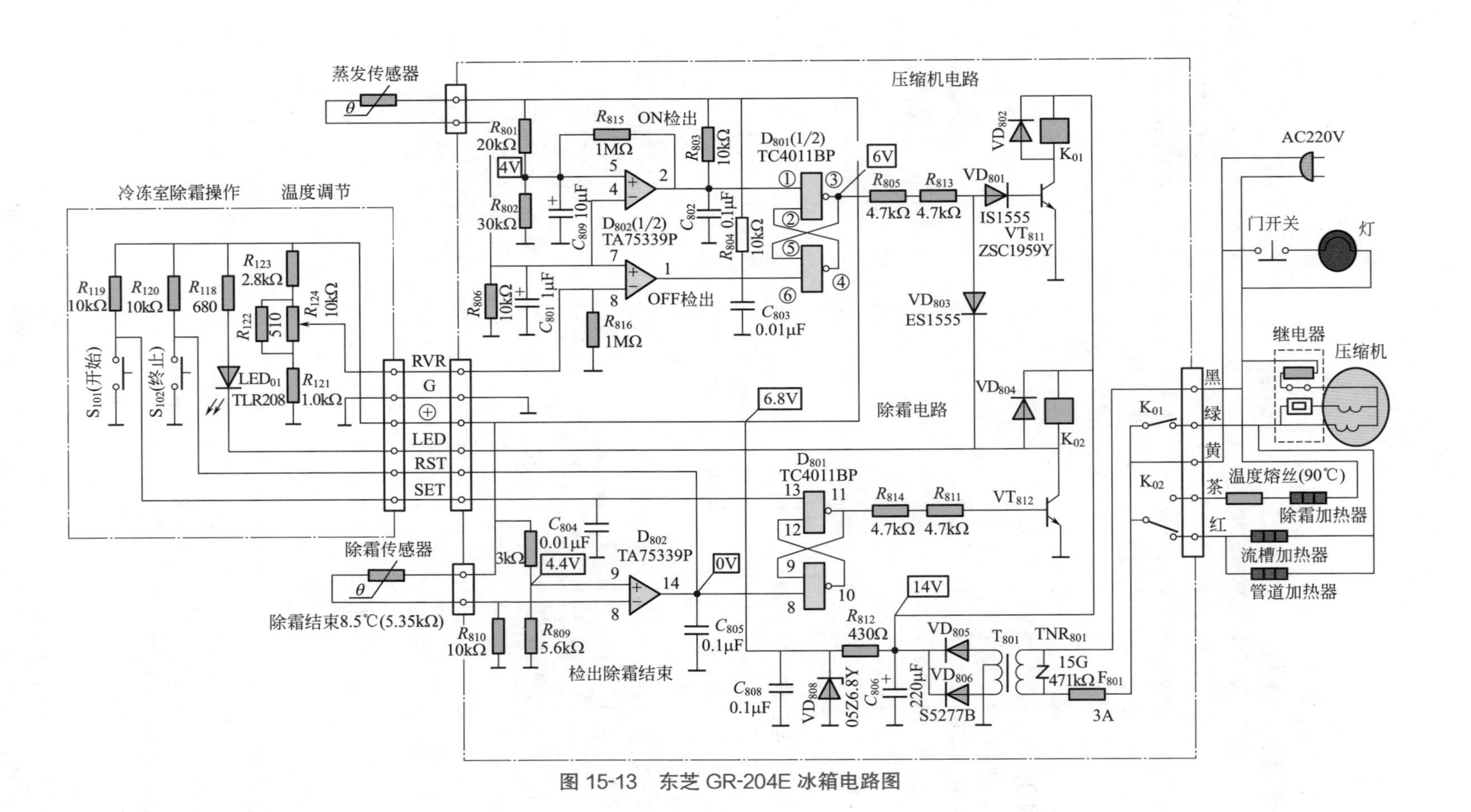

图 15-13　东芝 GR-204E 冰箱电路图

故障检测与处理：电冰箱的自动化霜由微电脑控制进行，与分置在冷冻室、冷藏室蒸发器的两个感温头有关。根据电冰箱检修资料说明，显示板上显示“E2”字样的含义是“冷冻室感温头故障”（E1 为冷藏室感温头故障），断电后卸下顶盖板，取出电子温控器电路板。找到电气盒内左边的 10 芯插座，用万用表电阻挡测量从左向右数第 3、5 两引脚之间的电阻值。室温下，阻值读数应在 1.0 ～ 6.7kΩ 范围内，如果测量值超出这个范围，就表明冷藏室蒸发器感温头有问题。

取下电冰箱后板，在冷冻室蒸发器感温头与内藏线连接处挖出发泡剂，剪下损坏的感温头，并将连线剥出 15mm 的导线接头。将同型号感温头的引线去掉 15mm 绝缘，剥出线头接在内藏导线上。感温头的连接没有极性。插上电路板及显示板。通电运行并确认无误，在连接导线接头处涂上热熔胶，以防潮气进入导线内。按原位置将感温头装好，并在护盖上用胶带固定。补发泡剂后，装上电冰箱后板、电路板、显示板等。通电试机电冰箱运行正常，故障排除。

参考文献

[1] 张宪. 电子元器件的选用与检测. 北京：化学工业出版社，2015.

[2] 张宪. 万用电表检测电子元器件和电路. 北京：化学工业出版社，2014.

[3] 杨冶杰. 电子元器件选用与检测一本通. 北京：化学工业出版社，2010.

[4] 孙昊，孙立群. 图解万用表使用技巧快速精通 . 北京：化学工业出版社，2011.

[5] 姚金生，等. 元器件. 3 版. 北京：电子工业出版社，2008.

[6] 沈任元，吴勇. 常用电子元器件简明手册 . 2 版. 北京：机械工业出版社，2010.

[7] 毛兴武，等. 电子元器件及其应用技术. 北京：中国电力出版社，2009.

[8] 赵广林. 万用表快速应用一读通 . 北京：电子工业出版社，2012.

[9] 曹振华. 电子元器件检修与应用教程. 北京：国防工业出版社，2006.

[10] 赵广林. 图解常用电子元器件的识别与检测 . 北京：电子工业出版社，2013.

[11] 张常友，刘蜀阳. 电子元器件检测与应用. 北京：电子工业出版社，2009.

[12] 王成安，王洪庆. 元器件检测与识别. 北京：人民邮电出版社，2009.